최신 KS규격에 의한

실용 기계재료

유태열 · 강기원 · 노수황 공저

M 메카피아

머리말

기계재료는 제조산업 분야에서 가장 근간이 되는 필수 소재로서 첨단 산업기술의 비약적인 발전과 함께 지속적인 신소재의 개발과 연구와 더불어 발전해 오고 있는 분야 중의 하나이다.

재료공학은 각 산업 분야의 요구에 맞는 기능을 구현하기 위해 물리, 화학, 수학 등의 기초 과학에 기반을 두고 인간이 원하는 기계적, 전기적, 자기적, 광학적 또는 화학적 특성을 낼 수 있도록 연구하는 아주 중요한 학문이다.

우리나라는 단기간에 급격한 산업발전을 이루었지만 제조산업의 뿌리가 되는 원소재, 첨단 신소재, 특수금속 등의 분야에서는 주요 선진기술국가들에 비해 경쟁력을 제대로 갖추지 못해 기술적인 우위를 점하지 못하고 있는 것이 현실이다.

인간의 실생활속이나 산업 분야에서 소재가 가지고 있는 중요성을 인식하고 있는 세계 각국에서는 한정된 자원의 확보, 새로운 소재에 대한 기술력 확보에 치열하게 대립해 오고 있다.

각종 산업기계나 생활 속에서 다양한 용도로 사용되고 있는 재료의 종류로는 우리가 흔히 알고 있는 철, 강, 주철, 합금강을 비롯하여 비철금속, 비철금속합금 및 비금속재료 등이 있다.

또한, 최근 지구 환경에 이슈가 되고 있는 플라스틱을 비롯하여 세라믹, 섬유, 고무, 특수유리 등 그 종류가 상당히 많지만, 근래에는 기술의 발전에 따라 다양한 신소재가 개발되어 활용됨으로서 재료는 인류가 추구하는 목적 이상의 뛰어난 성능을 갖게 되어 그 활용과 응용이 점차 많아질 것으로 기대된다.

신소재의 경우에도 우리가 잘 알지 못하는 특수한 성능을 가진 다양한 소재가 있는데 대표적으로 섬유강화금속, 유리섬유, 탄소섬유, 기능성막재료, 초전도재, 도전성플라스틱, 엔지니어링플라스틱, 내열성플라스틱, 고분자막재료, 엔지니어링세라믹, 섬유세라믹스, 고강력강 및 고장력판 등 기타 여러 종류가 있으며 이들은 특수한 분야에서 적용되고 있다.

　현재 우리나라는 해가 갈수록 학령인구가 줄어 들고 관련 학과가 통폐합되는 등 보다 전문적인 기술인재를 육성하는데 애로 사항이 많은 안타까운 현실 속에 처해 있다.

　다른 분야도 마찬가지이지만 특히 기계재료 및 소재 분야의 기술자 육성에 힘써 경쟁력있는 우수한 기술력을 보유한 전문 인력들의 확보가 필요하고, 국가적인 차원에서 연구개발과 아낌없는 지원이 그 어느 때보다 절실하다고 할 수 있다.

　본서는 기계공업, 자동차, 금형산업 등의 제조업에 종사하는 기술자들이 참고할 수 있는 기초적이며 실무적인 내용을 수록하고자 노력하였으며, 또한 4년제 대학과 전문대학 등의 교육기관에서 관련 학과를 전공하는 학생들에게 교재로 활용될 수 있도록 내용을 구성하였다.

　끝으로 본서를 채택해주시는 독자 여러분들에게 감사의 인사를 전하며 건강과 축복을 기원합니다. 또한 본서의 출간에 있어 물심양면으로 도움을 주신 도서출판 메카피아 관계자 여러분께 진심어린 감사의 말씀을 드린다.

저자 일동

Contents

I. 기계재료의 개요 · · · · · · · · · · · · · · · · 11

1. 금속 및 합금의 개요 · · · · · · · · · · · · · 12
1. 기계재료의 구분 · · · · · · · · · · · · 12
2. 금속의 일반적인 특성 · · · · · · · · · · 13
3. 합금의 제조 방법 · · · · · · · · · · · · 13
4. 순금속과 합금의 성질 비교 · · · · · · · · 13

2. 금속재료의 성질 · · · · · · · · · · · · · · · 14
1. 금속재료의 공업에 필요한 성질 · · · · · · 14
2. 물리적 성질 · · · · · · · · · · · · · · 14
3. 화학적 성질 · · · · · · · · · · · · · · 19
4. 기계적 성질 · · · · · · · · · · · · · · 20
5. 원자와 결정구조 · · · · · · · · · · · · 22

3. 철강 재료의 분류 · · · · · · · · · · · · · · 25
1. 철과 강의 분류 · · · · · · · · · · · · · 25
2. 철강의 분류 · · · · · · · · · · · · · · 25
3. 강괴의 종류와 특징 · · · · · · · · · · · 26
4. 순철 · · · · · · · · · · · · · · · · · 28

4. 금속의 조직과 상태도 · · · · · · · · · · · · 31
1. 탄소강의 평형상태도 이해 · · · · · · · · 31
2. 탄소강의 평형상태도 · · · · · · · · · · 35
3. 탄소강의 표준조직 · · · · · · · · · · · 38
4. 철강 조직의 기계적 성질 · · · · · · · · · 41
5. 강의 변태 · · · · · · · · · · · · · · · 41
6. 기계재료의 기호 · · · · · · · · · · · · 42

Ⅱ. 철과 강 · 45

1. 탄소강의 특성 및 용도 · · · · · · · · · · · · · · · · · · 46
- **1** 탄소강의 기계적 성질 · · · · · · · · · · · · · · · 46
- **2** 탄소강의 물리적·화학적 성질 · · · · · · · · · · 47
- **3** 탄소강의 온도에 따른 성질 · · · · · · · · · · · · 47
- **4** 탄소강에 함유된 주요 원소의 영향 · · · · · · 47
- **5** 탄소강의 용도와 가공 성질 · · · · · · · · · · · · 50
- **6** 탄소강의 종류 및 용도 · · · · · · · · · · · · · · · 51
- **7** 기계 구조용 탄소 강재 · · · · · · · · · · · · · · · 56
- **8** 일반 구조용 압연 강재 · · · · · · · · · · · · · · · 56
- **9** 용접 구조용 압연 강재 · · · · · · · · · · · · · · · 58
- **10** 탄소강 주강품 · 59

2. 특수강의 특성 및 용도 · · · · · · · · · · · · · · · · · · 60
- **1** 특수강의 분류 · 60
- **2** 구조용 특수강 · 62
- **3** 공구강 · 68
- **4** 고속도 공구강 · 78
- **5** 경질 공구 합금 · 80
- **6** 특수 용도용 합금강 · · · · · · · · · · · · · · · · · 82
- **7** 기계구조용 합금강 강재 · · · · · · · · · · · · · 110

3. 주철의 특성 및 용도 · · · · · · · · · · · · · · · · · · 112
- **1** 주철의 조직 · 112
- **2** 주철의 성질 · 114
- **3** 주철의 5대 화학성분의 영향 · · · · · · · · · · 117
- **4** 주철의 분류 · 119
- **5** 회주철 · 121
- **6** 합금주철 · 123

Contents

7 가단주철 · · · · · · · · · · · · · · · · · 126
8 구상흑연주철 · · · · · · · · · · · · · · · 129
9 칠드주철 · · · · · · · · · · · · · · · · · 132

4. 주철품의 KS 규격 · · · · · · · · · · · · · · · 155
1 회 주철품 · · · · · · · · · · · · · · · · · 155
2 구상 흑연 주철품 · · · · · · · · · · · · · 157
3 오스템퍼 구상 흑연 주철품 · · · · · · · 159
4 오스테나이트 주철품 · · · · · · · · · · · 160

Ⅲ. 기계재료의 시험법과 열처리 · · · 165

1. 기계재료의 조직검사 및 기계적 시험법 · · · 166
1 현미경 조직 시험법 · · · · · · · · · · · · 166
2 기계적 시험법 · · · · · · · · · · · · · · · 169

2. 탄소강의 열처리 및 표면경화처리 · · · · · 175
1 열처리의 개요 · · · · · · · · · · · · · · · 175
2 담금질 · · · · · · · · · · · · · · · · · · · 176
3 뜨임 · 181
4 불림과 풀림 · · · · · · · · · · · · · · · · 183
5 항온 열처리 · · · · · · · · · · · · · · · · 185

3. 강의 표면 경화 열처리 · · · · · · · · · · · 188
1 표면 경화법의 분류 · · · · · · · · · · · · 188
2 물리적인 표면 경화법 · · · · · · · · · · · 188
3 침탄법 · · · · · · · · · · · · · · · · · · · 191
4 질화법 · · · · · · · · · · · · · · · · · · · 193
5 금속 침투법 · · · · · · · · · · · · · · · · 194
6 기타 표면 경화법 · · · · · · · · · · · · · 196

Ⅳ. 비철금속재료 · 199

1. 비철금속재료의 개요 및 분류 · · · · · · · · · · · · 200

2. 구리 및 그 합금의 특성과 용도 · · · · · · · · · · · 201
  1. 구리의 성질 및 제조 · · · · · · · · · · · · · · 201
  2. 구리의 종류 · 204
  3. 황동 · 205
  4. 청동 · 213

3. 알루미늄 및 그 합금의 특성과 용도 · · · · · · · 245
  1. 알루미늄과 그 합금 · · · · · · · · · · · · · · 245
  2. 알루미늄 마그네슘 및 그 합금-질별 기호 · · · · · 255
  3. 알루미늄 및 알루미늄 합금의 판 및 조 · · · · · · · 261

4. 마그네슘 및 그 합금의 특성과 용도 · · · · · · · 263
  1. 마그네슘과 그 합금 · · · · · · · · · · · · · · 263
  2. 이음매 없는 마그네슘 합금 관 · · · · · · · · · · 267
  3. 마그네슘 합금 판, 대 및 코일판 · · · · · · · · · 268
  4. 마그네슘 합금 압출 형재 · · · · · · · · · · · · 270
  5. 마그네슘 합금 봉 · · · · · · · · · · · · · · · · · 273

5. 타이타늄 및 그 합금의 특성과 용도 · · · · · · · 275
  1. 타이타늄과 그 합금 · · · · · · · · · · · · · · · 275
  2. 타이타늄 팔라듐 합금 선 · · · · · · · · · · · · 277
  3. 타이타늄 및 타이타늄 합금-이음매 없는 관 · · · · · 278
  4. 열 교환기용 타이타늄 및 타이타늄 합금 관 · · · · · 279
  5. 타이타늄 및 타이타늄 합금-선 · · · · · · · · · · 280
  6. 타이타늄 및 타이타늄 합금-단조품 · · · · · · · · 281

Contents

    7 타이타늄 및 타이타늄 합금-봉 · · · · · · · · · · 282
    8 타이타늄 합금 관 · · · · · · · · · · 283
    9 타이타늄 및 타이타늄 합금의 판 및 띠 · · · · · · · · · · 284

6. 니켈 및 그 합금의 특성과 용도 · · · · · · · · · · 286
    1 니켈과 그 합금 · · · · · · · · · · 286
    2 이음매 없는 니켈 동합금 관 · · · · · · · · · · 289
    3 니켈 및 니켈합금 판 및 조 · · · · · · · · · · 290
    4 니켈 및 니켈합금의 선과 인발 소재 · · · · · · · · · · 291
    5 듀멧선 · · · · · · · · · · 291

7. 기타 비철금속의 특성과 용도 · · · · · · · · · · 293
    1 아연과 그 합금 · · · · · · · · · · 293
    2 납과 그 합금 · · · · · · · · · · 294
    3 주석과 그 합금 · · · · · · · · · · 295
    4 베어링 합금 · · · · · · · · · · 296

V. 귀금속과 희소 금속 · · · · · · · · · · 301

1. 귀금속 · · · · · · · · · · 302

2. 희소 금속 · · · · · · · · · · 303

VI. 비금속재료 · · · · · · · · · · 307

1. 주요 비금속재료의 특성과 용도 · · · · · · · · · · 308
    1 합성수지(플라스틱)재료 · · · · · · · · · · 308

2. 반도체 재료의 특성과 용도 · · · · · · · · · · 314

    1 반도체의 특성 및 반도체용 금속재료 · · · · · · · · · 314

  3. 형상기억합금 · · · · · · · · · · · · · · · · · · 315

Ⅶ. 기계재료기호 일람표 · · · · · · · · · · · · · · · 319
  1. 기계 구조용 탄소강 및 합금강 · · · · · · · · · · · 320

  2. 특수용도강 · · · · · · · · · · · · · · · · · · · 323
    1 공구강 · 중공강 · 베어링강 · · · · · · · · · · · 323
    2 스프링강 · 쾌삭강 · 클래드강 · · · · · · · · · · 325

  3. 주단조품 · 328
    1 단강품 · · · · · · · · · · · · · · · · · · · 328
    2 주강품 · · · · · · · · · · · · · · · · · · · 331
    3 주철품 · · · · · · · · · · · · · · · · · · · 334
    4 주물 · 336

  4. 구조용 철강 · · · · · · · · · · · · · · · · · · · 341

  5. 비철금속재료 · · · · · · · · · · · · · · · · · · 367

Ⅷ. 철강기호의 분류 일람표 · · · · · · · · · · · · · 379
  1. 철강 기호 보는 법 · · · · · · · · · · · · · · · · 380
    1 규격 본문에 규정되어 있는 철강 기호 · · · · · · · 380

  2. 철강 기호의 분류별 일람표 · · · · · · · · · · · · 384

I

기계재료의 개요

1. 금속 및 합금의 개요

　기계재료는 기계나 구조물의 제작을 위해 사용되는 각종 재료를 말하는데 재료에는 철, 강, 합금강을 비롯하여 비철금속, 비철금속합금, 비금속 재료 등 산업 분야별 사용 용도에 따라 그 종류가 다양하다. 본 장은 금속과 합금의 개념과 기계재료가 가지는 기계적 성질을 알아보고 철강 및 탄소강의 조직에 대해 기술한다.

1 기계재료의 구분

　기계재료를 크게 분류하면 금속재료와 비금속재료로 구분할 수 있다. 대표적인 물질로 철(Fe)을 들 수 있으며 금속은 고체 상태일 때 광택이 나고 열전도율과 전기 전도도가 높은 성질을 갖는다. 금속재료는 철을 기준으로 철강재료와 비철금속재료로 나뉘고 철강재료는 탄소 함유량에 따라 순철, 강, 주철로 구분하고 비철금속재료는 구리합금, 경합금, 고융점 금속, 저융점 금속 등으로 구분한다. 비금속재료는 크게 고분자재료와 세라믹 재료, 그리고 나머지 기타 재료로 구분할 수 있다.

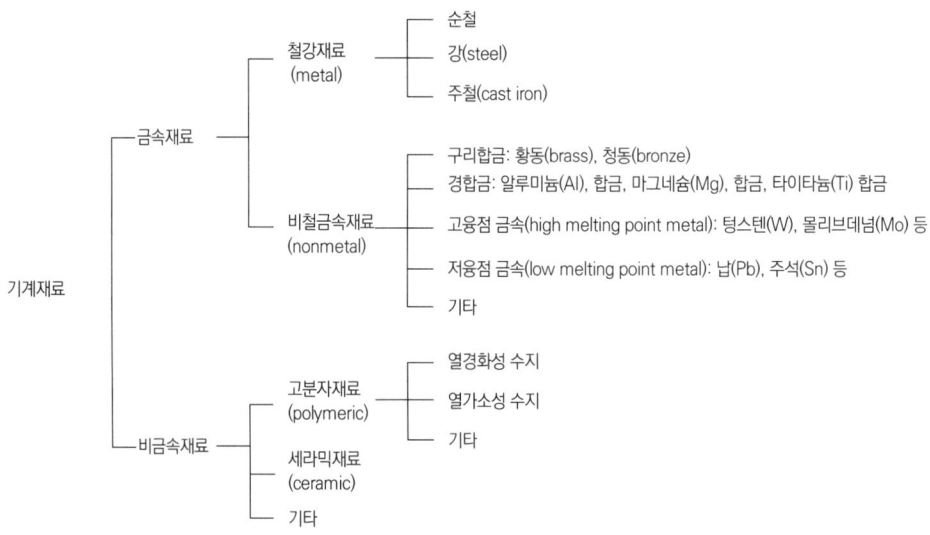

2 금속의 일반적인 특성

(1) 상온에서 고체이며 결정체이다[단, 수은(Hg)은 제외].
(2) 열과 전기의 양도체이다.
(3) 불투명하고 금속적 광택을 갖고 있다.
(4) 소성 변형이 있어 가공하기가 쉽다.
(5) 이온화하면 양(+)이온이 된다.
(6) 전성 및 연성이 풍부하고 강도, 경도, 비중이 비교적 크다.
(7) 전자, 중성자의 배열에 의해서 결정되는 내부구조를 갖고 있다.
(8) 순금속의 융점은 그 금속 고유의 온도이다.
(9) 생성된 결정핵이 성장하여 수지상 결정을 만든다.
(10) 결정입자의 미세한 정도는 응고할 때의 결정핵, 생성속도와 결정핵성장 속도에 의해 결정된다.

3 합금의 제조 방법

우리 실생활 속에서 쉽게 볼 수 있는 금속재료는 대부분 합금이다. 합금은 두 가지 이상의 금속을 녹여 첨가한 물질의 총칭으로 합치는데 사용한 두 금속의 성질을 갖거나 또는 전혀 다른 새로운 성질을 갖거나 이미 가지고 있는 성질이 크게 변하는 등 합금마다 그 특성이 다르다.

(1) 금속과 금속 또는 비금속을 용융상태에서 융합시키는 방법
(2) 금속과 금속 또는 비금속을 압축 소결하여 만드는 방법
(3) 침탄 처리와 같이 고체 상태에서 확산을 이용하여 합금을 부분적으로 만드는 방법

4 순금속과 합금의 성질 비교

합금은 주 금속에 하나 이상의 다른 원소를 첨가하여 기계적 성질을 개량한 것으로 순금속에 다른 원소를 첨가하여 합금을 만드는 이유는 기계적 성질을 향상시키기 위함이며 순금속에 비해 강도와 경도가 크지만 연성과 전성은 떨어진다. 또한 열전도율과 전기전도율이 낮은 대신 용융점이 낮아 주조성이 좋고 내열성과 내산성, 내식성이 좋다.

성질	비중	융점	전도율	가주성	가단성	연성·전성	강도·경도	열처리	내식성	내마모성
순금속	크다	높다	좋다	떨어짐	좋다	좋다	작다	떨어짐	떨어짐	작다
합금	작다	낮다	떨어짐	좋다	떨어짐	떨어짐	크다	쉽다	좋다	크다

※ 가주성 : 가열했을 때 유동성을 증가시켜 주물로 제작할 수 있는 성질
※ 가단성 : 금속을 두드려 단련하여 늘일 수 있는 성질(단조에 적합한 재료의 성질)

2. 금속재료의 성질

1 금속재료의 공업에 필요한 성질

금속재료가 갖추어야 할 성질은 우선 가공성, 열처리성, 표면처리성이 좋아야 하며, 물리적, 화학적 특성이 양호하면서도 가격이 저렴하고 쉽게 구할 수 있어야 한다.

(1) 기계적 성질 : 인장 강도, 경도, 피로, 연신율, 충격, 단면수축율
(2) 물리적 성질 : 비열, 비중, 용융점(융점), 선팽창계수, 열(전기)전도율, 자성, 융해잠열
(3) 화학적 성질 : 내식성, 내열성, 내산화성
(4) 제작상 성질 : 주조성, 단조성, 용접성, 절삭성

2 물리적 성질

1. 비중(Specific gravity)과 밀도(Density)

① 물(4℃)과 똑같은 부피를 갖는 물체 혹은 제품과의 무게의 비를 말한다.

② 비중 = $\dfrac{\text{제품의 무게}}{\text{제품과 같은 체적의 물(4℃) 무게}}$

③ 실용 금속상 가장 가벼운 금속 : Mg(1.74)
④ 비중이 가장 큰 금속 : 이리듐(Ir, 22.4)
⑤ 비중이 가장 작은 금속 : 리튬(Li, 0.53)
⑥ 순금속은 합금보다 비중이 크며, 금속의 순도, 온도, 가열 방법에 따라 다르다.
⑦ 단조, 압연, 드로잉의 가공된 금속은 주조 상태의 비중보다 크다.
⑧ 금속재료의 비중은 동일 금속이라도 온도, 가공의 정도, 순도에 의해 다소 다르다.
⑨ 물체의 단위체적당의 질량으로 단위는 kg/m^3으로 나타낸다.
⑩ 비중은 기준이 되는 표준물질(예를 들면 물 등)과 비교한 밀도비이고 단위는 없다.

순금속과 합금의 비중

순금속 재료	비중	순금속재료	비중	합금류	비중
마그네슘(Mg)	1.74	알루미늄(Al)	2.7	엘렉트론	1.79 ~ 1.83
바나듐(V)	5.6	안티몬(Sb)	6.67	두랄루민	2.6 ~ 2.8
크로뮴(Cr)	7.0	아연(Zn)	7.1	선철 회선	6.7 ~ 7.9
주석(Sn)	7.28	망가니즈(Mn)	7.3	백선	7.0 ~ 7.8
철(Fe)	7.86	카드뮴(Cd)	8.64	보통주철	7.1 ~ 7.3
니켈(Ni)	8.8	코발트(Co)	8.8	가단주철	7.2 ~ 7.6
구리(Cu)	8.9	비스무트(Bi)	9.8	Al 청동	7.6 ~ 7.7
몰리브데넘(Mo)	10.2	은(Ag)	10.5	탄소강	7.7 ~ 7.87
납(Pb)	11.34	수은(Hg)	12.595	양백	8.4 ~ 8.7
텅스텐(W)	19.1	금(Au)	19.3	황동	8.34 ~ 8.8
백금(Pt)	21.4			고속도강	8.9
				청동(6 ~ 20%Sn)	8.7 ~ 8.9
				인청동	8.7 ~ 8.9

2. 용융점(melting point)

① 금속을 가열하면 어떤 온도에 이르러 고체에서 액체로 되는데 이 온도점을 말한다.

② 융점이 가장 높은 금속은 텅스텐(W, 3,410±20℃)이며, 가장 낮은 금속은 수은(Hg, -38℃)이다.

③ 고융점 합금 ←(이상)— 231.9℃ —(이하)→ 저융점 합금

④ 응고점 : 액체 상태의 금속을 냉각하면 고체가 되는데 이 점을 말한다.

3. 융해 잠열(melting latent heat, 융해 숨은열)

① 어떤 물질 1g을 용해시키는데 필요한 열량을 말한다.

② 융해 숨은열 : 금속이 용해할 때에는 시간이 지나도 온도가 올라가지 않는다. 즉, 금속 전부가 용해해야만 온도가 올라가는데 이 현상에 필요한 열량을 말한다.

금속의 융해잠열

금속	융해잠열(cal/g)	금속	융해잠열(cal/g)	금속	융해잠열(cal/g)	금속	융해잠열(cal/g)
Al	94.6	Co	58.4	Cu	50.6	Sb	38.3
Zn	24.09	Pt	27	Ni	74	전해철	65
주철	23	Au	16.1	Mg	89	Bi	13
Ag	25	Cd	13.2	Mn	64	Pb	6.3
				Sn	44.5		

4. 비열(Specific heat)

① 어떤 물질 1g의 온도를 1℃ 상승시키는데 필요한 열량 주울(J)로 표시했을 때의 값을 말한다.

② 물의 비열은 0℃에 대해서 4.218J(g·K)로 물질 중에서 가장 크고, 금속 및 합금의 경우는 거의 1 이하이다.

③ 주요 금속의 비열순서 : Mg〉Al〉Mn〉Cr〉Fe〉Ni〉Cu〉Zn〉Ag〉Sn〉Sb〉W

순금속의 비열(cal/g)

금속	평균비열	금속	평균비열	금속	평균비열
Mg	0.25	Cu	0.092	Hg	0.033
Al	0.215	Zn	0.0915	Pt	0.032
Mn	0.115	Ag	0.056	Au	0.031
Cr	0.11	Sn	0.054	Pb	0.031
Fe	0.11	Sb	0.049		
Ni	0.105	W	0.034		

주요금속의 비열순서

Mg〉Al〉Mn〉Cr〉Fe〉Ni〉Cu〉Zn〉Ag〉Sn〉Sb〉W

합금의 평균비열

[* : 상온(20℃)의 비열](cal/g)

합 금	합금의 조성(%)	평균비율	합 금	합금의 조성(%)	평균비율
황 동	60Cu, 40 Zn	0.0917	W 강	0.76C, 11.5W, 0.28Mn	0.1041
청 동	80Cu, 20 Sn	0.0860	Cr 강	1.09C, 9.50Cr	0.1206
A L 청 동	88.8Cu, 11.3Al	0.1043	Si 강	0.26C, 5.5Si	0.1194
N i 강	0.7C, 31.4Ni, 0.82Mn	0.1209*	Pb-Bi	50Pb, 50Bi	0.0325
P 청 동	87Cu, 12Sn, P≒1.0	0.0946	Pb-Sn	63.7Pb, 36.3Sn	0.0407
C 강	1.25C, 0.46Si, 0.62 Mn	0.1225	Pb-Sb	21Pb, 79Sb	0.0456
Cr-Ni 강	0.2C, Cr≒20, Ni≒7	0.118	Pb-Sb	90Pb, 10Sb	0.0326
M n 강	5.14C, 18.5Mn	0.1250*			

5. 열전도율(heat conductivity)

하나의 물체내에서 온도차이가 있는 경우 열은 높은 부분에서 낮은 부분으로 이동하는 것을 열전도(heat condition)라고 한다. 하나의 물체내에서 $1m^2$점간의 온도차가 1℃ 라고 할 때, 그 방향으로부터 다른 방향으로의 단면적 $1m^2$당의 1초간에 전달될 수 있는 열량을 와트(W)로 표시한 것을 열전도율이라고 한다. 금속 중에서는 은(Ag)의 열전도율이 최대이고 동·알루미늄 순이다.

어느 길이의 물체가 1℃ 온도차가 있을 때 $1cm^2$의 단면적을 지나 1초간에 이동되는 전기의 양을 말하며 단위는 $cal/cm^2℃$로 표시한다.

① 순금속일수록 전기 전도율이 좋다.

② 공업용 금속으로 많이 사용하는 금속 : Cu, Al

③ 고유 저항이 작을수록 전기 전도율이 좋다.

※ 주요 금속의 전기 전도율 순서 : Ag←Cu←Au←Al←Mg←Zn←Ni←Fe←Pb←Sb

순금속의 열전도율 및 도전율

순금속	20℃에 있어서 열전도율(cal/m·sec·℃)	저항률(Ωmm²/m)	도전율비%는(Ag)을 100으로 했을 때
은(Ag)	1.0	0.0165	100
구리(Cu)	0.94	0.0178	92.8
금(Au)	0.71	0.023	71.8
알루미늄(Al)	0.53	0.029	57
아연(Zn)	0.27	0.063	26.2
니켈(Ni)	0.22	0.1±0.01	16.7
철(Fe)	0.18	0.1	16.5
백금(Pt)	0.17	0.1	16.5
주석(Sn)	0.16	0.12	13.8
납(Pb)	0.083	0.208	94.7
수은(Hg)	0.0201	0.958	1.74

6. 전기저항율(electrical resistivity)

전기의 흐름을 방해하는 성질을 전기저항이라고 하며 단위는 옴(Ω)을 사용한다. 단면적 1㎡, 길이 1m의 물질의 전기저항을 그 물질의 전기저항율(electrical resistivity) 또는 단순히 저항율(resistivity)이라 하고, 단위는 Ω·m로 표시한다.

7. 전기전도율(electrical conductivity)

전기저항율의 역수를 전기전도율(electrical conductivity)또는 전도율(conductivity)이라 한다. 동의 전도율을 100으로 하고 그 물질의 전도율을 표시한 것을 퍼센트 전도율(percentage conductivity)이라 한다.

8. 자성

자기 변태점(퀴리 포인트, Curie point) : 포화된 자장 강도가 급속히 감소되는 온도점

① 강자성체 : Fe, Ni, Co
② 상자성체 : Al, Pt, Sn, Mn
③ 반자성체 : Cu, Zn, Sb, Ag, Au

포화된 자화강도가 급속히 감소되는 온도점

금속 명	Fe	Ni	Co	Fe_3C
자기 변태점	768℃	360℃	1,160℃	210℃

9. 주요 금속의 탈색 순서 : Sn←Ni←Al←Mg←Fe←Cu←Zn←Pt←Ag←Au

순금속은 일반적으로 은백색이지만 금, 동 등과 같이 특별한 금속 색채와 광택을 나타내는 것도 있다.

주요 금속의 색깔

색	은백색	청백색	적황색	회백색	자 색	붉은색
금 속	Al, Cr, Ni, Sn	Zn	Cu	Fe, W, Mg, Mn	Cu_2Sb, Au_2Al	AgZn

10. 이온화 경향이 큰 순서

① K〉Ba〉Ca〉Na〉Mg〉Al〉Zn〉Cr〉Fe〉Co〉Ni〉Mo〉Sn〉Pb〉H〉Cu〉Hg〉Ag〉Pt〉Au

② 금속의 산화는 이온화 계열 상위에 있을수록 쉽게 일어난다.

③ 알루미늄(Al)보다 상위에 있는 금속은 공기 중에서도 산화물을 만들며 탄다.

11. 선팽창계수

어느 길이의 물체가 1℃ 상승할 때 그 길이의 증가와 늘어나기 전의 길이와의 비를 말한다.

$$선팽창계수 = \frac{변형길이 - 처음길이}{처음길이(변형온도 - 처음온도)} = \frac{1' - l}{1(t' - t)}$$

① 선팽창계수가 큰 것 : Pb, Mg, Sn

② 선팽창계수가 작은 것 : Ir, Mo, W

③ 압연 등과 같이 비중이 증가하는 가공을 했을 때는 그 금속의 팽창률도 증가한다.

금속의 선팽창 계수

재 료	선팽창계수	재 료	선팽창계수
납(Pb)	29.3×10^{-6}	금(Au)	14.2×10^{-6}
마그네슘(Mg)	26.0×10^{-6}	담금질한 경화강 (0.5%C)	12.3×10^{-6}
알루미늄(Al)	23.9×10^{-6}		
주 석(Sn)	23.0×10^{-6}	연강(0.2%C)	11.6×10^{-6}
은(Ag)	19.7×10^{-6}	경강(0.5~0.9%C)	11.0×10^{-6}
황동(Cu+Zn)	18.4×10^{-6}	주 철	11.0×10^{-6}
청동(Cu+Sn)	17.5×10^{-6}	백 금(Pt)	11.0×10^{-6}
구 리(Cu)	16.5×10^{-6}	백금+이리듐	11.0×10^{-6}
아 연(Zn)	16.5×10^{-6}	엘린-바	11.0×10^{-6}
콘스탄탄	15.2×10^{-6}	인-바아	11.0×10^{-6}
니 켈(Ni)	14.7×10^{-6}		

12. 열팽창율

열팽창율은 열팽창계수라고도 한다. 온도가 1℃ 상승함에 따라 체적이 증가하는 비율을 체팽창율이라 하고, 길이의 증가하는 비율을 선팽창율이라고 한다. 일반적으로 융점이 높은 금속은 팽창율이 작다.

3 화학적 성질

1. 금속의 이온화

금속이 용액 중에 들어가면 전자를 잃고 양(+)이온으로 되려고 하는 경향을 금속의 이온화 경향이라고 하며 이것이 클수록 이온화되어 용액에 잘 용해된다. 즉, 이온화경향이 크다는 것은 양이온이 잘된다는 것이고 반응성이 크다는 것이다. 아래에서 가장 반응성이 큰 금속은 칼륨(K)이며 가장 작은 것은 금(Au)이다.

> ■ 용해순서
> K > Ca > Na > Mg > Al > Zn > Fe > Ni > Sn > Pb > H > Cu > Hg > Ag > Pt > Au
>
> 산화가 잘 된다. ←   → 이온 환원이 된다.

① 이온화 경향이 큰 것은 화합물이 생기기 쉽고, 또 그 화합물이 안정하나 적은 것은 화합되기가 힘들며 또 화합되어도 분해되기 쉽다.
② 어떤 금속 이온의 수용액에 이보다 이온화 경향이 큰 금속을 넣으면 이 금속이 녹아서 이온화 경향이 적은 금속이 침전한다. 또 수소보다 이온화 경향이 큰 금속을 산에 넣으면 수소를 발생하면서 용해한다.
③ 수소보다 이온화 경향이 적은 것은 산에 작용하기 힘들고, 질산이나 황산 같은 산화성 산과 처리하면 우선 산화되고 이 산화물이 산에 녹는다.

2. 금속의 부식

금속이 물이나 대기 중에서 산소나 수분의 영향을 받아 산화하거나 표면이 화학적 또는 전기 화학적인 작용에 의하여 비금속성 화합물을 만들어 점차적으로 손실되어 가는 현상을 부식이라 한다.

(1) 전기 화학적 부식
상온에서 금속의 표면과 접촉하여 화학반응을 일으키게 하는 것
① 건부식 : 금속과 가스와의 접촉에 의하여 일어나는 순화학적 반응
② 습부식 : 금속의 표면에 국부 전지를 형성하여 금속이 이온화되어 수용액 중에서 이동하고 수용액은 전해질이 되는 전기 화학적 부식

(2) 환경에 의한 금속의 부식
대기 중에서 금속의 부식은 습기가 많은 대기 중일수록 부식되기 쉽고 건조한 공기 중에서는 일어나지 않는다.

순도가 높은 금속은 순도가 낮은 금속보다도 산성 용액에 의한 침식이 적다. 금속의 부식은 그것이 금속의 전면에 걸쳐서 균일하게 일어나는 전면부식과 일부분에 한해서 일어나는 국부부식이 있다.

(3) 고온에서의 산화

금속을 고온으로 가열하면 그 표면에 산화물이 생긴다.

금속의 산화는 이온화 계열의 상위에 있을수록 쉽게 일어나고 알루미늄보다 상위에 있는 금속은 공기 중에서도 산화물을 만들며 탄다.

금속의 고온 중 산화는 그 표면에 생기는 산화물의 성질에도 영향을 받는다.

(4) 내식성

금속의 부식에 대한 저항력으로 구리 또는 스테인리스강과 같이 니켈과 크로뮴을 함유한 합금은 내식성이 우수하며 부식이 발생하기 어려운 성질을 내식성이라고 한다.

4 기계적 성질

1. 강도(strength)

① 재료의 기계적 성질 중 가장 중요시되는 것으로 재료에 외력을 작용하였을 때 이 외력에 대해 견디는 능력 즉, 재료 단면에 작용하는 최대 저항력을 말하며, 재료가 외력에 의해 파괴되기 전에 견딜 수 있는 최대 응력을 최대 강도라고 한다.

② 종류: 인장 강도, 압축 강도, 전단 강도, 굽힘 강도, 굴곡 강도, 비틀림 강도 등이 있다.

2. 경도(hardness)

① 딱딱한 정도를 말하며 한 물체에 다른 물체를 눌렀을 때 그 물체의 변형에 대한 저항력의 크기로 측정한다.

② 경도 시험기에는 HB, HRC, Hv, Hs, 긁힘 경도기, 미소 경도기 등이 있다.

3. 인성(toughness)

충격에 대한 저항력, 즉 굽힘이나 비틀림 작용을 반복하여 가할 때 이 외력에 저항하는 끈기 있고 질긴 성질을 말한다.

4. 취성(여림성, 메짐성, shortness)

인성에 반대되는 성질로 잘 부서지고 혹은 잘 깨지는 성질을 말한다.

5. 피로(fatigue)

정적인 하중으로 파괴를 일으키는 응력보다 훨씬 작은 응력이라도 장시간에 걸쳐 연속적으로 반복하여 작용하면 재료가 결국 파괴되는데 이와 같은 성질을 피로라 하며 그 파괴현상을 피로파괴라고 한다.

6. 크리프(creep)

금속 재료를 고온에서 장시간 외력을 주면 시간의 경과에 따라 서서히 변형이 증가하는 현상을 크리프라고 하며, 이 변형이 증대될 때의 한계응력을 크리프 한도(creep limit)라 한다.

7. 연성(ductility)

① 재료의 장력으로 소성 변형을 일으켜 선상으로 늘릴 수 있는 성질을 말한다. 철사는 이와 같은 성질을 이용해서 만든다.
② 연성이 큰 금속의 순서 : Au 〉 Ag 〉 Al 〉 Cu 〉 Pt 〉 Pb 〉 Zn 〉 Fe 〉 Ni

8. 전성(malleability)

① 헤머링 또는 압연 등에 의해서 재료에 금이 생기지 않고 얇은 판으로 넓게 펼 수 있는 성질을 말한다.
② 전성이 큰 금속의 순서 : Au 〉 Ag 〉 Pt 〉 Fe 〉 Ni 〉 Cu 〉 Zn

9. 연신율(elongation percentage)

재료에 하중을 가하면 늘어났다가 어느 점에서 파괴된다. 재료에 하중을 가하여 늘어난 길이와 원래의 길이와의 비를 말한다.

10. 가단성(forgeability)

재료를 단련시키기 쉬운 성질, 즉 단조, 압연, 인발 등에 의하여 변형시킬 수 있는 성질을 말한다.

11. 항복점(yielding point)

탄성한계 이상으로 하중을 가하면 하중과 연신율은 비례하지 않으며 하중을 증가시키지 않아도 시험편이 늘어나는 현상을 항복현상이라 하고 항복현상이 일어나는 점을 항복점이라 한다.

12. 소성가공성

재료를 소성가공하는데 용이한 성질로 단조성, 압연성, 성형성 등이 있다.

13. 접합성

재료의 용융성을 이용하여 두 부분을 반영구적으로 접하게 하는 난이도의 성질로서 용접,

단접, 납땜 등이 있다.

14. 절삭성
절삭 공구에 의해 재료가 절삭되는 성질을 말한다.

5 원자와 결정구조

1. 금속결정구조
① 원자 : 물질을 구성하는 가장 기본이 되는 단위입자로서 원자핵과 전자로 구성된다.
  단위격자 : 결정 내 원자가 만드는 가장 간단한 격자
  격자정수 : 단위격자 한 변의 길이
② 결정(Crystal) : 내부 구조를 이루는 원자나 분자 혹은 이온(ion)이 주기성과 반복성을 가지고 규칙적으로 배열된 3차원의 격자를 이루는 고체 상태의 물질
  비결정 : 고체 물질을 구성하는 원자나 분자, 이온들이 무질서하게 불규칙적으로 배열된 상태
  ㉮ 단결정(single crystal) : 결정을 구성하고 있는 원자가 공간적으로 주기성을 가지고 배열되어 있는 고체
  ㉯ 다결정(poly crystal) : 부분적으로는 결정을 이루지만 전체적으로는 하나의 균일한 결정이 아닌 경우
③ 결정체 : 금속원자의 규칙적인 배열
  비결정체(non-crystalline substance) : 결정이 아닌 상태의 물질. 일반적으로 결정체는 고체이며, 액체나 기체는 비결정체이다.
④ 결정계(crystal system) : 광물의 고유 외형을 결정하는 원자들의 배열 구조

2. 결정격자의 종류
결정격자 : 결정 입자 내의 원자가 금속 특유의 형태로 배열되어 있는 것
① 체심입방(body-centered cubic, BCC) 결정 구조
  금속의 결정 구조에서 많이 볼 수 있는 결정 구조로 입방 단위정의 8개 모서리와 입방의 중심에 하나의 원자가 위치하는 구조
② 면심입방(face-centered cubic, FCC) 결정 구조
  많은 금속의 결정 구조는 입방의 단위정을 가지고, 원자는 입방의 모서리와 면의 중심에 위치하는 구조
③ 조밀육방(hexagonal close packed cubic, HCP) 결정 구조
  육각 기둥 상하 면의 각 꼭짓점과 그 중심에 한 개씩의 원자가 존재하고, 또한 육각기둥

을 구성하는 6개의 삼각 기둥 중에서 1개씩 띄워서 삼각 기둥의 중심에 1개의 원자가 배열된 결정 구조

결정격자의 특성

결정격자	금속조직 및 원소	특 성	귀속원자수	배위수	원자충전율(%)
체심입방격자 (B.C.C)	Fe(α-Fe, δ-Fe) Cr, W, Mo, V, Ba, Li, Na, Ta, K	·전연성이 떨어진다. ·용융점이 높다. ·강도가 크다.	2	8	68
면심입방격자 (F.C.C)	γ-Fe Al, Ag, Au, Cu, Ni, Pb, Pt, Ca	·전연성이 좋다. ·전기전도도가 좋다. ·가공성이 양호하다. ·강도가 충분하지 않다.	4	12	74
조밀육방격자 (H.C.P)	Mg, Zn, Cd, Ti, Be, Hg, Zr, Ce, Co	·전연성이 떨어진다. ·가공성이 불량하다. ·접착성이 좋지 않다. ·강도가 충분하지 않다.	2	12	70.45

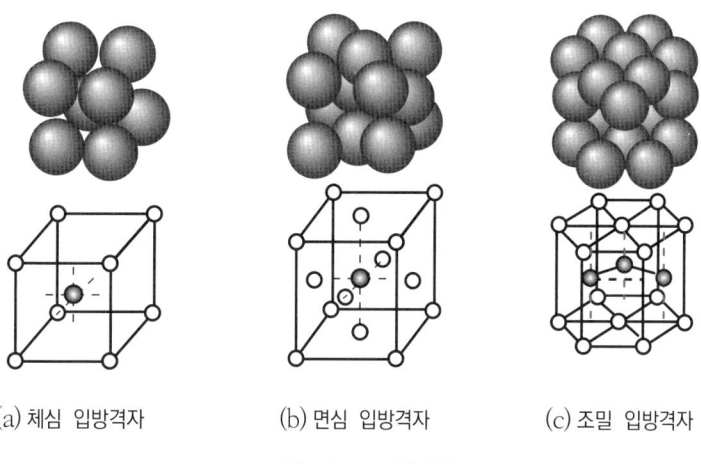

(a) 체심 입방격자   (b) 면심 입방격자   (c) 조밀 입방격자

실용 금속의 결정 격자

3. 금속의 재결정(Recrystallization)

금속은 원자가 규칙적으로 배열된 하나의 작은 덩어리인 결정이 모여서 이루어져 있고, 이 작은 결정덩어리를 결정립이라고 한다. 그리고 금속이 녹는 온도인 용융점이 있고 금속이 녹지는 않지만 금속 내 결정립이 이동할 수 있는 재결정온도라는 것이 있는데 재결정온도는 용융점에 비해 현저히 낮은 온도이다.

가공에 의해 변형이 생겨 경화된 금속재료를 가열하게 되면 어느 온도까지는 결정(結晶)에는 아무런 변화가 발생하지 않지만, 가열에 의해 내부응력이 점차 제거되는데 이 과정을 회복(recovery)이라고 한다. 계속 가열하게 되면 내부응력이 없는 새로운 결정핵이 생기는데 이것이 성장한 새로운 결정을 재결정이라고 한다. 재결정에 의해 새롭게 생긴 결정은 연화된 조직이므로 금속재료의 연성을 증가하고 강도를 저하시킨다.

주요 금속의 재결정온도

금속	재결정온도(℃)	금속	재결정온도(℃)
금(Au)	200	알루미늄(Al)	150~240
은(Ag)	200	아연(Zn)	7~75
동(Cu)	200~300	주석(Sn)	-7~25
철(Fe)	350~450	납(Pb)	-3
니켈(Ni)	530~660	백금(Pt)	450
텅스텐(W)	1200	마그네슘(Mg)	150
몰리브데넘(Mo)	900		

4. 냉간가공과 열간가공

금속의 가공에는 냉간가공(cold working)과 열간가공(hot working)의 두 가지가 있다. 금속은 고유의 재결정(recrystallization)을 일으키는 온도가 있어서 그 온도 이하의 비교적 저온도에서 하는 가공을 냉간가공 또는 상온가공이라고 한다. 그 재결정온도 이상의 높은 온도 영역에서 하는 가공을 열간가공(고온가공)이라고 한다. 금속을 비롯한 고체는 일정한 힘에 의해 변형되면 원래대로 돌아가지 않는 성질인 소성이 있다는 점을 이용한 가공 방법을 소성가공이라 하며 일반적으로 프레스 가공이라 한다. 금속은 가열하면 열팽창을 일으키며 변형되기 때문에 가능한 한 냉간가공으로 하고, 가공물의 재질의 경도가 높은 경우 등에는 열간 가공을 이용한다. 또한, 소성 가공의 종류로는 프레스 외에 볼트나 너트의 제조에 이용하는 단조, 선재나 파이프 가공에 이용하는 압출, 와이어 드로잉, 인발, 판재를 구면으로 만드는 드로잉, 판 스프링 등을 만드는 구부림, 리벳으로 가공물을 고정하는 접합, 판재를 절단하는 전단 등이 있다.

소성 가공에서는 크게는 수만 톤에 이르는 힘을 가공물에 가하여 가공할 수도 있는데 사전에 가공물의 재질에 따라 정확히 판단하여 변형에 필요한 최소한의 힘과 마찰력 등을 미리 검토해야 한다. 또한, 소성 가공과 함께 가공물이 늘어나는 등 변형이나 파손이 발생할 수 있으므로 구부리거나 조일 때 가공물의 가공 한계를 파악하는 것도 중요하다. 그 외에 소성 가공을 할 때는 가공물이 가능한 한 손상되지 않도록 가공하는 힘을 줄이는 대책도 필요하다.

냉간가공과 열간가공의 차이

냉간가공	열간가공
재결정 온도 이하에서 소성가공하는 상온가공	재결정 온도 이상에서 소성가공하는 고온가공
① 제품의 치수를 정확히 할 수 있다. ② 가공면이 아름답다. ③ 기계적 성질을 개선할 수 있다. ④ 가공경화로 강도 및 경도가 증가하고 연신율이 감소한다. ⑤ 가공방향으로 섬유조직이 되어 방향에 따라 강도가 달라진다.	① 작은 힘으로 큰 변형을 줄 수 있다. ② 재질의 균일화가 이루어진다. ③ 가공도가 커서 거친 가공에 적합하다. ④ 가열로 인해 산화되기 쉬워 정밀가공은 곤란하다. ⑤ 강괴 중의 기공이 압착된다.

3. 철강 재료의 분류

1 철과 강의 분류

구 분	순 철	강	주 철
① 제조법 ② 화학성분 ③ 열처리 경화성 ④ 가공성 및 용접성 ⑤ 기계적 성질	전기 분해법 C<0.02% 담금질 효과를 받지 않음 연하고 우량하다. 연성이 크다.	제강로에서 제조 C = 0.02~2.11% 담금질 효과를 잘 받는다. 강도가 크고 용접 가능 강도·경도가 크다.	용선로(Cupola)에서 제조 C = 2.11~6.68% 보통 담금질을 하지 않는다. 가공이 가능하나 용접성 불량 연신율이 작고 취성이 크다.

2 철강의 분류

철강을 분류하는 방법에는 여러 가지가 있지만 일반적으로 탄소 함유량에 따라 분류한다. 철강은 철과 강을 합쳐서 일컫는 말로 보통 철은 1.7%의 탄소 함유량을 기준으로 하여 금속조직과 성질이 크게 달라지는데 탄소가 1.7% 이상인 것을 철이라 하고, 1.7% 미만인 것을 강이라 부른다. 이처럼 철강 재료는 탄소의 함유량에 따라 순철, 강, 주철로 구분하며 다시 탄소강, 합금강으로 나뉜다.

1. 철강의 분류

철은 화학기호로 Fe, 원자번호 26, 원자량 55.85, 비중 7.87의 금속원소로 주요 5대 화학성분은 C, Si, Mn, P, S으로 C와 Mn의 함유량이 많을수록 단단해지지만 동시에 부서지기도 쉬운 성질을 가지고 있다. 철의 종류는 탄소함유량을 기준으로 크게 순철, 선철, 강으로 구분하는데 탄소를 적게 함유할수록 부드럽고 잘 늘어나는 성질을 가지는 반면, 탄소가 많으면 경도가 높아져서 강해지기 때문에 부서지거나 부러지기 쉽다.

(1) 순철(Armco)
- 탄소의 함유량이 0.025% 이하이고, 불순물이 거의 없는 순도 99.9% 이상의 철
- 연하고 전연성이 풍부하여 기계재료로는 거의 사용되지 않고 전기재료나 실험용도로 사용

(2) 선철(Pig Iron)
- 용광로(고로)에서 철광석을 녹여 만들며 무쇠라고 함
- 선철은 3.5~4.5%의 탄소를 함유하며 5대 불순물이 많아 단단하지만 취성이 강하여 깨지기 쉬움
- 선철은 주물용으로도 사용되지만 대부분 강을 만들기 위한 원재료로 사용되며 제강용 선철과 주물용 선철로 구분

(3) 강(Steel)

- 선철을 재정련하여 탄소 함량을 0.025~1.7% 수준으로 낮춘 것
- 불순물이 많이 함유된 선철을 제강로에 넣어 불순물을 제거한 후 정련하여 생산
- 고철(일부 선철이나 환원철)을 전기로에 넣어 성분을 조절하고, 정련하여 생산
- 강은 단조, 압연 등을 통해 용도에 따라 다양한 형태로 생산 가능
- 강에 특수원소(Ni, Cr, Mo, W 등)를 첨가하여 내식강, 내마모강, 내열강, 고장력강, 스테인리스강 등의 특수강 또는 합금강으로 만듦
- 강은 탄소함유량에 따라 저탄소강, 중탄소강, 고탄소강으로 구분되며, 합금 원소에 따라 보통강(탄소강), 특수강(합금강)으로 구분

2. 조직학적인 강의 분류

(1) 순철
- 탄소량 : 0.025% C 이하(은값과 비슷)

(2) 강
① 아공석강 : 0.025~0.8% C(페라이트와 펄라이트의 혼합 조직)
② 공석강 : 0.8% C(펄라이트)
③ 과공석강 : 0.8~2.0% C(펄라이트와 시멘타이트의 혼합 조직)

(3) 주철
① 아공정 주철 : 2.0~4.3% C
② 공정 주철 : 4.3% C
③ 과공정 주철 : 4.3~6.67% C

3 강괴의 종류와 특징

1. 강괴(Steel Ingot)의 종류

정련된 용강을 주형에 주입하여 응고시킨 강재의 원재료를 말하며, 탈산의 정도에 따라 림드 강괴와 킬드 강괴, 세미 킬드 강괴로 구분한다.

(1) 탈산 정도에 따른 분류

- 킬드강(완전 탈산)   • 림드강(불완전 탈산)   • 세미킬드강(중간 탈산)

※탈산제

- 강탈산제:Fe-Si, Al   • 약탈산제:Fe-Mn

1) 킬드 강괴(Killed steel ingot, 진정강)

산소를 탈산제로 충분히 제거한 것으로 기포가 생기지 않기 때문에 주로 고탄소강, 합금강 등을 만드는데 쓰인다. Fe-Si, Al 등의 강탈산제를 사용하여 충분히 탈산시킨 강괴로 기계적

성질이 양호하고 기포나 편석은 없으나 헤어크랙(hair crack)이 발생하기 쉽다.
① 림드강보다 기포가 없고 편석이 적다.
② 중앙상부에 큰 수축관이 생겨 불순물이 집적된다.
③ 재질이 균일, 기계적 성질 양호, 방향성이 좋다.
④ 수축관은 산화되어 단조, 압연시 압착이 안된다.
⑤ 적용범위: 균질을 필요로 하는 합금강, 단조용강, 침탄강, 탄소=0.3% 이상

2) 세미 킬드 강괴(Simi Killed steel ingot)

킬드강과 림드강의 중간 성질의 강이며 킬드강보다 탈산 정도가 적고 저탄소강, 중탄소강에 Si, Al의 탈산을 가볍게 한 강괴이다.
① 적용범위: 구조용 강, 강판, 원형강 재료에 사용된다.
② 구조용강: 0.15 ~ 0.3% C 범위이다.
③ 소형의 수축공과 수소의 기포만 존재한다.
④ Al으로 탈산시킨다.

3) 림드 강괴(rimmed steel ingot)

평로, 전기로, 전로 등에서 생산된 용강을 Fe-Mn으로 가볍게 탈산시킨 강이다. 탈산 및 가스 처리가 불충분한 상태의 강괴로, 탄소와 산소의 반응으로 일산화탄소 가스 기포가 발생하며 이는 2차 가공을 통해 제거 가능하다.
① 용강이 비등작용(boiling action)이 일어난다.
② 응고 후 많은 기포가 발생하여 주상결정이 테두리에 생긴다.
③ 강괴 내부에 기포, 편석이 생겨 강질이 균일치 못하다.
④ 압연, 단접으로 표면 순도가 좋다.
⑤ 판, 봉, 파이프, 보통 저탄소강(0.15% 이하)의 구조용 강재로 사용된다.

4) 강괴의 결함
① 비등작용(rimming action)

림드강 제조시 산소(O_2)와 탄소(C)가 결합하여 코발트(Co)가 생성되는데 이 가스가 대기 중으로 빠져 나온 현상으로 마치 끓는 것처럼 보인다.

② 헤어 크랙(hair crack)

H_2 gas에 의하여 강괴의 단면에 머리카락 모양으로 미세하게 갈라지는 균열로서 외부에서나 절삭 상태에서는 보이지 않는 균열로 검출하는 방법은 보통 매크로 에칭에 응용된다.

③ 백점(white spot or flake)

H_2의 압력이나 열응력의 변태 응력 등에 의해 생긴 미세한 균열의 금(파면이 희다)으로 Ni-Cr강에 많이 나타난다.

④ 편석(segregation)

강괴의 중심부에 편석이 발생하기 쉽고, S나 P은 편석을 일으키기 쉽다. 큰 주물에서 처음 응고 부분과 나중 응고 부분의 농도차에 의해 불순물이 모이는 현상을 편석이라 한다.

⑤ 고스트 라인(ghost line)

P나 S 등이 편석되어 있는 강괴를 압연시 편석 부분이 긴 띠 모양을 이룬 것

4 순철(Pure iron)

1. 공업용 순철

실용 재료에는 불순물이 다소 함유한 99.8% 정도의 것이 가공용, 선재, 판재 등으로 사용된다.

① 카르보닐철은 $Fe(CO)_5$가 1기압 이하의 약 200℃에 분해하여 Fe와 CO로 되는 성질을 이용하여 만든 고순도의 철로 소결재의 원료로 사용한다.

※순철에는 미량의 불순물이 존재하는데 이것에 의해 변태온도가 달라진다.

② 순철의 제조는 일반적으로 전기분해법으로 한다.

※고주파 전지로서 고순도로서 잘 건조된 H_2에 의해 용철의 환원과 진공처리에 의해 불순물이 0.0013%인 고순도를 얻는다.

2. 순철의 변태

순철의 변태점에는 자기변태(A_2), 동소변태(A_3, A_4)의 3가지 변태점이 있다. 순철에는 α철, γ철, δ철의 3개 동소체가 있으며, 910℃ 이하에서는 α철로 체심입방격자, 910~1400℃에서는 γ철로 안정한 면심입방격자로 되며, 1400℃ 이상에서는 δ철로 체심입방격자이다.

① 동소 변태는 외적인 조건에 의해 원자 배열이 바뀌는 것으로 A_3, A_4 변태이다.

② 동소 변태는 원자 배열의 변화가 생기므로 상당한 시간을 요한다.(가열시에는 높고 냉각시에는 다소 저온에서 생긴다.)

③ 자기 변태(A_2)는 원자 배열의 변화는 없고 단지 자기의 강도만 바뀌는 변태로 가열·냉각시 온도변화가 없다.

④ 강은 강자성체이지만 가열하면 자성이 점점 약해져 768℃ 부근에서 급격히 상자성체가 되는데 이를 자기변태(A_2)라 하고, 앞의 격자 변화를 동소변태(A_3, A_4)라 하며 변태가 일어나는 온도를 변태점이라 한다.

㉮ A_4 변태(자기변태)

$$\gamma\text{-Fe(BCC)} \xrightleftharpoons{1400℃} \delta\text{-Fe(FCC)}$$

㉯ A_3 변태(동소변태)

$$910℃$$
$$\alpha Fe(BCC) \rightleftarrows \gamma Fe(FCC)$$

㉰ A_2 변태(동소변태, 퀴리 포인트)

$$768℃$$
$$\alpha - Fe(강자성) \rightleftarrows \propto - - Fe(상자성)$$

순철의 변태와 변태점

변태	조직 성분	적요
A_4 (동소변태)	체심입방격자 면심입방격자 δ철 $\rightleftarrows$ γ철	Ac_4 (가열) 1400℃ Ar_4 (냉각)
A_3 (동소변태)	면심입방격자 δ철 $\rightleftarrows$ β철	Ac_3 (가열) 910℃ Ar_3 (냉각)
A_2 (자기변태)	δ철 $\rightleftarrows$ α철	Ac_2 (가열) 768℃ Ar_2 (냉각)

3. 순철의 동소체

- α-철 : 910℃ 이하에서 체심입방격자
- γ-철 : 910 ~ 1400℃에서 면심입방격자
- δ-철 : 1400℃ 이상에서 체심입방격자

상온	910℃	1400℃	1538℃
	α -Fe	γ -Fe	δ -Fe
	B.C.C	F.C.C	B.C.C

4. 순철의 성질

(1) 물리적 성질

① 각 변태점에서 불연속적으로 변한다.

② 자기 변태는 온도가 상승함에 따라 자기 강도는 A_2점에서 급변한다.

③ 비중(7.87), 용융점(1,538℃), 열전도율(0.18), 인장강도(176~245N/mm^2), 브리넬경도 (60~70), 연신율(40~50%)

(2) 기계적 성질

순철은 상온에서 전성 및 연성이 풍부하고 단접성, 용접성이 양호하나 유동성 및 열처리성이 불량하다.

(3) 화학적 성질

① 고온에서 산화 작용이 심하며 습기와 산소가 있으며 상온에서 부식된다.

② 산화물의 두터운 표피가 이탈하여 해수, 화학약품에 내식성이 약하다.

③ 강, 약산에 침식되고, 알카리에는 침식이 안된다.

5. 순철의 용도

① 기계적 강도가 낮아 그대로 기계 재료로 사용하기에는 부적당하다.

② 투자율이 높기 때문에 변압기, 발전기의 박철판 등의 재료에 사용한다.

③ 소결 자석용 철분으로 사용한다.

④ 강, 주철의 원료로 사용한다.

⑤ 카르보닐철은 소결재로 만들어 고주파용 압분 철심에 많이 사용한다.

※압분 : 압축하여 일정한 형과 강도를 가하여 밀도를 높이는 고 균일체를 만드는 것

순철(Pure iron)

4. 금속의 조직과 상태도

1 탄소강의 평형상태도 이해

1. 물질의 상(Phase) 및 물질의 상태(State)

1) 물질의 화학적, 물리적으로 균질한 원자나 분자의 집합을 의미한다.
2) 물질은 압력, 온도, 기타의 조건에 따라 기체, 액체, 고체의 형태로 존재하며 이를 기상, 액상, 고상이라고 한다.
3) 물은 액체인 물과 기체인 수증기와 고체인 얼음으로 존재한다. 즉 액상, 기상, 고상으로 존재한다. 다시 말해서 액체인 물, 수증기, 얼음은 물의 서로 다른 상이다.

(1) 기체, 액체, 고체 각각의 경우
   ① 기체의 경우 여러 물질이 혼합되어 있어도 균일하게 분산되어 있으면 1상으로 취급한다. (예 : 공기, 공기는 질소, 산소, 이산화탄소 등의 여러 가지 종류의 기체가 혼합된 기체이다)
   ② 액체의 경우 용액이 균일하면 1상으로 취급한다. (예 : 소금물, 설탕물)
   ③ 고체의 경우 한 개의 성분이 1상이나 두 개의 성분이 합쳐져 고용체를 만들면 1상으로 취급한다. (예 : 합금)
   ※ 성분(component) : 물질을 구성하는 요소들을 의미하며, 한가지 원소로 구성될 수도 있고, 여러 가지 원소가 혼합된 화합물로도 성분을 구성할 수 있다.

2. 평형상태도(Equilibrium Diagram)

평형상태도는 물질의 온도, 압력, 성분조성 등에 따라 존재하는 상의 관계를 표시하는 선도이며 재료의 조직, 성질, 열처리 등을 예측하고 이해하는데 유용하다.

(1) 1성분계의 평형상태도

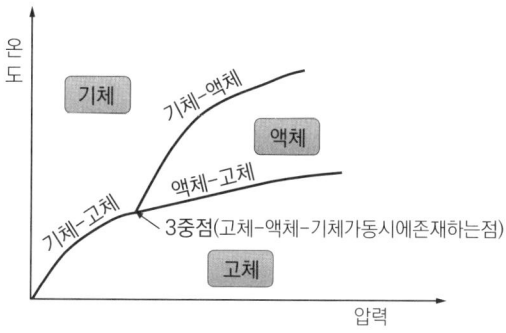

온도-압력에 따른 평형상태도

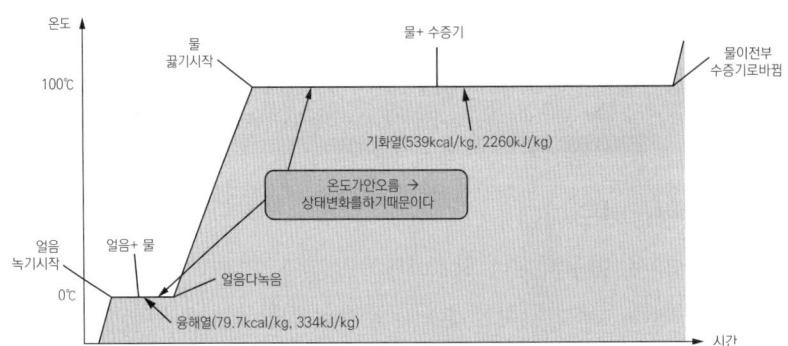

온도-시간에 따른 평형상태도

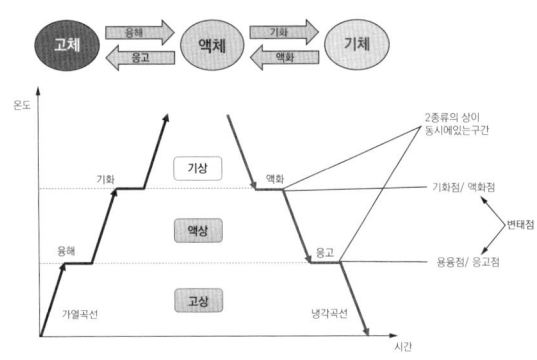

금속의 평형상태도

(2) 2성분계의 평형상태도(=합금의 평형상태도)

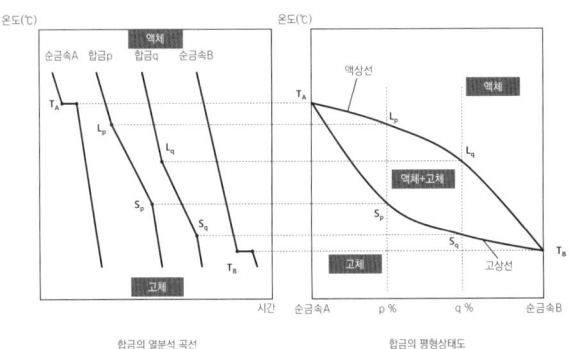

2성분계 열분석 곡선과 평형 상태도(합금의 평형상태도)

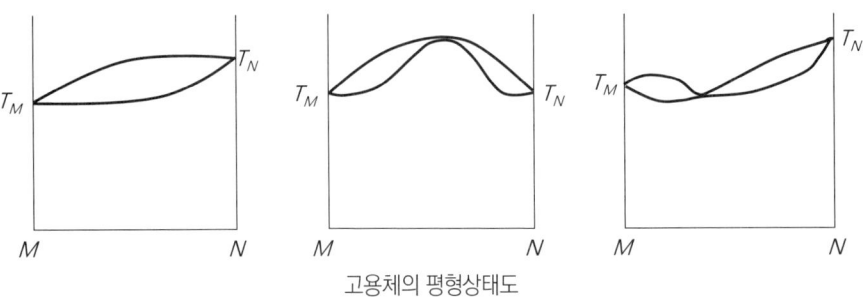

고용체의 평형상태도

① 정출 : 액상 → 고상 (액체에서 고체가 생기는 반응)
② 석출 : 고상 → 고상 (고체에서 고체가 생기는 반응)
③ 편정반응 : 액상1 → 액상2+액상3 (하나의 액체에서 2종류의 액체가 동시에 생기는 반응)
④ 포정반응 : 고상1+액상 → 고상2 (고체 주위에 액체가 작용하여 새로운 고체가 생기는 반응)
  · 두 성분의 융점 차이가 클 때 나타나는 반응이다.
  · δ철+용액 → γ철 (1495℃)
⑤ 공정반응 : 액상 → 고상1+고상2 (액체에서 2종류의 고체가 생기는 반응)
  · 고온에서는 두 성분 A와 B가 완전히 용해되어 있지만 어느 일정한 온도에서부터는 액체로부터 두 가지 고체가 동시에 정출하는 반응)
  · 용액 → γ철+Fe_3C(시멘타이트), (1148℃)
⑥ 공석반응 : 고상1 → 고상2+고상3 (고체에서 2종류의 고체가 생기는 반응)
  · γ철 → α철+Fe_3C(시멘타이트), (723℃)

(3) Fe_3C 평형상태도
① 철강의 조성(탄소의 %)과 온도에 따른 상의 상태를 나타내는 선도
② Fe과 C가 함께 용융된 용액을 서냉할 경우 탄소의 함유량과 온도에 따른 조직 성분의 상태를 나타내는 선도
③ 철강의 조직, 성질과 열처리의 이해에 중요한 선도이다.

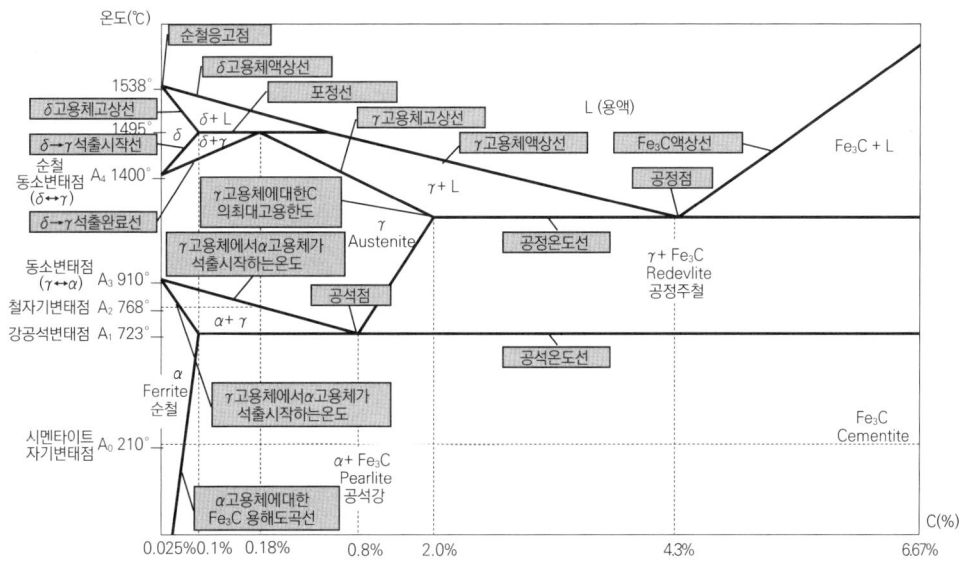

Fe_3C 평형상태도 (1)

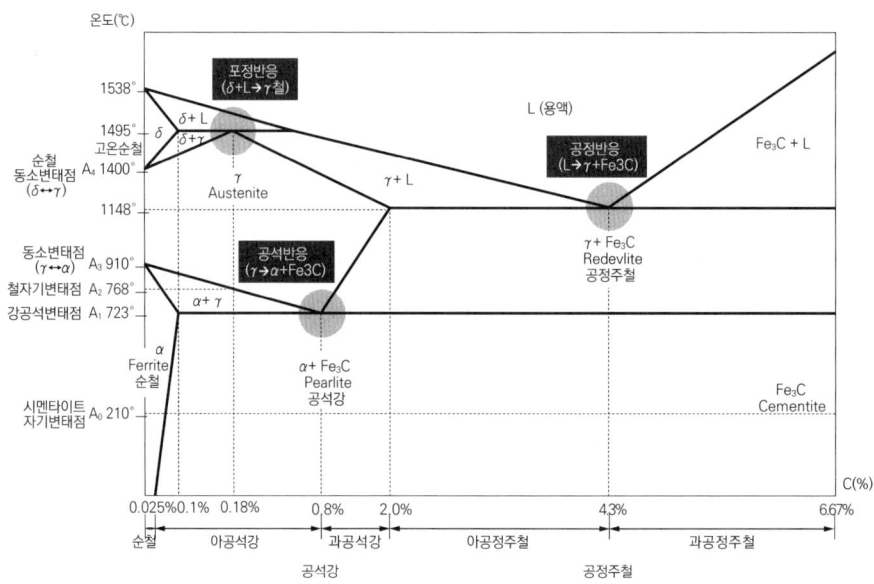

Fe₃C 평형상태도 (2)

④ Fe₃C 평형상태도 상의 종류 및 성질
- δ-고용체 (δ-Ferrite) : δ철이 C를 흡수하여 고용된 상태(=고온 순철)
- γ-고용체 (Austenite) : γ철이 C를 흡수하여 고용된 상태
- α-고용체 (Ferrite) : α철이 C를 흡수하여 고용된 상태
- Fe_3C (Cementite) : Fe과 C가 화학 결합한 사방정계의 금속간화합물(=탄화철)
- α철+Fe_3-C (Pearlite, 공석강) : α철+Fe_3-C의 공석조직
- γ철+Fe_3-C (Ledeburite, 공정주철) : γ철+Fe_3-C의 공정조직

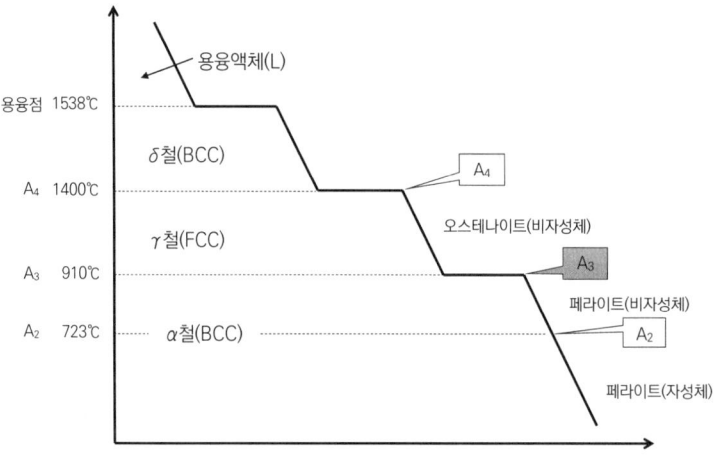

순철의 열분석 곡선 (동소변태 및 자기변태)

2 탄소강의 평형상태도

1. Fe-C계 평형상태도

(1) Fe-C계 평형상태도(점선)와 Fe-Fe$_3$C계 평형상태도(실선)의 두 종류가 있다.

(2) 탄소강의 경우에는 탄소가 유리흑연으로 되지 않고 Fe과의 화합물인 Cementite로 존재한다.

(3) 탄화철(Cementite, Fe$_3$C)는 6.68%C를 포함하는 백색 침상의 금속간화합물이며 경도는 대단히 높다.

(4) 순철의 동소체인 α-Fe, γ-Fe, δ-Fe은 탄소를 고용해서 α, γ, δ의 고용체를 만든다.

(5) Fe-C계 평형상태도

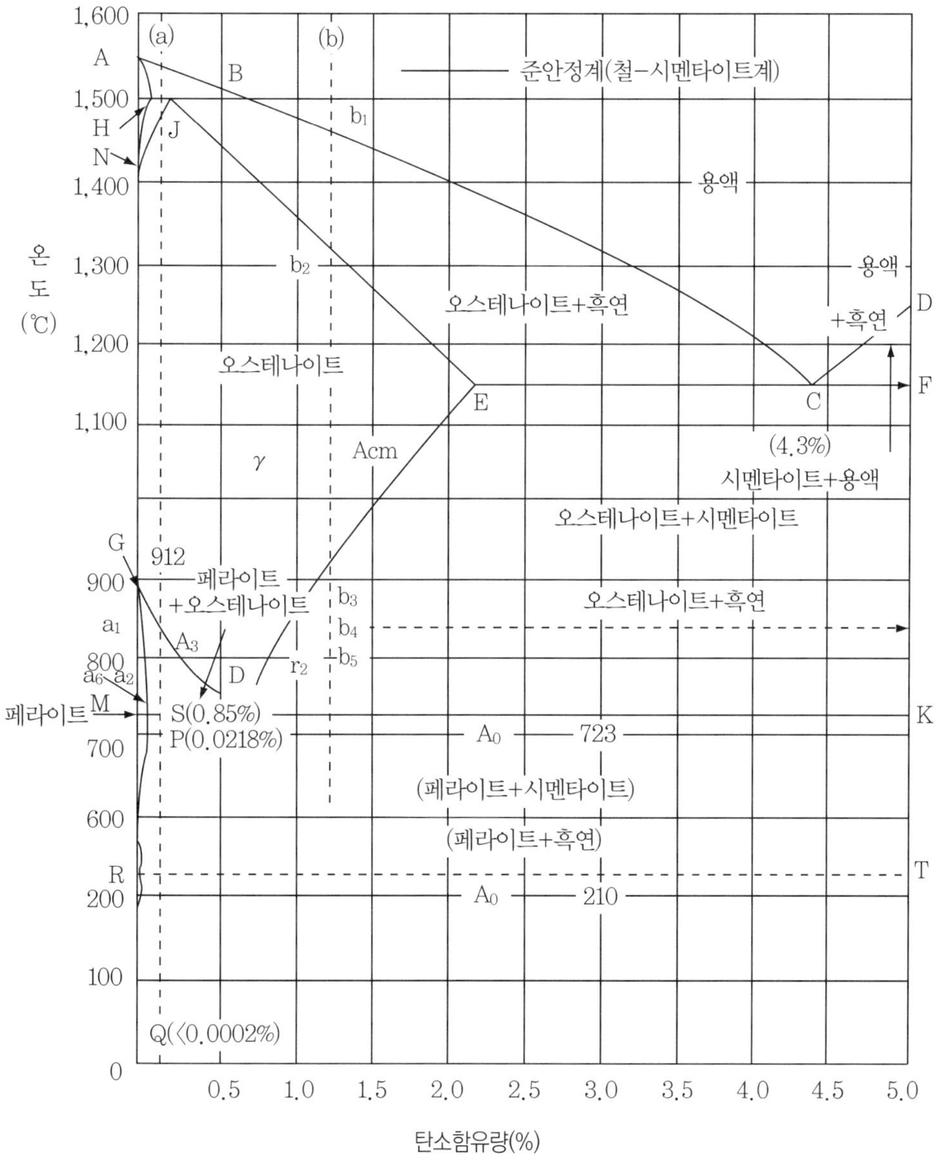

- A점 : 순철의 용융점(1538±3℃)
- AB선 : δ-고용체의 액상선
  ※ Fe-C용액에서 δ-고용체가 정출하기 시작하는 온도선을 표시하는 곡선
- AH선 : δ-고용체의 고상선
  ※ 0.1%C 이하의 강에 있어서는 δ-고용체의 정출 완료를 표시하는 곡선
- B점 : H점과 J점과의 평행을 이루고 있는 고용체를 나타내는 점(0.5%C)
- BC선 : γ-고용체의 액상선
  ※ γ-고용체가 정출하기 시작하는 온도를 표시하는 곡선
- H점 : δ-고용체의 탄소에 대한 최대의 용해도를 나타내는 점(0.10%C)
- HJB : 포정선
  ※ 일정온도(1490℃)에 있어서 0.1~0.5%C 사이의 강에서는 δ-고용체[H] + 용액[B] $\rightleftarrows$ γ-고용체[J]의 반응식을 일으킨다.
- J점 : 포정점(1490℃, 0.18%C)
- JE선 : γ-고용체에 대한 고상선(γ-고용체의 정출완료 온도선)
- N점 : 순철의 A_4변태점(1400℃), δ-Fe $\rightleftarrows$ γ-Fe
- JN선 : δ-고용체로부터 γ-고용체의 석출완료선
- HN선 : δ-고용체가 γ-고용체로 변하기 시작하는 온도선
- C점 : 공정점(4.3%C, 1130℃, Ledeburite), 액체 $\rightleftarrows$ γ-고용체 + Fe3C
  ※ 용액으로부터 γ-고용체와 Fe_3C가 동시에 정출하는 점
- CD선 : Fe_3C의 액상선
  ※ 용액으로부터 Fe_3C가 정출하기 시작하는 온도선을 표시하는 곡선
- E점 : 강과 주철의 한계점(1130℃, 2.0%C)
  ※ γ-고용체에 있어서 탄소의 포화점
- ECF선 : 공정선, 2.0~6.68%C, 1130℃(Fe-C계 : 1135℃)이다.
- ES선 : Fe_3C의 초석선으로 Acm선이라고 한다.
  ※ γ-고용체에서 Fe_3C가 석출하기 시작하는 온도선이다.
- MO선 : 강의 자기변태선(A_2 변태점의 온도 : 768℃)
- G점 : 순철의 A_3 변태점(910℃)이다. γ-Fe $\rightleftarrows$ α-Fe
- GP선 : 0.025%C 이하의 합금에 있어서 γ-고용체에서 α-고용체의 석출완료선
- GS선 : α-고용체의 초석선
  ※ 강의 A3 변태선으로 냉각시 그 온도에 도달하면 γ-고용체에서 α-고용체가 석출하기 시작한다.
- S점 : 공석점(0.85%C, 723℃), Pearlite $\rightleftarrows$ α-고용체 + Fe_3C
  ※ γ-고용체에서 α-고용체와 Fe_3C가 동시에 Pearlite로 석출한다.
- P점 : α-고용체 중 탄소를 최대로 고용하는 온도점(0.025%C)
- PSK선 : A_1 변태선(공석선)
- RT선 : Fe_3C의 자기변태선(A_0 변태점 : 210℃)
- PQ선 : α-고용체의 탄소 용해한도 곡선(상온에서 0.008%C)

2. 탄소강의 조직 성분

조직 성분	조직명	설명
δ 고용체	-	δ철 중에 극히 소량의 탄소가 고용한 것으로 0.09% 이상의 탄소를 함유하는 강에서는 나타나지 않는다. 또 1493℃ 이상의 고온에서 밖에 존재하지 않는다.
γ 고용체	오스테나이트 (Austenite)	γ철에 2.14% 이하의 탄소가 용입된 고용체로 A_3변태점 이상의 온도에서는 안정적이지만 723℃ 이하에서는 페라이트로 변화한다. 상당히 인성이 좋고 내식성이 풍부하며 상자성이라는 성질을 갖는다.
α 고용체	페라이트 (Ferrite)	α철 중에 극히 미량(723℃에서 0.022%, 상온에서 0.006%)의 탄소가 용입된 고용체로 0.76% C 이하의 강 중에 유리해서 나타나며, 무르고 연성이 풍부하며 강자성이다.
탄화철 (Fe_3C)	시멘타이트 (Cementite)	탄소 6.67%와 철과의 화합물로 상당히 단단해서 깨지기 쉽다. 0.76% 이상 탄소를 함유한 강에서는 유리해서 존재한다. 상온에서는 강자성체이지만 213℃의 A_0변태에서 상자성체가 된다.
α 고용체와 탄화철의 공석물	펄라이트 (Pearlite)	γ고용체, 즉 오스테나이트가 A_1 변태에서 분리한 공석물로 페라이트와 시멘타이트의 얇은 층이 서로 나란히 번갈아 층을 이루는 조직이다.

3. 탄소강의 변태

(1) 공석강은 723℃ 이상에서 γ-Fe의 원자배열을 하고 있으므로 면심입방격자이다.

(2) A_1 변태점 이하의 온도에서는 체심입방격자의 α-Fe과 Fe_3C로 되어 있다.

(3) α-Fe과 Fe_3C는 혼합상태로 존재하는데 이 상태를 펄라이트(Pearlite)라 한다.

(4) A_1 변태점 이상의 온도에서 강은 γ-Fe 상태이고 탄소가 고용되어 있다.

[탄소강의 변태점]

변태 구분	A_0	A_1	A_2	A_3	A_4
온도	210(℃)	723(℃)	768(℃)	910(℃)	1400(℃)
변태	Fe_3C의 자기변태	공석변태	철의 자기변태	철의 동소변태	철의 동소변태

(5) A_4 변태는 탄소량이 증가하면 변태점은 상승하고, 0.16% C 이상에서는 이 변태는 일어나지 않는다.

(6) A_3 변태는 탄소량이 증가하면 변태점은 강하고, 0.76% C 이상에서는 723℃가 되어 A1 변태점과 일치한다.

(7) A_2 변태는 탄소량은 관계없이 768℃에서 일어난다. 0.76% C 이상의 탄소강에서는 일어나지 않는다.

(7) A_1 변태는 순철에서는 이 변태가 없다. 탄소량과 관계없이 일정해서 723℃에서 일어난다.

(8) A_0 변태는 시멘타이트(Fe_3C)의 자기변태로 순철에서는 볼 수 없다. 탄소량과 관계없이 210℃에서 일어난다.

(9) Acm 변태는 탄소량이 0.76%에서 2.14%까지의 탄소강에서 볼 수 있고, γ철에서 시멘타이트를 석출한다. 탄소량이 증가하는만큼 높은 온도에서 일어난다.

[탄소강의 변태]

변태	개요	
A_4	탄소량이 증가하면 변태점은 상승하고, 0.16% 이상에서는 이 변태는 일어나지 않는다.	δ철 $\rightleftarrows$ γ철
A_3	탄소량이 증가하면 변태점은 하강하고, 0.76% C에서는 727℃가 되어 A_1 변태점과 일치한다.	γ철 $\rightleftarrows$ α철
A_2	탄소량과 관계없이 770℃에서 일어난다. 0.76% C 이상의 탄소강에서는 일어나지 않는다.	페라이트 α철의 자기변태 강자성 $\rightleftarrows$ 상자성
A_1	탄소량과 관계없이 일정하게 727℃에서 일어난다.	γ철 $\rightleftarrows$ 펄라이트
A_0	시멘타이트(Fe$_3$C)의 자기변태로 순철에는 보이지 않는다. 탄소량에 관계없이 213℃에서 일어난다.	강자성 $\rightleftarrows$ 상자성
Acm	탄소량이 0.76%부터 2.14%까지의 탄소강에서 보이고, γ철에서 시멘타이트를 석출한다. 탄소량이 증가할수록 높은 온도에서 일어난다.	γ철 $\rightleftarrows$ 시멘타이트

3 탄소강의 표준조직

강을 단련한 후에 A_3, A_2, A_1 변태점 또는 Acm선 이상 30~50℃의 온도범위(-고용체 범위)로 가열하여 적당시간 유지한 후(균일한 오스테나이트가 될 때까지)공랭하는 조직을 표준조직이라 한다.

1. 페라이트 : Ferrite(α-Fe)

α-Fe에 탄소(0.025% 이하) 등의 다른 원소를 고용한 상태의 조직으로 고용체, 지철이라고 한다.

① 현미경 조직에서 강자성체이며 연하고 전연성이 크며 순철에 가깝다.
② 탈산이 심하게 일어난 곳의 조직, HB 약 90정도이다.
1) α-고용체로 α-Fe에 탄소를 최대 0.025%까지 고용하는 고용체이다.
2) 극히 연하여 연성이 크고 담금질에 의해 경화하지 않는다.
3) 순철에 가까우며 강자성체이고 인장강도가 비교적 작고 HB90이다.
4) 결정구조는 체심입방격자며 탈산이 심하게 일어난다.

2. 오스테나이트 : Austenite(γ-Fe)

γ-Fe에 최대 2.05까지의 C를 고용한 고용체의 조직으로 결정구조는 면심입방격자이다. 탄소강을 가열해서 A_3점 또는 Acm점 이상에서 급냉하면 상온에서도 볼 수 있다. 마텐자이트보다 경도는 낮지만 인성이 있다.

① A_1점(723℃) 이상에서 안정된 조직을 갖는다.

② 비자성체이며 전기 저항이 크고 경도는 낮으나 인장 강도에 의해 연율이 크다.

1) γ-Fe에 탄소를 최대 2.0%까지 고용하는 γ-고용체이다.
2) 결정구조는 면심입방격자이고 비자성체이며 인성이 크다.
3) A_1변태점 이상의 온도에서 안정된 조직이다.
4) 전기저항이 크고 경도(HB155)는 낮으나 인장강도에 비해 연신율이 크다.

3. 펄라이트 : Pearlite(α-Fe+Fe_3C)

α와 Fe_3C의 공석을 말한다. 공석강의 결정 조직명으로 페라이트와 시멘타이트가 층상으로 혼합되어 있는 조직으로 현미경 관찰시 층상의 조직이 진주조개 표면의 모습을 닮고 있는데서 이름이 붙여졌다. 0.85%C의 γ-고용체가 730℃에서 분열되어 생긴다.

① 페라이트(Ferrite)와 시멘타이트(Cementite)의 공석점이다.
② 경도가 크고 어느 정도 연성이 있다.
③ 인장강도, 내마모성이 강한 조직, HB 225 정도이다.
④ 0.8%C 강을 800℃로 가열 후 서냉한 조직이다.

1) 0.8%C의 γ-고용체가 723℃에서 분해하여 생긴 페라이트와 시멘타이트의 공석점으로 α-고용체와 Fe_3C의 혼합 층상조직이다.
2) 강도나 경도(HB255)가 크고, 어느 정도의 연성을 가지며 항장력, 내마모성이 강한 조직이다.
3) 현미경으로 보면 낮은 배율에서는 전체가 검게 나타나며 1000배 이상 확대하면 백색 부분(Ferrite)과 흑색부분(Cementite)의 층상으로 나타난다.
4) 층상 펄라이트(Pearlite)의 형성과정

① γ-Fe의 결정입계에서 Fe_3C의 핵이 발생한다.
② Fe3C의 핵이 얇은 편상으로 성장함과 동시에 그 주위에 α-Fe가 생긴다.
③ α-Fe이 생긴 입계에 새로운 Fe_3C의 핵이 생긴다.
④ 생성된 Fe_3C와 α-Fe은 입계로부터 오스테나이트(Austenite)방향으로 성장한다.

4. 시멘타이트 : Cementite(Fe_3C)

강 속에서 생성되는 금속간 화합물인 Fe_3C(탄화철)이며 6.68%C와 Fe과의 화합물로서 대단히 단단하고 메짐이 있다. 현미경에서 백색 조직이며 조직 중에서 가장 경한 조직으로 강자성체이며 취약하다.

① 비중 7.82, A_0변태(210℃)에서 자기 변태를 갖는다.
② 1154℃로 가열하면 빠른 속도로 흑연을 분리시킨다.

③ 백색의 침상조직, 불안정한 금속간 화합물이다.

④ 피크린산 알콜 용액으로 부식시키면 암갈색으로 착색한다.

1) 6.68%의 탄소를 함유한 철화합물로서 대단히 단단하고 취약하다.
2) 비중은 7.82, 경도는 HB820 정도, 210℃(A_0변태점)에서 자기변태를 갖는다.
3) 1130℃로 가열하면 빠른 속도로 흑연을 분리시킨다.
4) 저탄소강의 Fe_3C는 망상 또는 침상으로 나타나며 불안정한 금속간화합물이다.

5. 레데뷰라이트 : Ledeburite(뷔스트)

20%C의 -고용체와 6.68%C의 Fe_3C와 공정조직으로 주철에 나타난 공정점의 조직이다. 주철에 있어서 오스테나이트(γ)와 시멘타이트(Fe_3C)의 공정조직으로 일반적으로 상온에서는 불안정하고 Fe_3C는 흑연과 금속으로 분해한다.

페라이트 : F(Ferrite)=α
펄라이트 : P(Pealite)=α+Fe_3C
시멘타이트 : Fe_3C(Cementite) 강의 조직 중 가장 단단하다.

1) 2.0%C의 γ-고용체와 8.68%C의 Fe_3C와의 공정조직이다.
2) 주철에 나타나는 공정점의 조직으로 공정점의 온도는 1130℃이다.

6. 0.2%C 탄소강의 표준상태에서의 Ferrite와 Pearlite의 조직량 관계

1) 초석 Ferrite(α-Fe) $\dfrac{0.86-0.2}{0.86-0.0218} \times 100 = ≒79\%$(※공석선 직하)

2) Pearlite+Ferrite=100%이므로 P=100-79=21%(α+Fe_3C)

3) Pearlite 중의 Ferrite와 Cementite의 양을 산출하는 식

① $F_P = 21 \times \dfrac{6.68-0.86}{6.68-0.0218} = 18\%$ (※ Pearlite 중의 α-Fe)

② CP=21-18=3%(Pearlite 중의 Fe_3C)

③ 전체 Ferrite는 97%이고 Fe_3C는 3%로 된다.

7. 공석강의 변화, 각점의 반응식 및 조직

(1) 공석강의 변화

① 0.85%의 강을 900℃까지 가열하면 오스테나이트로 되는데 이것을 서냉하면 723℃(공석점)에서 펄라이트 즉 페라이트와 시멘타이트 조직으로 변한다.

② 아공석강은 0.85%C 이하의 강으로 상온에서 페라이트와 펄라이트로 되어 있다.

③ 과공석강은 0.85~2.0%C의 강으로 상온에서 펄라이트와 시멘타이트 조직으로 된다.

(2) 각점의 반응식

① 공정반응식: 용액(L) $\rightleftarrows$ γ-고용체+Fe_3C
② 공석반응식: γ-고용체 $\rightleftarrows$ α-고용체+Fe_3C
③ 포정반응식: 용액+δ-고용체 $\rightleftarrows$ γ-고용체

(3) 각점의 조직

① 공정점: Ledeburite=Austenite+Cementite
② 공석점: Pearlite=Ferrite+Cementite
　아공석강: Ferrite+Pearlite
　과공석강: Pearlite+Cementite

4 철강 조직의 기계적 성질

철강조직의 기계적 성질

순위	조직명		경도($\fallingdotseq$HB)	특성
1	시멘타이트	cementite	820	강의 조직 중 가장 단단하나 메지어 부스러지기 쉽다.
2	마텐자이트	martensite	720	열처리 조직 중에서 가장 경하고 강하지만 메지어 깨지기 쉽다.
3	트루스타이트	troosite	400	마텐자이트보다 경도는 낮으나 인성(Toughness)이 크다.
4	베이나이트	bainite	(340)	강의 항온 변태 조직으로 강도, 경도, 인성이 풍부하다.
5	소르바이트	sorbite	(270)	트루스타이트보다 경도는 낮으나 강인성이 풍부하다.
6	펄라이트	pearlite	225	철강의 표준 조직으로 강도가 크고 인성이 있다.
7	오스테나이트	austenite	155	강의 고온 조직으로 전연성이 있다.
8	페라이트	ferrite	90	순철의 조직으로 경도, 강도는 낮으나 전연성이 풍부하다.

5 강의 변태

(1) 동소 변태: 외적인 조건에 의해 원자 배열이 바뀌는 것. A_4, A_3 변태
(2) 자기 변태: 원자 배열의 변화는 없고 단지 자기의 강도만 바뀌는 것. A_2, A_0 변태
(3) 공석 변태: A_1 변태

구분＼변태	A_0	A_1	A_2	A_3	A_4	순철의 용융점
온도(℃)	210	723	768	910	1,400	1538℃
변태	Fe_3C의 자기변태	공석변태	Fe의 자기변태 퀴리점	Fe의 동소변태	Fe의 동소변태	

변태		온도(℃)	내용	비고
	A_0	210	Fe_3C의 자기 변태	강
	A_1	723	공석변태(Austenie→pearlite)	강
	A_2	768~770	Fe의 자기 변태(α철→β철)	철강
	A_3	910	Fe의 동소 변태	철강
	A_4	1400	Fe의 동소 변태	철강
	Acm	370~1145	과공석강에서 Fe_3C의 석출변태	강
	Ae		평형상태도에서의 변태	
가열의 변태	Ac_1		Pearlite→Austenite	강
	Ac_2		Ferrite→Austenite	강
	Acm		Austenit에 Cementite 고용	강
냉각의 변태(연속)	Ar_1		Austenite Pearlite	강
	Ar_2		상자성→강자성	강
	Ar'		Austenite→Troostite	강
	Ar"		Austenite→Martensite	강
	Ms		Austenite→Martensite의 시작	강
	Mf		Austenite→Martensite의 종료	강
냉각의 변태(항온)	A B		Martensite→Bainite	강

6 기계재료의 기호

1. 재료 기호 표기의 예

기계재료를 나타내는 기호는 영문자와 숫자로 구성되며 주로 3부분으로 표시한다. 아래에 재료 기호 별 구성 의미를 나타냈다.

• 일반구조용 압연강재의 경우

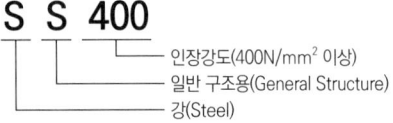

• 기계구조용 탄소강재의 경우

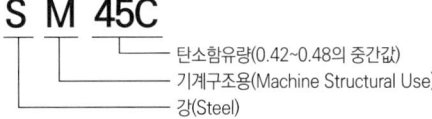

• 회주철의 경우

• 크로뮴몰리브데넘 강재의 경우

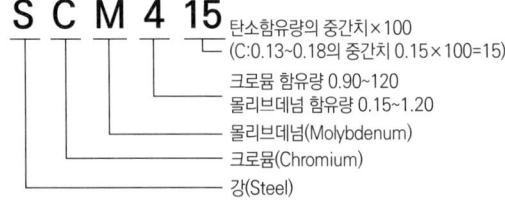

2. 재료 기호 구성의 의미

(1) 첫 번째 부분의 기호 : 재질

재질을 나타내는 기호로 재질의 영문 표기 머리문자나 원소기호를 사용하여 나타낸다.

제 1위 기호의 재료명

기호	재질명	영문명	기호	재질명	영문명
Al	알루미늄	aluminum	F	철	Ferrum
AlBr	알루미늄청동	aluminum bronze	GC	회주철	Gray casting
Br	청동	bronze	MS	연강	Mild steel
Bs	황동	brass	NiCu	니켈구리합금	Nickel copper alloy
Cu	구리	copper	PB	인청동	Phosphor bronze
Cr	크롬	chrome	S	강	steel
HBs	고강도 황동	high strength brass	SM	기계구조용강	Machine structure steel
HMn	고망가니즈	high magnanese	WM	화이트메탈	White Metal

(2) 두 번째 부분의 기호 : 제품명 또는 규격명

제품명이나 규격명을 나타내는 기호로서 봉, 판, 주조품, 단조품, 관, 선재 등의 제품을 형상별 종류나 용도를 표시하며 영어 또는 로마 글자의 머리글자를 사용하여 나타낸다.

제 2위 기호의 재품명 또는 규격명

기호	제품명 또는 규격명	기호	제품명 또는 규격명
B	봉 (Bar)	MC	가단 주철품
BC	청동 주물	NC	니켈크로뮴강
BsC	황동 주물	NCM	니켈크로뮴 몰리브데넘강
C	주조품 (Casting)	P	판 (Plate)
CD	구상흑연주철 (Spheroidal graphite iron castings)	FS	일반 구조용강 (Steels for general structure)
CP	냉간압연 연강판	PW	피아노선 (Piano wire)
Cr	크로뮴강 (Chromium)	S	일반 구조용 압연재 (Rolled steels for general structure)
CS	냉간압연강대	SW	강선 (Steel wire)
DC	다이캐스팅 (Die casting)	T	관 (Tube)
F	단조품 (Foring)	TB	고탄소크로뮴 베어링강
G	고압가스 용기	TC	탄소공구강
HP	열간압연 연강판 (Hot-rolled mild steel plates)	TKM	기계구조용 탄소강관 (Carbon steel tubes for machine structural purposes)
HR	열간압연 (Hot-rolled)	THG	고압가스 용기용 이음매 없는 강관
HS	열간압연강대 (Hot-rolled mild steel strip)	W	선 (Wire)
K	공구강 (Tool steels)	WR	선재 (Wire rod)
KH	고속도 공구강 (High speed tool steel)	WS	용접구조용 압연강

II
철과 강

1. 탄소강의 특성 및 용도

현재 사용되는 철의 대부분은 탄소강이며, 일반적으로 강이란 철과 탄소로 구성된 합금으로서 탄소함유량이 약 1.7% 이하인 것을 말한다. 일정한 인장강도를 필요로 하는 기계구조용 부품에는 담금질을 한 후 비교적 높은 온도로 뜨임을 해서, 담금질로 인해 생긴 마텐자이트 조직을 트루스타이트 또는 소르바이트 조직으로 만드는 열처리(조질처리)를 한다. 일반적으로 표준 상태에 있어 탄소강은 페라이트와 시멘타이트와의 혼합체로 볼 수 있는데, 물리적 성질은 양자의 성질을 반반씩 지니고 있고, 기계적 성질 또한 반반씩 지니고 있으며, 기계적 성질은 거의 탄소함유량과 비례한다. 인장강도, 경도 등은 탄소함유량과 함께 증가하고 신장률은 반대로 감소한다. 탄소강은 연강, 기계구조용 탄소강, 탄소 공구강, 스프링강 등으로 분류한다. 탄소강에서 탄소의 증가에 따라서 0.8%C 까지는 페라이트 감소, 펄라이트 증가, 연율 감소, 강도·경도는 증가하고, 0.8~2.0%C까지는 펄라이트 감소, 시멘타이트 증가, 연율 및 강도 감소, 경도는 직선적으로 증가한다. 탄소강의 주요 5대 원소는 C, Mn, Si, P, S로 연강은 0.1~0.3%C, 반경강은 0.3~0.5%C, 경강은 0.5~0.8%C 이다.

1 탄소강의 기계적 성질

탄소강의 표준 상태에서 탄소량이 많을수록 경도, 강도가 증가하며 인성, 충격값이 감소되고 가공변형이 어렵고 냉간 가공이 안된다. 즉 탄소의 증가에 따라서 0.8%C 까지는 페라이트 감소, 펄라이트 증가, 연율 감소, 강도 및 경도는 증가한다. 0.8~2.0%C 까지는 펄라이트 감소, 시멘타이트 증가로 연율·강도 감소, 경도는 직선적으로 증가한다.

1. 조직학적인 강(Steel)의 분류
(1) 순철 : 0.025% C 이하(은값과 비슷)
(2) 강 : 아공석강(0.025~0.8%C), 공석강(0.8%C), 과공석강(0.8~2.0%C)
(3) 주철 : 아공정주철(2.0~4.3%C), 공정주철(4.3%C), 과공정주철(4.3~6.67%C)
  ① 아공석강에서 C% 증가와 더불어 강도, 경도, 항복점이 증가된다.
  ② 과공석강에서 시멘타이트가 망상으로 나타나므로 강도 감소, 경도가 증가한다.
  ③ 공석강에서 강도는 최대가 되고 연율, 단면 수축률은 감소한다.
  ④ 탄성계수, 항복점은 온도 상승에 따라 감소된다.
  ⑤ 인장강도는 200 ~ 300℃까지 상승하여 최대가 되고 충격값은 최소이다.
  ⑥ 실온보다 저하하면 강도, 경도, 항복점, 탄성계수, 피로 한도가 증가되고 연율, 단면 수

축율, 충격값이 감소된다.

※ 강도와 경도는 100℃ 부근에서 상온보다 약간 낮아지고 200 ~ 300℃에서 상온보다 증가하다가 그 이상은 감소한다.

2 탄소강의 물리적·화학적 성질

강 중에 함유되어 있는 탄소량에 의해서 물리적 성질이 변화하는데 비중, 열팽창율, 열전도율 및 온도계수는 탄소량이 증가할수록 감소하고, 비열, 전기저항 등은 증가한다.

탄소강의 물리적 성질

융점 (℃)	비중	비열 [kJ/(kg·K)]	전기저항 ($\mu\Omega$cm)	전기저항 온도계수	열전도율	팽창계수	보자력 (A/m)
1528 ~ 1425	7.876 ~ 7.789	0.474 ~ 0.519	10.0 ~ 19.0	0.0056 ~ 0.0042	37.0 ~ 60.0	0.000012 ~ 0.0000108	0.5 ~ 0.6

① 탄소량의 증가에 따라 감소하는 성질:비중, 열전도율, 열팽창계수
② 탄소량의 증가에 따라 증가하는 성질:전기저항, 비열, 항자력
③ 탄소강의 내식성은 탄소가 증가할수록 감소한다.
④ 알카리에는 강하나 산에는 약하다.
⑤ Fe_3C는 α고용체보다 부식되지 않으나 페라이트와 공존하면 페라이트 부식을 촉진한다.
⑥ 담금질한 강은 풀림, 불림한 강보다 내식성이 크다.

3 탄소강의 온도에 따른 성질

취성	재료	온도	특성
저온메짐	철강	상온 이하	상온 20℃에 있는 금속 -60~-80℃의 저온으로 급격히 낮추면 충격치가 거의 0에 가깝다. 이를 저온취성이라 하며 이 때 온도를 천이온도, 전이온도, 전이점이라 한다. 경도와 인장강도는 증가하나 연신율, 충격값이 감소한다.
상온메짐	P이 많은 강	상온	P는 Fe_3P로 결정입자를 조대화시키고 경도, 인장강도를 증가시키나 연신율을 감소시키며 특히, 상온에서 충격값이 감소되며 냉간 가공시 균열이 생긴다.
청열메짐	강철	200 ~ 300℃	탄소강을 가열하면 200~300℃에서 강은 강도 및 경도가 최대로 되고, 연율과 단면수축율은 최소가 되는데 이 때 산화물 피막의 색이 푸른색(선반가공의 칩)이며 충격치가 약하므로 청열취성이란 명칭이 붙은 것. 상온보다 연신율은 저하하고 강도가 높아진다. 시효경화에 의함.
뜨임메짐	Ni-Cr강, Cr강, Mn강	500℃ ~ 650℃	담금질한 뒤 뜨임하면 충격값이 극히 감소하다. 0.3% Mo를 첨가하거나 소량의 V, W 등을 첨가하여 뜨임메짐을 방지한다.
적열(고온)메짐	S이 많은 강	900℃	S는 FeS로 존재, 가열하면 용해되어 강의 결정사이의 응집력을 파괴하고 고온에서 단조, 압연시 균열이 생긴다. Mn을 첨가하면 MnS이 제거되어 S이 고온 메짐을 방지한다.

4 탄소강에 함유된 주요 원소의 영향

철에 함유되어 있는 탄소(C)는 소량만으로도 그 성질에 큰 영향을 미친다. 기계구조용 탄소

강은 제조 과정에서 각종 원소가 첨가되어 탄소강 중에 존재하게 되는데 5대 원소(C, Si, Mn, P, S)는 대부분 포함되며, 이 외에 Cu, Ni, Cr, Al 등이나 O_2, N_2, H_2 등의 가스와 비금속 개재물들이 포함되어 탄소강의 기계적 성질에 많은 영향을 미치고 있다. 강의 성질의 조정은 주로 탄소량에 의해 실시하는데 탄소량이 증가됨에 따라 경도, 강도가 증가하여 연신율, 단면수축율이 감소하며 만약 탄소량이 같다고 하더라도 적당한 온도로 가열하여 냉각 속도나 방법 등을 달리하면 그 성질이 변화한다. 일반적으로 강의 강도를 나타내는 경우 인장강도로 나타내는데 C의 %가 증가할수록 인장강도는 증가하고, 경도는 강도에 비례하여 증가한다. 역으로 인장력을 가하여 절단되었을 때의 늘어난 길이와 원래 길이와의 비를 신율이라 하고, 이 신율(%)은 탄소가 증가할수록 감소한다.

1. 탄소(C)

탄소강에서 탄소의 증가에 따라 0.8% C까지는 페라이트 감소, 펄라이트 증가, 연율 감소, 강도 및 경도가 증가하고 0.8~2.0% C까지는 펄라이트 감소, 시멘타이트 증가, 연율 및 강도 감소, 경도는 직선적으로 증가

① 화합탄소 : 재질이 단단하고 메지며 절삭이 어렵다.
② 흑연탄소 : 재질이 연하고 약하며 절삭이 쉽다.
③ 강 중에 함유된 탄소는 전부 화합탄소이다.

2. 망가니즈(Mn)

보통 탄소강 중에 Mn은 0.20~0.80% 정도 함유하며 Mn의 일부는 철에 고용하지만 나머지는 유황(S)과 화합해서 MnS를 만들고 탈산을 돕는다. 적당량의 Mn은 강의 점성을 증가시키고 고온가공을 용이하게 한다. 또한 경화의 깊이를 지배하는 성질인 경화능의 증가, 연율이나 단면 수축율을 감소시키지 않고 강도 및 경도, 인성의 증가, 탈황 작용을 해서 절삭성 개선, 탈산 작용을 해서 유동성을 개선한다. Mn강은 탄소강보다 경화능이 크고 Mn이 1% 이상이면 수축관(shrinkage pipe)이 생긴다.

① 선철 제강시 탈산, 탈황제로 첨가되며 강 중에 0.2 ~ 1.0% 정도 함유된다.
② S의 해(적열메짐)를 막아주며 절삭성을 개선하나 1% 이상 첨가시 주물이 수축된다.
③ 경화능, 강도, 경도, 점성, 유동성 증가, 고온에서 결정 성장을 억제한다.

※Mn이 Ferrite 중에 고용되면 다음과 같은 특징이 있다.

- 강의 변태점을 낮추고 담금질의 냉각속도를 느리게 하므로 담금질 효과가 증가된다.
- 고온에서 결정의 성장이 감소된다.
- 강도, 경도 증가, 연성 감소, 점성 증가, 고온 가공이 용이하며 절삭성이 개선된다.

3. 규소(Si)

Fe에 Si를 첨가시키면 용융온도저하

① 0.3~0.5% 정도 함유하며 유동성, 주조성이 양호하다.
② 단접성, 냉간가공성을 해치고 충격저항과 연신율이 감소된다.
③ 결정립을 조대화해서 소성변형이 어렵게 되고, 저탄소강에서는 단접·냉간가공성을 곤란하게 한다.(Si의 용융점이 Fe보다 낮아 먼저 녹기 때문이다)
④ 강의 인장강도, 경도, 탄성한도 증가
⑤ 연율, 단면 수축율, 충격값은 감소

4. 인(P)

적은 것이 오히려 양질의 강

① 0.025% 이하 함유하며 편석, 상온취성의 원인이 되며 Fe_3P의 화합물을 만든다.
② 연율, 충격값이 감소하며 강도, 경도 증가
③ 유동성을 가장 좋게 개선, 주물의 표면을 거칠게 한다.
④ 상온 가공시 취성(상온취성)이 일어나서 깨지기 쉽다.

5. 유황(S)

① 0.017% 이하 함유(보통강에선 0.03% 이하 요구)
② 강의 유동성, 주조성을 불량하게 하고 기포(SO_2)를 만든다.
③ 강도, 연율, 충격값이 감소되며 FeS는 융점(1193℃)이 낮으며 고온에서 약하고 가공시 파괴(취성)원인이 된다.(적열취성)
④ 강 중에 S이 FeS나 MnS로 존재하고 Mn과 화합하여 절삭성이 개선된다.

6. 구리(Cu)

① 0.3% 이상이 철 중에 용입해서 강의 인장강도, 탄성한도를 증가시키고 내식성을 개선한다.
② 구리의 용융점은 강보다도 낮으므로 적열메짐의 원인이 되고, 냉간가공성·단접성을 해롭게하지만 0.3% 이하에서는 별로 해롭지않다.

7. 수소(H_2)

제강 중에 산소(O_2)·질소(N_2)·수소(H_2)·탄산가스(CO_2)가 남아 강 중에 포함된다. 질소는 페라이트 중에 용입되어 석출경화하고 산소는 페라이트 중에 용입되는 외에 FeO·MnO·SiO_2로 존재한다. FeO는 적열메짐의 원인이 되고 수소는 강의 내부에 헤어크랙이라고 하는 모발 정도의 미세한 내부 균열을 일으키거나 백점이라고 하는 균열의 원인이 된다.
① 헤어 크랙(Hair Crack)이 생기고 강을 여리게 하며 산과 알카리에 약하다.
② 헤어 크랙을 일으키기 쉬운 금속으로 Ni-Cr강, Ni-Cr-Mo강, Cr-Mo강이 있다.
※백점(White spot 또는 Flakes): 수소의 압력이나 열응력, 변태응력 등에 의해 생긴 균열이다.
※헤어 크랙(Hair Crack): 강재의 다듬질면에서의 미세한 균열이 생기며 크기는 모발정도, 검출방법은 매크로 애칭이 있다.

5 탄소강의 용도와 가공 성질

1. 탄소강의 용도
① 탄소량이 적은 것: 건축, 기계, 선박, 차량, 교량 등의 구조물
② 탄소량이 많은 것: 스프링 재료, 공구강

강의 C%	용 도
C = 0.05 ~ 0.3%	· 가공성을 요구하는 경우
C = 0.3 ~ 0.45%	· 가공성과 동시에 강인성을 요구하는 경우
C = 0.45 ~ 0.65%	· 강인성과 동시에 내마모성을 요구하는 경우
C = 0.65 ~ 1.2%	· 내마모성과 동시에 경도를 요구하는 경우

각종 강의 기계적 성질과 용도

종 별	성 분(%)				용 도
	인장강도(N/mm²)	항복점(N/mm²)	연신율(%)	강도(%)	
특별극연강	314 ~ 353	176 ~ 275	80 ~ 40	95 ~ 100	전신선
극 연 강	353 ~ 412	196 ~ 284	30 ~ 40	80 ~ 120	용접관
연 강	372 ~ 470	215 ~ 294	24 ~ 36	100 ~ 130	조선용판
반 연 강	430 ~ 540	235 ~ 353	22 ~ 32	120 ~ 145	건축조선용판
반 경 강	490 ~ 588	294 ~ 392	17 ~ 30	140 ~ 170	볼트축
경 강	569 ~ 686	333 ~ 550	14 ~ 26	160 ~ 200	실린더
최 경 강	637 ~ 980	343 ~ 363	11 ~ 20	186 ~ 235	외륜축

2. 탄소강의 가공 성질 및 종류

(1) 탄소강의 가공 성질

냉간 가공된 금속재료는 결정의 내부 변형과 입자의 미세화로 인해 결정입자가 변형되어 가공 경화를 일으켜 강도나 경도가 증가되지만 강인성은 줄어든다. 따라서 냉간가공을 계속하려면 작업 도중에 자주 풀림을 하여 가공경화를 없애고 전성, 연성을 회복시켜야 한다.

(2) 재결정(Recrystallization)

가공 경화한 재료를 어떤 온도 이상에서 일정 시간 가열하면, 가공 경화의 영향이 해소되고 새로운 결정립의 집합이 일어나는 현상

(3) 고온 가공(열간가공, Hot working)

재결정 온도 이상에서 단조, 압연, 인발, 압출 등을 행하며, 강에서 재결정 온도 이상이라 함은 γ(오스테나이트)구역을 말하며 연화도 성장도 빠르게 진행된다. 고온 가공 시작 온도는 1050~1200℃에서 시작하며 850~900℃에서 완료한다. 이 완료하는 온도를 마무리 온도(Finishing Temperature)라 한다. 너무 높으면 입자기 조대해지고, 가공량은 많으나 단점으로 치수 정밀도가 떨어진다.

(4) 상온 가공(냉간가공, Cold working)

재결정 온도 이하 즉 A_1 점 이하에서 가공하는 것을 상온 가공이라 하며 고온 가공에 비해 치수 정밀도가 높다.

(5) 탄소강의 구분

일반 구조용 압연강 강재는 건축물, 교량, 선박, 철도, 차량 등에 사용되고 일반 구조용의 강재에는 강판, 평강, 형강, 봉강 등이 있다. 기계 구조용 탄소강 강재는 일반 구조용의 강보다 고급을 사용한다. 칠드강괴에서 단조, 압연하여 만드는데 이 중 제탄소의 것은 노멀라이징을 하고 또 많은 것을 담금질, 뜨임 등의 열처리를 해서 사용한다. 질량효과가 크기 때문에 굵은 것은 합금강을 사용하는 것이 좋다. 이것은 강괴를 사용하여 압연으로 가공하며 열처리없이 보통 사용한다.

1) 저탄소강 (低炭素鋼), SM10C~SM25C)

이 범위의 탄소강은 열처리 효과를 기대할 수 없으므로 비교적 강도를 필요로 하지 않는 것에 사용되며 인성이 있으며 용접도 용이하므로 일반기계구조부품에 널리 사용된다.

2) 중탄소강 (中炭素鋼), SM28C~SM48C)

이 범위의 탄소강은 냉간 가공성, 용접성은 약간 나쁘게 되지만 담금질, 뜨임에 의하여 강인성이 증대되므로 비교적 중요한 기계구조부품에 사용된다. 그 중 특히 SM40C~SM58C의 것은 고주파 담금질에 의해 표면을 경화시켜 피로 강도가 높고, 또 마모에 강한 기계 부품에 사용가능하므로 용도가 광범위하며 실제로 사용량도 가장 많다.

3) 고탄소강(高炭素鋼 SM50C~SM58C)

이 탄소강은 열처리 효과가 크고 담금질성이 양호하나 인성(靭性)이 부족하므로 표면의 경도를 필요로 하는 기계부품에 사용되며 비교적 용도가 한정되어 있다.

6 탄소강의 종류 및 용도

1. 탄소강의 용도

탄소강에는 탄소량이 0.01%의 상당히 연한 강부터 1.7%의 고탄소의 경질강까지 있고 탄소 함유량에 따라 그 용도도 매우 폭넓게 사용된다. 탄소량이 극히 적은 것(0.06~0.15% C)은 고온가공은 물론 상온가공도 용이해서 얇은 철판, 드럼통, 못, 철사 등 그 용도는 다양하다. 탄소량이 중간 정도인 것은 제조도 용이하고 고온가공도 쉽고 강도도 점차 커지므로 구조용으로 많이 사용되고 있다. 또 탄소량이 많은 것은 경도가 커서 공구에 사용된다.

탄소강의 종류와 용도

종별	C (%)	인장강도(N/mm²)	연신율(%)	용도 예
극연강	0.15 이하	380 이하	25	전선, 관재
연강	0.15~0.20	370~430	22	리벳, 관재, 판류
반경강	0.20~0.40	430~540	18	선박, 건축, 교량
경강	0.40~0.50	540~690	14	샤프트류, 공구
최경강	0.50~0.60	690 이상	8	공구류

(1) 일반구조용압연강

건축, 교량, 선박, 철도차량, 기타 구조물에 이용되는 일반구조용압연강재는 탄소 함유량이 적어 열처리가 되지 않아 제조하여 그대로 사용하는 강재로 연강이라고 한다. 이 강재의 기호는 SS 뒤에 최저 인장강도(SS400)를 표기하는 형식에서 항복강도(SS275)를 표기하는 형식으로 바뀌어 있다.

(2) 기계구조용탄소강

기계구조용 탄소강재는 전로 또는 전기로에서 제강된 킬드강괴로부터 만들어지며, 고급 강으로 실용 강재의 대부분을 차지하고 있다. 탄소의 함유량이 0.6%C 이하의 강을 압연한 상태에서 담금질이나 뜨임처리를 해서 기계를 구조적으로 지지할 수 있는 강을 말한다. KS규격에서는 SM10C~SM58C까지 20종류의 규격으로 분류하고 있으며 일반적으로 SM35C와 SM45C가 많이 사용된다.

- 기계 구조용 탄소강 SM45C : 45C는 탄소함유량 0.42 ~ 0.48%C의 중간값을 의미
- 일반 구조용 압연강재 SS275(SS400) : 신규격에서 275는 항복점 또는 항복강도(N/mm²)를 나타내며, 구규격에서 400은 최저인장강도(N/mm²)를 나타낸다.
- 용접 구조용 압연강재 SM275A : 275는 항복점 또는 항복강도(N/mm²)를 나타내며, 뒤에 붙는 A, B, C, D의 기호는 강재의 두께에 따른 구분임

각종 강의 화학 성분

종류	성분(%)				
	C	Si	Mn	P	S
특별극연강	<0.08	<0.05	0.24 ~ 0.40	<0.05	<0.05
극연강	0.08 ~ 0.12	<0.05	0.39 ~ 0.50	<0.05	<0.05
연강	0.12 ~ 0.2	<0.02	0.23 ~ 0.50	<0.05	<0.05
반연강	0.2 ~ 0.3	<0.02	0.40 ~ 0.60	<0.05	<0.05
반경강	0.3 ~ 0.4	0.15 ~ 0.25	0.40 ~ 0.60	<0.05	<0.05
경강	0.4 ~ 0.5	0.15 ~ 0.25	0.50 ~ 0.70	<0.05	<0.05
최경강	0.5 ~ 0.9	0.15 ~ 0.25	0.60 ~ 0.80	<0.05	<0.05

기계구조용 탄소강의 기계적 성질

재 질	SM35C	SM45C	SM55C
담금질 온도(水)	870℃	850℃	830℃
HB	167~235	201~267	220~285
인장강도	58 이상	70 이상	80 이상
연 율	22% 이상	17% 이상	14% 이상

2. 강선

강선은 선재에서 상온인발하여 제조된다. 강선에는 연강선과 경강선이 있는데 연강선은 0.08~0.25%의 탄소를 함유하는 연질의 선으로 철사, 못, 전신선 등에 이용되고 경강선은 0.24~0.86%의 탄소를 함유한 경질의 선으로 미싱바늘, 와이어로프, 스프링 등에 잉이용되고 있다.

3. 쾌삭강(Free cutting steel)

절삭성이 좋은 강을 말하며 자동기계를 이용하여 자동절삭시키므로 일명 자동절삭강이라 한다. 첨가 원소는 P, S, Pb, Zr, Se 등으로 보통강에 인(P), 황(S)의 함유량을 많게 하고 Pb, Zr, Se 등을 첨가하여 절삭성을 향상시킨 강으로 취성을 이용하여 절삭이 잘 되며 칩이 짧게 분리되고(구성인선) 공구의 수명을 증가시키며 Pb는 기름의 윤활성이 좋으므로 가공면이 깨끗하다. 스테인리스강에도 내식성을 해치지 않고 쾌삭성을 부여할 수 있다.

▶ 황 및 황 복합 쾌삭 강재 KS D 3567

종류의 기호 및 화학성분

종류의 기호	화학 성분 %				
	C	Mn	P	S	Pb
SUM 11	0.08~0.13	0.30~0.60	0.040 이하	0.08~0.13	-
SUM 12	0.08~0.13	0.60~0.90	0.040 이하	0.08~0.13	-
SUM 21	0.13 이하	0.70~1.00	0.07~0.12	0.16~0.23	-
SUM 22	0.13 이하	0.70~1.00	0.07~0.12	0.24~0.33	-
SUM 22 L	0.13 이하	0.70~1.00	0.07~0.12	0.24~0.33	0.10~0.35
SUM 23	0.09 이하	0.75~1.05	0.04~0.09	0.26~0.35	-
SUM 23 L	0.09 이하	0.75~1.05	0.04~0.09	0.26~0.35	0.10~0.35
SUM 24 L	0.15 이하	0.85~1.15	0.04~0.09	0.26~0.35	0.10~0.35
SUM 25	0.15 이하	0.90~1.40	0.07~0.12	0.30~0.40	-
SUM 31	0.14~0.20	1.00~1.30	0.040 이하	0.08~0.13	-
SUM 31 L	0.14~0.20	1.00~1.30	0.040 이하	0.08~0.13	0.10~0.35
SUM 32	0.12~0.20	0.60~1.10	0.040 이하	0.10~0.20	-
SUM 41	0.32~0.39	1.35~1.65	0.040 이하	0.08~0.13	-
SUM 42	0.37~0.45	1.35~1.65	0.040 이하	0.08~0.13	-
SUM 43	0.40~0.48	1.35~1.65	0.040 이하	0.24~0.33	-

4. 스프링강

스프링강은 말 그대로 스프링을 제작할 때 사용하는 강으로 탄성한도가 높고 피로강도가 큰 재료이어야 하기 때문에 P, S은 가능한 한 적게 넣고 특수 금속 성분을 추가하여 Si-Mn강, Cr-Mn강, Cr-V강, Cr-Mo강 등이 많이 사용된다.

(1) 스프링강의 기계적 특성 : 탄성한도, 항복강도, 피로한도, 충격강도

① 0.6 ~ 1.5%C의 강이 많이 사용된다.

② 작은 스프링은 C%가 비교적 적은 강을 사용하고 큰 스프링은 공석강에 가까운 것의 강을 사용한다.

③ 열처리에는 유냉(830 ~ 860℃), 뜨임(450 ~ 540℃), 조직은 소르바이트(Sorbite)이다.

④ 고급 스프링 재료 : Cr-V(정밀, 소형 스프링 등)

탄 소 량(%)	용 도
0.75 ~ 0.90	주로 판 스프링
0.90 ~ 1.10	주로 코일 스프링
0.55 ~ 0.65(약 1.7 Si)	주로 겹판 스프링
0.55 ~ 0.65(약 2.0 Si)	코일 스프링
0.50 ~ 0.60(0.65 ~ 0.95Cr)	주로 겹판 스프링, 코일스프링
0.45 ~ 0.55(0.8 ~ 1.10Cr, 0.15 ~ 0.25V)	주로 코일 스프링

▶ 스프링 강재 KS D 3701

종류 및 기호

종류의 기호		적요
SPS 6	실리콘 망가니즈 강재	주로 겹판 스프링, 코일 스프링 및 비틀림 막대 스프링에 사용한다.
SPS 7		
SPS 9	망가니즈 크로뮴 강재	
SPS 9A		
SPS 10	크로뮴 바나듐 강재	주로 코일 스프링 및 비틀림 막대 스프링용에 사용한다.
SPS 11A	망가니즈 크로뮴 보론 강재	주로 대형 겹판 스프링, 코일 스프링 및 비틀림 막대 스프링에 사용한다.
SPS 12	실리콘 크로뮴 강재	주로 코일 스프링에 사용한다.
SPS 13	크로뮴 몰리브데넘 강재	주로 대형 겹판 스프링, 코일 스프링에 사용한다.

화학성분

종류의 기호	화학성분 %								
	C	Si	Mn	P	S	Cr	Mo	V	B
SPS6	0.56~0.64	1.50~1.80	0.70~1.00	0.030 이하	0.030 이하	–	–	–	–
SPS7	0.56~0.64	1.80~2.20	0.70~1.00			–	–	–	–
SPS9	0.52~0.60	0.15~0.35	0.65~0.95			0.65~0.95	–	–	–
SPS9A	0.56~0.64	0.15~0.35	0.70~1.00			0.70~1.00	–	–	–
SPS10	0.47~0.55	0.15~0.35	0.65~0.95			0.80~1.10	–	0.15~0.25	–
SPS11A	0.56~0.64	0.15~0.35	0.70~1.00			0.70~1.00	–	–	0.005 이상
SPS12	0.51~0.59	1.20~1.60	0.60~0.90			0.60~0.90	–	–	–
SPS13	0.56~0.64	0.15~0.35	0.70~1.00			0.70~0.90	0.25~0.35	–	–

5. 탄소 공구강

0.6 ~ 1.5%의 탄소를 함유하는 강으로 구조용탄소강에 비해 고탄소이다. 특히 0.8% C 이상의 강은 페라이트에 초석 시멘타이트를 혼재하고 있으므로 경도는 크지만 깨지기 쉬운 성질이 있다. 일반 공구에 사용하고 가격이 싸며 성형 및 열처리가 간단하여 널리 사용된다. 탄소 공구강의 제조는 Fe-Al, Fe-Si, Fe-Mn에 의해서 완전히 탈산된 킬드강을 제조하여 760~820℃로 담금질을 하여 기지조직을 마텐자이트화하고 탄화물(Fe_3C)이 골고루 미세하게 분포되어야 한다.

▶ 탄소 공구강의 구비 조건

① 고온 경도가 커야 한다.
② 내마모성과 점성이 커야 한다.
③ 열처리가 용이해야 한다.
④ 값이 싸야 하고 가공이 쉬워야 한다.

6. 주강

주물용 강 또는 주조한 강으로 형상이 복잡해서 단조하기 어렵거나 주철에서는 요구되는 기계적강도가 부족한 경우 주강이 사용된다. 주강은 거의 전기로를 이용해서 녹이지만 주조 시 강주물 내부에 기포가 발생하기 쉬우므로 탈산에 망가니즈, 규소를 많이 이용하는데 그 함유량은 구조용 강에 비해 많게 된다. 또한 주강은 형상이 복잡한 것이 많으므로 담금질이 되지 않는 경우가 많지만 주조 후 Ac_3 점 이상 20~40℃ 높은 온도로 가열하고 A_1 점까지 급냉시킨 후 서냉하여 조직을 개선한다. 주강은 성능별로 분류할 수 있는데 구조용, 고온용(550℃ 까지), 저온용(상온 이하 극저온까지), 내마모용, 내식용, 내열용(600℃ 이상)으로 구분한다.

탄소강 주강품 KS D 4101

종류의 기호	화학성분 (%)			용도
	C	P	S	
SC360	0.20 이하	0.040 이하	0.040 이하	일반구조용 전동기부품용
SC410	0.30 이하	0.040 이하	0.040 이하	일반구조용
SC450	0.35 이하	0.040 이하	0.040 이하	일반구조용
SC480	0.40 이하	0.040 이하	0.040 이하	일반구조용

합금강 주강품

종류	기호	KS	종류	기호	KS
저합금강주강품	SCC	D 4102	스테인리스주강품	SSC	D 4103
고망가니즈강주강품	SCMnH	D 4104	내열강주강품	HRSC	D 4105

7 기계 구조용 탄소 강재 KS D 3752

화학성분   - 단위 : %

기호	화학 성분 (%)				
	C	Si	Mn	P	S
SM 10C	0.08~0.13	0.15~0.35	0.30~0.60	0.030 이하	0.035 이하
SM 12C	0.10~0.15	0.15~0.35	0.30~0.60	0.030 이하	0.035 이하
SM 15C	0.13~0.18	0.15~0.35	0.30~0.60	0.030 이하	0.035 이하
SM 17C	0.15~0.20	0.15~0.35	0.30~0.60	0.030 이하	0.035 이하
SM 20C	0.18~0.23	0.15~0.35	0.30~0.60	0.030 이하	0.035 이하
SM 22C	0.20~0.25	0.15~0.35	0.30~0.60	0.030 이하	0.035 이하
SM 25C	0.22~0.28	0.15~0.35	0.30~0.60	0.030 이하	0.035 이하
SM 28C	0.25~0.31	0.15~0.35	0.60~0.90	0.030 이하	0.035 이하
SM 30C	0.27~0.33	0.15~0.35	0.60~0.90	0.030 이하	0.035 이하
SM 33C	0.30~0.36	0.15~0.35	0.60~0.90	0.030 이하	0.035 이하
SM 35C	0.32~0.38	0.15~0.35	0.60~0.90	0.030 이하	0.035 이하
SM 38C	0.35~0.41	0.15~0.35	0.60~0.90	0.030 이하	0.035 이하
SM 40C	0.37~0.43	0.15~0.35	0.60~0.90	0.030 이하	0.035 이하
SM 43C	0.40~0.46	0.15~0.35	0.60~0.90	0.030 이하	0.035 이하
SM 45C	0.42~0.48	0.15~0.35	0.60~0.90	0.030 이하	0.035 이하
SM 48C	0.45~0.51	0.15~0.35	0.60~0.90	0.030 이하	0.035 이하
SM 50C	0.47~0.53	0.15~0.35	0.60~0.90	0.030 이하	0.035 이하
SM 53C	0.50~0.56	0.15~0.35	0.60~0.90	0.030 이하	0.035 이하
SM 55C	0.52~0.58	0.15~0.35	0.60~0.90	0.030 이하	0.035 이하
SM 58C	0.55~0.61	0.15~0.35	0.60~0.90	0.030 이하	0.035 이하
SM 9CK	0.07~0.12	0.10~0.35	0.30~0.60	0.025 이하	0.025 이하
SM 15CK	0.13~0.18	0.15~0.35	0.30~0.60	0.025 이하	0.025 이하
SM 20CK	0.18~0.23	0.15~0.35	0.30~0.60	0.025 이하	0.025 이하

비고 SM9CK, SM15CK 및 SM20CK의 3종류는 침탄용으로 사용한다.

8 일반 구조용 압연 강재 KS D 3503

종류의 기호

종류의 기호	적용
SS330	강판, 강대, 평강 및 봉강
SS400	강판, 강대, 형강, 평강 및 봉강
SS490	
SS540	두께 40mm 이하의 강판, 강대, 형강, 평강 및 지름, 변 또는 맞변거리 40mm 이하의 봉강
SS590	

비고 봉강에는 코일 봉강을 포함한다.

화학 성분   - 단위 : %

종류의 기호	C	Mn	P	S
SS330	-	-	0.050 이하	0.050 이하
SS400				
SS490				
SS540	0.30 이하	1.60 이하	0.040 이하	0.040 이하
SS590				

신·구기호

신 기호	구 기호	신 기호	구 기호
SS 330	SS 34	SS 490	SS 50
SS 400	SS 41	SS 540	SS 55

기계적 성질

종류의 기호	항복점 또는 항복 강도 N/mm²				인장 강도 N/mm²	강재의 두께 mm	인장 시험편	연신율 %	굽힘성	
	강재의 두께 mm								굽힘 각도	안쪽 반지름
	16 이하	16초과 40 이하	40초과 100 이하	100초과 하는 것						
SS330	205 이상	195 이상	175 이상	165 이상	330 ~ 430	강판, 강대, 평강의 두께 5이하	5호	26 이상	180°	두께의 0.5배
						강판, 강대, 평강의 두께 5초과 16이하	1A호	21 이상		
						강판, 평강의 두께 16초과 40이하	1A호	26 이상		
						강판, 강대, 평강의 두께 40초과하는 것	4호	28 이상		
						봉강의 지름, 변 또는 맞변거리 25 이하	2호	25 이상	180°	지름, 변 또는 맞변거리의 2.0배
						봉강의 지름, 변 또는 맞변거리 25 초과하는 것	14A호	28 이상		
SS400	245 이상	234 이상	215 이상	245 이상	400 ~ 510	강판, 강대, 형강의 두께 5이하	5호	21 이상	180°	두께의 1.5배
						강판, 강대, 형강의 두께 5초과 16이하	1A호	17 이상		
						강판, 강대, 평강, 형강의 두께 16초과 40이하	1A호	21 이상		
						강판, 평강, 형강의 두께 40초과하는 것	4호	23 이상		
						봉강의 지름, 변 또는 맞변거리 25 이하	2호	20 이상	180°	지름, 변 또는 맞변거리의 1.5배
						봉강의 지름, 변 또는 맞변거리 25 초과하는 것	14A호	22 이상		
SS490	285 이상	275 이상	255 이상	245 이상	490 ~ 610	강판, 강대, 평강, 형강의 두께 5이하	5호	19 이상	180°	두께의 2.0배
						강판, 강대, 평강, 형강의 두께 5초과 16이하	1A호	15 이상		
						강판, 강대, 평강, 형강의 두께 16 초과 40이하	1A호	19 이상		
						강판, 평강, 형강의 두께 40초과하는 것	4호	21 이상		
						봉강의 지름, 변 또는 맞변거리 25 이하	2호	18 이상	180°	지름, 변 또는 맞변거리의 2.0배
						봉강의 지름, 변 또는 맞변거리 25 초과하는 것	14A호	20 이상		

종류의 기호	항복점 또는 항복 강도 N/mm²				인장 강도 N/mm²	강재의 두께 mm	인장 시험편	연신율 %	굽힘성	
	강재의 강재의 두께 mm								굽힘 각도	안쪽 반지름
	16 이하	16초과 40 이하	40초과 100 이하	100초과 하는것						
SS540	400 이상	390 이상	-	-	540 이상	강판, 강대, 평강, 형강의 두께 5이하	5호	16 이상	180°	두께의 2.0배
						강판, 강대, 형강의 두께 5초과 16이하	1A호	13 이상		
						강판, 강대, 평강, 형강의 두께 16 초과 40이하	1A호	17 이상		
						봉강의 지름, 변 또는 맞변거리 25 이하	2호	13 이상	180°	지름, 변 또는 맞변거리의 2.0배
						봉강의 지름, 변 또는 맞변거리 25 초과하는 것	14A호	16 이상		
SS590	400 이상	440 이상	-	-	590 이상	강판, 강대, 평강, 형강의 두께 5이하	5호	14 이상	180°	두께의 2.0배
						강판, 강대, 평강, 형강의 두께 5초과 16이하	1A호	11 이상		
						강판, 강대, 평강, 형강의 두께 16 초과 40이하	1A호	15 이상		
						봉강의 지름, 변 또는 맞변거리 25 이하	2호	10 이상	180°	지름, 변 또는 맞변거리의 2.0배
						봉강의 지름, 변 또는 맞변거리 25 초과 40 이하	14A호	12 이상		

9 용접 구조용 압연 강재 KS D 3515

종류의 기호

종류의 기호	적용 두께 (mm)
SM400A	강판, 강대, 형강 및 평강 200 이하
SM400B	
SM400C	강판, 강대, 형강 및 평강 100 이하
SM490A	강판, 강대, 형강 및 평강 200 이하
SM490B	
SM490C	강판, 강대, 형강 및 평강 100 이하
SM490YA	강판, 강대, 형강 및 평강 100 이하
SM490YB	
SM520B	강판, 강대, 형강 및 평강 100이하
SM520C	강판, 강대, 형강 및 평강 100 이하
SM570	강판, 강대, 형강 및 평강 100 이하

화학 성분 - 단위 : %

종류의 기호	두께	C	Si	Mn	P	S
SM400A	두께 50mm 이하 두께 50mm 초과 200mm 이하	0.23 이하 0.25 이하	-	2.5×C 이상	0.035 이하	0.035 이하
SM400B	두께 50mm 이하 두께 50mm 초과 200mm 이하	0.20 이하 0.22 이하	0.35 이하	0.60~1.40	0.035 이하	0.035 이하
SM400C	두께 100mm 이하	0.18 이하	0.35 이하	1.40 이하	0.035 이하	0.035 이하
SM490A	두께 50mm 이하 두께 50mm 초과 200mm 이하	0.20 이하 0.22 이하	0.55 이하	1.60 이하	0.035 이하	0.035 이하
SM490B	두께 50mm 이하 두께 50mm 초과 200mm 이하	0.18 이하 0.20 이하	0.55 이하	1.60 이하	0.035 이하	0.035 이하
SM490C	두께 100mm 이하	0.18 이하	0.55 이하	1.60 이하	0.035 이하	0.035 이하
SM490YA SM490YB	두께 100mm 이하	0.20 이하	0.55 이하	1.60 이하	0.035 이하	0.035 이하
SM520B SM520C	두께 100mm 이하	0.20 이하	0.55 이하	1.60 이하	0.035 이하	0.035 이하
SM570	두께 100mm 이하	0.18 이하	0.55 이하	1.60 이하	0.035 이하	0.035 이하

10 탄소강 주강품 KS B 4101

종류의 기호

종류의 기호	적 용	비 고
SC 360	일반 구조용 전동기 부품용	원심력 주강관에는 위 표의 기호의 끝에 이것을 표시하는 기호-CF를 붙인다. 보 기 : SC 410-CF
SC 410	일반 구조용	
SC 450	일반 구조용	
SC 480	일반 구조용	

화학 성분 - 단위 : %

종류의 기호	C	P	S
SC 360	0.20 이하	0.040 이하	0.040 이하
SC 410	0.30 이하	0.040 이하	0.040 이하
SC 450	0.35 이하	0.040 이하	0.040 이하
SC 480	0.40 이하	0.040 이하	0.040 이하

기계적 성질

종류의 기호	항복점 또는 내구력 N/mm²	인장 강도 N/mm²	연 신 율 %	단면 수축률 %
SC 360	175 이상	360 이상	23 이상	35 이상
SC 410	205 이상	410 이상	21 이상	35 이상
SC 450	225 이상	450 이상	19 이상	30 이상
SC 480	245 이상	480 이상	17 이상	25 이상

2. 특수강의 특성 및 용도

1 특수강의 분류

1. 특수강의 개요 및 분류

(1) 특수강의 정의

특수강은 합금강이라고 하며 보통강에 1종 또는 2종 이상의 특수합금 원소를 첨가하여 보통 탄소강에서 얻을 수 없는 특수한 성질을 부여한 강으로 탄소강이 갖지 못하는 새로운 성질(내모마성, 내식성, 내열성, 인성, 자성, 내산성 등)을 부여한 합금강이다. 합금강(alloy steel)에 특별한 성질을 부여할 목적으로 철강재료에 첨가하는 원소를 합금원소라 하는데, 탄소 이외의 합금원소를 어느 양 이상 첨가한 강을 합금강으로 부르며 ISO에서는 합금원소의 총량이 5mass% 이하인 것을 저합금강, 10mass%를 넘는 것을 고합금강, 이들의 중간을 중합금강이라 한다.

일반적으로 사용되고 있는 특수원소는 Ni, Cr, W, Mo, V, Co, Si, Mn, B, Ti 등으로 이러한 원소의 첨가는 탄소강 본래의 성질을 현저히 개선하고 새로운 성질을 만들어낸다.

1) 보통 특수강에 함유된 탄소량은 0.25 ~ 0.55% C가 많이 사용된다.
2) 저합금강은 합금원소가 1 ~ 수%로 강도를 별로 요하지 않는 기계부품, 표면경화용에 사용된다.
3) 고합금강은 합금원소가 10 ~ 수십%로 내식, 내열, 내마모용 등 특수 목적용에 사용된다.
※탄소강에 비하여 특수한 것을 제외하고는 가공하기 힘든 단점이 있다.

(2) 특수강의 특징

구분	내용설명
장점	① 인장 강도, 경도, 강인성, 피로 한도 등 기계적 성질을 증대한다. ② 내마멸성, 내식성의 증대와 고온 기계적 성질의 저하를 방지한다. ③ 담금질 효과의 증대와 담금질 경도의 저하를 방지한다. ④ 열처리 후에 공작성의 저하를 방지하고 단접 및 용접성을 증가한다. ⑤ 열팽창을 적게, 보자력을 크게 하며 전기 저항을 증대한다. ⑥ 결정 입도의 성장을 방지한다.
단점	탄소강에 비해서 가공하기 힘들며 그 원인은 다음과 같다. ① 특수 원소가 만드는 탄화물로 고온에서도 단단하다. ② 결정 조직이 복잡하여 단조, 압연할 때 결정파괴가 곤란하다. ③ 열전도율이 낮아 가열하였을 때 온도가 고르지 못하다. ④ 표면에 생긴 산화막이 잘 벗겨지지 않는다.

(3) 합금 공구강의 용도별 종류

① 절삭용 : 드릴, 탭, 리머 등

② 내충격용 : 펀치, 다이 등

③ 내마모불변형용 : 게이지

④ 열간 가공용 : 다이(플라스틱 사출, 다이 캐스팅)

(4) 합금강의 분류

분류	종류
기계구조용합금강	표면경화강(침탄강, 질화강) 강인강(기계구조부품을 만드는 재료) 고장력강
특수용도합금강	스프링강, 쾌삭강, 베어링강, 내열강, 내한강, 내마모용강, 게이지강, 스테인리스강 전기 및 자석용강
공구용합금강	합금공구강 고속도공구강 다이스강(비철합금공구재료)

2. 특수강의 열처리

탄소강에 합금원소를 첨가하면 변태점 및 변태속도가 변화하여 임계 냉각속도에 영향을 미친다.

(1) 수인법(Water toughening)

고 Mn강이나 18-8 스테인리스강 등과 같이 첨가 원소량이 많은 것은 변태 온도가 더욱 저하되고 있으므로 서냉해도 오스테나이트(Austenite) 조직으로 된다. 이러한 것을 1,000 ~ 1,200℃에서 수중에 급냉시켜 완전히 오스테나이트로 만든 것이 오히려 연하고 인성이 증가되어 가공이 용이한 방법을 말하며 기름에 하면 유인법(oil toughening)이라 한다.

(2) 여러 가지 합금 원소의 효과

원소	효과
Ni	강인성, 내식성, 내열성 증가
Mn	적은 양일 때에는 니켈과 거의 같은 작용을 하며, 함유량이 증가하면 내마멸성이 커진다. 황에 의하여 일어나는 메짐을 방지한다.
Cr	적은 양에 의하여 경도와 인장 강도를 증가하고, 함유량의 증가에 따라 내식성과 내열성이 커지며, 자경성 이외에 탄화물을 만들기 쉽고, 내마멸성이 커진다.
W	적은 양일 때에는 크로뮴과 거의 비슷하며, 탄화물을 만들기 쉽고 경도가 커지며 내마멸성이 커진다. 또, 고온 경도와 고온 강도가 커진다.
Mo	텅스텐과 거의 유사하나 그 효과는 텅스텐의 약 2배이다. 담금질 깊이가 커지고, 크리이프 저항과 내식성이 커진다. 뜨임 메짐을 방지한다.
V	몰리브데넘과 비슷한 성질이나 경화성은 몰리브데넘보다 훨씬 더하다. 단독으로는 많이 사용하지 않고, 크로뮴 또는 크로뮴-텅스텐과 함께 있어야 비로소 그 효력이 나타난다.
Cu	석출 경화를 일으키기 쉽고, 내산화성을 나타낸다.
Si	적은 양은 다소 경도와 인장강도를 증가시키고, 함유량이 많아지면 내식성과 내열성을 증가시키며, 전자기적 성질을 개선한다.
Co	고온경도와 고온 인장 강도를 증가시키나, 단독으로는 사용하지 않는다.
Ti	규소나 바나듐과 비슷하며, 입자 사이의 부식에 대한 저항을 증가시켜 탄화물을 만들기 쉽다.

2 구조용 특수강

1. 강인강(强靭强)

탄소강에 Ni, Cr, Mo, W, V, Ti, Zr, Co, B, Si 등을 적당량 첨가하여 강인성을 갖게 한 강이다. 기계구조용 탄소강에서는 기계적 성질이 우수하고 열처리에 의해 그 성질을 변화시키는 것이 가능하나, 그 위에 구조용강으로서 탄소강의 기본 성분에 Mn, Cr, Ni, Mo 등의 합금원소를 첨가하여 구조용강의 기계적 성질을 개량한 것을 일반적으로 구조용 합금강이라 하며 그 중에서 0.25~0.50%C 정도의 중탄소 합금강이 강인강으로 불리어진다.

강인강은 합금원소를 첨가하여 질량효과(質量效果, Mass effect)와 강인성의 개선을 꾀한 것으로 강인강으로서의 강종을 선택하는 데에는 질량효과를 고려하여 경화능 곡선(硬化能 曲線, Hardenability band), 이상임계직경(理想臨界直徑)을 검토하고 부품단면의 담금질 조직, 경도를 조사하여 그 부품에 걸리는 응력의 분포에 대응한 충분한 강인성을 가진 강종을 선택해야 한다.

강인강은 축, 기어, 볼트, 너트 등 기타 강인성을 필요로 하는 기계부품에 가장 널리 사용된다.

(1) 저합금강(저탄소 고장력강)

Mn계 강이 많이 사용되나 0.18 ~ 0.35%C의 강, 0.5% Si의 강, Si+Mn강, Mn+V+Ti강, Ni+Cr+Mo계 등이 있다.

(2) 합금강

1) 니켈크로뮴강(Ni-Cr강, SNC)

Ni을 첨가하면 페라이트(α)강도를 증가시키면서 인성을 저하시키지 않기 때문에 Ni은 우수한 합금원소로 간주된다. Cr에 의한 담금질성은 Cr량이 1% 이상으로 되면 현저히 작용효과가 완만하게 되므로 Ni을 첨가함으로써 더욱 담금질성이 개선되며, 또한 그 강인성을 증가시키는 등 담금질 경화성이 개선된다. 일반적으로 대형 단조용 강재로 적합하다. 그러나 가공에 있어서는 백점(白店 : 수소 Gas의 영향에 의한 강재 내부의 Crack)등의 미세한 균열(Crack)이 생기기 쉽고 그 밖에 열처리가 적합하지 않으면 뜨임취성을 일으키므로 주의해야 한다. 니켈크로뮴강의 종류에는 SNC236, 415, 631, 815, 836이 있다.

① Ni : 페라이트(α)강도 증가, Cr : 탄화물 강화
② Ni-Cr강의 특징은 수지상(덴드라이트)조직이 되기 쉽고, 수소취성이 생기기 쉬우므로 주조에 만전을 기해야 한다.
③ 뜨임, 서냉 취성이 생기기 쉬워 800~850℃에서 담금질을 하고 550~650℃에서 뜨임을 하나 뜨임 후는 급냉시켜야 하며, 취성 방지제로서 Mo, V(고가)을 첨가한다.
  ㈎ 구조용강 중에서 가장 중요한 강종이다.
  ㈏ 성분 : C 0.27 ~ 0.4%, Ni 1.0 ~ 2.5%, Cr 0.5 ~ 1.0%가 많이 사용된다.

㈐ 인성증가와 담금질성을 개량하며 경화능은 좋으나 뜨임 메짐을 일으킨다.

㈑ 가열도중 공냉하여도 담금질 효과를 가장 크게 나타내는 강이다.

2) 니켈크로뮴몰리브데넘강(Ni+Cr+Mo강, SNCM)

Ni-Cr강은 뜨임취성에 민감하며 큰 질량의 것은 내부까지 급냉하는 것이 곤란하므로 Mo을 0.3% 정도 첨가하여 뜨임취성을 방지하고 동시에 담금질성을 향상시킨다. 주요 용도로서는 대형 기어, 축 등에 쓰이고 있다. 이 강종에는 SNCM 220~815까지 11종이 있는데 Ni-Cr량을 변화시킨 것이다.

① Ni+Cr 강에 0.3%의 Mo을 첨가하여 강인성을 증가시키고 담금질한 경우 질량 효과가 감소하며 뜨임 저항을 방지한다.

② 고급 내연기관의 크랭크 축 등에 사용한다.

3) 크로뮴몰리브데넘강(Cr+Mo강, SCM)

Ni-Cr강에 Ni을 줄이고, Cr강에 소량의 Mo을 첨가하면 인장강도와 충격저항이 큰 펄라이트강이 얻어진다. SCM 415~822까지 11종이 있다.

① 인장강도, 충격저항이 증가한다.

② Ni-Cr 강의 대용으로 사용된다.

4) Mn+Cr 강

Ni-Cr강에 Ni을 Mn으로 대치시킨 강으로 Ni-Cr강에 비해 질량효과가 크고 인성이 감소하며 값이 싸다. Mn 강은 탄소강 중 Mn의 함유량을 높인 것으로 탄소강의 질량효과를 개선시킨 것이다. Cr, Ni을 사용하지 않으므로 값이 저렴한 편이다.

5) Ni 강

주요 성분은 C(0.1 ~ 0.6%)+Ni(0.5+5%) 강으로 질량효과가 작고 차량, 펌프 부품용으로 사용한다.

6) Cr 강

중탄소강에 1% 전후의 Cr을 첨가한 것인데 풀림상태에서는 기계적 성질에는 별 차이가 없으나 담금질에 의하여 개선시키는 것이 가능하다. 인장강도 등을 증가시키나 연신율이 떨어지지 않는 특성을 가지며 반복되는 하중에 견디는 저항력이 있다.

① Cr강은 경화가 용이하고 자경성이 있어서 공기 중에서 담금질해도 쉽게 마텐자이트가 된다.

② 경도(내마모성)가 크다. 그 이유는 Cr_4C_2, Cr_7C_3와 같은 복탄화물 형성 때문이다.

③ 내식성, 내열성(Cr_2O_3)이 우수하다.

④ 구조용강 : 저 C+Cr, Mo, Ni

⑤ 공구강 : 고 C+Cr, W, Mn

• Cr 0.5 ~ 1.2%의 강

- 인장강도, 경도, 내마모성의 증가
- 뜨임 : 580 ~ 680℃ 에서 급냉

7) 망가니즈강(Mn 강, SMn)

망가니즈강의 종별에는 SMn420, 433, 438, 443종이 있으며 Mn 강은 탄소강 중 Mn의 함유량을 높인 것으로 탄소강의 질량효과를 개선시킨 것이다.

① 듀콜강 (Ducole steel, 펄라이트 Mn강) : 저망가니즈강
- C는 0.18~0.35%, Mn을 0.2 ~ 1.7% 함유하며, 820 ~ 850℃에서 유냉하고, 조직은 펄라이트이다.
- 인장강도는 440 ~ 860N/mm^{2}이고, 연율은 13 ~ 34%이다.
- 용도는 제지용 롤러와 구조용품(건축, 토목, 교량, 차량, 선박 등)에 쓰인다.

② 하드필드강 (Hardfield steel, Austenite Mn강) : 고망가니즈강
- C는 0.9~1.3%, Mn을 10 ~ 14% 함유하며 조직은 오스테나이트이고, 인성이 높아 내마모성이 우수하다. 1,000~1,100℃에서 유냉 또는 수냉하여 완전한 오스테나이트를 만드는데 이를 유인법(oil toughing method)이라 한다.
- 기차레일의 핀, 교차점, 광석분쇄기, 장갑차의 외판 등

8) 붕소(B) 첨가강

① B 첨가의 의미 : 극소량이기 때문이다.
② 기계적 성질 중에서 경화능만 고려
③ 경화능을 증가시키는 원소 : Mn, Cr, Mo, W, Ni
④ 대용품으로 개발한 것이 B 첨가강이다.
  B=0.02% 정도 첨가하면 Ni, Cr, Mo, Mn 등을 첨가하지 않아도 된다.
  B=0.002%에 해당하는 경화능은 Ni=2%, Cr=0.5%, Mo=0.35%, Mn=0.3%이다.

9) W 첨가강

① 고온에서는 γ에 고용, 저온에서는 α에 고용
② 열처리가 용이 : 마텐자이트를 만들기 쉽다.
③ 경도가 커서 절삭성이 불량하므로 Mn, Cr 등을 첨가해서 경도를 낮추어 절삭성 개선
④ 전류자기, 보자력이 크므로 영구자석강으로 사용
⑤ 내열성이 우수하다. 담금질된 마텐자이트는 조직이 안정되어 있어서 500~600℃에서 뜨임에 의해 연화되지 않는다.
⑥ 용접 및 단접이 곤란하다.

10) Ti 강

① C, H, O(탈산), N, S(탈황) 등과 친화력이 강하다.
② 비중이 작고(4.45) 인장강도가 크므로 가벼우면서 강도가 크다.

③ 비행기 엔진 등 내열합금으로 사용. Cr+Ni=내열합금+Ti=초내열합금
④ 내열합금은 크리프 시험을 해야 한다.(일정한 하중 즉, 탄성한도 이내 하중, 일정 온도 (400~600℃)에서 장시간에 일어나는 길이의 변화를 측정한다.)

11) Si 강
① α(페라이트)에 고용되면 약화, γ(오스테나이트)에 고용되면 강화
② 강도, 경도, 탄성한도 증가(반드시 스프링강에는 첨가, 최대 2.75%까지 허용)
③ 이력현상이나 와류전류에 대한 손실이 적다.(발전기 변압기 철심용, 영구자석용)
④ 내산강(7% Si 이상) 또는 내산주철(14% Si 이상)을 쓸 수 있다.
⑤ Fe_3C는 담금질시 균열을 일으키나 SiC는 담금질시 균열을 일으키지 않으므로 공구강으로 사용할 수 있다.

2. 표면 경화강

(1) 침탄용 표면경화강

저탄소강에 Ni, Cr, Mo, V, W 등을 함유한 특수강이 사용된다. 구조용강 중에는 고주파담금질, 침탄담금질 등의 방법에 의해 표면만 경화하여 사용하는 것이 있다. 이 중 침탄(저탄소강의 표면에 C를 확산 등의 방법으로 침투시켜 표면만 고탄소강으로 함)처리하여 쓰이는 침탄용강을 침탄강이라 하는데 일반적으로 탄소량이 0.25% 이하의 것이다. 침탄강으로서 사용되는 것에는 C강, Cr강, Cr-Mo강, Ni-Cr강, Ni-Cr-Mo강 등이 규정되어 있으며 이외에 Mn-Cr강 등도 쓰인다.

침탄처리한 강은 열처리에 의해 침탄층만 경도와 내마모성이 크고 비침탄부는 강인한 것이 필요하며 또 형상이 복잡한 부품 등에 침탄하여 사용하므로 담금질성이 좋고 열에 의한 변형이 적은 것이 요구된다.

Cr, Mo은 침탄이 쉽게 일어나도록 하는 작용을 하며 Ni은 침탄층의 C%의 증가를 너무 크게 되지 않도록 억제하며 결정립(結晶粒, Grain size)의 조대화(粗大化)를 방지하는 성질이 있으므로 각종 침탄용강의 합금원소로서 우수하다.

1) 침탄깊이

저합금강의 침탄깊이는 강종에 따라 차이는 거의 없고, 침탄온도, 유지시간에 의해 결정되며 또 침탄분위기가 일정하면 침탄온도를 높이거나 유지시간을 길게 해줌으로써 침탄깊이는 임의로 조정이 가능하다.

각종 부품의 침탄깊이의 일례

침탄깊이(mm)	소요성능	대표부품예
0.5 이하	내마모성만을 필요로 하고 강도는 별로 중요시되지 않는 부품	로드볼(Rod ball), 쉬프트 포크(Shift fork), 속도계 치차(Speed meter gear), 샤클-볼트(Shackel bolt), 펌프축(Pump shaft)
0.5~1.0	내마모성과 동시에 높은 하중에 대한 경도를 필요로 하는 부품	미숀치차(Mission gear), 피트만 암(Pitman arm), 스티어링 암(Steering arm), 볼 스터드(Ball stud), 밸프 로커암 축(Valve rocker arm shaft)
1.0~1.5	미끄럼 및 회전 등의 마모에 대한 고압하중, 반복굴곡 하중에 견디는 강도를 요구하는 부품	링기어(Ring gear), 드라이브 피니언(Drive pinion), 슬라이드 피니언(Slide pinion), 피스톤 핀(Piston pin), 캠축(Cam shaft), 킹핀(King pin), 롤러 베어링(Roller bearing), 스티어링(steering), 넉클 핀(Knuckle pin), 기어축(Gear shaft)
1.5 이상	고도의 충격적 마모, 비교적 고도의 반복하중에 충분히 견디는 부품	연결축(Connecting shaft), 캠면(Cam면), 암 플레이트(Arm plate)

2) 중심부의 기계적 성질

침탄처리한 강재의 중심부의 기계적 성질은 침탄강의 경우도 강인강과 경화능에 의해서 결정된다. 경화층은 중심부와 탄소량이 다르므로 담금질성은 전혀 다르지만, 고탄소로 되어 있어 경화능을 고려할 필요는 없다. 한편 중심부는 경도가 지정되므로 담금질성이 문제가 된다. 강인강의 경우에는 담금질 후 보통 450℃ 이상에서 뜨임을 실시하므로 담금질에 의한 잔류응력(殘留応力, 재료내부에 존재하는 응력으로 인장과 압축응력의 2종류가 있음. 일반적으로 인장잔류응력은 재료강도를 약하게, 압축잔류응력은 재료강도를 높인다.)은 대부분 없게 되며 그 영향도 별로 없다. 침탄강의 경우 침탄담금질 후 뜨임은 200℃ 이하의 온도에서 행하여지는 경우가 많다. 그러나 이 온도에서 제거되지 않은 대부분의 잔류응력은 강인강에 있어서는 그다지 영향이 없는 것에 비해, 침탄강에서는 필요 이상으로 경화능이 양호하고 심부경도가 높게 되면 표면의 침탄부에 인장응력이 잔류하여 재료의 강도를 약하게 한다.

중심부의 경도는 잔류응력의 분포가 좋은 상태가 되도록 하여야 하며 일반적으로 기어류 등은 HRC 40 이상으로 되면 침탄부에 인장응력이 생겨 파손의 원인이 된다.

3) 강종별 특성

침탄강에 대해서도 그 선택 방법은 거의 강인강과 같이 생각하여도 좋으나, 전술한 바와 같이 주의할 점은 다만 침탄경화층의 두께, 중심부의 경도를 고려하지 않으면 안 된다.

① C 침탄강

탄소 침탄강에는 대표적으로 SM9CK, SM15CK, SM20CK가 있다. 일반적으로 탄소강은 질량효과가 커서 중심부의 경도가 낮게 되고, 담금질은 수냉에 의한 것이 일반적이므로 담금질 균열, 변형의 우려가 없는 단순한 형상의 소형 부품에 사용된다.

② Cr 침탄강

구조용강인강으로서 크로뮴의 양은 3% 이하에서 1~2% 로 충분하다. 탄소강에 3% 이하의 크로뮴강을 함유한 합금강은 상온에서 페라이트 조직이다.

SCr21, SCr22의 2종류가 있으며 이것은 탄소강을 변화시킨 것으로 중심부의 강도에 따라 나누어 사용된다. Cr강은 침탄부의 경도가 높고 내마모성도 커서 자동차공업에 널리 이용된다. 그러나 이 침탄강도 질량효과가 커서 대형 부품에는 적합하지 않다.

③ Cr-Mo 침탄강

Cr강에 Mo을 첨가하면 기계적 성질이 개선되고 질량효과가 감소되므로 탄소 침탄강, Cr 침탄강보다도 큰 부품에 적용할 수 있다. SCM415(0.13~0.18% C), SCM420(0.18~0.23% C)은 탄소량이 약간 다른 것이며 SCM430은 Mn(0.6~0.9% Mn)을 다량 함유하고 있고, SCM435, 440, 445는 Mo(0.15~0.3% Mo)을 많이 포함하고 있는 것이며 질량효과가 작아 대형 부품에 적합하다.

④ Ni-Cr 침탄강

Ni-Cr 침탄강은 강인성이 좋으며 질량효과가 적다. SNC236, 415, 631, 815, 836이 있고 Cr량과 Ni량이 다르다. 특히 SNC815는 어느 정도의 자경성(自硬性 : 담금질 온도에서 공냉만으로 경화되는 성질)이 있으므로 소형 부품에서는 공기 담금질이 가능하다. 따라서 담금질 변형을 피하여야만 하는 부품에 적합하다.

⑤ Ni-Cr-Mo 침탄강

SNCM220, 240은 Ni 절감강(節減鋼)으로 SNC415, 815와 거의 비슷한 성질을 가지고 있다. SNCM815는 최대량의 Ni을 함유(4.0~4.5% Ni)하므로 질량효과가 적어 자경성을 가지며 경화층의 인성이 타 강종보다 크다. SNCM630은 Mn, Cr, Ni, Mo 모두 높고, 침탄강 중 최고의 강도를 가지며 대형 부품에서도 공냉으로 담금질이 되며 열처리에 의한 변형이 적으므로 정밀부품을 제작하는 데에 적합하다.

⑥ Mn-Cr 침탄강, Mn 침탄강

SMnC420, 430과 SMn420, 433, 438, 443이 있다. SMn438, 443은 Cr(0.35% 이하)을 낮추고 Mn량(1.35~1.65%)을 높여 Cr-Mo강의 Mo을 Mn으로 치환한 것이다. Cr-Mo강에 비해 질량효과가 크며 또한 인성이 낮다는 단점이 있지만 고가의 Mo을 사용하지 않으므로 값이 싸다.

(2) 질화용 표면경화강

질화강은 Al, Cr, Mo, Ti, V 등의 원소 중 2종 이상 원소를 함유한 것을 사용한다. 구조용품의 표면에 내마모성을 줄 경우에 질화강이 사용된다. 질화는 강재 표면에 질소를 확산 등의 방법으로 침투시켜 표면만 질소 함유량을 증가시키는 것을 말하는데 질화된 부분의 질화층은 경도가 Hv1,000 부근으로 높고, 내마모성, 내피로성이 우수한 특징을 갖고 있다. 질화강에는 Al

및 Cr을 함유하는 것이 필요하다. 질화처리는 500~550℃로 장시간(35~80hr) 가열하므로 침탄에 비해 온도가 낮고 변형이 적은 것이 특징이다. 또 장시간 가열에서 뜨임취성이 발생하지 않도록 배려되어 있다.

 질화강은 질화처리에 앞서 담금질, 뜨임을 실시하여 소정의 기계적 성질을 갖게 하여, 질화한 후는 다음 열처리를 실시하지 않는다. 이 때문에 뜨임온도는 질화처리 온도보다 높은 온도를 선택하여 질화에 의해 성질이 나쁘게 되는 것을 방지할 필요가 있다. 질화층의 성질뿐만 아니라 중심부의 기계적 성질도 질화강의 특성을 지배하는 것으로서 중요하다. 특히 대형 부품에는 뜨임 후의 인성, 강도의 면에서 담금질성이 높은 것이 필요하다. 표면경도를 특히 필요로 하는 부품에 가장 널리 쓰이고 있는 것이고 Al-Cr-Mo계로 SAlCrMo1은 여기에 속한다. 이 강종은 표면경도가 가장 높고, 내마모성, 피로강도가 크며 내식성이 있고, 500℃ 정도까지 온도가 올라가도 경도가 저하되지 않는 등의 특징이 있다. 주로 내연기관 부품, 게이지 블록(Gauge block)등에 사용된다.

  ① Al+Cr+Mo계와 Al+V계가 사용된다.
  ② 질화강 중의 Mn 0.4 ~ 0.7%, Si 0.2 ~ 0.3%가 표준이다.
  ※Al 질화층의 경도를 높여준다. Cr, Mo 기계적 성질 증가

3 공구강

 공구강은 경화 및 뜨임처리가 가능한 강으로 가공용 공구를 제작하는데 사용되는 강으로 탄소강, 합금강, 고속도강 등을 모두 총칭한다. 공구강은 보통 전기로에서 용해되어 공구강 제조법에 의해 만들어지며 열처리에 의한 변형이 적어야 하고 인성이 커야 하며 열피로에 의한 균열이 발생하지 않아야 한다. 공구강은 상온 혹은 고온에서 다른 재료를 절삭, 성형, 블랭킹하기 위한 공구에 이용되거나 내마모성이 요구되는 용도에 사용된다. KS 규격에서는 탄소공구강, 합금공구강 및 고속도강으로 분류되고, AISI 규격에서는 수냉경화형 공구강, 내충격용 공구강, 냉간가공용 공구강(유냉경화형, 공랭경화형, 고탄소 고크로뮴), 열간가공용 공구강, 고속도 공구강, 특수목적용 공구강 및 몰드 공구강 등으로 분류되고 있다.

1. 공구강 재료의 구비조건
 (1) 상온, 고온에서 경도가 커야 되며, 내마모성과 강인성이 커야 한다.
 (2) 열처리, 가공, 취급이 용이하고 값이 저렴해야 한다.

2. 합금 공구강(Alloy tool steel)
 합금 공구강은 탄소강에 망가니즈, 니켈, 몰리브데넘, 텅스텐 등의 합금원소를 1종 이상 첨가한 것으로 여러 가지 공구의 재료로 사용하므로 특히 내마멸성이 좋아야 한다. 합금 공구강

에 함유된 합금원소의 비율이 높아지면 고속도강으로 분류한다.

(1) 절삭용 합금 공구강 : C%가 많고 여기에 Cr, W, V 등이 첨가되며 Cr강, V강, W강, Co강, W+Cr강, Si+Mn강 등이 사용된다.

(2) 내충격용 합금 공구강 : 절삭용에 비해 C%가 낮고 Cr, W, V 등이 첨가된다.

(3) 내마모 불변강 : 게이지 강, 정밀측정용 공구로서 경도, 내마모성이 커야 하고 열처리 변형과 경년 변형이 적은 것에 사용된다.

(4) 열간가공용 : 탄소강을 적게 한 Cr, W, Mo, V계가 사용된다.

3. 한국 공업 규격(KS)

탄소 공구강의 제조는 Fe-Al, Fe-Si, Fe-Mn에 의해서 완전히 탈산된 강인 킬드강을 760~820℃로 담금질을 해서 기지조직을 마텐자이트화하고 탄화물(Fe_3C)가 골고루 미세하게 분포되어야 한다. 탄소 공구강이 연화되는 온도는 200~300℃이므로 저속절삭에 사용된다. 합금 공구강의 연화 온도는 450℃로 탄소 공구강보다 고속 절삭이 가능하며 탄소 공구강과 합금 공구강의 차이점은 합금 공구강이 경화능이 크다는 것이다.

(1) 탄소 공구강 : STC(Carbon tool steel)

(2) 합금 공구강 : STS(Alloys tool steel)

(3) 고속도 공구강 : SKH(High speed tool steel)

고속도 공구강은 말 그대로 고속도에서 절삭이 가능한 절삭용 공구로 크게 텅스텐계와 몰리브데넘계로 분류할 수 있는데 몰리브데넘계의 사용량이 좀 더 많은 편이다. 표준 고속도 공구강은 SKH2(W18-Cr4-V1)이며, SKH51(구 기호 SKH9)로 W6-Mo5-Cr4-V2형이다.

※ 첨가 원소 별 영향

W : 고온경도, 고온강도

Cr : 내열성, 내마모성, 경도+고C

Co : 적열(고온)경도, 비싸다.

Mo : 취성 방지

Mn : 고온경도, 고온강도

일반적인 공구강의 용도별 분류

① 성형(Forming)…… (가) 냉간 성형(Cold forming)

　　　　　　　　　(나) 열간 성형(Hot forming)

② 절단(Shearing)…… (가) 블랭킹(Blanking)

　　　　　　　　　(나) 펀칭(Punching)

　　　　　　　　　(다) 절삭(Cutting: Shear blades, Slitters)

                (라) 트리밍(Trimming)
     ③ 절삭(Cutting)········ 재료 제거(Material removal) ; 기계 가공(Machining)
                (가) 금속 절삭(Metal cutting)
                (나) 비금속 절삭(Non-metal cutting)
                (다) 칩핑(Chipping)
     ④ 몰딩(Molding)······· (가) 다이 캐스팅(Die casting)
                (나) 플라스틱 몰딩(Plastic molding)
                (다) 세라믹 몰딩(Ceramic molding)
                (라) 파우더 몰딩(Powder molding)
     ⑤ 기타················ (가) 마모되는 부품(Wear parts)
                (나) 진동받는 공구(Percussion tools)
                (다) 게이지(Gauge)

(4) 공구강 중의 합금 원소의 영향

공구강에 함유된 합금원소 중에서 가장 중요한 것은 바로 철이다. 어떤 수냉경화 공구강(Water hardening tool steel)은 98% 혹은 그 이상의 철을 함유하고 있으며, 심지어 고속도 공구강(High speed tool steel)도 약 60%의 철을 함유하고 있다. 이 철에 의해 가열할 때에는 페라이트가 오스테나이트로, 냉각할 때에는 오스테나이트가 다시 페라이트로 동소 변태를 하게 되며 이러한 변태에 의해 공구강은 높은 경도와 내마모성을 갖게 되는 것이다. 공구강의 주요 성분 원소에는 보통 C, Mn, P, S, Si, Ni, Cr, V, W, MO, Co가 사용되나 소량의 Al, Ti, Zr이 강의 결정립 조절과 용강의 탈산을 위해 첨가하기도 한다.

대기로부터 혹은 합금철에 의해 용강에 함유되는 N_2는 약 0.030% 정도가 강 중에 존재하나 목적에 따라 인위적으로 약 0.10% 까지 첨가할 수도 있다. 양질의 공구강은 0.2% 이하의 Cu를 함유할 수 있다.

1) 탄소(Carbon)

탄소는 열처리에 의해 높은 경도를 얻기 위한 가장 중요한 원소이다. 탄소 함량이 각각 다른 강을 최종 현미경 조직으로 100% 마텐자이트가 되도록 열처리 했을 때 그 마텐자이트(Martensite)의 경도는 탄소함량에 비례하여 증가한다. 이러한 경도는 획득 가능 경도(Attainable hardness)로서 경화능(Hardenablilty)과는 그 의미가 다르다. 경화능이란 담금질에 의해 유도되는 경도의 깊이와 분포를 결정하는 성질을 말한다.

한편 탄소는 강 중에 함유되어 있는 V, W, Mo, Cr 등의 원소와 결합하여 탄화물을 형성하며 이들 탄화물은 저온에서는 강 중에 거의 고용되지 않으나, 오스테나이트 상태에서는 어느 정도 고용된다. 경화 열처리시 고탄소강 중의 많은 탄화물이 고용되지 않은 채로 남아서 경화

처리된 강의 기지 조직(Matrix)내에 존재한다. 이 때, 탄화물 그 자체는 기지 조직보다 훨씬 경도가 높으므로 경화처리된 강의 경도가 더욱 높아지게 되고 비례해서 그 내마모성도 커지게 된다. 결국 공구강에 있어서 탄소는 획득 가능경도(Attainable hardness)를 높여주고, 경화 처리된 강의 내마모성을 증가시켜 주는데 기본적인 역할을 하게 되는 것이다.

2) 망가니즈(Manganese)와 규소(Silicon)

모든 공구강은 망가니즈와 규소를 약 0.15%, 0.30% 정도 함유하고 있으며 이들 원소는 주로 용해 최종 단계에 소량을 첨가하여 강을 탈산시키는데 그 효과가 있다. 망가니즈는 또한 유황과 결합하여 비교적 해롭지 않은 개재물인 유화 망가니즈(Manganese Sulfide ; MnS)를 형성한다. 망가니즈와 규소의 함량이 0.30%를 초과할 경우 강의 경화능은 증가하나 망가니즈가 규소보다 그런 점에서 훨씬 큰 효과를 보여준다. 이들 원소는 모든 온도에서 강에 고용되나 약간의 망가니즈량은 탄화물을 형성하기도 한다. 규소가 1% 이상 강 중에 존재할 때 고온에서의 강의 산화 피막속도(Scaling rate)는 낮아지는 경향이 있다.

3) 니켈(Nickel)

비교적 소수의 공구강만이 대략 0.5% 정도의 Ni을 함유하고 있으나 대부분이 소량의 Ni은 함유하고 있다. 이 소량의 Ni은 주로 철로부터 강 중에 용해된다. Ni은 강의 경화능을 증가시키는데 효과적이기 때문에 매우 낮은 경화능을 지닌 탄소 공구강을 제조할 경우에만 원료 장입시 Ni 함량이 낮은 철을 사용한다.

4) 크로뮴(Chromium)

많은 공구강에 있어서 소량의 Cr이 사용되고 있으며 그것은 고Cr강에 있어서는 경화처리된 강의 기지 조직에 수많은 Cr 탄화물을 형성시킴으로써 내마모성을 현저히 증가시켜 준다.

5) 바나듐(Vanadium)

공구강에 있어 V은 대체로 탄화물 형성 원소로써 사용되며 고속도강의 적열 경도(Red hardness)를 개선하는데 중요한 역할을 한다. 약 0.2% 정도의 V강을 열처리할 때 발생되는 결정립 성장을 억제시켜주며 약 2.0~5.0%의 V은 강의 기지 조직 내에 비교적 크고 매우 경도가 높은 바나듐 탄화물을 형성시켜 경화 처리된 강의 내마모성을 현저하게 증가시킨다. V이 공구강에 단독으로 사용되는 경우는 거의 드물며 보통 Cr, Mo, W과 함께 사용된다.

6) 텅스텐(Tungsten)과 몰리브데넘(Molybdenium)

공구강에 있어서 W은 약 0.5~20.0%, Mo은 약 0.15~10.0%의 양이 사용되며 이들은 탄화물 형성 원소로서 열처리된 강의 적열 경도와 내마모성을 증가시키는 효과를 지닌다. Mo은 강의 경화능을 증가시키는데 있어서는 W보다 훨씬 좋은 효과를 나타내지만 고온에서 강의 탈탄 민감도를 증가시키는 결점이 있다.

7) 코발트(Cobalt)

Co는 공구강에서 거의 독자적으로 사용되며 비록 고속도강의 적열경도에 Co가 기여하는 것으로 알려져 있으며, Co는 적열 경도에 기여하는 타원소와 다르게 탄화물 형성 원소가 아니다.

4. 탄소 공구강 강재 KS D 3751

강재의 종류 및 기호

신기호	구기호	ISO
STC 140	STC 1	-
STC 120	STC 2	C120U
STC 105	STC 3	C105U
STC 95	STC 4	-
STC 90		C90U
STC 85	STC 5	-
STC 80		C80U
STC 75	STC 6	-
STC 70		C70U
STC 65	STC 7	-
STC 60		-

화학 성분

| 기호 | 화학성분[a] % | | | | | 참고 용도 보기 |
	C	Si	Mn	P	S	
STC 140	1.30~1.50	0.10~0.35	0.10~0.50	0.030 이하	0.030 이하	칼줄, 벌줄
STC 120	1.15~1.25	0.10~0.35	0.10~0.50	0.030 이하	0.030 이하	드릴, 철공용 줄, 소형 펀치, 면도날, 태엽, 쇠톱
STC 105	1.00~1.10	0.10~0.35	0.10~0.50	0.030 이하	0.030 이하	나사 가공 다이스, 쇠톱, 프레스형틀, 게이지, 태엽, 끌, 치공구
STC 95	0.90~1.00	0.10~0.35	0.10~0.50	0.030 이하	0.030 이하	태엽, 목공용 드릴, 도끼, 끌, 셔츠 바늘, 면도칼, 목공용 띠톱, 펜촉, 프레스형틀, 게이지
STC 90	0.85~0.95	0.10~0.35	0.10~0.50	0.030 이하	0.030 이하	프레스형틀, 태엽, 게이지, 침
STC 85	0.80~0.90	0.10~0.35	0.10~0.50	0.030 이하	0.030 이하	각인, 프레스형틀, 태엽, 띠톱, 치공구, 원형톱, 펜촉, 등사판 줄, 게이지 등
STC 80	0.75~0.85	0.10~0.35	0.10~0.50	0.030 이하	0.030 이하	각인, 프레스형틀, 태엽
STC 75	0.70~0.80	0.10~0.35	0.10~0.50	0.030 이하	0.030 이하	각인, 스냅, 원형톱, 태엽, 프레스형틀, 등사판 줄 등
STC 70	0.65~0.75	0.10~0.35	0.10~0.50	0.030 이하	0.030 이하	각인, 스냅, 프레스형틀, 태엽
STC 65	0.60~0.70	0.10~0.35	0.10~0.50	0.030 이하	0.030 이하	각인, 스냅, 프레스형틀, 나이프 등
STC 60	0.55~0.65	0.10~0.35	0.10~0.50	0.030 이하	0.030 이하	각인, 스냅, 프레스형틀

[비고]

[a] 각 종류 마다 불순물로서 Cu : 0.25%, Ni : 0.25%, Cr : 0.30%를 초과하지 않아야 한다.

강재의 어닐링 경도

종류의 기호	어닐링 온도(℃)	어닐링 경도
STC140	750~780 서랭	217 이하
STC120		
STC105		212 이하
STC95	740~760 서랭	207 이하
STC90		
STC85	730~760 서랭	
STC80		192 이하
STC75		
STC70		
STC65		183 이하
STC60		

표준 열처리 온도

| 종류의 기호 | 열처리 온도(℃) | |
	퀜칭	템퍼링
STC140	750~810 수랭	150~200 수랭
STC120		
STC105		
STC95		
STC90		
STC85		
STC80	760~820 수랭	
STC75		
STC70	770~830 수랭	
STC65		
STC60	780~840 수랭	

KS와 ISO(국제표준)의 종류 기호의 대응

| 종류의 기호 | |
KS	ISO
STC140	-
STC120	C120U
STC105	C105U
STC95	-
STC90	C90U
STC85	-
STC80	C80U
STC75	-
STC70	C70U
STC65	-
STC60	-

5. 합금 공구강 강재 KS D 3753

종류및 기호

종류의 기호	적용
STS 11	주로 절삭 공구강용
STS 2	
STS 21	
STS 5	
STS 51	
STS 7	
STS 81	
STS 8	
STS 4	주로 내충격 공구강용
STS 41	
STS 43	
STS 44	
STS 3	주로 냉간 금형용
STS 31	
STS 93	
STS 94	
STS 95	
STD 1	
STD 2	
STD 10	
STD 11	
STD 12	
STD 4	주로 열간 금형용
STD 5	
STD 6	
STD 61	
STD 62	
STD 7	
STD 8	
STF 3	
STF 4	
STF 6	

화학 성분(절삭 공구용)

종류의 기호	화학 성분(%)[a,b]									참고 용도 보기
	C	Si	Mn	P	S	Ni	Cr	W	V	
STS 11	1.20~1.30	0.35 이하	0.50 이하	0.030 이하	0.030 이하	-	0.20~0.50	3.00~4.00	0.10~0.30	절삭 공구, 냉간 드로잉용 다이스·센터드릴
STS 2	1.00~1.10	0.35 이하	0.80 이하	0.030 이하	0.030 이하	-	0.50~1.00	1.00~1.50	[c]	탭, 드릴, 커터, 프레스형틀, 나사 가공 다이스
STS 21	1.00~1.10	0.35 이하	0.50 이하	0.030 이하	0.030 이하	-	0.20~0.50	0.50~1.00	0.10~0.25	
STS 5	0.75~0.85	0.35 이하	0.50 이하	0.030 이하	0.030 이하	0.70~1.30	0.20~0.50	-	-	원형톱, 띠톱
STS 51	0.75~0.85	0.35 이하	0.50 이하	0.030 이하	0.030 이하	1.30~2.00	0.20~0.50	-	-	
STS 7	1.10~1.20	0.35 이하	0.50 이하	0.030 이하	0.030 이하	-	0.20~0.50	2.00~2.50	[c]	쇠톱
STS 81	1.10~1.30	0.35 이하	0.50 이하	0.030 이하	0.030 이하	-	0.20~0.50	-	-	인물(칼,대패), 쇠톱, 면도날
STS 8	1.30~1.50	0.35 이하	0.50 이하	0.030 이하	0.030 이하	-	0.20~0.50	-	-	줄

[비고]

[a] 표에 규정하지 않은 원소는 주문자와 제조자 사이의 협정이 없는 한 용강을 마무리 할 목적 이외는 의도적으로 첨가해서는 안 된다.

[b] 각 종류마다 불순물로서 Ni는 0.25%(STS5 및 STS51은 제외), Cu는 0.25% 를 초과해서는 안 된다.

[c] STS2 및 STS7은 V 0.20% 이하를 첨가해도 좋다.

화학 성분(내충격 공구용)

종류의 기호	화학 성분(%)[a,b]								참고 용도 보기
	C	Si	Mn	P	S	Cr	W	V	
STS 4	0.45~0.55	0.35 이하	0.50 이하	0.030 이하	0.030 이하	0.50~1.00	0.50~1.00	-	끌, 펀치, 칼날
STS 41	0.35~0.45	0.35 이하	0.50 이하	0.030 이하	0.030 이하	1.00~1.50	2.50~3.50	-	
STS 43	1.00~1.10	0.10~0.30	0.10~0.40	0.030 이하	0.030 이하	[c]	-	0.10~0.20	헤딩다이스(heading dies) 착암기용 피스턴
STS 44	0.80~0.90	0.25 이하	0.30 이하	0.030 이하	0.030 이하	[c]	-	0.10~0.25	끌, 헤딩다이스

[비고]

[a] 표에 규정하지 않은 원소는 주문자와 제조자 사이의 협정이 없는 한 용강을 마무리할 목적 이외는 의도적으로 첨가해서는 안 된다.

[b] 각종 모두 불순물로 Ni는 0.25%, Cu는 0.25%를 넘어서는 안 된다.

[c] 불순물로서 STS 43 및 STS 44의 Cr은 0.20%를 넘어서는 안 된다.

화학 성분(냉간 금형용)

종류의 기호	화학 성분(%)[a,b]									참고 용도 보기
	C	Si	Mn	P	S	Cr	Mo	W	V	
STS 3	0.90~1.00	0.35 이하	0.90~1.20	0.030 이하	0.030 이하	0.50~1.00	–	0.50~1.00	–	게이지, 나사 절단 다이스, 절단기, 칼날
STS 31	0.95~1.05	0.35 이하	0.90~1.20	0.030 이하	0.030 이하	0.80~1.20	–	1.00~1.50	–	게이지, 프레스 형틀, 나사 절단 다이스
STS 93	1.00~1.10	0.50 이하	0.80~1.10	0.030 이하	0.030 이하	0.20~0.60	–	–	–	게이지, 칼날, 프레스 형틀
STS 94	0.90~1.00	0.50 이하	0.80~1.10	0.030 이하	0.030 이하	0.20~0.60	–	–	–	
STS 95	0.80~0.90	0.50 이하	0.20~0.60	0.030 이하	0.030 이하	0.20~0.60	–	–	–	
STD 1	1.90~2.20	0.10~0.60	0.30~0.60	0.030 이하	0.030 이하	0.20~0.60	–	–	–	신선용 다이스, 포밍 다이스, 분말 성형틀
STD 2	2.00~2.30	0.10~0.60	0.20~0.60	0.030 이하	0.030 이하	11.00~13.00	–	0.60~0.80	–	
STD 10	1.45~1.60	0.10~0.60	0.60 이하	0.030 이하	0.030 이하	11.00~13.00	0.70~1.00	–	0.70~1.00	시선용 다이스, 전조다이스, 금속인물, 포밍 다이스, 프레스 형틀
STD 11	1.40~1.60	0.40 이하	0.60 이하	0.030 이하	0.030 이하	11.00~13.00	0.80~1.20	–	0.20~0.50	게잇, 포밍다이스, 나사 전조 다이스, 프레스 형틀
STD 12	0.95~1.05	0.10~0.40	0.40~0.80	0.030 이하	0.030 이하	4.80~5.50	0.90~1.20	–	0.15~0.35	

[비고]
[a] 표에 규정하지 않은 원소는 주문자와 제조자 사이의 협정이 없는 한 용강을 마무리할 목적 이외는 의도적으로 첨가해서는 안 된다.
[b] STD 1은 V 0.30% 이하를 첨가할 수 있다.

화학 성분(열간 금형용)

종류의 기호	화학 성분(%)[a]										참고 용도 보기
	C	Si	Mn	P	S	Ni	Cr	Mo	W	V	Co
STD 4	0.25~0.35	0.40 이하	0.60 이하	0.030 이하	0.020 이하	–	2.00~3.00	–	5.00~6.00	0.30~0.50	–	
STD 5	0.25~0.35	0.10~0.40	0.15~0.45	0.030 이하	0.020 이하	–	2.00~3.00	–	9.00~10.00	0.30~0.50	–	프레스 형틀, 다이캐스팅 형틀, 압출 다이스
STD 6	0.32~0.42	0.80~1.20	0.50 이하	0.030 이하	0.020 이하	–	4.50~5.50	1.00~1.50	–	0.30~0.50	–	
STD 61	0.35~0.42	0.80~1.20	0.25~0.50	0.030 이하	0.020 이하	–	4.80~5.50	1.00~1.50	–	0.80~1.15	–	
STD 62	0.32~0.40	0.80~1.20	0.20~0.50	0.030 이하	0.020 이하	–	4.75~5.50	1.00~1.60	1.00~1.60	0.20~0.50	–	다이스 형틀(die block), 프레스 형틀
STD 7	0.28~0.35	0.10~0.40	0.15~0.45	0.030 이하	0.020 이하	–	2.70~3.20	2.50~3.00	–	0.40~0.70	–	프레스 형틀, 압출공구
STD 8	0.35~0.45	0.15~0.50	0.20~0.50	0.030 이하	0.020 이하	–	4.00~4.70	0.30~0.50	3.80~4.50	1.70~2.10	–	다이스 형틀, 압출 공구, 프레스형틀
STF 3	0.50~0.60	0.35 이하	0.60 이하	0.030 이하	0.020 이하	0.25~0.60	0.90~1.20	0.30~0.50	–	[b]	–	
STF 4	0.50~0.60	0.10~0.40	0.60~0.90	0.030 이하	0.020 이하	1.50~1.80	0.80~1.20	0.35~0.55	–	0.05~0.15	–	주조 형틀 압출 공구, 프레스형틀
STF 6	0.40~0.50	0.10~0.40	0.60~0.90	0.030 이하	0.020 이하	3.80~4.30	1.20~1.50	0.15~0.35	–	–	–	

[비고]
[a] 표에 규정하지 않은 원소는 주문자와 제조자 사이의 협정이 없는 한 용강을 마무리할 목적 이외는 의도적 첨가하여서는 안 된다.
[b] STF 3 및 STF 4는 V 0.20% 이하를 첨가할 수 있다.

KS와 ISO(국제표준)의 종류 기호의 대응

종류의 기호		적용
KS	ISO	
STS 11	–	주로 절삭 공구강용
STS 2	–	
STS 21	–	
STS 5	–	
STS 51	–	
STS 7	–	
STS 81	–	
STS 8	–	
STS 4	–	주로 내충격 공구강용
STS 41	105V	
STS 43	–	
STS 44	–	
STS 3	–	주로 냉간 금형용
STS 31	–	
STS 93	–	
STS 94	–	
STS 95	–	
STD 1	X210Cr12	
STD 2	X210CrW12	
STD 10	X153CrMoV12	
STD 11	–	
STD 12	X100CrMoV5	
STD 4	–	주로 열간 금형용
STD 5	X30WCrV9-3	
STD 6	–	
STD 61	X40CrMoV5-1	
STD 62	X35CrMoV5	
STD 7	32CrMoV121-28	
STD 8	38CrCoWV18-17-17	
STF 3	–	
STF 4	55NiCrMoV7	
STF 6	45NiCrMo16	

4 고속도 공구강(High-speed steel, SKH)

W, Cr, V 이외에 Co, Mo 등을 다량 함유하고 있는 고합금강으로 열처리에 의해 뚜렷하게 경화되며 내마모성이 우수한 대표적인 절삭공구 재료로 중요하며 주로 텅스텐과 크로뮴에 소량의 바나듐, 코발트 등을 첨가하면 500 ~ 600℃의 고온에서도 경도가 떨어지지 않고 큰 경도와 강도를 나타내며 내마멸성이 크고 고속도의 절삭 작업이 가능한 재료를 고속도강이라 한다. 텅스텐계 고속도강의 담금질 온도는 1250℃이고 몰리브데넘계 고속도강은 1220℃이다. 고속도강의 표준형은 텅스텐계의 SKH2로 18%W, 4%Cr, 1%V(18 - 4 - 1)형이며 고속 중절삭용 공구로 쓰인다.

1. 고속도강의 공통적인 특징
- 열처리에 의해 뚜렷하게 경화되고 내마모성이 우수하다.
- 담금질후 뜨임하면 경도가 HRC65 정도가 된다.
- 단속절삭에 견디는 강인성을 갖고 자경성이 있다.
- 고속절삭시 온도상승에 상당하는 500~600℃ 정도까지 경도를 유지
- 열전도율이 좋지 않고 주조상태에서 메짐이 크다.

> ■대표적인 고속도강 : 18(W)－4(Cr)-1(V)

2. 고속도강의 종류
(1) W계 고속도강
㉮ 18(W)+4(Cr)+1(V)이 대표이다.
㉯ 풀림 처리하면 경도는 낮아지고 공구 제작이 용이하다.
㉰ 적당한 담금질후 뜨임하면 고온경도를 높이고 내마모성이 증대된다.

(2) Co계 고속도강
㉮ 융점이 높기 때문에 담금질온도를 높이는 특징이 있다.
㉯ 뜨임경도가 증가하고 단조가 곤란하며 균열발생이 쉽다.
㉰ 강력절삭 공구로서 적당하며 고급 고속도강이다.

(3) Mo계 고속도강
㉮ Mo을 4 ~ 10% 첨가한 고속도강이다.
㉯ W량을 5 ~ 6% 감소시켜 W+Mo형을 만들어 많이 사용된다.
㉰ 열처리는 탈탄이나 Mo의 휘발을 막기 위해 염욕 가열한다.

3. 고속도 공구강의 열처리

단계	사용되는 로	온도 18-4-1 (SKH2)	온도 6-5-4-2 SKH51(SKH9)
1단계	전기 저항로 (상부 Open식)	500~600℃ 서서히 가열(균열방지)	500~550℃
2단계	염욕로(Salt Bath) 중온용	900~950℃ (내부, 외부가 균일한 온도가 되도록)	850~900℃
3단계	염욕로(Salt Bath) 고온용	1250~1320℃ (담금질 온도)	1220~1250℃ (HRC62~65)
뜨임	전기로	550~600℃	550~600℃ (HRC65~67, 2차 경화)
호모처리 (균질화)	전기로	550~600℃	550~600℃

[주] 고속도강은 2차 경화가 일어나는데 그 이유는 뜨임 온도에 따라서 탄화물의 종류가 다양하게 석출한다.

300℃ 뜨임 : Fe_3C가 석출

500℃ 뜨임 : $M_2C=(FeCr)2C$

570℃ 뜨임 : $M_6C=(FeCr)6C$

$M_{23}C_6=(FeCr)23C6$

4. 고속도 공구강 강재 KS D 3522

종류의 기호

종류의 기호	분류
SKH 2	텅스텐계 고속도 공구강 강재
SKH 3	
SKH 4	
SKH 10	
SKH 40	분말야금으로 제조한 몰리브데넘계 고속도 공구강 강재
SKH 50	몰리브데넘계 고속도 공구강 강재
SKH 51	
SKH 52	
SKH 53	
SKH 54	
SKH 55	
SKH 56	
SKH 57	
SKH 58	
SKH 59	

화학 성분

종류의 기호	화학 성분 %[a,b]										용도 보기(참고)
	C	Si	Mn	P	S	Cr	Mo	W	V	Co	
SKH 2	0.73 ~0.83	0.45 이하	0.40 이하	0.030 이하	0.030 이하	3.80 ~4.50	–	17.20 ~18.70	1.00 ~1.20	–	일반 절삭용 기타 각종 공구
SKH 3	0.73 ~0.83	0.45 이하	0.40 이하	0.030 이하	0.030 이하	3.80 ~4.50	–	17.00 ~19.00	0.80 ~1.20	4.50 ~5.50	고속 중절삭용 기타 각종 공구
SKH 4	0.73 ~0.83	0.45 이하	0.40 이하	0.030 이하	0.030 이하	3.80 ~4.50	–	17.00 ~19.00	1.00 ~1.50	9.00 ~11.00	난삭재 절삭용 기타 각종 공구
SKH 10	1.45 ~1.60	0.45 이하	0.40 이하	0.030 이하	0.030 이하	3.80 ~4.50	–	11.50 ~13.50	4.20 ~5.20	4.20 ~5.20	고난삭재 적상용 기타 각종 공구
SKH 40	1.23 ~1.33	0.45 이하	0.40 이하	0.030 이하	0.030 이하	3.80 ~4.50	4.70 ~5.30	5.70 ~ 6.70	2.70 ~3.20	8.00 ~8.80	경도, 인성, 내마모성을 필요로 하는 일반절삭용, 기타 각종 공구
SKH 50	0.77 ~0.87	0.70 이하	0.45 이하	0.030 이하	0.030 이하	3.80 ~4.50	8.00 ~9.00	1.40 ~ 2.00	1.00 ~1.40	–	연성을 필요로 하는 일반절삭용, 기타 각종공구
SKH 51	0.80 ~0.88	0.45 이하	0.40 이하	0.030 이하	0.030 이하	3.80 ~4.50	4.70 ~5.20	5.90 ~ 6.70	1.70 ~2.10	–	
SKH 52	1.00 ~1.10	0.45 이하	0.40 이하	0.030 이하	0.030 이하	3.80 ~4.50	5.50 ~6.70	5.90 ~ 6.70	2.30 ~2.60	–	비교적 인성을 필요로 하는
SKH 53	1.10 ~1.25	0.45 이하	0.40 이하	0.030 이하	0.030 이하	3.80 ~4.50	4.70 ~5.20	5.90 ~ 6.70	2.70 ~3.20	–	고경도재 절삭용 기타 각종 공구
SKH 54	1.25 ~1.40	0.45 이하	0.40 이하	0.030 이하	0.030 이하	3.80 ~4.50	4.70 ~5.00	5.20 ~ 6.00	3.70 ~4.20	–	고난삭재 절삭용 기타 각종 공구
SKH 55	0.85 ~0.95	0.45 이하	0.40 이하	0.030 이하	0.030 이하	3.80 ~4.50	4.70 ~5.20	5.90 ~ 6.70	1.70 ~2.10	4.50 ~5.00	비교적 인성을 필요로 하는 고속 중절삭용 기타 각종 공구
SKH 56	0.85 ~0.95	0.45 이하	0.40 이하	0.030 이하	0.030 이하	3.80 ~4.50	4.70 ~5.20	5.90 ~ 6.70	1.70 ~2.10	7.00 ~9.00	
SKH 57	1.20 ~1.35	0.45 이하	0.40 이하	0.030 이하	0.030 이하	3.80 ~4.50	3.20 ~3.90	9.00 ~ 10.00	3.00 ~3.50	9.50 ~10.50	고난삭재 절삭용 기타 각종 공구
SKH 58	0.95 ~1.05	0.70 이하	0.40 이하	0.030 이하	0.030 이하	3.50 ~4.50	8.20 ~9.20	1.50 ~ 2.10	1.70 ~2.20	–	인성을 필요로 하는 일반 절삭용 기타 각종 공구
SKH 59	1.00 ~1.15	0.70 이하	0.40 이하	0.030 이하	0.030 이하	3.50 ~4.50	9.00 ~10.00	1.20 ~ 1.90	0.90 ~1.30	7.50 ~8.50	비교적 인성을 필요로 하는 고속 중절삭용 기타 각종 공구

[비고]

[a] 표의 규정에 없는 원소는 주문자와 제조자 사이의 협정이 없는 한 용강을 마무리할 목적 이외에는 의도적으로 첨가하여서는 안 된다.

[b] 각 종류마다 불순물로서 Cu 0.25%, Ni 0.25%를 넘지 않아야 한다.

5 경질 공구 합금

1. 주조 경질 합금(Casted hard metal)

주조한 그대로 사용하며 열처리시키지 않는다. 주요 성분 중에 Co는 적열경도(고온경도), Cr은 내식성, 내열성, 내마모성, W는 내열성, 내마모성, 경도에 영향을 미친다.

(1) 스텔라이트(stellite)

고온 부식성 환경 속에서 내마모성이 우수한 코발트기합금의 총칭

① Co를 주성분으로 한 Co+Cr+W+C계 합금이다.
② 성분은 Co(35 ~ 45%), Cr(15 ~ 33%), W(10 ~ 20%), Fe(5% 이하), C(2 ~ 3%)이다.
③ 단련이 불가능하므로 금형주조에 의해 필요한 형상을 얻는다.
④ 상온에서 담금질한 강(고속도강)보다 다소 연하나 600℃ 이상에서는 고속도강보다 단단하므로(보통 고속도강의 1.5 ~ 2배) 절삭능력은 좋으나 취약해 충격에 약하다.
⑤ 고온 경도, 내식성 우수, 고온 저항이 크며 내마모성이 우수하다.
⑥ HB는 550 ~ 700 정도이고 600℃까지는 경도 감소가 적다.
⑦ 용도로는 각종 절삭공구, 내마모, 내식, 내열용, 다이, 발동기 밸브 등에 쓰인다.

(2) 소결 경질 합금(Sintered hard metal)-초경합금

WC, TiC, TaC 등의 금속탄화물을 Co를 결합제로 사용하여 1,400 ~ 1,500℃의 수소(H) 기류 중에서 Co가 WC, TiC, TaC 탄화 중으로 용입되어 점결제 역할을 한다.

- 용도 : 고Mn강, 칠드주철, 경질유리 등의 절삭용이다.
- 1차 예비소결 : 900℃(성형함)
- 2차 예비소결 : 1,400 ~ 1,500℃(H 기류 중에서 소결함)

1) 종류

- 독일 : 위디아(Widia)
- 미국 : 카아볼로이(Carboloy)
- 영국 : 미디아(Media)
- 일본 : 당갈로이(Tangaloy)
- 한국 : Korloy

강종	조성	용도
S종	W-Ti-Co-C	강의 절삭용
G종	W-Co-C	주철, 비철, 비금속용
D종	W-Co-C	다이스, 인발, 내마모성

※ WC-Co계는 인성이 적으므로 충격을 받는 부분에는 부적당하나 주철, 강철, 황동, 경합금용의 공구로서 사용되며 고속도강의 2배 이상의 고속도로 절삭함

- 고온에서 내구력이 크므로 에보나이트, 석재, 도자기, 유리 절삭용에 사용한다.
- W-Co계에 TiC, TaC를 첨가한 것은 고탄소강, Ni-Cr강, Mo강 등의 절삭용이다.
- TiC는 내마모성과 고온경도가 크므로 공구 수명이 증가한다.

2) 세라믹 공구(Ceramic) : 비금속 초경질 공구 재료

Al_2O_3(99% 이상)를 주성분으로 하고 거의 결합제를 사용하지 않으며 1,600℃ 이상에서 소

결하여 만든다. 용도는 회주철의 절삭에 뛰어나서 초경합금 G종보다 우수하여 300~400m/min으로 절삭가능하며, 굳게 열처리된 HRC60 정도의 강도 30~40m/min으로 절삭가능하다. 단점으로는 반복되는 열응력에 약하므로 절삭유를 사용하게 되면 피절삭재의 온도가 올라가서 조직 변화 및 산화, 탈탄현상이 발생한다.

① 고온 경도가 크고 내마모성, 내열성이 우수하며 금속과 친화력이 없으므로 구성인선이 안 생긴다.
② 인성이 적고 충격에 약하며 강력 정밀기계에 적합하며 도자기적 성질을 가진다.
③ 고온·고속 절삭용으로 사용하며 산화하지 않고 열을 흡수하지 않으며 비중은 3.7 ~ 4.1이고, HRC는 86 ~ 94이다.
④ 도기, 도자기류, 요업
주요 용도는 동, 동합금, 알루미늄합금, 알루미늄, 베이클라이트, 합성수지 등의 절삭에 이용되며 특히 회주철의 절삭에 뛰어나서 초경합금 G종 보다 우수하여 300~400m/min으로 절삭가능하고, 굳게 열처리된 HRC60 정도의 강도 30~40m/min로 절삭가능하다.

- 단점
① 반복되는 열응력에 약하므로 절삭유를 사용하면 좋지 않다. 피절삭재의 온도가 올라가서 조직 변화 및 산화, 탈탄이 일어난다.
② 바이트 장착시
　㉮ 경납땜은 곤란하고 연납땜(250℃)만 가능
　㉯ 유기물 접착제로 본딩하는 방법
　㉰ 클램핑한다.

6 특수 용도용 합금강

1. 쾌삭강(快削鋼, Free-cutting steel)

최근의 기계공업의 발전과 함께 기계절삭가공에 있어서의 절삭가공의 합리화, 고 능률화 및 부품의 마무리 향상 등의 요구에 의해 절삭성의 개선이 요구되고 있다. 종래에는 유황을 다량

으로 첨가한 유황쾌삭강, 혹은 납을 첨가한 연(鉛) 쾌삭강 등이 있었으나 최근에는 이들 외에 각종 쾌삭강의 종류가 개발되어 있다. 쾌삭강은 성분 속의 황과 인의 함유량을 늘려서 절삭성이라고 불리우는 강재의 피삭성(machinability)을 향상시킨 강을 의미한다. 하지만 쾌삭은 되지만 황과 인은 강의 다른 성질에는 유해하므로 이런 단점을 방지하기 위해 탄소·망가니즈 등의 다른 원소로 조절한다. 쾌삭강은 S, Pb, Se, Te, Bi, Ca 등을 첨가하여 피삭성을 개선시킨 강종으로 절삭가공 작업에서 공구수명의 연장, 마무리면의 정밀도 향상, 절삭칩 처리성의 개선 등을 통해 절삭가공 능률의 향상과 절삭가공비의 절감을 목적으로 사용되고 있다.

(1) 쾌삭강의 장점

쾌삭강은 기본적으로 우수한 절삭성을 지니며 기존에는 다양한 합금원소를 첨가하거나 내부에 개재물을 형성시키는 방법으로 절삭성을 향상시켰고, 다듬질면이 양호하고 절삭저항이 작다는 장점을 가지고 있으며 일반적으로 사용되고 있는 쾌삭강은 보통 강과 같은 정도의 강도를 가진다. 자동차 부품이나 나사 등과 같이 강도가 그다지 요구되지 않는 볼트, 너트류를 자동선반에서 절삭가공할 때 보통 저탄소강의 연한 강재를 사용하면 절삭칩이 길게 되고 절삭속도도 느리게 되고 다듬질면이 깨끗하지 않게 된다. 이런 경우 빠른 절삭과 더불어 다듬질면을 깨끗하게 할수 있도록 개발된 것이 쾌삭강이다.

(2) 황쾌삭강

절삭성을 향상시키기 위한 기구로 특히 비금속성 개재물이 활용되고 있으며, 비금속 개재물로 가장 널리 알려진 것이 바로 MnS(Manganese & Sulphur)이다. 황(S)을 0.16% 정도 포함시키면 MnS(유화망가니즈)와 FeS(유화철)를 만들고 이들은 특수한 윤활성을 갖고 있기 때문에 절삭성이 매우 좋고, 수명도 길어지며 주요 성분은 C(0.79 ~ 0.8%), Mn(0.28%), S(0.016 ~ 0.162 %), Si(0.61 ~ 0.79%)이다. 황의 해를 억제하기 위해 망가니즈량을 증가시켜야 한다.

① 강에 황(S)을 0.1~0.25%정도 첨가한 것으로 S 때문에 생기는 취성저하를 경감하기 위하여 Mn을 0.4~1.5% 첨가해서 MnS로 하고 이것을 분산시켜 칩 브레이커(Chip breaker)작용과 피삭성을 향상시킨다.

② 이 MnS는 열간가공시에 가공방향으로 늘어나서 압연방향(L방향)과 직각방향(T방향)의 기계적 성질이 크게 달라진다. 따라서 강인성은 기대할 수 없다.

③ 황쾌삭강은 저탄소강보다 약 2배의 속도로 절삭할 수 있고 보통강보다 인(P)의 함유량을 약간 높게 조성하여 MnS와 P의 복합효과를 얻는 경우도 있다.

(3) 납쾌삭강(연쾌삭강)

강의 조직 속에 납의 함유량을 증가한 납쾌삭강은 황쾌삭강보다 가공성이 우수하여 심가공이나 초정밀 부품의 소재로 사용되고 있다. 절삭성 향상을 위한 납(Pb) 첨가량은 약 0.1 ~ 0.3% 정도이며, 합금된 강은 납이 절삭시 윤활제 역할을 하여 절삭능력이 향상된다. 하지만 납쾌삭강은 인체에 유해한 납성분을 포함하고 있어 가공 과정에서 인체에 유입될 경우 체내에

축적되어 심각한 부작용을 유발할 수 있는 단점을 가지고 있다. 현재 국내 기업인 포스코는 인체에 무해하고 친환경적인 비스무스(Bi)쾌삭강을 개발하여 양산하고 있다.

① 납쾌삭강은 탄소강 또는 합금강에 0.1~0.3%정도의 납(Pb)을 첨가하여 피삭성을 좋게 한 것이다. Pb은 Fe 중에 고용하지 않으므로 납이 하나의 개체로 존재하여 이것이 칩 브레이커의 역할을 함과 동시에 윤활제의 작용도 한다.

② 납은 미립자로 존재하므로 강의 기계적 성질에는 크게 영향을 주지 않고 탄소강, 합금강, 공구강 등에도 납을 첨가하여 기계적 성질을 중요시하는 부품에도 사용된다.

③ 피로강도 충격치에 대하여는 어느 정도 영향을 미치는데 Pb는 Fe에 비하여 비중이 크므로 Pb의 미립자를 균일하게 분포시키는 것이 중요하다.

(4) 황복합쾌삭강

황쾌삭강에 납을 첨가하여 피삭성을 더욱 개선시킨 초쾌삭강이다. 여기에 다시 0.04% 정도의 Te을 첨가하면 피삭성은 더욱 우수해지며 이들 쾌삭강은 냉간인발한 상태로 출하된다.

(5) 칼슘쾌삭강

칼슘쾌삭강은 제강시에 칼슘(Ca)을 탈산제로 사용했을 때 강 중에 생긴 Ca계 개재물이 공구의 절삭면에 융착하여 마찰감소 작용을 함과 동시에 공구 끝을 보호하고 공구수명을 연장시키게 된다. 이 칼슘쾌삭강은 쾌삭성을 주어도 기계적 성질이 저하되지 않는 특징이 있다.

쾌삭강은 아래 표에 나타낸 것과 같이 보통탄소강에 비해서 황과 인을 많이 함유하고 있고 또한 납을 함유하고 있는 것도 있다.

▶ **황 및 황 복합 쾌삭 강재 KS D 3567**

종류의 기호 및 화학성분

종류의 기호	화학 성분 %				
	C	Mn	P	S	Pb
SUM 11	0.08~0.13	0.30~0.60	0.040 이하	0.08~0.13	-
SUM 12	0.08~0.13	0.60~0.90	0.040 이하	0.08~0.13	-
SUM 21	0.13 이하	0.70~1.00	0.07~0.12	0.16~0.23	-
SUM 22	0.13 이하	0.70~1.00	0.07~0.12	0.24~0.33	-
SUM 22 L	0.13 이하	0.70~1.00	0.07~0.12	0.24~0.33	0.10~0.35
SUM 23	0.09 이하	0.75~1.05	0.04~0.09	0.26~0.35	-
SUM 23 L	0.09 이하	0.75~1.05	0.04~0.09	0.26~0.35	0.10~0.35
SUM 24 L	0.15 이하	0.85~1.15	0.04~0.09	0.26~0.35	0.10~0.35
SUM 25	0.15 이하	0.90~1.40	0.07~0.12	0.30~0.40	-
SUM 31	0.14~0.20	1.00~1.30	0.040 이하	0.08~0.13	-
SUM 31 L	0.14~0.20	1.00~1.30	0.040 이하	0.08~0.13	0.10~0.35
SUM 32	0.12~0.20	0.60~1.10	0.040 이하	0.10~0.20	-
SUM 41	0.32~0.39	1.35~1.65	0.040 이하	0.08~0.13	-
SUM 42	0.37~0.45	1.35~1.65	0.040 이하	0.08~0.13	-
SUM 43	0.40~0.48	1.35~1.65	0.040 이하	0.24~0.33	-

(6) 비스무스 쾌삭강

비스무스(Bi, bismuth)는 화학원소 중의 하나로 기호는 Bi, 원자번호는 83이다. 깨지기 쉬우며 분홍색을 띈 은백색의 무른 금속으로 모든 금속들 중에 최상의 반자성을 띤다. 열전도도는 수은을 제외한 어떤 금속보다 작고 큰 전기저항을 가지며 납 쾌삭강의 유해성을 완전히 배제하면서 가공성은 납쾌삭강과 동일하고 친환경적이며 인체에 무해한 무연쾌삭강이다.

① 납 대신 비스무스를 사용하므로 인체에 무해하고 안전하다.
② 국산 쾌삭강으로 친환경적인 제품이다.
③ 납쾌삭강에 못지 않게 우수한 절삭성을 가지고 있다.

2. 게이지강(gauge steel)

게이지(gauge)는 치수의 표준이 되는 것이므로 내마멸성과 내식성이 좋아서 녹이 슬지않아야 할 뿐만 아니라 가공이 쉽고 열팽창 계수가 작아야 한다. 시간의 경과나 환경의 온도변화에 따른 수축이나 팽창이 작아야 한다. 게이지강으로는 1.0%C 이하의 강에 망가니즈, 크로뮴, 텅스텐, 니켈 등을 첨가한 저합금강이 많이 쓰이며 이밖에도 18-8 스테인리스강, 침탄강, 고속도강, 질화강, 탄소공구강의 제3종 등이 쓰인다.

게이지강은 사용 중에 치수가 변하지 않도록 하기 위해 담금질한 후 100 ~ 150℃로 뜨임하여 장시간 두어 시효처리를 하거나 인공적으로 얼음점 이하의 냉각과 끓는점 이상의 가열을 반복하여 불완전한 변형을 제거하는 처리방법인 서브제로(심냉처리, sub-zero treatment) 처리를 한다.

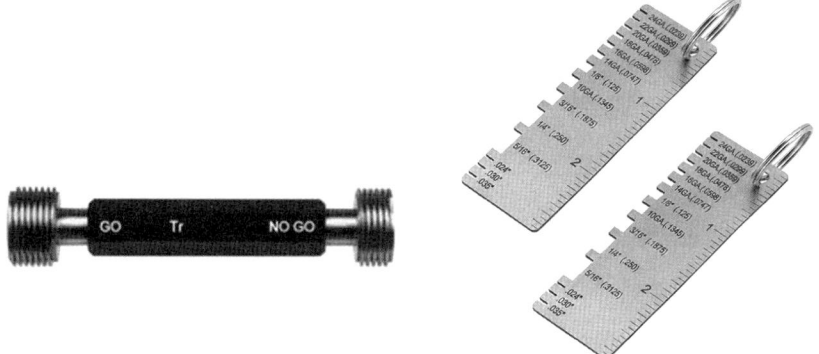

(1) 게이지강의 필요조건

① 내마모성, 경도가 커야 한다.
② 담금질에 의한 변형, 균열이 적고 내식성이 우수할 것
③ 장시간 사용해도 치수변화가 적을 것
④ 열팽창계수가 작아 온도에 의한 변화가 적을 것

3. 스프링용 특수강

(1) 스프링에 적합한 합금강

스프링강은 탄성한도가 높고 영구변형을 일으키지 않으며 주로 스프링을 만드는데 사용되는 강을 일반적으로 스프링강(spring steel)이라 한다.

스프링용 재료로서 요구되는 특성은 기본적으로는 높은 탄성한도, 피로한도, 크리프 저항, 인성 및 진동이 심한 하중, 반복하중 등에 잘 견딜 수 있는 성질 등이다. 특히 자동차, 기차 등에 사용되는 겹판스프링(laminated spring), 코일스프링(coiled spring)과 같은 대형의 것으로부터 판스프링(flat spring), 스파이어럴 스프링(spiral spring) 등 소형의 것에 이르기까지 종류가 많으나 어느 것이나 탄성한도, 항복점 등이 높아야 한다. 이러한 조건을 만족하기 위한 스프링강의 재료로는 0.5~1.0%C의 고탄소강이 사용되며 강에 규소(Si), 망가니즈(Mn), 크로뮴(Cr) 이외에 바나듐(V), 붕소(B), 몰리브데넘(Mo)을 소량 첨가하면 좋다. 일반적으로 사용하는 실용 스프링강은 탄소강 외에 규소-망가니즈강, 망가니즈-크로뮴강 등이 있다.

스프링강의 열처리는 830~860℃에서 기름 담금질하며 뜨임은 탄성한도가 높은 450 ~ 540℃에서 한다.

밸브 스프링(valve spring)과 같은 조형 코일 스프링은 피아노 선을 감아서 만들며 질산칼륨(초산) 등의 염류를 녹인 300 ~ 350℃의 용액 속에 넣어 열처리를 하여 사용한다.

① 냉간가공한 재료는 철사나 얇은 판 스프링에 사용한다.
② 열간가공한 재료는 판 스프링과 코일 스프링에 사용한다.
③ Si-Mn강이 스프링재에 많이 사용된다.
④ Cr-V강은 소형 스프링재에 많이 사용된다.(고급 스프링 재료)
⑤ 냉간가공의 스프링재는 보통강으로 강철선, 피아노선, 띠강에 사용된다.

스프링강 KS D 3701

종류의 기호	주요 화학성분				주요 용도	강종
	C	Si	Mn	Cr		
SPS6	0.56~0.64	1.50~1.80	0.70~1.00	-	겹판스프링 코일스프링 토션바	실리콘 망가니즈 강재
SPS7	0.56~0.64	1.80~2.20	0.70~1.00	-		
SPS9	0.52~0.60	0.15~0.35	0.65~0.95	0.65~0.95		망가니즈 크로뮴 강재재
SPS9A	0.56~0.64	0.15~0.35	0.70~1.00	0.70~1.00	-	
SPS10	0.47~0.55	0.15~0.35	0.65~0.95	0.80~1.10	코일스프링 토션바	크로뮴 바나듐 강재
SPS11A	0.56~0.64	0.15~0.35	0.70~1.00	0.70~1.00	대형 겹판스프링 코일스프링 토션바	망가니즈 크로뮴 보론 강재
SPS12	0.51~0.59	1.20~1.60	0.60~0.90	0.60~0.90	코일스프링	실리콘 크로뮴 강재
SPS13	0.56~0.64	0.15~0.35	0.70~1.00	0.70~0.90	대형 겹판스프링 코일스프링	크로뮴 몰리브데넘 강재

4. 베어링용강

보통 베어링강으로써 사용되는 것은 고탄소 크로뮴강(1%C, 1%Cr 정도)표면경화강, 고속도강 등이 많이 사용된다. 고탄소 저크로뮴강은 780 ~ 850℃에서 담금질 140 ~ 160℃로 뜨임 처리하여 HB62 ~ 65의 경도로 한다.

- 고탄소(0.95 ~ 1.10%), 저Cr(0.1 ~ 1.3%)강이 사용
- 고급용은 V이 0.4% 이하, Mo이 0.5% 이하
- 고탄소-저Cr강은 780 ~ 850℃(담금질), 140 ~ 160℃(뜨임)하며 HRC 62 ~ 65
- 스테인리스강(C가 0.65% 이하, Cr 13%)은 유냉하여 사용함.

(1) 고탄소 크로뮴 베어링강

고탄소 Cr 베어링강은 다음과 같은 이점으로 인하여 널리 사용되고 있다.

① 강재의 가격이 비교적 싸다.
② 담금질에 의해 높은 경도를 얻을 수 있다.
③ 구상화 풀림된 소재의 피삭성이 좋다.

(2) 침탄 베어링강

침탄 베어링강은 주로 자동차용 베어링 및 철도차량, 압연기 등의 강한 충격하중을 받는 대형 베어링에 많이 사용된다. 침탄 베어링강은 표면 경화층과 중심부의 강한 부분에 의해 내충격성이 강하고 파괴 전파가 지체되며, 경화능에 의해 표면층에 압축 응력이 남아있기 때문에 회전피로에 강하고, 하중에 대해 두께와 침탄층 깊이를 적당하게 결정할 수 있다. 따라서 단면 높이의 설계가 가능하다는 등의 유리한 점이 있지만 제조 가격이 일반적으로 높다. 침탄 베어링 강종의 선택은 주로 두께(직경)에 의하지만 표면 경도 HRC 60이상 중심부 경도 HRC 25~45, 인장강도 980N/mm^2 이상이 기준으로 된다.

또한 침탄층의 깊이는 최대 접촉 응력면 깊이의 3배 이상이 필요하며 강한 충격하중의 경우 더 깊어야 한다.

(3) 내식 베어링강

화학공업, 식품공업 등의 부식성 환경에서 혹은 윤활유의 사용이 불가능한 강산화성 분위기, 의료기구 등에 사용하는 베어링은 스테인리스강계가 쓰이고 있다.

스테인리스강계 베어링강은 내식성과 함께 내마모성도 필요하므로 13Cr계, 18Cr계 및 14Cr-4Mo계 등을 사용하는데 그 중에서도 18Cr계의 440C가 가장 많이 사용되고 있다.

일반적으로 13Cr계 스테인리스강으로서 쓰이고 있는 저탄소강에서는 담금질-뜨임 후의 경도가 베어링으로서 부족하므로 C를 0.4~0.8%까지 높여서 사용하고 있다.

(4) 내열 베어링강

내열 베어링강은 사용 온도에 따라 베어링 성능이 저하되지 않아야 하는 곳에 쓰인다. 내열 베어링강은 고온에서 경도가 낮아지지 않고 치수의 변화가 적어야 하고, 피로수명이 길어야

한다. 고탄소 크로뮴 베어링강은 내열성 한계점이 120℃이다. 이 이상의 고온에 사용하는 경우에는 성능이 급격히 떨어진다.

STB2(AISI 52100, JIS SUJ2)의 내열성을 높이기 위해 약 1.3%의 Al을 첨가하면 뜨임 저항이 약 50℃ 높아진다.

▶ 내열 베어링강의 특성
① 고온 경도가 높을 것
② 사용 온도에서 치수의 변화가 적을 것
③ 사용 온도에서 내마모성을 가질 것
④ 회전 피로 저항이 클 것
⑤ 피삭성이 좋을 것

고온 경도는 중요한 성질로서 고온에서 경도가 저하하면 소성 변형을 일으켜 베어링 수명이 짧아진다.

(5) 고탄소 크로뮴 베어링 강재 KS D 3525

종류 및 기호

종류의 기호	JIS 기호
STB 1	-
STB 2	SUJ2
STB 3	SUJ3
STB 4	SUJ4
STB 5	SUJ5

화학 성분

종류의 기호	C	Si	Mn	P	S	Cr	Mo
STB 1	0.95~1.10	0.15~035	0.50 이하	0.025 이하	0.025 이하	0.90~1.20	-
STB 2	0.95~1.10	0.15~0.35	0.50 이하	0.025 이하	0.025 이하	1.30~1.60	-
STB 3	0.95~1.10	0.40~0.70	0.90~1.15	0.025 이하	0.025 이하	0.90~1.20	-
STB 4	0.95~1.10	0.15~0.35	0.50 이하	0.025 이하	0.025 이하	1.30~1.60	0.10~0.25
STB 5	0.95~1.10	0.40~0.70	0.90~1.15	0.025 이하	0.025 이하	0.90~1.20	0.10~0.25

5. 스테인리스강(불수강, 녹슬지 않는 강)

스테인리스강은 철강의 최대 결점인 녹 발생을 방지하기 위해 표층부에 부동태를 형성해서 녹슬지 않는 성질을 갖는 강으로, 주성분으로서 Cr을 함유하는 특수강이라고 정의할 수 있다. 그러나 넓은 의미로는 합금 원소량 5% 이상의 내식(耐蝕), 내산(耐酸), 내산화(耐酸化) 또는 내열성(耐熱性)을 갖는 합금강을 총칭하는 경우도 있다. 또 일반적으로는 13Cr강, 18Cr강,

18-8(Cr-Ni)강으로 불리워지는 것이 스테인리스강의 대표적인 강종이다.

철강에 Cr 또는 Ni을 다량 첨가하여 내식성을 향상시킨 강이며 강중에 Cr의 역할은 이산화크로뮴(Cr_2O_3) 이하는 치밀하고 안정된 산화피막을 형성하여 내식성이 좋다.

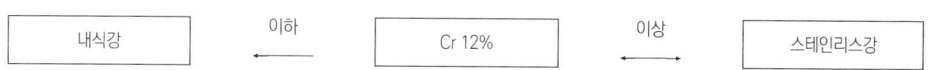

스테인리스강은 성분상으로 Cr계와 Cr-Ni계로 크게 구별되고 금속 조직적으로는 Cr계는 페라이트(Ferrite)계와 마텐자이트(Martensite)계로 Cr-Ni계는 오스테나이트(Austenite)계로 구분된다.

스테인리스강은 화학성분과 금속조직에 따라 크게 구분하고 있으며, 화학성분으로는 Fe-Cr계, Fe-Cr-Ni계로 분류되고, 금속조직상으로는 Austenite계, Ferrite계, Martensite계, Duplex계 및 석출경화계로 분류된다.

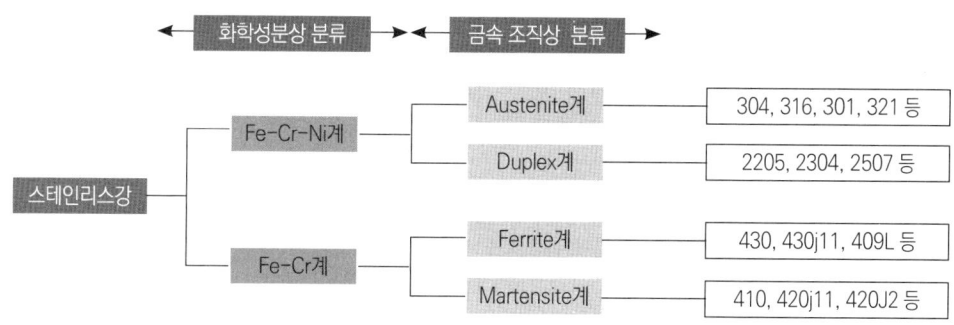

(1) 스테인리스강의 특성에 대한 주요 원소의 영향
① 탄소(Carbon)

C는 내식성면에서 적을수록 좋고 화학공업용에 특히 내식성을 필요로 하는 경우는 오스테나이트계에서 0.030% 이하로 하는 규격도 있다. 그러나 C가 낮으면 경도와 강도가 낮아진다. 일반적으로 페라이트계, 오스테나이트계는 제조원가와 관련이 있지만 C가 낮을수록 좋은 영향이 있다. 마텐자이트계에서는 용도에 따라 적당한 탄소량이 쓰여진다.

② 크로뮴(Chromium)

Cr은 Fe의 부동태화(不動態化)에 가장 필요로 한 원소로서 여러 가지 산(酸)에 충분한 내식성을 갖으려면 12% 이상의 Cr이 필요하다. 그러나 사용 분위기가 H_2SO_4라든가 HCl 같은 비산화성의 경우에는 Cr의 첨가만으로는 강의 내식성을 개선할 수 없다.

③ 니켈(Nickel)

Cr계 스테인리스강에 Ni이 첨가되면 기계적 성질이 개선된다.

④ 몰리브데넘(Molybdenium)

Mo은 Cr계 스테인리스강에서는 비산화성 분위기에 대한 내식성을 개선하고 특히 Cu와 공존하면 그 효과는 크다. Cr-Ni계 스테인리스강에 대해서도 부동태를 강화하는 작용을 하며 2% 이상의 첨가로 내식성, 특히 내유산성(耐硫酸性)을 좋게 한다. 또 Mo은 오스테나이트계에 대해서도 점식방지에는 유효하지만 입계부식에 대해서는 그다지 효과가 없다. Mo은 탄화물 형성원소로서 오스테나이트를 불안정하게 함으로써 Mo을 첨가할 때는 Ni량을 증가할 필요가 있다.

⑤ 구리(Copper)

Cu는 비산화성 분위기에 대한 내식성을 개선하며 또한 Mo과의 공존으로 그 효과는 크다.

⑥ 타이타늄(Titanium), 나이오븀(Niobium)

Ti, Nb은 어느 것이나 안정적인 탄화물을 만들고 C를 고정해서 오스테나이트계 스테인리스강의 입계부식의 방지에 유효하다.

⑦ 망가니즈(Manganese)

Mn은 오스테나이트를 안정화하는 원소로 Ni의 대체용으로 사용되며 그 경우에는 Ni량의 약 2배를 필요로 한다. 내식성에는 그다지 영향이 없지만 Cr이 15% 이상으로 되면 σ(Sigma) 상(相)이 나타나기 쉬우므로 주의가 필요하다.

⑧ 질소(Nitrogen)

질소는 오스테나이트를 안정하게 하고, Ni의 대체용으로 사용된다. 내식성에는 영향이 없고 상온, 고온에서의 강도를 증가하지만 σ상 형성을 조장하는 작용이 있다.

스테인리스강

분류	종류의 기호	주요 화학성분 (%)					인장강도 (N/㎟)
		C	Si	Ni	Cr	Mo	
오스테나이트계	STS304	0.08 이하	1.00 이하	8.00~10.50	18.00~20.00	–	520 이상
	STS304L	0.030 이하	1.00 이하	9.00~13.00	18.00~20.00	–	480 이상
	STS309S	0.08 이하	1.00 이하	12.00~15.00	22.00~24.00	–	520 이상
	STS310S	0.08 이하	1.50 이하	19.00~22.00	24.00~26.00	–	520 이상
	STS316	0.08 이하	1.00 이하	10.00~14.00	16.00~18.00	2.00~3.00	520 이상
	STS316L	0.030 이하	1.00 이하	12.00~15.00	16.00~18.00	2.00~3.00	480 이상
마텐자이트계	STS403	0.15 이하	0.50 이하	–	11.50~13.00	–	590 이상
	STS410	0.15 이하	1.00 이하	–	11.50~13.50	–	540 이상
	STS410J1	0.08~0.18	0.60 이하	–	11.50~14.00	0.30~0.60	690 이상
페라이트계	STS430	0.12 이하	0.75 이하	–	16.00~18.00	–	450 이상
	STS434	0.12 이하	1.00 이하	–	16.00~18.00	0.75~1.25	450 이상

(2) 스테인리스강의 구분

1) 오스테나이트계 스테인리스강(면심입방격자, 304 강종)

스테인리스 중에 가장 널리 사용되고 있는 오스테나이트계는 크로뮴-니켈계의 스테인리스 강으로 페라이트계의 비산화성 및 산에 대한 약한 성질을 개선하기 위해 Ni, Mo, Cr 등을 합금시킨 강으로 전체 스테인리스강 생산량의 약 60% 이상을 점유하고 가장 많으며 봉강, 선, 판, 파이프 등 모든 형상으로 제조되고 있다. 대표적인 강종은 C 0.2% 이하, Cr 17~20%, Ni 7~10%를 함유하고 있다. 대표적인 것은 18% Cr−8% Ni로 일반적으로 18-8 스테인리스강이라고 하며 304계열(STS304, 304L)로 내식성과 내열성, 저온강도가 양호한 특성을 가지며 주요 용도는 가정용품, 화학공업, 제지공업, 정유공업, 항공기용 등의 건축, 차량, 주방 기구 등 특히 미려함이 요구되는 부분에 사용된다. 그 외 석출경화형의 고강도 스테인리스강이나 쾌삭 스테인리스강도 점차적으로 수요가 증가되어 각 산업 분야별로 실용화되고 있다.

① 비자성체이다.
② 연성, 전성이 우수하다.
③ 내산성, 내식성은 페라이트계보다 우수하다.
④ 염소화합물에 약하다.($MgCl_2$, HCl)
⑤ 입간 부식(입자와 입자의 중간 즉 결정입계)이 발생하기 쉽다.

※ 입간 부식 방지법

① C를 적게 첨가한다.
② C를 그대로 첨가한 경우 Ti를 넣는다. TiC는 안정탄화물로서 녹슬지 않는다.
③ 탄화물이 완전히 고용하는 온도 1,000~1,100℃로 가열하여 급냉시키는 용체화처리(solution treatment)를 한다.

※ 오스테나이트계 스테인리스강의 특징

㉮ C가 0.2% 이하, Cr(17 ~ 20%), Ni(7 ~ 10%)을 함유하고 고Ni+Cr강으로서 표준성분은 다음과 같으며 일명 18-8강이라 한다.

> Cr(18%)＋Ni(8%) 형이 대표적이다.

㉯ 조직은 상온에서 오스테나이트로 비자성체이다.
㉰ 담금질에 의한 경화는 안되며, STS 300계에 해당한다.
㉱ 1,000 ~ 1,100℃로 가열후 급냉하면 더욱 연화하고 가공성, 내식성이 증가한다.

▶ 18-8 Cr-Ni 스테인리스강(SUS는 JIS, STS는 KS규격)

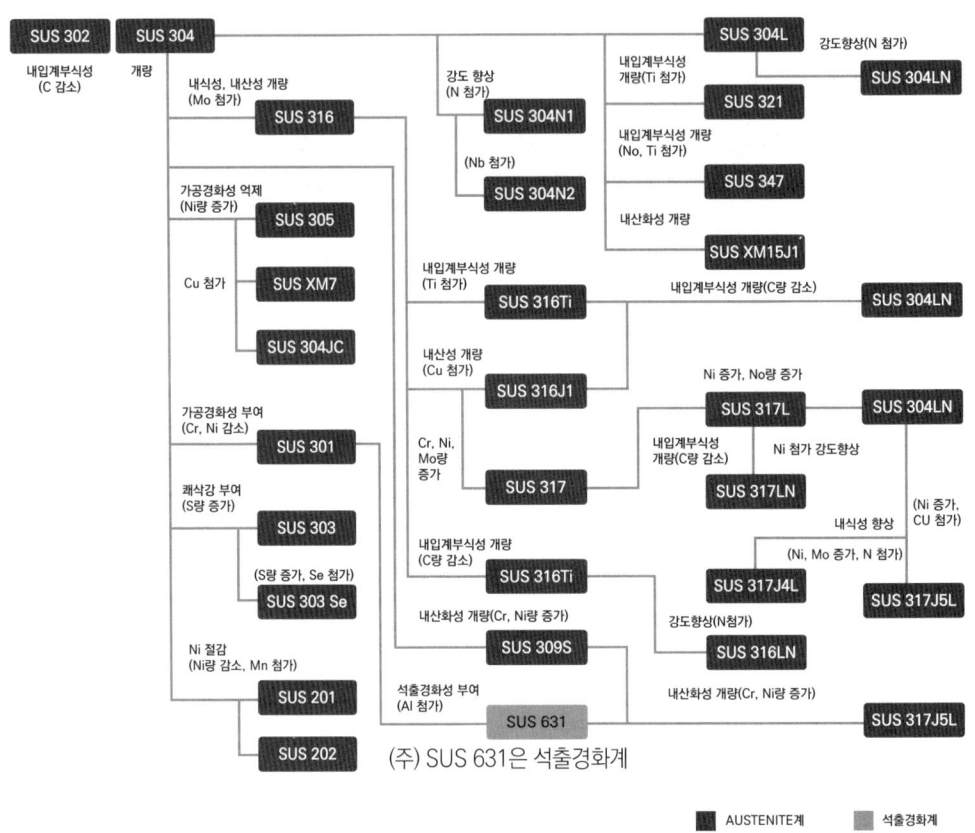

2) 페라이트계 스테인리스강(강자성, 체심입방구조) : 저C+고Cr(13%)

페라이트계 스테인리스강은 16~18%의 크로뮴을 함유한 크로뮴계 스테인리스강으로 18크로뮴스테인리스강이라고도 불린다. 주합금원소가 크로뮴으로 이루어져 열팽창계수가 낮고 성형성과 내산화성이 우수하며 조직은 펄라이트로 강자성을 나타내고 잘 연마된 것은 대기 중이나 물 속에서 거의 녹슬지 않는다. 대표적인 강종은 430이며 주로 싱크대나 가스레인지 상판, 가전주방용, 내연기관자동차 배기계용, 건축 내외장재 등에 사용된다.

① 표면을 잘 연마하면 쉽게 녹슬지 않는다.
② 내산성은 오스테나이트에 비해서 떨어진다.
③ 담금질한 상태에서는 녹슬지 않으나 다른 열처리에는 녹슨다.

④ 유기산이나 질산에는 녹슬지 않으나 다른 산(염산)에는 녹슨다.
⑤ 920~1000℃에서 담금질하고 700~800℃에서 뜨임해서 구상화시키면 녹슬지 않는다.
㉮ 대표 강종은 Cr 13%의 강(12 ~ 15% Cr 함유한 강)
㉯ 고 Cr강은 가공성(성형성) 또는 내산화성이 우수하다.

▶ 13 Cr 스테인리스강(SUS는 JIS, STS는 KS 규격)

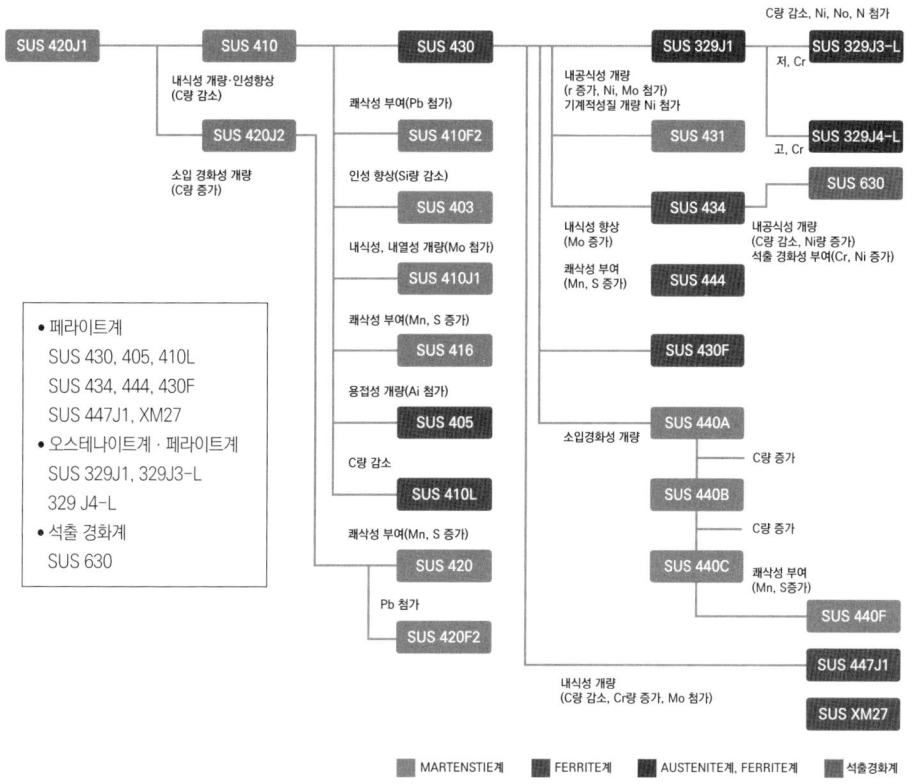

3) 마텐자이트계 스테인리스강(강자성) : 중C+고Cr(12%)

페라이트계 스테인리스강과 동일하게 Cr을 주합금원소로 한 크로뮴계 스테인리스강으로 대표적인 것은 STS410이나 STS420이다. STS410은 C 0.15% 이하, Cr 11.50~13.50%, Si 1.00% 이하를 함유하고 13크로뮴스테인리스강이라고 불리운다. STS420은 특히 내식성 더욱 높인 것이다. 마텐자이트계는 보통 12%의 크로뮴을 포함하며, 다른 계열보다 탄소 함량이 높아 열처리를 통한 높은 고강도, 고경도 확보가 가능하고 내마모성이 뛰어나서 기계 부품, 양식기 나이프, 오토바이 디스크 브레이크용 등의 용도에 사용한다.

4) 석출경화형 스테인리스강(비자성) : 오스테나이트계+Cu, Ti을 첨가해서 입계에 석출시켜 경화(PH, Precipitation Hardening)

PH 스테인리스강(600계열)이라고도 하며 뛰어난 내식성이 우수하고 고온강도가 높고, 가공성이나 용접성이 좋고 비교적 연성이 좋다는 장점이 있다. STS630(17-4 PH강), STS631(17-7 PH강)

(3) 냉간 압연 스테인리스 강판 및 강대 KS D 3698

종류의 기호 및 분류

종류의 기호	분류	종류의 기호	분류	종류의 기호	분류
STS 201	오스테나이트계	STS 316 J1 L	오스테나이트계	STS 430 LX	페라이트계
STS 202		STS 317		STS 430 J1 L	
STS 301		STS 317 L		STS 434	
STS 301L		STS 317 LN		STS 436 L	
STS 301 J1		STS 317 J1		STS 436 J1 L	
STS 302		STS 317 J2		STS 439	
STS 302 B		STS 317 J3 L		STS 444	
STS 304		STS 836 L		STS 445 NF	
STS 304L		STS 890 L		STS 446 M	
STS 304 N1		STS 321		STS 447 J1	
STS 304 N2		STS 347		STS XM 27	
STS 304 LN		STS XM 7		STS 403	마텐자이트계
STS 304 J1		STS XM 15 J1		STS 410	
STS 304 J2		STS 350		STS 410 S	
STS 305		STS 329 J1	오스테나이트계 · 페라이트계	STS 420 J1	
STS 309 S		STS 329 J3 L		STS 420 J2	
STS 310 S		STS 329 J4 L		STS 429 J1	
STS 316		STS 329 LD		STS 440 A	
STS 316 L		STS 405	페라이트계	STS 630	석출 경화계
STS 316 N		STS 410 L		STS 631	
STS 316 LN		STS 429		–	
STS 316 Ti		STS 430		–	
STS 316 J1		–		–	

[비고]
1. 강판이라는 것을 기호로 표시할 필요가 있을 경우에는 종류의 기호 끝에 –CP를 부기한다.
   보기 : STS 304–CP
2. 강대라는 것을 기호로 표시할 필요가 있을 경우에는 종류의 기호 끝에 –CS를 부기한다.
   보기 : STS 430–CS

오스테나이트계의 화학 성분

- 단위 : %

종류의 기호	C	Si	Mn	P	S	Ni	Cr	Mo	Cu	N	기타
STS201	0.15 이하	1.00 이하	5.50 ~7.50	0.045 이하	0.030 이하	3.50 ~5.50	16.00 ~18.00	–	–	0.25 이하	–
STS202	0.15 이하	1.00 이하	7.50 ~10.00	0.045 이하	0.030 이하	4.00 ~6.00	17.00 ~19.00	–	–	0.25 이하	–
STS301	0.15 이하	1.00 이하	2.00 이하	0.045 이하	0.030 이하	6.00 ~8.00	16.00 ~18.00	–	–	–	–
STS301L	0.030 이하	1.00 이하	2.00 이하	0.045 이하	0.030 이하	6.00 ~8.00	16.00 ~18.00	–	–	0.25 이하	–
STS301J1	0.08 ~0.12	1.00 이하	2.00 이하	0.045 이하	0.030 이하	7.00 ~9.00	16.00 ~18.00	–	–	–	–
STS302	0.15 이하	1.00 이하	2.00 이하	0.045 이하	0.030 이하	8.00 ~10.00	17.00 ~19.00	–	–	–	–
STS302B	0.15 이하	2.00 ~3.00	2.00 이하	0.045 이하	0.030 이하	8.00 ~10.00	17.00 ~19.00	–	–	–	–
STS304	0.08 이하	1.00 이하	2.00 이하	0.045 이하	0.030 이하	8.00 ~10.50	18.00 ~20.00	–	–	–	–
STS304L	0.030 이하	1.00 이하	2.00 이하	0.045 이하	0.030 이하	9.00 ~13.00	18.00 ~20.00	–	–	–	–
STS304N1	0.08 이하	1.00 이하	2.50 이하	0.045 이하	0.030 이하	7.00 ~10.50	18.00 ~20.00	–	–	0.10 ~0.25	–
STS304N2	0.08 이하	1.00 이하	2.50 이하	0.045 이하	0.030 이하	7.50 ~10.50	18.00 ~20.00	–	–	0.15 ~0.30	Nb 0.15 이하
STS304LN	0.030 이하	1.00 이하	2.00 이하	0.045 이하	0.030 이하	8.50 ~11.50	17.00 ~19.00	–	–	0.12 ~0.22	–
STS304J1	0.08 이하	1.70 이하	3.00 이하	0.045 이하	0.030 이하	6.00 ~9.00	15.00 ~18.00	–	1.00 ~3.00	–	–
STS304J2	0.08 이하	1.70 이하	3.00 ~5.00	0.045 이하	0.030 이하	6.00 ~9.00	15.00 ~18.00	–	1.00 ~3.00	–	–
STS305	0.12 이하	1.00 이하	2.00 이하	0.045 이하	0.030 이하	10.50 ~13.00	17.00 ~19.00	–	–	–	–
STS309S	0.08 이하	1.00 이하	2.00 이하	0.045 이하	0.030 이하	12.00 ~15.00	22.00 ~24.00	–	–	–	–
STS310S	0.08 이하	1.50 이하	2.00 이하	0.045 이하	0.030 이하	19.5 0~22.00	24.00 ~26.00	–	–	–	–
STS316	0.08 이하	1.00 이하	2.00 이하	0.045 이하	0.030 이하	10.00 ~14.00	16.00 ~18.00	2.00 ~3.00	–	–	–
STS316L	0.030 이하	1.00 이하	2.00 이하	0.045 이하	0.030 이하	12.00 ~15.00	16.00 ~18.00	2.00 ~3.00	–	–	–
STS316N	0.08 이하	1.00 이하	2.00 이하	0.045 이하	0.030 이하	10.50 ~14.00	16.00 ~18.00	2.00 ~3.00	–	0.10 ~0.22	–
STS316LN	0.030 이하	1.00 이하	2.00 이하	0.045 이하	0.030 이하	10.00 ~14.50	16.50 ~18.50	2.00 ~3.00	–	0.12 ~0.22	–
STS316Ti	0.08 이하	1.00 이하	2.00 이하	0.045 이하	0.030 이하	10.00 ~14.00	16.00 ~18.00	2.00 ~3.00	–	–	Ti 5×C% 이상
STS316J1	0.08 이하	1.00 이하	2.00 이하	0.045 이하	0.030 이하	10.00 ~14.00	17.00 ~19.00	1.20 ~2.75	1.00 ~2.50	–	–
STS316J1L	0.030 이하	1.00 이하	2.00 이하	0.045 이하	0.030 이하	12.00 ~16.00	17.00 ~19.00	1.20 ~2.75	1.00 ~2.50	–	–

종류의 기호	C	Si	Mn	P	S	Ni	Cr	Mo	Cu	N	기타
STS317	0.08 이하	1.00 이하	2.00 이하	0.045 이하	0.030 이하	11.00 ~15.00	18.00 ~20.00	3.00 ~4.00	-	-	-
STS317L	0.030 이하	1.00 이하	2.00 이하	0.045 이하	0.030 이하	11.00 ~15.00	18.00 ~20.00	3.00 ~4.00	-	-	-
STS317LN	0.030 이하	1.00 이하	2.00 이하	0.045 이하	0.030 이하	11.00 ~15.00	18.00 ~20.00	3.00 ~4.00	-	0.10~0.22	-
STS317J1	0.040 이하	1.00 이하	2.50 이하	0.045 이하	0.030 이하	15.00 ~17.00	16.00 ~19.00	4.00 ~6.00	-	-	-
STS317J2	0.06 이하	1.50 이하	2.00 이하	0.045 이하	0.030 이하	12.00 ~16.00	23.00 ~26.00	0.50 ~1.20	-	0.25 ~0.40	-
STS317J3L	0.030 이하	1.00 이하	2.00 이하	0.045 이하	0.030 이하	11.00 ~13.00	20.50 ~22.50	2.00 ~3.00	-	0.18 ~0.30	-
STS836L	0.030 이하	1.00 이하	2.00 이하	0.045 이하	0.030 이하	24.00 ~26.00	19.00 ~24.00	5.00 ~7.00	-	0.25 이하	-
STS890L	0.020 이하	1.00 이하	2.00 이하	0.045 이하	0.030 이하	23.00 ~28.00	19.00 ~23.00	4.00 ~5.00	1.00 ~2.00	-	-
STS321	0.08 이하	1.00 이하	2.00 이하	0.045 이하	0.030 이하	9.00 13.00	17.00 ~19.00	-	-	-	Ti5×C% 이상
STS347	0.08 이하	1.00 이하	2.00 이하	0.045 이하	0.030 이하	9.00 ~13.00	17.00 ~19.00	-	-	-	Nb10×C% 이상
STSXM7	0.08 이하	1.00 이하	2.00 이하	0.045 이하	0.030 이하	8.50 ~10.50	17.00 ~19.00	-	3.00~ 4.00	-	-
STSXM15J1	0.08 이하	3.00 ~5.00	2.00 이하	0.045 이하	0.030 이하	11.50 ~15.00	15.00 ~20.00	-	-	-	-
STS350	0.03 이하	1.00 이하	1.50 이하	0.035 이하	0.020 이하	20.00 ~23.00	22.00 ~24.00	6.00 ~6.80	0.40 이하	0.21 ~0.32	-

오스테나이트 · 페라이트계의 화학 성분

- 단위 : %

종류의 기호	C	Si	Mn	P	S	Ni	Cr	Mo	N
STS329J1	0.08 이하	1.00 이하	1.50 이하	0.040 이하	0.030 이하	3.00~6.00	23.00~28.00	1.00~3.00	-
STS329J3L	0.030 이하	1.00 이하	2.00 이하	0.040 이하	0.030 이하	4.50~6.50	21.00~24.00	2.50~3.50	0.08~0.02
STS329J4L	0.030 이하	1.00 이하	1.50 이하	0.040 이하	0.030 이하	5.50~7.50	24.00~26.00	2.50~3.50	0.08~0.30
STS329LD	0.030 이하	1.00 이하	2.00~4.00	0.040 이하	0.030 이하	2.00~4.00	19.00~22.00	1.00~2.00	0.14~0.20

페라이트계의 화학 성분

- 단위 : %

종류의 기호	C	Si	Mn	P	S	Cr	Mo	N	기타
STS405	0.08 이하	1.00 이하	1.00 이하	0.040 이하	0.030 이하	11.50~14.50	-	-	Al 0.10~0.30
STS410L	0.030 이하	1.00 이하	1.00 이하	0.040 이하	0.030 이하	11.00~13.50	-	-	-
STS429	0.12 이하	1.00 이하	1.00 이하	0.040 이하	0.030 이하	14.00~16.00	-	-	-
STS430	0.12 이하	0.75 이하	1.00 이하	0.040 이하	0.030 이하	16.00~18.00	-	-	-
STS430LX	0.030 이하	0.75 이하	1.00 이하	0.040 이하	0.030 이하	16.00~19.00	-	-	Ti 또는 Nb 0.10~1.00
STS430J1L	0.025 이하	1.00 이하	1.00 이하	0.040 이하	0.030 이하	16.00~20.00	-	0.025 이하	Ti, Nb, Zr 또는 그들의 조합 $8 \times (C\% + N\%) - 0.80$ Cu 0.030~0.80
STS434	0.12 이하	1.00 이하	1.00 이하	0.040 이하	0.030 이하	16.00~18.00	0.75~1.25	-	-
STS436L	0.025 이하	1.00 이하	1.00 이하	0.040 이하	0.030 이하	16.00~19.00	0.75~1.50	0.025 이하	Ti, Nb, Zr 또는 그들의 조합 $8 \times (C\% + N\%) - 0.80$
STS436J1L	0.025 이하	1.00 이하	1.00 이하	0.040 이하	0.030 이하	17.00~20.00	0.40~0.80	0.025 이하	Ti, Nb, Zr 또는 그들의 조합 $8 \times (C\% + N\%) - 0.80$
STS439	0.025 이하	1.00 이하	1.00 이하	0.040 이하	0.030 이하	17.00~20.00	-	0.025 이하	Ti, Nb 또는 그들의 조합 $8 \times (C\% + N\%) - 0.80$
STS444	0.025 이하	1.00 이하	1.00 이하	0.040 이하	0.030 이하	17.00~20.00	1.75~2.50	0.025 이하	Ti, Nb, Zr 또는 그들의 조합 $8 \times (C\% + N\%) - 0.80$
STS445NF	0.015 이하	1.00 이하	1.00 이하	0.040 이하	0.030 이하	20.00~23.00	-	0.015 이하	Ti, Nb 또는 그들의 조합 $8 \times (C\% + N\%) - 0.80$
STS446M	0.015 이하	0.40 이하	0.40 이하	0.040 이하	0.020 이하	25.0~28.5	1.5~2.5	0.018 이하	(C+N) 0.03% 이하 (Ti+Nb)(C+N) 8 이상
STS447J1	0.010 이하	0.40 이하	0.40 이하	0.030 이하	0.020 이하	28.50~32.00	1.50~2.50	0.015 이하	-
STSXM27	0.010 이하	0.40 이하	0.40 이하	0.030 이하	0.020 이하	25.00~27.50	0.75~1.50	0.015 이하	-

STS301 및 STS301L의 조질 압연 상태의 기계적 성질

종류의 기호	조질의 기호	항복 강도 N/mm^2	인장 강도 N/mm^2	연신율 (%)		
				두께 0.4mm 미만	두께 0.4mm 이상 0.8mm 미만	두께 0.8mm 이상
STS301	$\frac{1}{4}$H	510 이상	860 이상	25 이상	25 이상	25 이상
STS301	$\frac{1}{2}$H	755 이상	1030 이상	9 이상	10 이상	10 이상
STS301	$\frac{3}{4}$H	930 이상	1210 이상	3 이상	5 이상	7 이상
STS301	H	960 이상	1270 이상	3 이상	4 이상	5 이상
STS301L	$\frac{1}{4}$H	345 이상	690 이상	40 이상		
STS301L	$\frac{1}{2}$H	410 이상	760 이상	35 이상		
STS301L	$\frac{3}{4}$H	480 이상	820 이상	25 이상		
STS301L	H	685 이상	930 이상	20 이상		

고용화 열처리 상태의 기계적 성질(오스테나이트 · 페라이트계)

종류의 기호	항복 강도 N/mm²	인장 강도 N/mm²	연신율 %	경도		
				HB	HRC	HV
STS329J1	390 이상	590 이상	18 이상	277 이하	29 이하	292 이하
STS329J3L	450 이상	620 이상	18 이상	302 이하	32 이하	320 이하
STS329J4L	450 이상	620 이상	18 이상	302 이하	32 이하	320 이하
STS329LD	450 이상	620 이상	25 이상	293 이하	31 이하	310 이하

어닐링 상태의 기계적 성질(페라이트계)

종류의 기호	항복 강도 N/mm²	인장 강도 N/mm²	연신율 %	경도			굽힘성	
				HB	HRB	HV	굽힘 각도	안쪽 반지름
STS405	175 이상	410 이상	20 이상	183 이하	88 이하	200 이하	180°	두께 8mm 미만 두께의 0.5배
STS410L	195 이상	360 이상	22 이상	183 이하	88 이하	200 이하	180°	두께의 1.0배
STS429	205 이상	450 이상	22 이상	183 이하	88 이하	200 이하	180°	두께의 1.0배
STS430	205 이상	450 이상	22 이상	183 이하	88 이하	200 이하	180°	두께의 1.0배
STS430LX	175 이상	360 이상	22 이상	183 이하	88 이하	200 이하	180°	두께의 1.0배
STS430J1L	205 이상	390 이상	22 이상	192 이하	90 이하	200 이하	180°	두께의 1.0배
STS434	205 이상	450 이상	22 이상	183 이하	88 이하	200 이하	180°	두께의 1.0배
STS436L	245 이상	410 이상	20 이상	217 이하	96 이하	230 이하	180°	두께의 1.0배
STS436J1L	245 이상	410 이상	20 이상	192 이하	90 이하	200 이하	180°	두께의 1.0배
STS439	175 이상	360 이상	22 이상	183 이하	88 이하	200 이하	180°	두께의 1.0배
STS444	245 이상	410 이상	20 이상	217 이하	96 이하	230 이하	180°	두께의 1.0배
STS445NF	245 이상	410 이상	20 이상	192 이하	90 이하	200 이하	180°	두께의 1.0배
STS447J1	295 이상	450 이상	22 이상	207 이하	95 이하	220 이하	180°	두께의 1.0배
STSXM27	245 이상	410 이상	22 이상	192 이하	90 이하	200 이하	180°	두께의 1.0배
STS446M	270 이상	430 이상	20 이상	–	–	210 이하	180°	두께의 1.0배

어닐링 상태의 기계적 성질(마텐자이트계)

종류의 기호	항복 강도 N/mm²	인장 강도 N/mm²	연신율 %	경도			굽힘성	
				HB	HRB	HV	굽힘 각도	안쪽 반지름
STS403	205 이상	440 이상	20 이상	201 이하	93 이하	210 이하	180°	두께의 1.0배
STS410	205 이상	440 이상	20 이상	201 이하	93 이하	210 이하	180°	두께의 1.0배
STS410S	205 이상	410 이상	20 이상	183 이하	88 이하	200 이하	180°	두께의 1.0배
STS420J1	225 이상	520 이상	18 이상	223 이하	97 이하	234 이하	–	–
STS420J2	225 이상	540 이상	18 이상	235 이하	99 이하	247 이하	–	–
STS429J1	225 이상	520 이상	18 이상	241 이하	100 이하	253 이하	–	–
STS440A	245 이상	590 이상	15 이상	255 이하	HRC 25 이하	269 이하	–	–

퀜칭 템퍼링 상태의 경도(마텐자이트계)

종류의 기호	HRC
STS 420J2	40 이상
STS 440A	

석출 경화계의 기계적 성질

종류의 기호	열처리 기호	항복 강도 N/mm²	인장 강도 N/mm²	연신율 (%)		경도			
						HB	HRC	HRB	HV
STS630	S	–	–	–		363 이하	38 이하	–	–
	H900	1175 이상	1310 이상	두께 5.0mm 이하	5 이상	375 이상	40 이상	–	–
				두께 5.0mm 초과 15.0mm 이하	8 이상				
	H1025	1000 이상	1070 이상	두께 5.0mm 이하	5 이상	331 이상	35 이상	–	–
				두께 5.0mm 초과 15.0mm 이하	8 이상				
	H1075	860 이상	1000 이상	두께 5.0mm 이하	5 이상	302 이상	31 이상	–	–
				두께 5.0mm 초과 15.0mm 이하	9 이상				
	H1150	725 이상	930 이상	두께 5.0mm 이하	8 이상	277 이상	28 이상	–	–
				두께 5.0mm 초과 15.0mm 이하	10 이상				
STS631	S	380 이하	1030 이하	20 이상		192 이하	–	192 이하	200 이하
	TH1050	960 이상	1140 이상	두께 3.0mm 이하	3 이상	–	35 이상	–	45 이상
				두께 3.0mm 초과	5 이상				
	RH950	1030 이상	1230 이상	두께 3.0mm 이하	–	–	40 이상	–	392 이상
				두께 3.0mm 초과	4 이상				

표면 다듬질

표면 다듬질의 기호	적 용
No.2D	냉간 압연 후 열처리, 산 세척 또는 여기에 준한 처리를 하여 다듬질한 것. 또한 무광택 롤에 의하여 마지막으로 가볍게 냉간 압연한 것도 포함한다.
No.2B	냉간 압연 후 열처리, 산 세척 또는 여기에 준한 처리를 한 후, 적당한 광택을 얻을 정도로 냉간 압연하여 다듬질한 것
No. 3	KS L 6001에 따라 100~120번까지 연마하여 다듬질한 것
No. 4	KS L 6001에 따라 150~180번까지 연마하여 다듬질한 것
# 240	KS L 6001에 따라 240번까지 연마하여 다듬질한 것
# 320	KS L 6001에 따라 320번까지 연마하여 다듬질한 것
# 400	KS L 6001에 따라 400번까지 연마하여 다듬질한 것
BA	냉간 압연 후 광택 열처리를 한 것
HL	적당한 입도의 연마재로 연속된 연마 무늬가 생기도록 연마하여 다듬질한 것

(4) 열간 압연 스테인리스 강판 및 강대 KS D 3705

종류의 기호 및 분류

종류의 기호	분류	종류의 기호	분류	종류의 기호	분류
STS301	오스테나이트계	STS316Ti	오스테나이트계	STS410L	페라이트계
STS301L		STS316J1		STS429	
STS301J1		STS316J1L		STS430	
STS302		STS317		STS430LX	
STS302B		STS317L		STS430J1L	
STS303		STS317LN		STS434	
STS304		STS317J1		STS436L	
STS304L		STS317J2		STS436J1L	
STS304N1		STS317J3L		STS444	
STS304N2		STS836L		STS445NF	
STS304LN		STS890L		STS447J1	
STS304J1		STS321		STSXM27	
STS304J2		STS347		STS403	마텐자이트계
STS305		STSXM7		STS410	
STS309S		STSXM15J1		STS410S	
STS310S		STS350		STS420J1	
STS316		STS329J1	오스테나이트계 · 페라이트계	STS420J2	
STS316L		STS329J3L		STS429J1	
STS316N		STS329J4L		STS440A	
STS316LN		STS405	페라이트계	STS630	석출 경화계
				STS631	

[비고]
1. 강판이라는 것을 기호로 표시할 필요가 있을 경우에는 종류의 기호 끝부분에 -HP를 부기한다.
　보기 : STS 304-HP
2. 강대라는 것을 기호로 표시할 필요가 있을 경우에는 종류의 기호 끝부분에 -HS를 부기한다.
　보기 : STS 304-HS

오스테나이트계의 화학 성분

종류의 기호	C	Si	Mn	P	S	Ni	Cr	Mo	Cu	N	기타
STS301	0.15 이하	1.00 이하	2.00 이하	0.045 이하	0.030 이하	6.00~8.00	16.00~18.00	–	–	–	–
STS301L	0.030 이하	1.00 이하	2.00 이하	0.045 이하	0.030 이하	6.00~8.00	16.00~18.00	–	–	0.20 이하	–
STS301J1	0.08~0.12	1.00 이하	2.00 이하	0.045 이하	0.030 이하	7.00~9.00	16.00~18.00	–	–	–	–
STS302	0.15 이하	1.00 이하	2.00 이하	0.045 이하	0.030 이하	8.00~10.00	17.00~19.00	–	–	–	–
STS302B	0.15 이하	2.00~3.00	2.00 이하	0.045 이하	0.030 이하	8.00~10.00	17.00~19.00	–	–	–	–
STS303	0.15 이하	1.00 이하	2.00 이하	0.20 이하	0.15 이하	8.00~10.00	17.00~19.00	a)	–	–	–
STS304	0.08 이하	1.00 이하	2.00 이하	0.045 이하	0.030 이하	8.00~10.00	18.00~20.00	–	–	–	–
STS304L	0.030 이하	1.00 이하	2.00 이하	0.045 이하	0.030 이하	9.00~13.00	18.00~20.00	–	–	–	–
STS304N1	0.08 이하	1.00 이하	2.50 이하	0.045 이하	0.030 이하	7.00~10.50	18.00~20.00	–	–	0.10~0.25	–
STS304N2	0.08 이하	1.00 이하	2.50 이하	0.045 이하	0.030 이하	7.50~10.50	18.00~20.00	–	–	0.15~0.30	Nb 0.15 이하
STS304LN	0.030 이하	1.00 이하	2.00 이하	0.045 이하	0.030 이하	8.50~11.50	17.00~19.00	–	–	0.12~0.22	–
STS304J1	0.08 이하	1.70 이하	3.00 이하	0.045 이하	0.030 이하	6.00~9.00	15.00~18.00	–	1.00~3.00	–	–
STS304J2	0.08 이하	1.70 이하	3.00~5.00	0.045 이하	0.030 이하	6.00~9.00	15.00~18.00	–	1.00~3.00	–	–
STS305	0.12 이하	1.00 이하	2.00 이하	0.045 이하	0.030 이하	10.50~13.00	17.00~19.00	–	–	–	–
STS309S	0.08 이하	1.00 이하	2.00 이하	0.045 이하	0.030 이하	19.00~22.00	22.00~24.00	–	–	–	–
STS310S	0.08 이하	1.50 이하	2.00 이하	0.045 이하	0.030 이하	10.00~14.00	24.00~26.00	–	–	–	–
STS316	0.08 이하	1.00 이하	2.00 이하	0.045 이하	0.030 이하	12.00~15.00	16.00~18.00	2.00~3.00	–	–	–
STS316L	0.030 이하	1.00 이하	2.00 이하	0.045 이하	0.030 이하	10.00~14.00	16.00~18.00	2.00~3.00	–	–	–
STS316N	0.08 이하	1.00 이하	2.00 이하	0.045 이하	0.030 이하	10.50~14.50	16.00~18.00	2.00~3.00	–	0.10~0.22	–
STS316LN	0.030 이하	1.00 이하	2.00 이하	0.045 이하	0.030 이하	10.00~14.00	16.50~18.50	2.00~3.00	–	0.12~0.22	–
STS316Ti	0.08 이하	1.00 이하	2.00 이하	0.045 이하	0.030 이하	10.00~14.00	16.00~18.00	2.00~3.00	–	–	Ti5×C% 이상
STS316J1	0.08 이하	1.00 이하	2.00 이하	0.045 이하	0.030 이하	12.00~16.00	17.00~19.00	1.20~2.75	1.00~2.50	–	–
STS316J1L	0.030 이하	1.00 이하	2.00 이하	0.045 이하	0.030 이하	11.00~15.00	17.00~19.00	1.20~2.75	1.00~2.50	–	–
STS317	0.08 이하	1.00 이하	2.00 이하	0.045 이하	0.030 이하	11.00~15.00	18.00~20.00	3.00~4.00	–	–	–
STS317L	0.030 이하	1.00 이하	2.00 이하	0.045 이하	0.030 이하	11.00~15.00	18.00~20.00	3.00~4.00	–	–	–
STS317LN	0.030 이하	1.00 이하	2.00 이하	0.045 이하	0.030 이하	15.00~17.00	18.00~20.00	3.00~4.00	–	0.10~0.22	–
STS317J1	0.040 이하	1.00 이하	2.50 이하	0.045 이하	0.030 이하	12.00~16.00	16.00~19.00	4.00~6.00	–	–	–
STS317J2	0.06 이하	1.50 이하	2.00 이하	0.045 이하	0.030 이하	11.00~13.00	23.00~26.00	0.50~1.20	–	0.25~0.40	–
STS317J3L	0.030 이하	1.00 이하	2.00 이하	0.045 이하	0.030 이하	24.00~26.00	20.50~22.50	2.00~3.00	–	0.18~0.30	–
STS836L	0.030 이하	1.00 이하	2.00 이하	0.045 이하	0.030 이하	23.00~28.00	19.00~24.00	5.00~7.00	–	0.25 이하	–
STS890L	0.020 이하	1.00 이하	2.00 이하	0.045 이하	0.030 이하	9.00~13.00	19.00~23.00	4.00~5.00	1.00~2.00	–	–
STS321	0.08 이하	1.00 이하	2.00 이하	0.045 이하	0.030 이하	9.00~13.00	17.00~19.00	–	–	–	Ti5×C% 이상
STS347	0.08 이하	1.00 이하	2.00 이하	0.045 이하	0.030 이하	8.50~10.50	17.00~19.00	–	–	–	Nb10×C% 이상
STSXM7	0.08 이하	1.00 이하	2.00 이하	0.045 이하	0.030 이하	11.50~15.00	17.00~19.00	–	3.00~4.00	–	–
STSXM15J1	0.08 이하	3.00~5.00	2.00 이하	0.045 이하	0.030 이하	20.00~23.00	15.00~20.00	–	–	–	– 단위 : %
STS350	0.03 이하	1.00 이하	1.50 이하	0.035 이하	0.020 이하	20.00~23.00	22.00~24.00	6.00~6.80	0.40 이하	0.21~0.32	–

오스테나이트 · 페라이트계의 화학 성분

종류의 기호	C	Si	Mn	P	S	Ni	Cr	Mo	N
STS329J1	0.08 이하	1.00 이하	1.50 이하	0.040 이하	0.030 이하	3.00~6.00	23.00~28.00	1.00~3.00	–
STS329J3L	0.030 이하	1.00 이하	2.00 이하	0.040 이하	0.030 이하	4.50~6.50	21.00~24.00	2.50~3.50	0.08~0.20
STS329J4L	0.030 이하	1.00 이하	1.50 이하	0.040 이하	0.030 이하	5.50~7.50	24.00~26.00	2.50~3.50	0.08~0.30

페라이트계의 화학 성분

- 단위 : %

종류의 기호	C	Si	Mn	P	S	Cr	Mo	N	기타
STS405	0.08 이하	1.00 이하	1.00 이하	0.040 이하	0.030 이하	11.50~14.50	-	-	Al 0.10~0.30
STS410L	0.030 이하	1.00 이하	1.00 이하	0.040 이하	0.030 이하	11.00~13.50	-	-	-
STS429	0.12 이하	1.00 이하	1.00 이하	0.040 이하	0.030 이하	14.00~16.00	-	-	-
STS430	0.12 이하	0.75 이하	1.00 이하	0.040 이하	0.030 이하	16.00~18.00	-	-	-
STS430LX	0.030 이하	0.75 이하	1.00 이하	0.040 이하	0.030 이하	16.00~19.00	-	-	Ti 또는 Nb 0.10~1.00
STS430J1L	0.025 이하	1.00 이하	1.00 이하	0.040 이하	0.030 이하	16.00~20.00	-	0.025 이하	Ti, Nb, Zr 또는 그들의 조합 8×(C%+N%)-0.80 Cu 0.30~0.80
STS434	0.12 이하	1.00 이하	1.00 이하	0.040 이하	0.030 이하	16.00~18.00	0.75~1.25	-	-
STS436L	0.025 이하	1.00 이하	1.00 이하	0.040 이하	0.030 이하	16.00~19.00	0.75~1.50	0.025 이하	Ti, Nb, Zr 또는 그들의 조합 8×(C%+N%)-0.80
STS436J1L	0.025 이하	1.00 이하	1.00 이하	0.040 이하	0.030 이하	17.00~20.00	0.40~0.80	0.025 이하	Ti, Nb, Zr 또는 그들의 조합 8×(C%+N%)-0.80
STS444	0.025 이하	1.00 이하	1.00 이하	0.040 이하	0.030 이하	17.00~20.00	1.75~2.50	0.025 이하	Ti, Nb, Zr 또는 그들의 조합 8×(C%+N%)-0.80
STS445NF	0.015 이하	1.00 이하	1.00 이하	0.040 이하	0.030 이하	20.00~23.00	-	0.015 이하	Ti, Nb 또는 그들의 조합 8×(C%+N%)-0.80
STS447J1	0.010 이하	0.40 이하	0.40 이하	0.030 이하	0.020 이하	28.50~32.00	1.50~2.50	0.015 이하	-
STSXM27	0.010 이하	0.40 이하	0.40 이하	0.030 이하	0.020 이하	25.00~27.50	0.75~1.50	0.015 이하	-

마텐자이트계의 화학 성분

- 단위 : %

종류의 기호	C	Si	Mn	P	S	Cr
STS403	0.15 이하	0.50 이하	1.00 이하	0.040 이하	0.030 이하	11.50~13.50
STS410	0.15 이하	1.00 이하	1.00 이하	0.040 이하	0.030 이하	11.50~13.50
STS410S	0.08 이하	1.00 이하	1.00 이하	0.040 이하	0.030 이하	11.50~13.50
STS420J1	0.16~0.25	1.00 이하	1.00 이하	0.040 이하	0.030 이하	12.00~14.00
STS420J2	0.26~0.40	1.00 이하	1.00 이하	0.040 이하	0.030 이하	12.00~14.00
STS429J1	0.25~0.40	1.00 이하	1.00 이하	0.040 이하	0.030 이하	15.00~17.00
STS440A	0.60~0.75	1.00 이하	1.00 이하	0.040 이하	0.030 이하	16.00~18.00

석출 경화계의 화학 성분

- 단위 : %

종류의 기호	C	Si	Mn	P	S	Ni	Cr	Cu	기타
STS630	0.07 이하	1.00 이하	1.00 이하	0.040 이하	0.030 이하	3.00~5.00	15.00~17.50	3.00~5.00	Nb 0.15~0.45
STS631	0.09 이하	1.00 이하	1.00 이하	0.040 이하	0.030 이하	6.50~7.75	16.00~18.00	-	Al 0.75~1.50

고용화 열처리 상태의 기계적 성질(오스테나이트계)

종류의 기호	항복 강도 N/mm²	인장 강도 N/mm²	연신율 %	경도		
				HB	HRB	HV
STS301	205 이상	520 이상	40 이상	207 이하	95 이하	218 이하
STS301L	215 이상	550 이상	45 이상	207 이하	95 이하	218 이하
STS301J1	205 이상	570 이상	45 이상	187 이하	90 이하	200 이하
STS302	205 이상	520 이상	40 이상	187 이하	90 이하	200 이하
STS302B	205 이상	520 이상	40 이상	207 이하	95 이하	218 이하
STS303	205 이상	520 이상	40 이상	187 이하	90 이하	200 이하
STS304	205 이상	520 이상	40 이상	187 이하	90 이하	200 이하
STS304L	175 이상	480 이상	40 이상	187 이하	90 이하	200 이하
STS304N1	275 이상	550 이상	35 이상	217 이하	95 이하	220 이하
STS304N2	345 이상	690 이상	35 이상	248 이하	100 이하	260 이하
STS304LN	245 이상	550 이상	40 이상	217 이하	95 이하	220 이하
STS304J1	155 이상	450 이상	40 이상	187 이하	90 이하	200 이하
STS304J2	155 이상	450 이상	40 이상	187 이하	90 이하	200 이하
STS305	175 이상	480 이상	40 이상	187 이하	90 이하	200 이하
STS309S	205 이상	520 이상	40 이상	187 이하	90 이하	200 이하
STS310S	205 이상	520 이상	40 이상	187 이하	90 이하	200 이하
STS316	205 이상	520 이상	40 이상	187 이하	90 이하	200 이하
STS316L	175 이상	480 이상	40 이상	187 이하	90 이하	200 이하
STS316N	275 이상	550 이상	35 이상	217 이하	95 이하	220 이하
STS316LN	245 이상	550 이상	40 이상	217 이하	95 이하	220 이하
STS316Ti	205 이상	520 이상	40 이상	187 이하	90 이하	200 이하
STS316J1	205 이상	520 이상	40 이상	187 이하	90 이하	200 이하
STS316J1L	175 이상	480 이상	40 이상	187 이하	90 이하	200 이하
STS317	205 이상	520 이상	40 이상	187 이하	90 이하	200 이하
STS317L	175 이상	480 이상	40 이상	187 이하	90 이하	200 이하
STS317LN	245 이상	550 이상	40 이상	217 이하	95 이하	220 이하
STS317J1	175 이상	480 이상	40 이상	187 이하	90 이하	200 이하
STS317J2	345 이상	690 이상	40 이상	250 이하	100 이하	260 이하
STS317J3L	275 이상	640 이상	40 이상	217 이하	96 이하	230 이하
STS836L	205 이상	520 이상	35 이상	217 이하	96 이하	230 이하
STS890L	215 이상	490 이상	35 이상	187 이하	90 이하	200 이하
STS321	205 이상	520 이상	40 이상	187 이하	90 이하	200 이하
STS347	205 이상	520 이상	40 이상	187 이하	90 이하	200 이하
STSXM7	155 이상	450 이상	40 이상	187 이하	90 이하	200 이하
STSXM15J1	205 이상	520 이상	40 이상	207 이하	95 이하	218 이하
STS350	330 이상	674 이상	40 이상	250 이하	100 이하	260 이하

6. 열에 강한 합금강

(1) 내열강(STR, Heat-resisting steel)

내열강이란 말그대로 열에 강한 합금강으로 고온, 고압에 견디며 강도가 크고 내산화성의 성질이 있는 것이다. 화력발전, 항공기, 석유공업 등의 노부분 버너의 노즐 풀림용 상자, 열전대 보호관, 내연 기관의 밸브, 화학 공업용 기계장치 등에는 이 내열강을 사용한다. 고온에서 사용하기 위해서 고온 내산화성 사용 분위기에 대한 내식성과 사용온도에서 적당한 강도를 갖는 것이 필수조건이지만 사용 목적이 보일러, 터빈, 공업로, 화학공장, 엔진밸브 등의 종류가 많으므로 요구되는 성질은 사용목적에 따라서 상당히 광범위하게 변화한다.

강의 내열성을 증대시키는 주요 원소는 Cr으로 이것과 함께 Si·Ni·Al도 첨가한다. 이들 원소는 고온에 있어서 치밀한 산화피막을 생성하고 재료의 표면에 밀착해서 내부를 보호하는 것으로 생각된다. Mo·W·Co 등을 소량 첨가해도 내열성은 증가한다. 내열강도 그 조직으로부터 마텐자이트계, 오스테나이트계, 페라이트계로 분류한다. 페라이트계의 내열강은 12~30%의 Cr을 함유하여 고크로뮴강이 된다. 오스테나이트계의 것은 Cr·Ni을 함유한 Cr-Ni강으로, 18-8, 25-12 및 25-20 스테인리스강이 대표적이고 18-8 스테인리스강을 주체로 하여 W나 Mo·질소(N)등을 첨가한 것으로 고온에 의한 강도는 페라이트계보다도 크다. 페라이트계의 내열강은 500℃를 넘으면 갑자기 저하된다.

고온도라 해도 몇 ℃ 이상부터 내열강인가 하는 것도 학술적 근거는 찾기 어렵지만 공업적으로는 약 350℃ 이상을, 화학 성분상으로는 4% Cr 이상의 강을 대상으로 생각하는 것이 보통이다.

제트 엔진 등 고온도에서의 사용에 대해서는 Ni, Co 등 합금 원소가 많은 초내열강, 초내열합금이 있다. 스테인리스강은 내식성을 주 목적으로 한 강이지만 화학성분으로서는 내열강 범주에 들어가므로 내열강으로서 많이 사용된다.

  1) 내열재료의 구비조건
    ① 고온에서 화학적으로 안정될 것(연소 가스 및 각종 가스에 부식이 안될 것)
    ② 고온에서 기계적 성질이 좋을 것(고온경도, Creep 한도, 전연성, 열에 대한 피로 등)
    ③ 조직이 안정될 것(사용온도에서 변태를 일으키거나, 탄화물이 분해되지 않을 것)
    ④ 열팽창 및 열에 의한 변형이 적을 것 또는 소성, 절삭, 주조, 용접 등 가공성이 좋아야 한다.

  2) 내열성을 주는 원소
    ① 고온 산화에 대한 저항을 증가시키고 황을 함유한 가스에 의한 침식을 덜어주는 원소 : 규소, 알루미늄, 크로뮴
    ② 고온, 고압수소에 의한 탈탄과 메짐 방지 원소 : 타이타늄, 카드뮴, 바나듐, 크로뮴, 몰리브데넘, 텅스텐

③ 침탄 방지 원소 : 니켈, 알루미늄, 규소, 타이타늄, 바나듐, 크로뮴 10%이상
④ 오스테나이트 조직으로 하며 그 안정도를 높인다.
⑤ 고온 강도와 크리프 강도 증가 원소 : 몰리브데넘, 텅스텐, 카드뮴, 알루미늄, 규소
⑥ 크로뮴 페라이트 강의 높은 온도에서의 결정입자 성장 억제 원소 : 질소, 타이타늄, 카드뮴
⑦ 저크로뮴강의 자경성 억제 원소 : 타이타늄, 카드뮴, 알루미늄, 몰리브데넘
⑧ 저크로뮴강의 뜨임 메짐 제거 원소 : 몰리브데넘
⑨ 질화 작용을 덜어주는 원소 : 니켈

주요 내열금속재료의 주성분금속의 융점과 재결정온도

금속	Mg	Al	Cu	Ni	Co	Fe	Ti	Nb	Mo	W
융점(℃)	650	660	1085	1455	1495	1538	1670	2469	2623	3422
재결정온도(℃)	189	194	406	591	611	633	699	1098	1175	1575

내열금속재료에 요구되는 성질

물리적성질	융점, 밀도, 열전도율, 열팽창계수, 확산, 감쇠율 등
화학적성질	고온의 공기, 수증기, CO, CO2, H2S 등을 포함하는 각종 열소비가스, 용융염 기타 환경에서의 내산화성, 내식성, 산화피막의 밀착성 등
역학적성질	고온에서 강도와 연성·인성, 특히 크리프 강도, 크리프 파단강도 및 피로강도, 내열피로성, 내열충격성, 장기간 고온사용시 안정성 등
제조성	용해, 주조, 단조, 압연, 용접, 소결 등에서 필요한 형상 및 치수의 제품으로 제조할 수 있을 것
경제성	원료비, 가공비 등이 저렴하고 특히 제조 공정이 저비용일 것

■ Cermet : 경질 및 고융점의 비금속의 내화재와 그보다 융점이 낮은 금속성분에 의해 소결시킨 복합체로서, 즉 2,000~3,500℃ 부근의 고융점을 가진 탄화물, 붕화물, 규화물 등과 Co, Ni, Cr, Fe 분말과의 복합체이다.
■ 자경성(self-hardening) ; 특수 원소의 첨가로 가열 후 공랭하여도 자연적으로 경화되어 담금질 효과를 얻을 수 있는 성질

내열강봉 KS D 3731

분류	종류의 기호	화학성분 (%)				
		C	Si	Mn	Cr	Ni
마텐자이트계	STR1	0.40~0.50	3.00~3.50	0.60 이하	7.50~9.50	–
	STR3	0.35~0.45	1.80~2.50	0.60 이하	10.00~12.00	–
	STR4	0.75~0.85	1.75~2.25	0.20~0.60	19.00~20.50	1.15~1.65
오스테나이트계	STR31	0.35~0.45	1.50~2.50	0.60 이하	14.00~16.00	13.00~15.00
	STR309	0.20 이하	1.00 이하	2.00 이하	22.00~24.00	12.00~15.00
	STR660	0.08 이하	1.00 이하	2.00 이하	13.50~16.00	24.00~27.00
페라이트계	STR446	0.20 이하	1.00 이하	1.50 이하	23~27.00	0.60 이하

(2) 초내열합금

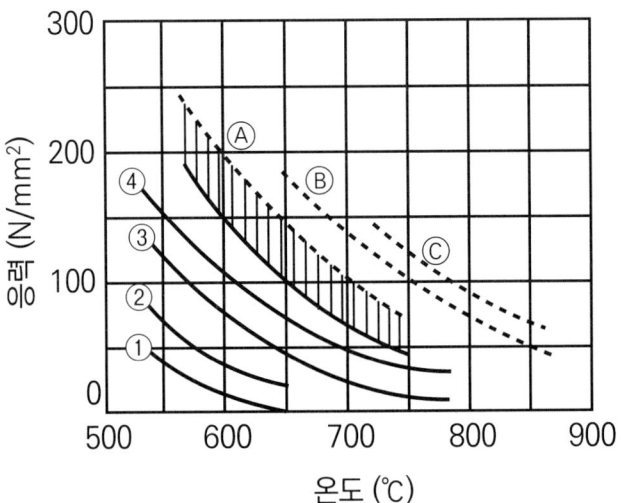

위의 그림은 각종 내열합금의 각 온도에 의한 1,000시간의 파괴강도를 나타낸 것으로 그림 중에 빗금을 그은 부분은 Cr 16%, Ni 25%, Mo 6%(16-25-6)의 초내열합금을 나타낸다. 가스 터빈이나 제트 엔진의 성능요구가 점점 높아짐과 함께 철을 주체로 하는 내열강을 더욱 개량하고 한층 고온도에서 고강도, 내산화성, 내식성이 우수한 합금강이 개발되었다. 이것이 초내열합금(super heat resisting alloy)으로 초합금이라고도 한다. 초내열합금은 내열강보다도 합금량이 더 많고 그 모체로부터 Ni기(基), Co기(基), Fe기(基)의 3종으로 크게 구분한다.

▶ 초내열합금(超耐熱合金)의 예

Ni기(基) 내열합금

합금명	화학 성분 (%)									
	C	Fe	Co	Cr	Mo	W	Nb	Ta	Ti	Ai	기타
IN-100	0.18	-	15.00	10.00	3.00	-	-	-	4.70	5.50	B, Zr, V
Rene 80	0.17	-	9.50	14.00	4.00	4.00	-	-	5.00	3.00	B, Zr
Inconel 713C	0.12	-		12.50	4.20	-	2.00	-	0.80	6.10	B, Zr
Udimet700	0.15	-	18.50	15.00	5.20	-	-	-	3.50	4.25	B
Waspaloy	0.07	-	13.50	19.50	4.30	-	-	-	3.00	1.40	B, Zr
Nimonic80A	0.06	-	1.10	19.50	-	-	-	-	2.50	1.30	B, Zr

Co기(基) 내열합금

합금명	화학 성분 (%)										
	C	Fe	Ni	Cr	Mo	W	Nb	Ta	Ti	Ai	기타
MAR-M302	0.85	-	-	21.50	-	10.00	-	9.00	-	-	B, Zr
FSX-414	0.25	1.00	10.00	29.00	-	7.00	-	-	-	-	B
188	0.08	1.50	22.00	22.00	-	14.00	-	-	-	-	-

Fe기(基) 내열합금

합금명	화학 성분 (%)										
	C	Mn	Si	Cr	Ni	Co	Mo	W	Nb	Ti	Ai	기타
Incoloy800	0.04	0.75	0.35	20.5	32.0	-	-	-	-	0.15~0.60	0.15~0.60	Cu
N-155	0.15	1.50	0.50	21.0	20.0	20.00	3.00	2.50	1.00	-	-	N
A286	0.05	1.40	0.40	15.0	26.0	-	1.30	-	-	2.35	0.20	B, V
	0.08	0.90	0.80	13.5	26.0	-	2.75	-	-	1.75	0.07	B
Incoloy901	0.05	0.10	0.10	12.5	42.5	-	5.70	-	-	2.80	0.20	B

7. 전자기용 특수강

(1) 규소강

철에 규소를 첨가하면 탈산작용으로 산소를 제거하여 자성을 갖게 하지만 비저항이 작고 기계적 강도가 부족하다. 성분은 C(0.08% 이하), Si(0.4 ~ 4.3%), Mn(0.35%)의 0.2 ~ 0.5mm 두께의 판형 또는 띠강을 사용한다.

Si : 이력 현상이나 와류 전류에 대한 손실이 적어서 발전기, 변압기의 철심에 사용한다.

> ■ Si가 Fe을 고용할 수 있는 최대능력은 16%이다.

① 규소(Si) 함유량에 의한 용도
  ㉮ 0.5 ~ 1.5% : 발전기 또는 전동기의 철심
  ㉯ 1.5 ~ 2.5% : 발전기의 발전자, 유동 전동기의 회전자
  ㉰ 2.5 ~ 3.5% : 유도 전동기의 고정자용 철심, 변압기 및 발전기의 철심
  ㉱ 3.5 ~ 4.5% : 변압기의 철심, 전화기

(2) 퍼멀로이(permalloy)

① 대표는 Fe+Ni계 합금(Ni 78.5%, 나머지 Fe)이다.
② 1,300℃로 가열 뒤 자기변태점 부근으로부터(600℃) 구리판 위에서 냉각하면 자성이 나타나며 약한 자장으로 고투자율을 얻는다.

8. 불변강(Invarible steel)

주위의 온도가 변하더라도 재료가 가지고 있는 열팽창계수, 탄성계수 등의 특성이 변하지 않는 합금강을 말한다.

(1) 인바(Invar)

온도가 상승되어도 길이가 변하지 않는다는 뜻. 200℃ 이하의 온도에서 열팽창 계수가 현저하게 작다는 특징이 있고 내식성도 있어 Invariable에서 인바라는 이름이 생겼다. 줄자, 표준자, 시계의 추 등에 쓰인다.

① Ni을 36% 함유한 Fe+Ni계 합금(C 0.2% 이하, Ni 35 ~ 36%, Mn 0.4%)
② 상온에서 탄성계수가 대단히 적고 내식성이 우수하다.
③ 용도는 줄자, 시계태엽, 바이메탈 등에 쓰인다.

※바이메탈(Bimetal) : 팽창계수가 다른 2종의 금속편을 첨부하여 온도조절이나 접점 개폐용으로 사용한다.

- 200℃ 이하에서 열팽창계수가 적고, 20℃에서 1.2×10^{-6}이며 보통 12.0×10^{-6}이다.
- 100℃ 이하 사용(황동-Ni), 150℃ 이하(황동-인바), 250℃ 부근 사용(모넬메탈-Ni) 등

(2) 슈퍼 인바(Super Invar)

① Fe+Ni+Co계 합금(Fe 70 ~ 50%, Ni 29 ~ 40%, CO〈15%)이다.
② Invar보다 열팽창계수가 적다.

(3) 엘린바(Elinvar)

탄성계수가 온도변화에 따라 거의 변화하지 않으며, 선팽창계수가 작다. 정밀 계측기기의 스프링 재료, 시계의 유사, 표준 소리굽쇠, 지진계 등에 사용된다.

① Fe+Ni+Cr계 합금(Fe 52%, Ni 36%, Cr 12%)이다.
② 상온에서 실용상 탄성계수가 거의 변하지 않는다.
③ 20℃에서 온도계수 1.2×10^{-6}, 탄성계수 $17,600 kg/mm^2$, 열팽창계수 8×10^{-6} 정도이다.
④ 용도는 고급시계 및 정밀저울의 spring, 기타 정밀계기재료, 지진계, 표준소리 굽쇠에 쓰인다.

(4) 플래티나이트(Platinite)

① Ni 42 ~ 46%의 Fe+Ni계 합금이다.
② 열팽창계수가 유리나 백금과 거의 동일하므로 주로 전구의 도입선에 사용한다.

종류	성분	특성	용도
엘린바	Ni=36%, Cr=12% Fe=나머지 부분	고온에서 탄성계수 불변	시계 스프링 바란스 스프링
인바	Ni=36~85%, Mn=0.4% Fe=나머지 부분	열팽창계수가 적다 (0.97×10^{-8})	측량용 자, 미터 표준봉 시계 진자
플래티나이트	Ni=44~47% Fe=나머지 부분	열팽창계수가 적다 (9×10^{-6})	전구용 백금선의 대용, 백금과 같은 색 백금과 같은 열팽창계수

(5) 특수 원소의 역할

① 오스테나이트 입자 조절(Ti, V)

② 소성가공성의 개선

    S : 적열취성(탄소강)+Mn=망가니즈강(MnS), 적열취성 방지

③ 탄소강 중에서 S의 해를 제거

④ 변태 속도에 대한 변화

9. 내한강(耐寒鋼)

빙점(0℃) 이하에서 잘 견디는 강이다.

① Austenite 조직, 내한성이 강하다.

② 18-8형 스테인리스강이 많이 사용된다.

10. 특수강의 분류

구조용강	강인강	Ni강, Ni-Cr강, Ni-Cr-Mo강, Cr-Mn강, Cr-Mn-Si강, Cr-Mo강, W, Mo, V 등을 2종 이상 함유하는 강, 스프링강
	침탄강	Ni-Cr강, Ni-Cr-Mo강
	질화강	Al-Cr강, Cr-Mo강
공구강	절삭용강	W강, Cr-W강, 고속도강
	다이스강	Cr강, Cr-W강, Cr-W-V강
	게이지강	Mn강, Cr강, Mn-Cr-Ni강, Mn-Cr-W강
내식강	스테인리스강	Cr강, Cr-Ni강, Cr-Ni-Mo강
내열강		Cr강, Cr-Ni강, Cr-Mo강, Ni-Cr-W강
전기용강	비자성강	Ni강, Cr-Ni강, Cr-Mn강
	규소강	규소강판
자석강		Cr강, W강, Cr-W-Co강, Ni-Al-Co강

7 기계구조용 합금강 강재 KS D 3867

종류와 기호

종류의 기호	분류	종류의 기호	분류	종류의 기호	분류	종류의 기호	분류
SMn 420	망가니즈강	SCr 445	크로뮴강	SCM 440	크로뮴 몰리브데넘강	SNCM 420	니켈크로뮴 몰리브데넘강
SMn 433				SCM 445		SNCM 431	
SMn 438		SCM 415	크로뮴 몰리브데넘강	SCM 822		SNCM 439	
SMn 443		SCM 418		SNC 236	니켈 크로뮴강	SNCM 447	
SMnC 420	망가니즈 크로뮴강	SCM 420		SNC 415		SNCM 616	
SMnC 443		SCM 421		SNC 631		SNCM 625	
SCr 415	크로뮴강	SCM 425		SNC 815		SNCM 630	
SCr 420		SCM 430		SNC 836		SNCM 815	
SCr 430		SCM 432		SNCM 220	니켈 몰리브데넘강		
SCr 435		SCM 435		SNCM 240			
SCr 440				SNCM 415			

[비고]

SMn 420, SMnC 420, SCr 415, SCr 420 SCM 415, SCM 418, SCM 420, SCM 421, SCM 822, SNC 415, SNC 815, SNCM 220, SNCM 415, SNCM 420, SNCM 616 및 SNCM 815는 주로 표면 담금질용으로 사용한다.

화학성분
- 단위 : %

종류의 기호	C	Si	Mn	P	S	Ni	Cr	Mo
SMn 420	0.17~0.23	0.15~0.35	1.20~0.50	0.030 이하	0.030 이하	0.25 이하	0.35 이하	-
SMn 433	0.30~0.36	0.15~0.35	1.20~0.50	0.030 이하	0.030 이하	0.25 이하	0.35 이하	-
SMn 438	0.35~0.41	0.15~0.35	1.35~1.65	0.030 이하	0.030 이하	0.25 이하	0.35 이하	-
SMn 433	0.40~0.46	0.15~0.35	1.35~1.65	0.030 이하	0.030 이하	0.25 이하	0.35 이하	-
SMnC 420	0.17~0.23	0.15~0.35	1.20~1.50	0.030 이하	0.030 이하	0.25 이하	0.35~0.70	-
SMnC 443	0.40~0.46	0.15~0.35	1.35~1.65	0.030 이하	0.030 이하	0.25 이하	0.35~0.70	-
SCr 415	0.13~0.18	0.15~0.35	0.60~0.90	0.030 이하	0.030 이하	0.25 이하	0.90~1.20	-
SCr 420	0.18~0.23	0.15~0.35	0.60~0.90	0.030 이하	0.030 이하	0.25 이하	0.90~1.20	-
SCr 430	0.28~0.33	0.15~0.35	0.60~0.90	0.030 이하	0.030 이하	0.25 이하	0.90~1.20	-
SCr 435	0.33~0.38	0.15~0.35	0.60~0.90	0.030 이하	0.030 이하	0.25 이하	0.90~1.20	-
SCr 440	0.38~0.43	0.15~0.35	0.60~0.90	0.030 이하	0.030 이하	0.25 이하	0.90~1.20	-
SCr 445	0.43~0.48	0.15~0.35	0.60~0.90	0.030 이하	0.030 이하	0.25 이하	0.90~1.20	-
SCM 415	0.13~0.18	0.15~0.35	0.60~0.90	0.030 이하	0.030 이하	0.25 이하	0.90~1.20	0.15~0.25
SCM 418	0.16~0.21	0.15~0.35	0.60~0.90	0.030 이하	0.030 이하	0.25 이하	0.90~1.20	0.15~0.25
SCM 420	0.18~0.23	0.15~0.35	0.60~0.90	0.030 이하	0.030 이하	0.25 이하	0.90~1.20	0.15~0.25
SCM 421	0.17~0.23	0.15~0.35	0.70~1.00	0.030 이하	0.030 이하	0.25 이하	0.90~1.20	0.15~0.25
SCM 425	0.23~0.28	0.15~0.35	0.60~0.90	0.030 이하	0.030 이하	0.25 이하	0.90~1.20	0.15~0.30
SCM 430	0.28~0.33	0.15~0.35	0.60~0.90	0.030 이하	0.030 이하	0.25 이하	0.90~1.20	0.15~0.30
SCM 432	0.27~0.37	0.15~0.35	0.30~0.60	0.030 이하	0.030 이하	0.25 이하	1.00~1.50	0.15~0.30
SCM 435	0.33~0.38	0.15~0.35	0.60~0.90	0.030 이하	0.030 이하	0.25 이하	0.90~1.20	0.15~0.30
SCM 440	0.38~0.43	0.15~0.35	0.60~0.90	0.030 이하	0.030 이하	0.25 이하	0.90~1.20	0.15~0.30
SCM 445	0.43~0.48	0.15~0.35	0.60~0.90	0.030 이하	0.030 이하	0.25 이하	0.90~1.20	0.15~0.30
SCM 822	0.20~0.25	0.15~0.35	0.60~0.90	0.030 이하	0.030 이하	0.25 이하	0.90~1.20	0.35~0.45
SNC 236	0.32~0.40	0.15~0.35	0.50~0.80	0.030 이하	0.030 이하	1.00~1.50	0.50~0.90	-
SNC 415	0.12~0.18	0.15~0.35	0.35~0.65	0.030 이하	0.030 이하	2.00~2.50	0.20~0.50	-
SNC 631	0.27~0.35	0.15~0.35	0.35~0.65	0.030 이하	0.030 이하	2.50~3.00	0.60~1.00	-
SNC 815	0.12~0.18	0.15~0.35	0.35~0.65	0.030 이하	0.030 이하	3.00~3.50	0.60~1.00	-
SNC 836	0.32~0.40	0.15~0.35	0.35~0.65	0.030 이하	0.030 이하	3.00~3.50	0.60~1.00	-
SNCM 220	0.17~0.23	0.15~0.35	0.60~0.90	0.030 이하	0.030 이하	0.40~0.70	0.40~0.60	0.15~0.25
SNCM 240	0.38~0.43	0.15~0.35	0.70~1.00	0.030 이하	0.030 이하	0.40~0.70	0.40~0.60	0.15~0.30
SNCM 415	0.12~0.18	0.15~0.35	0.40~0.70	0.030 이하	0.030 이하	1.60~2.00	0.40~0.60	0.15~0.30
SNCM 420	0.17~0.23	0.15~0.35	0.40~0.70	0.030 이하	0.030 이하	1.60~2.00	0.40~0.60	0.15~0.30
SNCM 431	0.27~0.35	0.15~0.35	0.60~0.90	0.030 이하	0.030 이하	1.60~2.00	0.60~1.00	0.15~0.30
SNCM 439	0.36~0.43	0.15~0.35	0.60~0.90	0.030 이하	0.030 이하	1.60~2.00	0.60~1.00	0.15~0.30
SNCM 447	0.44~0.50	0.15~0.35	0.60~0.90	0.030 이하	0.030 이하	1.60~2.00	0.60~1.00	0.15~0.30
SNCM 616	0.13~0.20	0.15~0.35	0.80~1.20	0.030 이하	0.030 이하	2.80~3.20	1.40~1.80	0.40~0.60
SNCM 625	0.20~0.30	0.15~0.35	0.35~0.60	0.030 이하	0.030 이하	3.00~3.50	1.00~1.50	0.15~0.30
SNCM 630	0.25~0.35	0.15~0.35	0.35~0.60	0.030 이하	0.030 이하	2.50~3.50	2.50~3.50	0.30~0.70
SNCM 815	0.12~0.18	0.15~0.35	0.30~0.60	0.030 이하	0.030 이하	4.00~4.50	0.70~1.00	0.15~0.30

3. 주철의 특성 및 용도

1 주철의 조직

주철(Cast iron)은 보통 2~6% 이상의 탄소를 함유하는 철과 탄소의 합금으로 탄소를 1.7% 이상 함유한 철을 약 1,000℃ 이상의 고온에서 용융시켜 주물을 만드는데 큐폴라(cupola)라고 하는 용해로에서 얻은 선철을 넣고 코크스를 연료로 첨가하여 주철을 만든다. 주철도 철강의 주요 5대 원소인 C, Si, Mn, P, S 등을 포함하고 있으며, 주조성이 우수하고 성형하기 용이한 장점을 지니고 있으며 녹이 잘 슬지 않고 가격이 저렴하다는 특징을 가지고 있다.

넓은 의미에서의 주철의 분류

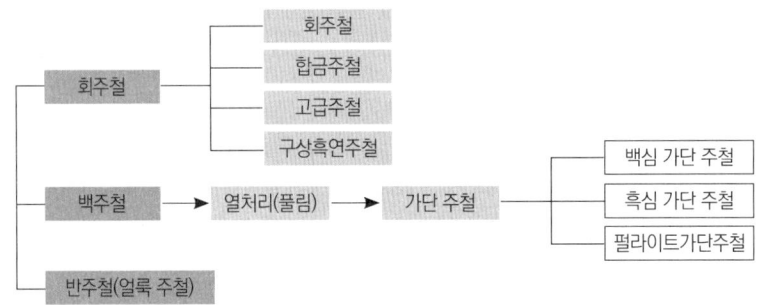

(1) 주철의 조직

1) 실용주철의 조성 : 2.5~4.5%C가 함유되어 있으며 여기에 0.5~3.0%Si, 0.5~15%Mn, 0.05~1.0%P, 0.05~0.15%S 등의 불순물이 포함되어 있다.

2) 주철의 기본조직 : 흑연, 페라이트(Ferrite), 펄라이트(Pearlite), 시멘타이트(Cementite)

① 펄라이트는 바탕조직으로 강도를 뒷받침하고 시멘타이트는 경도를 뒷받침하며 절삭성을 저하시킨다.

② 주철조직을 크게 지배하는 상(相)은 Fe 주체의 고용체와 흑연 및 시멘타이트이다.

3) 흑연(黑鉛)

① 주철 중의 흑연은 흑연이 즉시 분리하는 편상과 시멘타이트로 정출한 후에 이것이 분해하여 생긴 괴상이 있고, 흑연은 연하고 취성이 있어 인장강도를 저하시킨다.

② 흑연의 양, 크기, 모양, 분포상태는 주물의 성질에 영향을 준다.

③ 흑연의 모양과 분포

㉮ 기본형에는 편상, 괴상, 구상의 3종이 있다.

㉯ 편상흑연 : Si량이 많고 서냉시 생기며 비금속성이다.

㉣ 괴상흑연 : 냉각속도가 극히 느릴 때, 큰 주물에서 나타난다.
　　㉤ 장미상흑연 : Si량이 적당, C량이 많을 때 나타나며 편상과 공정상의 집합체이다.
　　㉥ 공정상흑연 : 작은 괴상 또는 편상흑연의 집합체이며 과냉에 의해 발생한다.
　　㉦ 국화상(문어상)흑연 : 가장 좋은 흑연상이다.
4) 시멘타이트(Cementite, Fe_3C)
　① 주철의 상 중에서 가장 단단하며 탄소가 Fe과 결합하여 화합물을 생성한 것으로 경도가 매우 높으며 HV1100 정도이다.
　② 주철 중에 시멘타이트가 많으면 절삭성이 저하된다.
　③ 탄소함유량과 Si함유량이 적은 것은 시멘타이트가 많다.
　④ 주물의 두께가 얇으면 급냉하여도 시멘타이트가 많이 석출하여 백선화되기 쉽다.
5) 페라이트(Ferrite)와 펄라이트(Pearlite)
　① 페라이트는 Fe을 주체로 한 고용체로서 Si의 전부, Mn의 일부 및 극히 소량의 탄소를 포함하고 있으며, 회주철은 펄라이트 바탕 조직과 흑연으로 이루어져 있다.
　② 펄라이트는 시멘타이트와 페라이트의 층상조직으로 인장강도는 824~883N/mm^2, 경도는 HB200이다.

(2) 마우러 조직도(Maurer's diagram)
1) 주철의 조직을 지배하는 요소인 C와 Si의 함유량 및 냉각속도에 따른 주철의 조직관계를 나타내는 조직도를 마우러 조직 선도(Maurer's diagram)라 한다. 냉각속도가 일정할 경우 Si가 많은 것이 회주철이 될 경향이 크며, Si가 일정할 경우 C가 많은 것이 회주철이 될 경향이 크다.

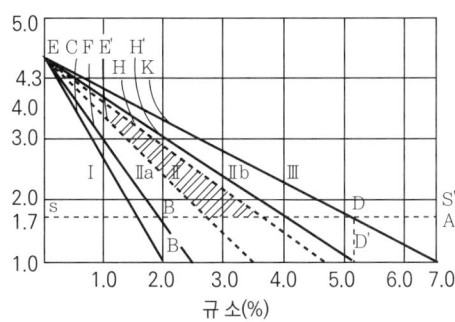

구역	종류	조직
I	백주철	Pearlite + Cementite
IIa	반주철	Pearlite + Cementite + 흑연
II	Pearlite주철	Pearlite + 흑연
IIb	회주철	Pearlite + Ferrite + 흑연
III	Ferrite주철	Ferrite + 흑연

　① 점A : 공정점(4.3%C)
　② 점B : 1.0%C와 2.0%Si에서 백주철과 회주철의 경계
　③ 선AB : 백주철과 흑연을 함유하는 주철의 경계선(펄라이트의 유무를 나타내는 경계)
　④ 점C : 1.0%C와 7.0%Si에 해당하는 점
　⑤ 선AC : 펄라이트를 함유하는 주철과 페라이트와 흑연을 함유하는 주철의 경계선
　⑥ 기계구조용 주물로서 가장 우수한 성질을 갖는 주철 : 펄라이트 주철
　　※펄라이트 주철에서 2.7~3.2%C와 1.0~1.8%Si를 함유할 때 가장 우수한 성질을 나타낸다.

2 주철의 성질

(1) 주철의 장·단점

1) 용융점이 낮고 유동성이 좋으며 절삭가공성이 좋다.
2) 주조성이 우수하고 복잡한 형상을 가진 부품의 성형이 가능하다.
3) 마찰저항이 좋고 압축강도(인장강도의 3 ~ 4배 정도)가 크며 값이 저렴하다.
4) 충격값, 연신율이 작고 취성이 크며 소성변형이 어렵다.
5) 알카리나 물에 대한 내식성은 우수하나 산(질산, 염산)에 대한 내식성은 불량하다.
6) 가공성이 좋지 않고 단조, 담금질 및 뜨임처리가 어렵다.

(2) 주철의 물리적 성질

1) 비중
   ① 흑연이 많을수록(C와 Si함유량이 많을수록) 비중은 작아지며, 인장강도가 높을수록 크고 동일성분이라도 살두께, 냉각속도에 따라 다르다.
   ② 페라이트, 펄라이트, 시멘타이트, 흑연 등의 양적 비율에 따라 다르다.
   ③ 일반적으로 비중은 7.0~7.3이다.

2) 용융점
   ① P의 함유량이 많을수록 응고온도는 저온 쪽으로 처진다.
   ② 흑연이 많을수록(C와 Si량이 많을수록) 용융점은 낮아진다.
   ③ 주철의 용융점은 1145~1350℃이다.

3) 전기저항
   ① 전기전도도는 흑연량이 많을수록 저하된다(전기전도도 : 0.5~2.0m/Ωmm^2).
   ② Si, Ni량이 증가하면 전기 비저항은 높아진다.
   ③ C, Si함유량이 높고 강도가 낮을수록 비저항은 높아진다.
   ④ 조대한 편상흑연 조직의 비저항이 가장 크고 미세해짐에 따라 감소한다.

4) 비열은 용융점까지는 온도상승과 함께 증가하나 용융 후에는 무관하다.

5) 흑연편이 클수록 자기감응도가 나빠지며 투자율을 크게 하기 위하여 화합탄소를 적게 하고 유리탄소를 균일하게 분포시킨다.

6) 열전도도
   ① 흑연량이 많은 페라이트 기지의 것이 크며 일반적으로 온도 상승에 따라 감소한다.
   ② Si, Mn, P, Ni, Cu, Al 등은 열전도율을 감소시킨다.
   ③ 편상흑연이 다른 형상보다 크다.

주철의 물리적 성질

비중	융해점 (℃)	수축률 (%)	전기전도율 (m/Ωmm^2)	열전도율 [W/(m·K)]	열팽창계수 (0~100℃)
7.1~7.3	110~1250	0.5~1.0	0.5~2.0	29.0~46.0	0.000010~0.000011

(3) 주철의 기계적 성질

1) 경도

① 경도는 C+Si량이 많을수록 작아지고, P(S, Mn)이 많을수록 증가한다.

② 페라이트가 많은 주철의 경도는 HB80~120, 펄라이트 주철의 경도는 HB70~220이다.

③ 합금주철의 경도는 (HB250~300), 백주철의 경도는 백주철(HB420)이다.

2) 인장강도

① 주철의 인장강도는 C와 Si의 함유량, 냉각속도, 용해조건, 용탕처리 등에 의존한다.

② 주철의 인장강도는 흑연의 모양, 분포상태 등에 좌우된다.

③ 회주철의 인장강도 범위는 98 ~ 392N/mm², 구상흑연주철 등은 490 ~ 687N/mm²가 된다.

④ 인장강도(σt)와 경도(HB)와의 관계 : HB=100+4.3×σt

⑤ 탄소포화도가 증가하면 흑연이 많이 발생하여 강도가 저하된다.

⑥ 탄소포화도값이 0.8~0.9 정도의 주철이 인장강도가 가장 크다.

※인장강도(σt)와 탄소포화도(SC)와의 관계 : σt(kgf/mm²)=102-32.5×SC

⑦ 인장강도는 약 400℃ 이상이 되면 급속히 저하된다.

3) 압축강도

① 보통주철은 압축강도는 인장강도의 4배 정도이고 고급주철일수록 배율이 작아진다.

② 주철의 압축강도는 550 ~ 1080N/mm² 정도, 굽힘강도는 인장강도의 1.5~2.0배 정도이다.

4) 연신율

① 연신율은 1.0% 이하이다.

② 약 400℃ 이상에서 증가하기 시작하여 800℃에서 최대가 된다.

5) 충격값

① 주철은 충격에 약하여 깨어지기 쉽다.

② 고C, 고Si이고 조대한 흑연편을 함유하는 주철은 충격값이 작다.

③ 페라이트 조직의 주철이 펄라이트 조직의 주철보다 충격값이 높다.

6) 내마멸성

주철은 자체의 흑연이 윤활제 역할을 하고 흑연자체가 기름을 흡수하므로 내마멸성이 커지며, 펄라이트 부분이 많을수록 내마멸성이 있다.

7) 기타 성질

① 피로한도 : 인장강도의 약 30~50%이다.

② 탄성한도 : 68,650 ~ 107,870N/mm²정도다.

③ 응력제거 : 500~600℃로 6~10시간 동안 저온풀림 또는 자연시효한다.

(4) 주철의 화학적 성질

1) 내식성 주철은 염산, 질산 등의 산에는 약하나 알칼리에는 강하다.
2) 물과 토양에 대한 내식성이 좋고, 흑연이 조대한 편이 묽은 산에서의 내식성이 좋다.
3) 금속염이나 산을 함유한 광산폐수, 공장폐수 등에는 내식성이 나쁘다.
4) Ni이나 Cr은 내식성을 향상시킨다.

(5) 유동성 및 수축

1) 주조성은 용해도 난이(융점, 열량, 액화산화도) 및 편석, 기포, 가스의 유무에 따라 다르다.
2) 유동성(liquidity)

① 유동성 = $\dfrac{\text{주입온도} - \text{응고온도}}{\text{응고온도} - \text{주형온도}}$

② 주철은 C, Si, Mn, P 등의 함유량이 많을수록 유동성은 향상된다.
③ S은 0.2% 정도로 불량하게 되고, 0.8% 이상이면 주조가 불가능하다.
④ 화학성분이 일정할 때는 용해와 주입온도가 높을수록 유동성이 좋다.

3) 수축(shrinkage)

① 냉각응고시 부피의 변화가 나타나며 응고 후에도 온도의 강하에 따라 수축된다.
② 수축에 의해 내부응력이 생기고 균열과 수축구멍 등의 결함이 생긴다.
③ Si가 증가하면 수축은 완화하고 더욱 증가하면 팽창한다.

(6) 감쇠성(damping capacity, 減衰能, 振動吸收能)

감쇠성 : 물체가 진동을 흡수하여 진동을 점차 작아지게 하는 능력

1) 회주철은 편상흑연이 있어 진동을 잘 흡수한다.
2) 회주철의 감쇠능은 구상흑연주철의 3~10배, 저탄소강의 6~20배이다.
3) 풀림 Ferrite 기지 또는 담금질경화조직에서는 주방(鑄防)조직보다 감쇠능이 높다.

(7) 피삭성

피삭성 : 절삭시 용이한 정도(난이도)를 말하며, 보통 공구의 마모, 절삭저항이 적고 칩 처리가 용이하며 가공된 표면의 품질이 좋을수록 피삭성이 좋다고 한다.

흑연은 피삭성을 좋게 하며 흑연조직, 기지조직, 경도, 표면결함 등에 영향을 받는다.

(8) 주철의 성장(growth of cast iron)

1) 주철을 A_1 변태점(약 900℃) 상하의 고온으로 가열시켜 가열과 냉각을 반복하면 점차 체적이 커지며 변형되고 균열의 발생 및 수명이 단축되는 현상을 말한다.
2) 주철의 성장 원인

① 불균일한 가열에 의한 팽창 및 흡수된 가스에 의한 팽창
② 펄라이트 중에 고용되어 있는 Fe_3C의 분해에 의한 성장
③ A_1변태점에서 체적변화가 일어날 때 미세한 균열이 형성되어 생기는 팽창

④ 페라이트 중에 고용되어 있는 Si가 용적이 큰 산화물을 만들 때의 팽창

⑤ 흑연과 페라이트 기지의 팽창계수의 차이에 의거 그 경계에 생기는 틈새

3) 주철의 성장 방지책

① 흑연의 미세화하여 조직을 치밀하게 한다.

② 강력한 흑연화 원소인 Si 대신에 내산화성이 Ni을 첨가한다.

③ 탄화물 안정원소(백선화 원소 : Mo, Cr, V, Mn 등)를 첨가하여 탄화물(Fe_3C)의 흑연화를 방지한다.

④ 편상흑연을 구상흑연으로 하고, 탄소 및 규소의 함유량을 적게 한다.

(9) Cementite의 흑연화(growth of cast iron)

1) 주철조직에 함유한 Fe_3C가 고온에서 불안정한 상태로 존재하며 이것은 450~600℃에서 Fe과 흑연으로 분해하기 시작하여 750~800℃에서 $Fe_3C \rightarrow 3Fe + C$로 완전히 분해된다. 이것을 시멘타이트의 흑연화라 한다.

2) 흑연화 촉진원소

① 강 : Si, Al, Ti, 미량의 B

② 중 : Ni, Ca, B(0.1% 이하)

③ 약 : Sb, Co, P, W, Cu, U

3) 흑연화 방해원소

① 강 : V, S, (S 존재 하의 Ce, La, Se), Cr, Sn, Zn, As

② 중 : Mo, W, Mn, Bi

③ 약 : S 존재 하의 Ce, La 및 Se

3 주철의 5대 화학성분의 영향

(1) C의 영향

1) 주철 중에 함유한 탄소함유량은 보통 2.5~4.5% 정도이며 그 일부는 유리탄소 또는 흑연으로 존재하고 나머지는 화합상태로 펄라이트 또는 탄화물(Fe_3C)로 존재하는 화합탄소이다.

2) 유리탄소(Free carbon)는 Si함유량이 많고 냉각속도가 느릴 때 나타난다.

① 냉각속도가 느릴 때나 Mn량이 적을 때, Si량이 많을수록 흑연량이 많아진다.

② 흑연량이 많을수록 강도는 낮으나 그 분포상태 및 형성이 미세할수록 증가한다.

③ 흑연탄소가 많으면 유동성은 좋고 냉각시 수축이 작다.

3) 화합탄소(Combined carbon)는 Mn이 많고 냉각속도가 빠를 때 나타난다.

4) 주철에 함유하는 탄소량은 두 가지의 탄소를 합한 탄소의 전량으로 나타난다.

① 전 탄소(total carbon) : 흑연+화합탄소

② 주철주물의 경우에는 3.8%C이다.

③ 보통주철에서는 화합탄소가 0.5~0.7% 정도 함유한다.

5) 탄소당량(C·E, Equivalent Carbon, 炭素當量)

① Mn, Si의 영향력을 탄소의 영향력으로 환산하는 것을 탄소당량이라 한다.

※ $C \cdot E = C\% + 0.3\%(Si + P)$ 또는 $C\% + \frac{1}{3}Si\%$ 또는 $C\% + \frac{1}{3}(Si\% + P\%)$

㉮ 탄소당량이 4.3%일 때(공정) : 흑연과 Austenite가 동시에 정출한다.
㉯ 탄소당량이 4.3% 이상일 때(과공정) : 초정흑연이 정출한다.
㉰ 탄소당량이 4.3% 이하일 때(아공정) : 초정 Austenite가 정출하고 흑연이 감소한다.

② 강의 탄소당량 : $C + \frac{Mn}{3} + \frac{Mn}{3}$, 주철의 탄소당량 : $C + \frac{Si}{3}$

6) 탄소포화도(SC, Carbon Saturation, 공정도)

① 주철의 탄소량과 그 공정탄소량의 비를 탄소포화도라 한다.
② C, Si와 P의 함유량에서 수정된 공정 성분값과의 비를 탄소포화도라고 한다.

③ 탄소포화도(SC)= $\dfrac{\text{전체 탄소량}}{4.3 - \dfrac{Si}{3.2}} = \dfrac{\text{전체 탄소량}}{4.3 - \dfrac{Si}{3.2} - 0.275P}$

※ SC=1인 경우 : 공정, SC<1인 경우 : 아공정, SC>1인 경우 : 과공정

④ 제3원소(Si, P)가 첨가되었을 경우 : $\dfrac{C\%}{4.26 - \dfrac{(Si+P)}{3.2}(\%)}$

⑤ 제3원소(Si, P)가 없을 경우 : $\dfrac{C\%}{4.26}$ ※4.26은 공정탄소농도이다.

⑥ 보통주철의 탄소포화도는 0.9~1.0이고, 고급주철 또는 강인주철은 0.83 이하이다.

7) 탄소의 용해도를 증가시키는 원소 : Mn, Cr, Mo, W, Ta, V, Nb 등이다.
8) 탄소의 용해도를 감소시키는 원소 : Si, Cu, Ni, Co, Zr, P, S 등이다.

(2) Si의 영향 : 가장 강력한 흑연화 원소

1) Fe과 고용체를 만들고 강력한 흑연화 촉진제이며 주철 중의 화합탄소를 분리하여 흑연을 유지시킨다.
2) Si나 P이 함유한 주철은 공정점을 저탄소 쪽으로 이동한다.
3) Si와 Ni은 주철 바탕의 펄라이트 중에 고용되므로 양이 증가함에 따라 전기비저항이 낮아지며, 주조성, 경도, 강도가 증가하며 연성, 전성 및 수축률이 감소된다.

(3) Mn의 영향 : 백선화 원소 즉 흑연화 방지

1) Mn과 Fe은 완전히 고용하며 Mn은 보통주철 중에 0.4~1.0% 정도 함유하며 흑연화를 방해하여 백주철화를 촉진한다.
2) Mn은 S과 친화력이 크므로 FeS+Mn→MnS+Fe로 되어 S의 해를 억제한다.

3) Mn 1.0% 이상 첨가하면 주철의 질과 경도 증가로 절삭성을 해치고 수축율이 크다.
4) Mn의 증가로 펄라이트는 미세화하고 페라이트의 석출을 억제한다.
5) 시멘타이트의 안정화 및 강도, 경도, 수축율을 증가시킨다.

(4) P의 영향 : 유동성을 좋게 하여 0.3%까지는 인장강도 증가

1) P은 일부분이 페라이트 중에 고용되나 대개 스테디다이트(steadite, Ferrite+Fe_3C+Fe_3P의 공정)로 존재하며 공정온도는 980℃이다.
2) 스테다이트(steadite) 중의 시멘타이트는 분해되기 어렵고 단단하며 취약하다.
3) 스테디다이트가 함유된 주철은 내마모성이 강하나 다량일 경우는 취약하다.
4) 얇은 두께의 주물, 깨끗한 면을 필요로 하는 주물 등에는 P을 많이 첨가한다.
5) 용융점을 낮게 하고 유동성을 좋게 하며 수축율을 감소키고 백주철의 촉진원소이다.

(5) S의 영향 : 유동성, 주조성을 불량(백선화 원소)

1) FeS로 되어 주로 결정립계에 미립자로 균일하게 분포한다.
2) 유동성을 해치고 주조시 수축을 크게 하며 기공, 주조응력, 균열을 일으킨다.
3) 흑연생성을 방해하며 고온취성의 원인이 된다.
4) 백선화촉진 원소로 Fe_3C를 안정화시키며 주조작업이 곤란하고 정밀주조가 어렵다.

4 주철의 분류

(1) 파단면의 색에 따른 분류

주철은 깨진 면(파단면)의 색깔에 따라 회주철, 반주철, 백주철로 구분된다. 백주철은 파단면이 흰색인 주철로 흑연 생성이 없고 시멘타이트로 구성되어 있다. 회주철은 주철에 함유된 탄소가 흑연으로 변해 파단면이 회색빛을 띤다. 반주철은 백주철과 회주철이 반반씩 섞인 것으로 시멘타이트와 흑연이 혼합되어 있는 것이며 보통 주철은 회주철로 가공성이 양호하고 저렴한 가격으로 일반 기계부품 등의 제작 용도로 널리 사용되고 있다.

1) 회주철, 보통주철(灰鑄鐵, grey cast iron)

주철 중의 탄소의 일부가 유리되어 흑연화되어 있는 보통주철은 파단면이 회색을 띠고 있어 회주철이라고도 하며, 유리탄소(흑연)이 많고 화합탄소(Fe_3C)가 적다.

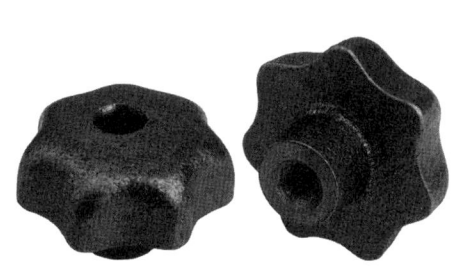
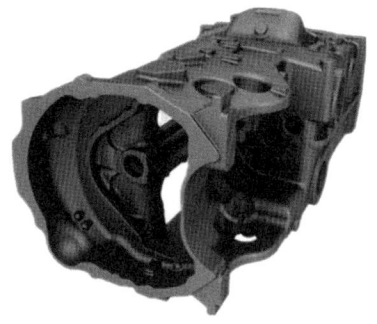

① C와 Si의 함유량이 많고 Mn분이 적어 탄소가 흑연상태로 유지된다.
② 파단면이 회색이며, 주조성과 절삭성이 양호하고, 공작기계 베드, 내연기관 실린더, 주철관, 농기구 등에 사용된다.

2) 반주철(얼룩주철, mottled cast iron)
① 함유탄소 일부는 유리흑연으로 존재하고 일부는 화합탄소로 존재하는 주철이다.
② 회주철과 백주철의 중간의 성질을 가진 주철로서 강력주물용으로 사용한다.

3) 백주철(白鑄鐵, white cast iron)
파단면이 백색을 띄고 있으며 화합탄소(Fe_3C)가 많고 유리탄소(흑연)가 적다.
① Si분이 적고 Mn분이 많아 탄소가 화합탄소로 존재하므로 파단면이 백색이다.
② 주철을 급냉시켜도 나타나며, 강도가 높고 취약하다.
③ 경도와 내마모성을 요구하는 기계부품에 사용한다.

(2) 탄소함유량에 따른 분류

1) 아공정주철 : 탄소함유량이 2.0~4.3%인 주철(오스테나이트+레데뷰라이트 조직)
2) 공정주철 : 탄소함유량이 4.3%인 주철(오스테나이트+시멘타이트 조직)
3) 과공정주철 : 탄소함유량이 4.3~6.68%인 주철(레데뷰라이트+시멘타이트 조직)

(3) 용도에 따른 분류

1) 회(보통)주철 : 편상흑연을 갖는 것으로 C, Si의 함량이 높고 Mn이 낮은 주조성, 절삭성이 좋은 주철이다.
2) 합금주철 : 주철에 특수한 성질을 주기 위하여 특수원소를 첨가한 주철이다.
3) 가단주철 : 백선철을 열처리해서 가단성을 부여한 것으로 괴상흑연을 갖으며 내충격성, 내열성, 절삭성이 좋고 인장강도가 높은 주철로 자동차 부품, 관이음 등에 사용된다.
① 백심가단주철(BMC) : 탈탄작용에 의해 백선주물 표면층에서 시멘타이트의 탄소를 제거하여 강에 가깝게 한 주철. 자전거, 오토바이 부품 등
② 흑심가단주철(WMC) : 백선철 중의 시멘타이트를 풀림함으로써 표면층의 시멘타이트를 철과 흑연으로 분해시켜 가단화한 것으로 파면은 주변이 하얗고 내부가 흑색인 주철. 자동차, 철도 차량용 부품 등
③ 펄라이트가단주철(PMC) : 기지를 펄라이트화한 주철. 소형기관의 크랭크축과 캠축, 펌프 부품 등
④ 특수가단주철 : 특수 원소를 첨가한 주철

가단주철 조성[%]

종별	C	Si	Mn	P	S
백심가단주철	2.8~3.5	0.4~0.8	0.2~0.4	0.15)	0.20)
흑심가단주철	2.3~2.8	0.8~1.1	0.2~0.4	0.20)	0.06)

4) 냉경주철 : 주철주물이 있는 면을 특히 경화시키기 위해 그 부분에 금형을 맞추고 냉각속도를 신속하게 백선화(백색주철화)시켜 유리 시멘타이트(Fe_3C)를 정출시킴으로써 경화시킨 주철이다.

5) 구상흑연주철 : 보통주철에 Mg, Ca, Si 등을 접종하여 흑연을 구상화한 주철

(4) 기타 분류

1) 흑연형상에 따른 분류

　구상흑연, 공정상흑연, 편상흑연, 괴상흑연, 장미상흑연

2) 흑연의 분포에 따른 분류(ASTM분류)

　A형, B형, C형, D형, E형

3) 성분에 따른 분류

　저탄소주철, 고탄소주철, 고규소주철, 합금주철(Cr-Ni주철, Cr-Mo주철)

4) 기지조직에 따른 분류

　Ferrite 주철, Pearlite 주철, Austenite 주철, Bainite 주철

5) 기계적 성질에 따른 분류

　① 회(보통)주철 : 용융점이 낮아 유동성은 좋으나 조직(편상흑연)이 불균일하고 취성이 있다.

　② 고급(강인)주철 : 강도와 인성을 부여하기 위해서 합금원소를 소량 첨가하거나 열처리시킨 주철

　③ 합금주철 : 특수한 성질(내산주철, 비자성주철)을 부여하기 위해서 합금원소를 다량 첨가한 주철. Al주철(내열성), Cr주철(내식성), Ni주철(내마모성)

주철의 조직과 경도

주철의 종류	조직	브리넬 경도(HBS)
페라이트 주철	페라이트+흑연	80~120
펄라이트 주철	펄라이트+흑연	170~220
백주철	유리 시멘타이트	420 정도

[주] 브리넬 경도는 강구압자를 사용한 경우의 값

5 회주철(gray cast iron)

(1) 보통주철(common grade cast iron)

보통주철은 일반적으로 사용되고 있는 강도가 작은 주철로 KS 규격에서 인장강도가 150N/mm^2의 주철을 GC150으로 표시한다.

1) 회주철을 대표하는 주철로서 인장강도가 100~200 N/mm^2 정도의 주철이다.

2) 조성 : 3.2~3.8%C-1.4~2.5%Si-0.4~1.0%Mn-0.3~0.8%P-〈0.06%S

　① 탄소가 3.0% 전후, Si가 1.5~2.0%의 것은 흑연이 적당히 미세하고 기지는 펄라이트이어서 기계구조물에 많이 사용된다.

② C, Si 함유량이 낮을수록 공정량이 적고 주조성이 나쁘다.

③ C, Si, P을 다소 많이 함유하고 있으면 주조하기가 쉽다.

3) 냉각속도가 빠를수록 Fe_3C로 정출하고 기지는 펄라이트가 되어 단단한 재질이 된다.

4) 주로 편상흑연과 페라이트로 되어 있으며 약간의 펄라이트를 함유하고 있다.(회주철 1~3종)

5) 성분, 냉각속도 및 용해조건, 접종 등의 용탕처리에 따라 흑연의 양, 형상, 크기, 분포 및 기지 조직이 변화하므로 성질이 여러 가지로 나타난다.

6) 일반기계부품, 수도관, 난방용품, 가정용품, 농기구, 공작기계의 베드, 프레임 및 기계구조물의 몸체에 많이 사용한다.

(2) 고급주철(high grade cast iron, Pearlite 주철)

1) 편상흑연주철 중에서 인장강도가 245MPa 이상의 주철을 고급주철 또는 강력주철이라 한다.

2) 조성 : 2.5~3.2% C-1.0~2.0% Si

※C, Si양의 범위 : $\dfrac{C+Si}{1.5}$ = 4.2~4.4%(단, $1.0 < Si < 3.0\%$)

3) 흑연이 미세하고 활모양으로 구부러져 고르게 분포되어 있고 바탕은 펄라이트이다.

4) 미하나이트주철(Meehanite cast iron)이 가장 많이 사용되는 고급주철이다.

(3) 미하나이트주철(Meehanite cast iron)

백선(백주철), 반선(반주철)+Ca-Si 0.3% 접종해서 흑연을 미세화시킨 주철

1) 접종을 이용하여 과냉하기 쉬운 저탄소, 저규소의 용탕의 과냉을 저지하고 흑연을 적당히 발달시켜서 균일하고 미세한 고급주철이다.

2) 바탕조직은 펄라이트로 흑연이 미세하게 분포되어 있다.

3) 접종(Inoculation)

① 흑연의 핵을 미세화하고 균일하게 분포하도록 결정의 핵을 형성하기 위하여 Fe-Si, Ca-Si를 첨가하여 흑연의 핵생성을 촉진하고 조직이나 성질을 개선하는 방법이다.

② 접종제 : C, Si, Ca, Sr, Ba, Li, Al, Zr, Mn, Ti, 희토류 등

※가장 많이 사용되는 접종제 : Fe-Si(50~85%), Ca(~30%)-Si(~60%)

③ 접종에 영향을 주는 요인

㉮ 유황(S)의 함유량이 낮을수록 접종처리가 어렵다.

㉯ 접종 후 용탕이 주조되지 않아 장시간 방치하면 20~30분으로 소멸되는 접종 소멸 현상(fading)을 일으키며 모든 접종제는 접종 소멸현상이 있다.

㉰ 용탕온도는 접종효과와 접종소멸, 접종제의 종류에 영향을 주며 고온에서 접종처리 하면 쉽게 소멸된다.

4) 용도

① 내마모성이 요구되는 공작기계의 안내면 및 강도를 요하는 내연 기관의 실린더

② 강력구조용으로 내열, 내마모용 및 기계류의 주요 부품에 사용한다.
③ 실린더 라이너, 피스톤, 자동차 부품 등에 사용한다.

회주철품

분류	종류의 기호	공시재의 주방 직경(mm)	인장강도 (N/mm²)	항절성 최대하중(N)	항절성 변형(mm)	브리넬경도 (HB)
보통주철	GC100	30	100 이상	7000 이상	3.5 이상	201 이하
	GC150	30	150 이상	8000 이상	4.0 이상	212 이하
	GC200	30	200 이상	9000 이상	4.5 이상	223 이하
고급주철	GC250	30	250 이상	10000 이상	5.0 이상	241 이하
	GC300	30	300 이상	11000 이상	5.5 이상	262 이하
	GC350	30	350 이상	12000 이상	5.5 이상	277 이하

6 합금주철(Alloy cast iron)

보통주철에 C, Si, Mn, P, S 외에 Ni, Cr, Cu, Mo, Al, W. Mg, V 등의 특수원소를 첨가하거나 Si, Mn, P을 증가시켜 강도, 내열성, 내부식성, 내마모성 등을 개선한 주철을 합금주철이라 하며 특수주철이라고도 한다. 이들 원소가 탄소강에 유효한 영향을 주는 것처럼 주철에 대해서도 그 기계적성질을 향상시킴과 동시에 특수한 성질을 갖도록 하는데 큰 역할을 한다.

(1) 합금주철의 분류

1) 첨가원소의 함유량에 따른 분류 : 저합금주철, 고합금주철
2) 금속조직에 따른 분류 : 페라이트계, 마텐자이트계, 오스테나이트계, 베이나이트계
3) 용도에 따른 분류 : 고력합금주철, 특수 목적용(내열, 내산, 내마모, 전기용) 주철
   ① 고력합금주철:기계구조용 주철로 강인성과 내마모성 등을 향상시킨 합금주철
   ② 특수 목적용 주철:내식성 및 내열성, 내산성, 내마모성 등을 향상시킨 특수 목적용 합금주철

(2) 합금원소가 주철의 조직과 성질에 미치는 영향

1) 주철에서 합금원소의 흑연화 능력
   ① Al:약 2.0%까지의 값이며 2.0~4.0%까지는 흑연화능력은 점차 감소한다.
   ② Ti:0.1~0.2%일 때는 Si보다 강하다.
   ③ Cu:약 3.0% 이상의 탄소함유량일 때는 약 0.05%가 작아진다.
   ④ Mo:0.8 이하에서는 흑연화능력이 약하고 1.5% 이상이면 강해진다.
   ⑤ Mn:0.8~1.5%일 때의 탄화물 생성능력이 작아진다.
2) 합금원소가 조직에 미치는 영향
   ① 흑연화에 미치는 영향
      ㉮ 칠(chill)을 얇게 하는 원소:C〉P〉Co〉Ni〉Ti〉Si〉Al의 순이다.
      ㉯ 칠(chill)을 깊게 하는 원소:W〉Mn〉Mo〉Cr〉Sn〉V〉S의 순이다.

㉰ 응고시 흑연에 대한 강약
　　㉠ 흑연화를 강하게 하는 원소 : Al〉Si〉Ti〉Cu〉Co의 순이다.
　　㉡ 백선화를 강하게 하는 원소 : V〉Cr〉S〉Sn〉Mn〉Mo〉W의 순이다.
② 오스테나이트 조직은 공석변태점에서 페라이트 조직과 탄화물(Fe_3C)로 분해된다.
　　㉮ 오스테나이트 구역을 폐쇄하는 원소 : Cr, W, Mo, Si, V 등
　　㉯ 오스테나이트 구역을 확대하는 원소 : Ni, Mn 등

3) Cr의 영향

① Cr을 0.2~1.5% 첨가로 흑연화 방지 및 탄화물(Fe_3C)을 안정화한다.
② 펄라이트 조직을 미세화하여 경도를 증가시키며 내열성, 내식성, 고온 내열성이 좋다.

4) Ni의 영향

① 흑연화 촉진원소이며 0.1~1.0% 첨가로 미세한 조직이 된다.
② Si의 1/2~1/3 정도의 흑연화 능력이 있다.
③ 두꺼운 부분의 조직의 조대화를 방지하고 얇은 부분의 칠(chill) 발생을 방지한다.
④ 두께가 고르지 않는 주물을 튼튼하게 한다.

5) Mo의 영향

① 다소의 흑연화를 방지하며 칠(chill)화를 촉진하고 탄화물을 형성하는 원소이다.
② 0.25~1.25% 첨가로 두꺼운 주물의 조직을 균일화하며 흑연을 미세화하여 인장강도, 경도, 인성, 내마모성이 증가한다.
③ 소량 첨가는 펄라이트 기지를 미세화하나 오스테나이트의 변태속도를 늦추므로 0.6% 이상첨가하면 기지의 침상조직이 침상 베이나이트가 된다.

6) Si의 영향

① 주철 중의 Fe_3C를 분해하여 흑연화하는 원소이다.
② Si함유량이 많은 주철을 급냉하지 않는 한 편상 또는 공정흑연을 정출한다.
③ Si가 15% 이상이 되면 ε상(FeSi)이 정출하여 경도(HB480~520)가 증가되고 취약하여 인장강도, 항절강도가 급감된다.
④ 4.0% 이상의 Si주철은 안정한 산화막을 만들어 내산화성이 좋아진다.

7) Al의 영향

① Si나 Cu와 같이 탄소의 안정계 공정온도를 올리고 준안정계 공정온도를 낮춘다.
② Al이 소량일 때는 펄라이트 분해가 촉진되어 주철의 내산화성, 내성장성이 개선된다.
③ 경도는 Al이 4.0%를 넘으면 점차 높아지나 24%가 되면 다시 유리흑연이 나타나서 절삭성이 용이하게 되고 28% 이상이 되면 내산화성은 최고가 되나 취약하다.

8) V의 영향

① 가장 강력한 흑연화 방해원소이며 복잡한 탄화물을 만든다.

② 0.1~0.5% 정도까지의 V는 주철 기지의 펄라이트를 치밀하게 하고 흑연의 바탕을 미세화하고 균일하게 하여 인장강도를 높인다.

9) Ti의 영향

① 강한 탈산제이며 흑연화 촉진제(0.3% 이하 첨가)로서 작용한다.

② Ti은 산소의 흑연화 저해작용을 제거한다.

③ Ti을 0.1~0.3% 첨가함으로서 인장강도와 경도가 증가한다.

10) Cu의 영향

① 오스테나이트에 고용하여 안정화하고 흑연화를 촉진시킨 원소이다.

② 흑연을 미세화하고 펄라이트를 치밀화한다.

③ 0.25~0.50% 첨가로 경도, 내마모성, 내식성이 증가한다.

④ 0.40~0.50% 정도 첨가하면 산성에 대한 대식성이 우수하다.

(3) 고력합금주철

1) Ni-Cr계 주철

① 기계구조용으로 많이 사용되고 있는 고력합금주철이다.

② 강인하고 내마멸성 및 내식성이 있으며 절삭성이 좋다.

2) 애시큘라 주철(acicular cast iron)

회주철에 Mo, Cu, Ni 또는 Mo-Cu를 접종해서 480~260℃에서 베이나이트(Bainite) 변태(마텐자이트에 가깝게)를 일으키게 한 주철

① 조성 : Mo 1.0~1.5%, Ni 0.5~4.0%에 소량의 Cu, Cr을 첨가한다.

② 조직은 편상흑연이나 바탕이 침상(애시큘라, acicular)조직이다.

③ 주철에 Ni, Cr, (Cu, Mo) 등을 배합하여 A_1변태점을 저하시켜 흑연과 베이나이트 조직으로 한 내마모용 주철이다.

④ 용도 : 내마모성이 우수하여 크랭크축, 캠축, 실린더, 압연용 로울러 등의 재료로 사용한다.

(4) 내마멸성 합금주철

주조시 냉각속도를 빠르게 하면 시멘타이트가 석출한 단단한 백주철이 된다. 이 백주철은 P이 1.0% 정도 들어간 주철과 동일하게 내마모성이 좋지만 Ni, Cr 등을 적당량 첨가한 주철도 마텐자이트 조직이 나타나므로 상당한 경도(브리넬 경도 600~700)가 되고, 마모에 대해서도 잘 견딘다.

1) Ni-Cr계 주철이 대표이고 내마멸성을 좋게 하기 위하여 Cr, Mo, Cu, Ni 등의 원소를 단독 또는 복합하여 소량을 첨가하면 경도가 큰 주철이 된다.

2) 대형 디젤기관의 실린더 라이너는 S 및 Si의 함유량을 낮게 하여 유리 시멘타이트나 인화철을 균일하게 분산시켜 내마멸성을 높인다.

(5) 내열 및 내산에 강한 합금주철

1) 니코로실랄(Nichrosial, Ni-Cr-Si주철)

Si 4~5%에 Ni, Cr, Al을 첨가한 내열주철로서 연성 및 전성이 좋다. Si가 많이 첨가되면 절삭가공이 불량해진다.

① Si는 내열성을 개선하지만 너무 많이 첨가하면 취약하게 된다.

② 내열 및 내식성 주철이다.

2) 니-레지스트(Ni-Resist, Ni-Cr-Cu 주철)

Ni의 일부를 Cu로 바꾼 것으로 대표적인 오스테나이트 주철로서 내열·내식 주철

① 조직은 오스테나이트 바탕이고 비자성이다.

② 800℃까지 성장하지 않고 내열성이 있고 황산과 알칼리에 대한 내식성이 우수하다.

3) 고크로뮴주철

① 내산성이 우수하고성장도 작으며 강도가 높다.

② 14.0~17.0%Cr의 것은 1000℃에서도 잘 견딘다.

4) 내열 합금주철은 내산화성, 내성장성 및 고온강도를 개선하는 합금이다.

5) 내열 합금주철의 기계적 성질

성질 \ 종류	니코로실랄 (Ni-Cr-Si주철)	니-레지스트 (Ni-Cr-Cu주철)	고크로뮴주철
인장강도(N/mm^2)	304	137~157	420~450
경도(HB)	110	120~170	300~350

(6) 내식·내열 합금주철

1) 조성 : 주철에 Si 5.0~6.6%, Cr 1.0~2.0%, Al 7.0~9.0%를 첨가한다.

2) 내열성이 증가되며 내식성이 향상되나 매우 경하여 취약하고 절삭가공이 어렵다.

3) 내산 Si 주철 : Si를 13.0~14.5% 첨가하여 내산 규소주철은 산에 강하다.(내산성이 우수) 절삭이 곤란하므로 그라인딩 가공만 허용되고 세계적인 명칭으로는 듀리론, 코로시른이라 한다.

4) 내열주철은 Si 4.0~6.0%, 내산주철은 Si 3.0~16.0%가 사용된다.

7 가단주철(Malleable cast iron)

(1) 가단주철의 개요

가단주철은 단조할 수 있는 주철이 아니고, 가단성이 좋은 선철(백선), 즉 연성을 부여한 주철로 구상과 편상의 중간쯤인 괴상흑연을 갖는다. 철과 탄소의 합금인 주철에 적당한 열을 가해 충격에 잘 깨지지 않고 늘어나는 성질인 가단성을 부여한 것으로 주강을 사용하기에는 너무 작거나 구조가 복잡하고, 주철을 사용하기엔 큰 강도와 연성이 필요한 부품에 사용된다. 가단주철은 백심가단주철, 흑심가단주철, 펄라이트가단주철이 있다.

1) 가단주철은 2.0~2.6%C, 1.1~1.6%Si 범위의 것으로 백주철을 열처리로 넣어 가열하여서 탈탄 또는 흑연화하는 방법으로 제조되는 주철이다.

2) 백주철의 연신 및 주강의 주조성을 보완해 백주철과 주강의 중간 성질을 가진 주철로서 시멘타이트를 뜨임탄소(Temper Carbon)로 변화시킨 주물이며 연성이 큰 대표적인 주철이다.

(2) 가단주철의 일반적인 성질

1) 가단주철과 주강, 회주철의 성질 비교

성질 \ 종류	백심가단주철	흑심가단주철	회주철	주강
인장강도(N/mm^2)	300~360	280~350	200	470~610
연신율(%)	8	12	-	12

2) 주강에 가까운 성질을 가지며 주조성과 절삭성이 우수하다.

3) 복잡한 주물을 아름답게 만들며 내식성, 내충격성, 내열성이 우수하다.

4) 담금질경화가 있으며 500℃까지의 강도가 유지되고 저온에서도 강하다.

(3) 백심가단주철(WMC, white heart malleable cast iron)

백주철을 산화철(선반 작업의 Chip)로 뒤집어 씌워 900~1,000℃, 80~100시간 가열하면 외부는 산화철과의 화학작용으로 탈탄되어 연강 또는 극연강 상태로 되며, 백선주물 표면층에서 시멘타이트의 탄소를 제거한 것으로 내부는 장시간 가열에 의해서 흑연이 뜨임 탄소 즉 괴상흑연으로 된다.

1) 백주철을 산화철과 함께 풀림처리 상자에 넣고 약 900~1000℃의 고온으로 70~100시간 동안 가열한 후 서냉하여 시멘타이트를 탈탄시켜 가단성을 부여하는 주철이다.

2) 표준조성 : C 2.6~3.4%, Si 0.6~1.2%

3) 백심가단주철 제조시 뜨임탄소(Temper carbon)가 발생한다.

4) 용도 : 자전거, 자동차 부속품, 방직기의 부속품 등에 사용한다.

(4) 흑심가단주철(BMC. block heart malleable cast iron)

저탄소, 저규소의 백주철물을 풀림하여 주강재의 풀림상자 속에서 열처리하여 Fe$_3$C를 분해시켜 흑연을 입상(粒狀)으로 석출시킨 주철로 표면층의 시멘타이트를 철(α-Fe)과 흑연으로 분해시켜 가단화한 것으로 파면은 주변이 하얗고 내부가 흑색이기 때문에 흑심가단주철이라고 불리우고 있다.

  1) 제 1단계 흑연화(제 1단 풀림) : 시멘타이트(Fe_3C) 분해에 의한 흑연화

    ① 백주철을 850~950℃의 풀림 온도에서 30~40시간 가열한다.

    ② A_1 변태점에서 오스테나이트가 많은 양의 펄라이트로 변한다.

    ③ Fe_3C의 직접분해는 $Fe_3C \rightarrow 3Fe+C$(뜨임탄소)와 γ-고용체에 대한 Fe_3C 및 흑연의 용해도 차에 의한 흑연의 석출이다.

  2) 제 2단계 흑연화(제 2단 풀림) : 펄라이트 분해에 의한 흑연화

제 1단계 흑연화에 의하여 생성된 오스테나이트가 냉각되면 흑연과 시멘타이트로 되고, 시멘타이트는 계속해서 흑연으로 분해하나 A_1점에 도달하면 펄라이트로 변태한다.

$$\alpha + Fe_3C \rightleftharpoons 3\alpha\text{-}Fe + C(흑연)$$

    ① 제 1단계의 펄라이트를 680~730℃에서 30~40시간 유지하여 흑연을 분해시킨다.

    ② 펄라이트 조직 중의 공석 시멘타이트(Fe_3C)의 분해로 뜨임탄소(Temper-carbon)와 페라이트 조직이 되는 것을 말한다.

  3) 제 2단계 흑연화에 의해서 응집상 또는 괴상의 뜨임탄소가 혼합된 조직이다.

  4) 백선을 풀림하여 페라이트와 뜨임탄소로 분해시킨 주철이다.

  5) 용도 : 자동차부품, 모터사이클, 차량의 프레임, 관이음쇠, 밸브, 가정용품, 농기구류 등

(5) 펄라이트 가단주철(PMC, Pearlite malleable cast iron)

흑심가단주철은 열처리에 의해 조직이 페라이트가 되고 중심부는 펄라이트 바탕으로 흑연의 분포가 보이지만 이 흑연이 생기는 단계에서 냉각하면 펄라이트 바탕은 뜨임탄소가 분포된 조직이 된다. 이것이 펄라이트 가단주철이며 인성은 약간 떨어지지만 내마모성은 뛰어나다.

흑심가단주철의 제2단계 흑연화를 끝까지(40시간) 행하지 않고, 중간(20시간)에서 꺼내면 펄라이트와 흑연이 존재하는 펄라이트 가단주철이 된다. 강도는 커지지만 연율은 떨어진다.

  1) 흑심가단주철 공정에서 제 1단계의 흑연화처리만 한 다음 955℃ 정도까지 가열하여 뜨임탄소를 구상화하고 시멘타이트가 오스테나이트 안에 용해되도록 7시간 정도 유지하며 2시간 안에 900℃로 노냉을 시킨 후 급속히 공냉한다.

  2) 펄라이트를 구상화하여 필요한 기계적 성질을 얻기 위하여 일정한 온도에서 뜨임하거나 공냉하여 870℃까지 재가열한 다음 유냉 또는 뜨임을 한다.

  3) 용도

    ① 큰 내마모성을 요구하는 부품, 다소 높은 강도를 요구하는 부품 등에 사용한다.

    ② 소형기관의 크랭크축, 캠축, 펌프 및 밸브 부품, 기어 등에 사용한다.

(6) 종류에 따른 함량 및 기계적성질

종류	C	Si	Mn	인장강도	내력	연신율	경도
백심가단주철	2.6~3.2	0.6~1.2	0.5~0.6	34~55	17~35	3~8	141~241
흑심가단주철	2.3~2.8	0.8~1.1	0.5	28~37	17~21	5~14	11~145
펄라이트 가단주철	2~2.6	1~1.5	0.2~1	45~70	25~52	2~6	149~285

8 구상흑연주철(Nodular graphite cast iron, 연성주철, ductile 주철)

보통 주철의 조직에 나타나는 흑연을 본래의 엽편상에서 구상으로 변화시켜 강인성을 향상시킨 주철이다. 보통주철 중의 편상흑연을 구상화한 조직을 갖는 주철로서, 기지의 종류에 따라 페라이트형과 펄라이트형이 있으며 구상흑연주철 또는 노듈라주철이라고 한다. 또, 주조 후 900℃ 정도의 온도에서 풀림하면 더욱 인성이 증가하여 연성주철(덕타일주철)이 된다.

(1) 구상흑연주철의 특징

1) 주철 중의 흑연을 구상화시켜 균열발생을 억제하고 연성을 향상시킨 주물로 주조성, 가공성, 내마모성, 강도가 높고 연성, 인성, 가공성 및 경화능이 강과 비슷하다.

2) 조성 : C 3.3~3.9%, Si 2.0~3.0%, Mn 0.2~0.7% 정도

3) P나 S의 양이 회주철보다 1/10 정도 낮은 선철을 전기로 등의 용해로에서 용해한 후 주형에 주입 전에 Mg, Ca, Ce 등을 첨가하여 흑연을 구상화한다.

(2) 구상흑연주철의 조직

1) 기지조직의 분류 : 시멘타이트형, 페라이트형, 펄라이트형, 불즈아이(bull's eye)형

   ① 일반적으로 사용되는 조직은 페라이트형과 펄라이트형이 있다.

   ② 강도는 펄라이트형이 가장 강인하고 페라이트형은 가장 연하며 불즈아이형은 중간이다.

   ③ 내식성은 페라이트형이 가장 좋고 펄라이트형은 나쁘며 절삭성은 페라이트형이 좋다.

2) 불즈아이 조직(bull's eye structure)

   ① 구상흑연 혹은 괴상흑연의 둘레를 페라이트가 둘러싸되 바탕이 펄라이트로 되어 황소의 눈처럼 되는 조직을 불즈아이 조직이라 한다.

   ② 펄라이트 주위의 Fe_3C가 분해되고 흑연이 집합하여 구상으로 되기 때문에 그 둘레가 연한 페라이트로 둘러싸인 조직으로 경도, 내마모성, 압축강도가 크다.

3) 구상흑연주철의 기지조직

   ① 주방(鑄放)상태에서 화학성분(C, Si, Mn량)과 냉각속도에 따라 달라진다.

   ② 미세한 펄라이트 조직은 노멀라이징 또는 조질에 의해서 얻어진다.

   ③ 페라이트 조직은 주방 또는 풀림으로 얻어진다.

   ④ Bull's eye 조직(Ferrite+Pearlite)조직은 주방 또는 풀림으로 얻어진다.

   ⑤ 구상흑연주철의 분류 및 성질

분류	발생 원인	성질
시멘타이트형 (Cementite가 석출한 것)	• Mg의 첨가량이 많을 때 • C, Si, 특히 Si가 적을 때 • 냉각속도가 빠를 때	• HB220 이상이 된다. • 연성이 없다.
펄라이트형 (Pearlite 기지에 구상흑연이 분포되어 있는 것)	• 시멘타이트형과 펄라이트형의 중간 발생 원인	• 인장강도가 490~637N/mm^2 • 연신율은 1~5% 정도 • HB150~240
페라이트형 (Ferrite가 석출한 것)	• Mg의 첨가량이 적당할 때 • C, Si, 특히 Si가 많을 때 • 냉각속도가 느리고 풀림할 때	• 연신율은 6~20% • HB150~200 • 3.0%Si 이상은 취약함

(3) 구상흑연주철의 성질

1) 물리적 성질

① 밀도는 고탄소의 페라이트 기지에서 7.1gr/mm^3, 펄라이트 기지에서 7.15gr/mm^{3}이다.

② 열전도도는 완전 흑연구상화에서는 0.085~0.095cal/cm · s · ℃이다.

2) 기계적 성질

① 인장성질은 내력에 대한 인장강도의 비는 0.7~0.8이다.

② 피로강도는 인장강도의 증가에 따라 증가하며 피로한도는 회주철의 1.5~2.0배이다.

③ 내식성은 흑연이 보호 피막이 되므로 우수하며 페라이트형이 가장 좋고 펄라이트형이 나쁘다.

④ 내마모성은 건조분위기에서는 페라이트량의 증가에 따라 마모는 커진다.

⑤ 내열성은 550℃ 부근에서 펄라이트가 흑연화하며 편상흑연주철보다 우수하다.

(4) 흑연의 구상화처리

1) 흑연의 구상화처리시 Mg 13.5%, Ca 25% 정도 첨가하며 산소와 유황과의 친화력이 강하여 탈산, 탈황작용이 크다.

2) 흑연을 구상화하는데 가장 많이 사용되는 것은 Mg 및 Mg계 합금이다.

3) 구상화제 : Ce, Mg, Fe-Si, Ca-Si, Ni-Mg, Mg-Si, Fe

4) 용탕 중에 Mg이나 Ca을 1.0% 정도 첨가하면 Mg은 80℃, Ca는 약 65℃의 온도를 강하시키므로 용탕의 온도를 1400℃ 이상으로 해야 한다.

5) 구상화처리를 할 때 주물 두께가 얇으면 백선화 경향이 크고 구상흑연 정출이 쉽다.

6) 구상화처리를 할 때 주물 두께가 두껍고 냉각속도가 늦으면 편상흑연이 되기 쉽다.

7) 흑연구상화처리 후 용탕상태로 방치하면 흑연 구상화효과가 소멸되는데 이것을 페이딩(fading) 현상이라 하며 편상흑연화되는 것이다.

(5) 구상흑연주철의 제조법

1) 원재료는 선철, 파쇠, 회수쇠 등으로 적당한 배율로 배합한다.

2) 용선로, 전기로에서 용해한다.

3) 용탕의 S의 함유량을 낮추는 방법(탈황법)

　① S은 구상화처리 전에 탈황해서 약 0.02% 이하로 하는 것이 좋다.

　② 배합재료 중의 S, P 등의 함유량이 낮은 것이 좋다.

　③ 용해로 중의 용해과정에서 탈황처리를 하고 용탕을 노(爐) 밖에서 탈황처리한다.

(6) 구상흑연주철에 미치는 각종 원소의 영향

1) C의 영향

　① 탄소량이 저하할수록 접종량이 적으며 불규칙하게 되기 쉽다.

　② 탄소량이 많아지면 거품(dross)결함이 나타나기 쉽다.

2) Si의 영향

　① 흑연의 구상화에 별로 영향이 없다.

　② 두께가 크게 되면 Si 함유량은 낮게 한다.

3) Mn의 영향

　① 0.4%까지는 구상화를 해치지 않으나 그 이상이 되면 접종제를 증가시키지 않으면 구상화에 영향을 미친다.

　② 펄라이트를 안정화하므로 주방상태에서 페라이트를 얻고 싶을 때는 양을 낮춘다.

4) P의 영향

　① 4.0%까지는 구상화에 큰 영향이 없으나 그 이상은 잔류 Mg을 많게 한다.

　② 0.05% 이상이면 스테디다이트(steadite)를 만듦으로 연성의 재질은 P%가 적은 것이 좋다.

5) S의 영향

　① 0.012~0.013%일 때는 잔류 Mg이 0.067~0.072%로 흑연을 완전히 구상화한다.

　② 0.049%의 경우에는 구상화가 불안정하다.

6) 구상화 저해 원소 : Te〉Bi〉Pb〉Sb〉B〉Zr〉Sn〉Al〉Cu 순으로 구상화를 저해한다.

(7) 구상흑연주철의 열처리와 기계적 성질

열처리 \ 성질	기지조직	인장강도 (N/mm²)	내력 (N/mm²)	연신율 (%)	경도 (HB)
주방상태	Bull's eye	550~700	390~550	5~10	200~240
페라이트 화	Ferrite	380~540	270~400	15~25	140~180
풀림	Pearlite	700~920	520~700	3~6	240~300
담금질-뜨임	Martensite	900~1100	780~950	1~3	350~450
오스템퍼링	Bainite	800~1100	630~780	1~3	280~450

(8) 구상흑연주철의 용도

1) 기계구조용 부품으로서 특히 사용응력이 높을 때, 충격하중이 걸리는 경우에 적합한 재료이다.

2) 내압 및 내마멸성을 요구하는 각종 기계부품, 압연기계부품, 내열용 재료 등
3) 오스테나이트 조직의 구상흑연주철은 항공기 엔진부품, 펄라이트 계는 각종 노(爐)재료용
4) 용도 : 실린더 라이너, 소형기관의 크랭크축, 캠축, 고급 기계부품, 화학부품, 수도관

9 칠드주철(Chilled casting, 냉경주철, 冷硬鑄鐵)

용융주철을 금형에 주입하면 금형과 접촉하는 부분은 급냉되어 흰색의 굳고, 마모에 견디는 Fe_3C로 되며 내부는 서냉되어 인성이 있는 회주철로 만든다. 주형의 일부 또는 전부를 금형으로 해서 냉각속도를 크게 하는 조작을 칠(chill)한다고 한다. 이 때 Fe_3C가 나오는 층을 칠드층이라 하며 이렇게 얻은 단단한 주철을 칠드주철이라 한다. 칠드주철은 그 표면이 단단하기 때문에 마모에 잘 견디고, 내산성이 풍부하며 중심부는 회주철이므로 비교적 끈끈하여 주물전체로서 충격 등의 외력에 잘 견딘다.

(1) 칠드주철의 조직

1) 내마모성이 요구되는 사용면을 주탕 후 급냉하여 표면을 백선화해서 경도를 높게 하고 내부는 서냉하여 유리흑연을 생성시켜 연하게 하여 내충격성, 압축강도, 굽힘강도를 유지시킨 주물이다.

2) 칠드(chilled)주철의 주성분

   C 3.0~3.7%, Si 0.6~2.3%, Mn 0.6~1.6%, P 0.2~0.4%, S 0.07~0.1%

3) 표면(chill부, 외부)층은 금형의 급냉효과에 의해 유리 시멘타이트와 펄라이트 조직이다.

4) 내부조직은 편상흑연과 펄라이트 조직으로 되어 있다.

(2) 칠드주물의 제조

1) 금형은 열전도도가 높고 열응력에 대한 저항성이 좋은 주철제를 사용한다.

2) 소착(燒着)방지, 주물표면의 조잡(粗雜)과 균열발생을 방지하기 위해 흑연계 도료를 200~250℃로 예열한 금형면에 분사한다.

3) 주탕시의 금형온도는 보통 120~180℃로 하고 냉경부에 접촉시키는 두께는 주물 두께의 1/2~1/3 정도로 한다.

(3) 칠드주철의 성질

1) 기계적 성질

  ① 칠드부 경도는 HS60~70이며, Ni이 첨가되면 HS80~90 정도가 된다.

  ② 고급칠드주철(Ni 2.0~2.5%, Cr 0.1~0.5%)은 강도와 경도가 높다.

  ③ 칠드부의 인장강도는 200~220 N/mm², 연신율은 0.1~0.15% 정도다.

2) 칠(chill)의 깊이

  ① 칠드주물에서 칠(chill)의 깊이에 영향을 미치는 요인

    ㉮ 합금원소가 흑연화의 촉진에 대한 여부의 작용 및 냉각속도를 결정하는 금형 두께

㉰ 금형의 온도 및 금형에 접촉하는 시간 및 주입온도 및 칠(chill)부분 두께
② 용해할 때의 최고 사용온도, 주입온도가 높으면 칠(chill)의 깊이가 크게 된다.
③ Si 함유량이 적어지면 칠(chill) 두께가 두꺼워진다.
④ 칠드부를 얇게 하는 원소 : C〉P〉Co〉Ni〉Ti〉Si〉Al
⑤ 칠드부를 깊게 하는 원소 : W〉Mn〉Mo〉Cr〉Sn〉V〉S

(4) 칠드주철의 용도
1) 주용도는 금속압연용, 그 밖의 롤(roll)용으로 사용한다.
2) 압연기 로울러, 철도 차륜, 볼밀의 볼, 분쇄기 롤 등에 사용된다.

각종 칠드주물의 성분

종류	화학성분 (%)					쇼어경도
	C	Si	Mn	P	S	
보통칠드 롤	3.00~3.25	0.60~0.80	1.00~1.20	0.20~0.40	0.06~0.08	60~65
칠드 차륜	3.50~3.70	0.60~0.70	1.50~0.60	0.30~0.40	0.08~0.10	-

(5) 주철의 용도별 구분

용도별	C(%)	Si(%)	Mn(%)	P(%)	S(%)	적용 부위	비고
공작기계용	3.1~3.3	1.6~2.2	0.5~0.8	〈0.3	〈0.1	베드, 프레임	GC250
압연기, 프레스용	3.0~3.4	1.2~2.0	0.6~0.9	〈0.3	〈0.1	베드, 프레임	GC250 GC300
내연기관용	2.8~3.2	1.2~2.0	0.7~0.9	〈0.4	〈0.1~0.8	실린더 헤드	GC300
컨베이어 부품	3.2~3.5	1.7~2.0	0.5~0.7	〈0.3	〈0.1	각종 기계부품	GC200
토목기계 기어	3.0~3.4	1.4~2.0	0.6~0.8	〈0.2	〈0.1	대소 기어	GC250
재봉틀 기계용	3.0~3.4	1.6~2.2	0.4~0.8	〈0.4	〈0.15	각종 기계부품	GC150 GC200
제지용 드라이어	3.3~3.5	1.6~1.8	0.5~0.8	〈0.2	〈0.1	베드, 프레임	GC200
펌프·압축기용	3.2~3.6	1.5~2.5	0.5~0.8	〈0.2	〈0.1	프레임, 케이싱	GC250 GC330
주조 기계용	3.0~3.4	1.4~2.0	0.5~0.8	〈0.4	〈0.1	실린더류	GC200 GC250
Ni-hard 주철	3.0~3.3	0.7~1.2	0.5~0.8	〈0.2	〈0.1		Ni=45% Cr=0.5~1.5%
오스테나이트 주철	2.7~3.0	1.2~1.8	1.0~1.5	〈14~20	〈1.5~4.0	내식용, 내열용	
페라이트 주철	0.2~1.3	13~16	-	-	-	Duriron, Oriron 등 명칭이 있음	
칠드 롤러용	2.8~3.1	0.65	0.5	0.432	0.07	쇼어 경도 68 이상	
합금 칠드 롤러용	3.3	0.2~0.3	0.2~0.3	0.35	0.1		Cr=0.7~1.0% Ni=3~5% Mo=0.25% HB=80

1. 주강(cast steel)

주철과 주강의 가장 큰 차이점은 바로 탄소함유량으로 주강이 보통 0.2~0.5% 정도의 범위인데 비해 주철은 2~4% 정도이다. 주강은 SC, 주철은 GC, GCD 뒤에 인장강도 하한값(MPa)이 붙는다. 주강은 강을 원료로 하여 주물로 만든 제품으로 충분한 강도를 얻기 힘들고 단조품으로 만들기 어려운 복잡한 형상의 제품을 만드는데 사용한다. 주철보다 연신율이 좋고 인장강도가 크며 밸브, 철도용, 광산용기계, 구조물 등을 만드는데 사용한다.

(1) 주강의 성질과 조직

1) 주강의 특성

① 주조한 상태로는 거칠고 인성이 낮으므로 주조한 후 완전풀림을 행하여 조직을 미세화시키고 주조응력을 제거해야 한다.
② 탄소 함유량이 많아질수록 강도가 커지지만 연성은 감소하고 용접성이 나빠진다.
③ 망가니즈 함유량이 많아지면 인장강도가 커진다.
④ 주강은 주철에 비해 기계적 성질이 우수하다.
⑤ 용접에 의한 보수가 용이하며 단조품이나 압연품에 비해 방향성이 없는 것이 큰 특징이다.

(2) 주강의 종류와 용도

1) 보통주강(탄소주강, Carbon cast steel)

① 조성 및 성질

C, Si, Mn과 미량의 Al이 함유되어 있다. Si나 Mn이 특히 많이 함유된 것은 합금주강에 속하며 보통주강에는 Si와 Mn을 0.5% 이내로 하는 것이 일반적이다.

② 용도

철도, 조선, 광산용기계, 기계구조물 등

※ 주강의 화학조성별 분류

탄소강주강	Si, Mn 함유하고 합금성분은 함유하지 않은 것으로 탄소함량에 따라 구분
저탄소강주강	C 0.2% 이하, 철도차량, 자동차부품, 용접구조물, 표면침탄경화 기어 등
중탄소강주강	C 0.2~0.5% 범위, 수송기계, 공작기계, 제철·제강설비, 건축구조물 등
고탄소강주강	C 0.5% 이상, 다이스, 공구, 광산토목기계 등의 내마모용 부품
합금강주강	
저합금주강	합금 성분을 탄소강보다 많이 함유하며, 합금성분의 합계가 대략 5% 이하인 것
고합금주강	합금성분의 합계가 대략 10% 이상인 것

2) 합금주강(Alloy cast steel)

① 저합금강 주강

저합금강 주강은 기계적 성능 및 물리적 성질 그리고 내식성 등의 개선을 위하여 탄소 이외에 합금원소를 첨가한 것이다.

※ 구조용 저합금강 주강품의 성질 및 용도

강종	고강도	내마모성	인성	내식성	주요 용도
저 Mn 주강	●	●	-	-	건설기계, 광산기계, 용접구조용 고강도 부품
Si-Mn 주강	●	●	-	-	
Mn-Cr 주강	●	-	-	●	대형 기어, 차륜, 굴삭기부품, 건설기기용
Mn-Mo 주강	●	-	●	-	
Cr-Mo 주강	●	●	●	-	브레이커 치즐, 분쇄기용, 해머, 기어, 캠
Mn-Cr-Mo 주강	●	●	●	●	
Ni-Cr-Mo 주강	●	●	●	●	

② 고합금 내마모주강

내마모주강은 저합금계인 마텐자이트계와 고합금계인 오스테나이트계로 분류할 수 있다.

㈎ 마텐자이트계(저합금계) 내마모주강

토목건설용 기계 등에서는 구조물로서 높은 강도와 인성이 요되는 동시에 표층부 또는 국부적으로 경도를 높게 하여 이 부분의 내마모성을 높이려고 하는 경우가 있다. 일반적으로 탄소 함량이 높고 열처리성이 좋은 고장력탄소강, 합금강 중에서 탄소 함량이 0.3% 이상의 것을 사용한다.

㈏ 오스테나이트계(고망가니즈계) 내마모주강

고망가니즈강은 발명자의 이름을 따서 하드필드강이라고도 하는데 대표적인 내마모강이며 널리 이용되는 비자성의 오스테나이트 기지의 강이다.

㉠ 가공경화성이 매우 크고, 이 효과에 의해 고경도의 표면층을 얻을 수 있다.

㉡ 높은 인장강도와 신율을 갖으며, 점성이 높고 충격에 강하다.

㉢ 보통주강에 비해 가격이 저렴해 경제적이다.

③ 내식주강

스테인리스 주강품

㈎ 18Cr-8Ni (JIS:SCS21) : 보통의 18-8 과 같으나 Cr 탄화물의 석출이 없으며 용접구조품에 적당하다. 고온밸브, 제트엔진 부품 등에 사용.

㈏ 18Cr-11Ni-Mo (SCS14,SCS16,SCS22) : 내식성이 우수하고, 고온강도가 높다. 밸브, 펌프, 제트엔진 부품 등에 사용.

㈐ 18Cr-8Ni (SCS12) : 기계적 성질이 약간 높고 내식성이 어느 정도 낮은 사용조건에 적합하다. P, Mo 등을 첨가하여 쾌삭성을 부여하기도 한다. 펌프 부품, 밸브 부품 등에 사용.

㈑ 18Cr-11Ni-Mo (SCS12) : Mo을 높여서 내공식성이 우수하다.

㈒ 18Cr-8Ni : 가열에 의한 탄화물의 석출이 적고, 입계부식에 강하다. 펌프, 밸브부품, 제트엔진부품 등에 사용.

㈓ 25Cr-30Ni (SCS18) : 고온내식성이 개선됨. 펌프, 밸브부품 등에 사용.

㈔ 20Cr-30Ni (SCS23) : 내식성이 우수함. 필터, 열교환기 부품 등에 사용.

2. 탄소강 주강품 KS B 4101

종류의 기호

- 단위 : %

종류의 기호	적 용	비 고
SC 360	일반 구조용 전동기 부품용	원심력 주강관에는 위 표의 기호의 끝에 이것을 표시하는 기호-CF를 붙인다. 보 기 : SC 410-CF
SC 410	일반 구조용	
SC 450	일반 구조용	
SC 480	일반 구조용	

화학 성분

종류의 기호	C	P	S
SC 360	0.20 이하	0.040 이하	0.040 이하
SC 410	0.30 이하	0.040 이하	0.040 이하
SC 450	0.35 이하	0.040 이하	0.040 이하
SC 480	0.40 이하	0.040 이하	0.040 이하

기계적 성질

종류의 기호	항복점 또는 내구력 N/mm²	인장 강도 N/mm²	연 신 율 %	단면 수축률 %
SC 360	175 이상	360 이상	23 이상	35 이상
SC 410	205 이상	410 이상	21 이상	35 이상
SC 450	225 이상	450 이상	19 이상	30 이상
SC 480	245 이상	480 이상	17 이상	25 이상

3. 구조용 고장력 탄소강 및 저합금강 주강품 KS D 4102

종류의 기호

종류의 기호	적 용	종류의 기호	적 용
SCC 3	구조용	SCMnCr 3	구조용
SCC 5	구조용 내마모용	SCMnCr 4	구조용, 내마모용
SCMn 1	구조용	SCMnM 3	구조용, 강인재용
SCMn 2	구조용	SCCrM 1	구조용, 강인재용
SCMn 3	구조용	SCCrM 3	구조용, 강인재용
SCMn 5	구조용, 내마모용	SCMnCrM 2	구조용, 강인재용
SCSiMn 2	구조용(주로 앵커 체인용)	SCMnCrM 3	구조용, 강인재용
SCMnCr 2	구조용	SCNCrM 2	구조용, 강인재용

[비고]
원심력 주강관에는 위 표의 기호 끝에 이것을 표시하는 기호-CF를 붙인다.

보 기 SCC 3-CF

화학 성분

단위 : %

종류의 기호	C	Si	Mn	P	S	Ni	Cr	Mo
SCC 3	0.30~0.40	0.30~0.60	0.50~0.80	0.040 이하	0.040 이하	-	-	-
SCC 5	0.40~0.50	0.30~0.60	0.50~0.80	0.040 이하	0.040 이하	-	-	-
SCMn 1	0.20~0.30	0.30~0.60	1.00~1.60	0.040 이하	0.040 이하	-	-	-
SCMn 2	0.25~0.35	0.30~0.60	1.00~1.60	0.040 이하	0.040 이하	-	-	-
SCMn 3	0.30~0.40	0.30~0.60	1.00~1.60	0.040 이하	0.040 이하	-	-	-
SCMn 5	0.40~0.50	0.30~0.60	1.00~1.60	0.040 이하	0.040 이하	-	-	-
SCSiMn 2	0.25~0.35	0.30~0.60	0.90~1.20	0.040 이하	0.040 이하	-	-	-
SCMnCr 2	0.25~0.35	0.30~0.60	1.20~1.60	0.040 이하	0.040 이하	-	0.40~0.80	-
SCMnCr 3	0.30~0.40	0.30~0.60	1.20~1.60	0.040 이하	0.040 이하	-	0.40~0.80	-
SCMnCr 4	0.35~0.45	0.30~0.60	1.20~1.60	0.040 이하	0.040 이하	-	0.40~0.80	-
SCMnM 3	0.30~0.40	0.30~0.60	1.20~1.60	0.040 이하	0.040 이하	-	0.20 이하	0.15~0.35
SCCrM 1	0.20~0.30	0.30~0.60	0.50~0.80	0.040 이하	0.040 이하	-	0.80~1.20	0.15~0.35
SCCrM 3	0.30~0.40	0.30~0.60	0.50~0.80	0.040 이하	0.040 이하	-	0.80~1.20	0.15~0.35
SCMnCrM 2	0.25~0.35	0.30~0.60	1.20~1.60	0.040 이하	0.040 이하	-	0.30~0.70	0.15~0.35
SCMnCrM 3	0.30~0.40	0.30~0.60	1.20~1.60	0.040 이하	0.040 이하	-	0.30~0.70	0.15~0.35
SCNCrM 2	0.25~0.35	0.30~0.60	0.90~1.50	0.040 이하	0.040 이하	1.60~2.00	0.30~0.90	0.15~0.35

기계적 성질

종류의 기호	열 처 리		항복점 또는 내구력 N/mm^2	인장강도 N/mm^2	연 신 율 %	단면 수축률 %	경 도 HB
	노멀라이징 템퍼링의 경우	퀜칭 템퍼링의 경우					
SCC 3A	○	-	265 이상	520 이상	13 이상	20 이상	143 이상
SCC 3B	-	○	370 이상	620 이상	13 이상	20 이상	183 이상
SCC 5A	○	-	295 이상	620 이상	9 이상	15 이상	163 이상
SCC 5B	-	○	440 이상	690 이상	9 이상	15 이상	201 이상
SCMn 1A	○	-	275 이상	540 이상	17 이상	35 이상	143 이상
SCMn 1B	-	○	390 이상	590 이상	17 이상	35 이상	170 이상
SCMn 2A	○	-	345 이상	590 이상	16 이상	35 이상	163 이상
SCMn 2B	-	○	440 이상	640 이상	16 이상	35 이상	183 이상
SCMn 3A	○	-	370 이상	640 이상	13 이상	30 이상	170 이상
SCMn 3B	-	○	490 이상	690 이상	13 이상	30 이상	197 이상
SCMn 5A	○	-	390 이상	690 이상	9 이상	20 이상	183 이상
SCMn 5B	-	○	540 이상	740 이상	9 이상	20 이상	212 이상
SCSiMn 2A	○	-	295 이상	590 이상	13 이상	35 이상	163 이상
SCSiMn 2B	-	○	440 이상	640 이상	17 이상	35 이상	183 이상
SCMnCr 2A	○	-	370 이상	640 이상	13 이상	30 이상	170 이상
SCMnCr 2B	-	○	440 이상	690 이상	17 이상	35 이상	183 이상
SCMnCr 3A	○	-	390 이상	690 이상	9 이상	25 이상	183 이상
SCMnCr 3B	-	○	490 이상	740 이상	13 이상	30 이상	207 이상

종류의 기호	열 처 리		항복점 또는 내구력 N/mm²	인장강도 N/mm²	연 신 율 %	단면 수축률 %	경 도 HB
	노멀라이징 템퍼링의 경우	퀜칭 템퍼링의 경우					
SCMnCr 4A	○	-	410 이상	690 이상	9 이상	20 이상	201 이상
SCMnCr 4B	-	○	540 이상	740 이상	13 이상	25 이상	223 이상
SCMnM 3A	○	-	390 이상	590 이상	13 이상	30 이상	183 이상
SCMnM 3B	-	○	490 이상	740 이상	13 이상	30 이상	212 이상
SCCrM 1A	○	-	390 이상	590 이상	13 이상	30 이상	170 이상
SCCrM 1B	-	○	490 이상	690 이상	13 이상	30 이상	201 이상
SCCrM 3A	○	-	440 이상	690 이상	9 이상	25 이상	201 이상
SCCrM 3B	-	○	540 이상	740 이상	9 이상	25 이상	217 이상
SCMnCrM 2A	○	-	440 이상	690 이상	13 이상	30 이상	201 이상
SCMnCrM 2B	-	○	540 이상	740 이상	13 이상	30 이상	212 이상
SCMnCrM 3A	○	-	540 이상	740 이상	9 이상	25 이상	212 이상
SCMnCrM 3B	-	○	635 이상	830 이상	9 이상	25 이상	223 이상
SCNCrM 2A	○	-	590 이상	780 이상	9 이상	20 이상	223 이상
SCNCrM 2B	-	○	685 이상	880 이상	9 이상	20 이상	269 이상

[주] 1. 기호 끝의 A는 노멀라이징 후 템퍼링을, B는 퀜칭 후 템퍼링을 표시한다.

2. 노멀라이징 온도 850~950℃, 템퍼링 온도 550~650℃

3. 퀜칭 온도 850~950℃, 템퍼링 온도 550~650℃

[비고]

○표시는 해당하는 열처리를 나타낸다.

4. 스테인리스강 주강품 KS D 4103

종류의 기호

종류의 기호	대응 ISO 강종	유사 강종(참고) ASTM
SSC 1	-	CA 15
SSC 1X	GX 12 Cr 12	CA 15
SSC 2	-	CA 40
SSC 2A	-	CA 40
SSC 3	-	CA 15M
SSC 3X	GX 8 CrNiMo 12 1	CA 15M
SSC 4	-	-
SSC 5	-	-
SSC 6	-	CA 6NM
SSC 6X	GX 4 CrNi 12 4(QT1)(QT2)	CA 6NM
SSC 10	-	-
SSC 11	-	-
SSC 12	-	CF 20
SSC 13	-	-
SSC 13A	-	CF 8
SSC 13X	-	-
SSC 14	-	-
SSC 14A	-	CF 8M
SSC 14X	GX 5 CrNi 19 9	-
SSC 14XNb	GX 6 CrNiMoNb 19 11 2	-
SSC 15	-	-
SSC 16	-	-
SSC 16A	-	CF 3M
SSC 16AX	GX 2 CrNiMo 19 11 2	CF 3M
SSC AXN	GX 2 CrNiMoN 19 11 2	CF 3MN
SSC 17	-	CH 10, CH20
SSC 18	-	CK 20
SSC 19	-	-
SSC 19A	-	CF3
SSC 20	-	-
SSC 21	-	CF 8C
SSC 21X	GX 6 CrNiNb 19 10	CF 8C
SSC 22	-	-
SSC 23	-	CN 7M
SSC 24	-	CB 7Cu-1
SSC 31	GX 4 CrNiMo 16 5 1	-
SSC 32	GX 2 CrNiCuMoN 26 5 3 3	A890M 1B
SSC 33	GX 2 CrNiMoN 26 5 3	-
SSC 34	GX 5 CrNiMo 19 11 3	CG8M
SSC 35	-	CK-35MN
SSC 40	-	-

[비고]
원심력 주강관에는 위 표의 기호의 끝에 이것을 표시하는 기호 -CF를 붙인다.
보기 SSC 1-CF

화학 성분

종류의 기호	C	Si	Mn	P	S	Ni	Cr	Mo	Cu	기타
SSC 1	0.15 이하	1.50 이하	1.00 이하	0.040 이하	0.040 이하	a)	11.50 ~14.00	d	–	–
SSC 1X	0.15 이하	0.80 이하	0.80 이하	0.035 이하	0.025 이하	a	11.50 ~13.50	d	–	–
SSC 2	0.16 ~0.24	1.50 이하	1.00 이하	0.040 이하	0.040 이하	a	11.50 ~14.00	d	–	–
SSC 2A	0.25 ~0.40	1.50 이하	1.00 이하	0.040 이하	0.040 이하	a	11.50 ~14.00	d	–	–
SSC 3	0.15 이하	1.00 이하	1.00 이하	0.040 이하	0.040 이하	0.50 ~1.50	11.50 ~14.00	0.15 ~1.00	–	–
SSC 3X	0.10 이하	0.80 이하	0.80 이하	0.035 이하	0.025 이하	0.80 ~1.80	11.50 ~13.00	0.20 ~0.50	–	–
SSC 4	0.15 이하	1.50 이하	1.00 이하	0.040 이하	0.040 이하	1.50 ~2.50	11.50 ~14.00	–	–	–
SSC 5	0.06 이하	1.00 이하	1.00 이하	0.040 이하	0.040 이하	3.50 ~4.50	11.50 ~14.00	–	–	–
SSC 6	0.06 이하	1.00 이하	1.00 이하	0.040 이하	0.030 이하	3.50 ~4.50	11.50 ~14.00	0.40 ~1.00	–	–
SSC 6X	0.06 이하	1.00 이하	1.50 이하	0.035 이하	0.025 이하	3.50 ~5.00	11.50 ~13.00	1.00 이하	–	–
SSC 10	0.03 이하	1.50 이하	1.50 이하	0.040 이하	0.030 이하	4.50 ~8.50	21.00 ~26.00	2.50 ~4.00	–	N0.08~0.30 b
SSC 11	0.08 이하	1.50 이하	1.00 이하	0.040 이하	0.030 이하	4.00 ~7.00	23.00 ~27.00	1.50 ~2.50	–	b
SSC 12	0.20 이하	2.00 이하	2.00 이하	0.040 이하	0.040 이하	8.00 ~11.00	18.00 ~21.00	–	–	–
SSC 13	0.08 이하	2.00 이하	2.00 이하	0.040 이하	0.040 이하	8.00 ~11.00	18.00c ~21.00	–	–	–
SSC 13A	0.08 이하	2.00 이하	1.50 이하	0.040 이하	0.040 이하	8.00 ~11.00	18.00c ~21.00	–	–	–
SSC 13X	0.07 이하	1.50 이하	1.50 이하	0.040 이하	0.030 이하	8.00 ~11.00	18.00 ~21.00	–	–	–
SSC 14	0.08 이하	2.00 이하	2.00 이하	0.040 이하	0.040 이하	10.00 ~14.00	17.00c ~20.00	2.00 ~3.00	–	–
SSC 14A	0.08 이하	1.50 이하	1.50 이하	0.040 이하	0.040 이하	9.00 ~12.00	18.00c ~21.00	2.00 ~3.00	–	–
SSC 14X	0.07 이하	1.50 이하	1.50 이하	0.040 이하	0.030 이하	9.00 ~12.00	17.00 ~20.00	2.00 ~2.50	–	–
SSC 14XNb	0.08 이하	1.50 이하	1.50 이하	0.040 이하	0.030 이하	9.00 ~12.00	17.00 ~20.00	2.00 ~2.50	–	Nb 8×C 이상 1.00 이하
SSC 15	0.08 이하	20.0 이하	2.00 이하	0.040 이하	0.040 이하	10.00 ~14.00	17.00 ~20.00	1.75 ~2.75	1.00 ~2.50	–
SSC 16	0.03 이하	1.50 이하	2.00 이하	0.040 이하	0.040 이하	12.00 ~16.00	17.00 ~20.00	2.00 ~3.00	–	–
SSC 16A	0.03 이하	1.50 이하	1.50 이하	0.040 이하	0.040 이하	9.00 ~13.00	17.00 ~21.00	2.00 ~3.00	–	–
SSC 16AX	0.03 이하	1.50 이하	1.50 이하	0.040 이하	0.030 이하	9.00 ~12.00	17.00 ~21.00	2.00 ~2.50	–	–

종류의 기호	C	Si	Mn	P	S	Ni	Cr	Mo	Cu	기타
SSC AXN	0.03 이하	1.50 이하	1.50 이하	0.040 이하	0.030 이하	9.00 ~12.00	17.00 ~21.00	2.00 ~2.50	–	N 0.10~0.20
SSC 17	0.20 이하	2.00 이하	2.00 이하	0.040 이하	0.040 이하	12.00 ~15.00	22.00 ~26.00	–	–	–
SSC 18	0.20 이하	2.00 이하	2.00 이하	0.040 이하	0.040 이하	19.00 ~22.00	23.00 ~27.00	–	–	–
SSC 19	0.03 이하	2.00 이하	2.00 이하	0.040 이하	0.040 이하	8.00 ~12.00	17.00 ~21.00	–	–	–
SSC 19A	0.03 이하	2.00 이하	1.50 이하	0.040 이하	0.040 이하	8.00 ~12.00	17.00 ~21.00	–	–	–
SSC 20	0.03 이하	2.00 이하	2.00 이하	0.040 이하	0.040 이하	12.00~16.00	17.00 ~20.00	1.75 ~2.75	1.00 ~2.50	–
SSC 21	0.08 이하	2.00 이하	2.00 이하	0.040 이하	0.040 이하	9.00~12.00	18.00 ~21.00	–	–	Nb 10×C% 이상 1.35 이하
SSC 21X	0.08 이하	1.5 이하	1.50 이하	0.040 이하	0.030 이하	8.00 ~12.00	18.00 ~21.00	–	–	Nb 8×C 이상 1.00 이하
SSC 22	0.08 이하	2.00 이하	2.00 이하	0.040 이하	0.040 이하	10.00 ~14.00	17.00 ~20.00	2.00 ~3.00	–	Nb 10×C% 이상 1.35 이하
SSC 23	0.07 이하	2.00 이하	2.00 이하	0.040 이하	0.040 이하	27.50 ~30.00	19.00 ~22.00	2.00 ~3.00	3.00~4.00	–
SSC 24	0.07 이하	1.00 이하	1.00 이하	0.040 이하	0.040 이하	3.00~5.00	15.50 ~17.50	–	2.50~4.00	Nb 0.15~0.45
SSC 31	0.06 이하	0.80 이하	0.80 이하	0.035 이하	0.025 이하	4.00 ~6.00	15.00 ~17.00	0.70 ~1.50	–	–
SSC 32	0.03 이하	1.00 이하	1.50 이하	0.035 이하	0.025 이하	4.50 ~6.50	25.00 ~27.00	2.50 ~3.50	2.50~3.50	N0.12~0.25
SSC 33	0.03 이하	1.00 이하	1.50 이하	0.035 이하	0.025 이하	4.50~6.50	25.00 ~27.00	2.50 ~3.50	–	N0.12~0.25
SSC 34	0.07 이하	1.50 이하	1.50 이하	0.040 이하	0.030 이하	9.00 ~12.00	17.00 ~20.00	3.00 ~3.50	–	–
SSC 35	0.035 이하	1.00 이하	2.00 이하	0.035 이하	0.020 이하	20.00~22.00	22.00 ~24.00	6.00 ~6.80	0.40 이하	N0.21~0.32
SSC 40	0.03 이하	1.00 이하	1.50~3.00	0.035 이하	0.020 이하	6.00 ~8.00	26.00 ~28.00	2.00 ~3.50	3.00 이하	N 0.30~0.40 W 3.00~1.00 REM 0.0005~0.6[e] Bd 0.0001~0.6 B0.1 이하

[비고]

[a] Ni은 0.01% 이하 첨가할 수 있다.

[b] 필요에 따라 표기 이외의 합금 원소를 첨가하여도 좋다.

[c] SSC13, SSC13A, SSC14 및 SSC14A에 있어서 저온으로 사용할 경우, Cr의 상한을 23.00%로 하여도 좋다.

[d] SSC1, SSC1X, SSC2 및 SSC2A는 Mo 0.50% 이하를 함유하여도 좋다.

[e] REM(Rare Earth Metals) : Ce 또는 Ld 또는 Nd 또는 Pr 중 1개 이상으로 첨가한다.

기계적 성질 및 열처리

종류의 기호	기호	열처리 조건 (℃) 퀜칭	열처리 조건 (℃) 템퍼링	고용화 열처리	항복강도 N/mm²	인장강도 N/mm²	연신율 %	단면수축률 %	경도 HB	샤르피 흡수 에너지 J
SSC 1	T1	950 이상 유랭 또는 공랭	680~740 공랭 또는 서랭	-	345 이상	540 이상	18 이상	40 이상	163~229	-
SSC 1	T2	950 이상 유랭 또는 공랭	590~700 공랭 또는 서랭	-	450 이상	620 이상	16 이상	30 이상	179~241	-
SSC 1X	-	950~1050 유랭	650~750 공랭	-	450 이상	620 이상	14 이상	- 이상	-	20 이상
SSC 2	T	950 이상 유랭 또는 공랭	680~740 공랭 또는 서랭	-	390 이상	590 이상	16 이상	35 이상	170~235	-
SSC 2A	T	950 이상 유랭 또는 공랭	600 이상 공랭 또는 서랭	-	485 이상	690 이상	15 이상	25 이상	269 이하	-
SSC 3	T	900 이상 유랭 또는 공랭	650~740 공랭 또는 서랭	-	440 이상	590 이상	16 이상	40 이상	170~235	-
SSC 3X	-	1000~1050 공랭	620~720 공랭 또는 서랭	-	440 이상	590 이상	15 이상	-	-	27 이상
SSC 4	T	900 이상 유랭 또는 공랭	650~740 공랭 또는 서랭	-	490 이상	640 이상	13 이상	40 이상	192~255	-
SSC 5	T	900 이상 유랭 또는 공랭	600~700 공랭 또는 서랭	-	540 이상	740 이상	13 이상	40 이상	217~277	-
SSC 6	T	950 이상 공랭	570~620 공랭 또는 서랭	-	550 이상	750 이상	15 이상	35 이상	285 이하	-
SSC 6X	QT1	1000~1100 공랭	570~620 공랭 또는 서랭	-	550 이상	750 이상	15 이상	-	-	45 이상
SSC 6X	QT2	1000~1100 공랭	500~530 공랭 또는 서랭	-	830 이상	900 이상	12 이상	-	-	35 이상
SSC 10	S	-	-	1050~1150 급랭	390 이상	620 이상	15 이상	-	302 이하	-
SSC 11	S	-	-	1030~1150 급랭	345 이상	590 이상	13 이상	-	241 이하	-
SSC 12	S	-	-	1030~1150 급랭	205 이상	480 이상	28 이상	-	183 이하	-
SSC 13	S	-	-	1030~1150 급랭	185 이상	440 이상	30 이상	-	183 이하	-

종류의 기호	기호	열처리 조건 (℃)			항복강도 N/mm²	인장강도 N/mm²	연신율 %	단면수축률 %	경도 HB	샤르피 흡수 에너지 J
		퀜칭	템퍼링	고용화 열처리						
SSC 13A	S	-	-	1030~1150 급랭	205 이상	480 이상	33 이상	-	183 이하	-
SSC 13X	-	-	-	1050 이상 급랭	180 이상	440 이상	30 이상	-	-	60 이상
SSC 14	S	-	-	1030~1150 급랭	185 이상	440 이상	28 이상	-	183 이하	-
SSC 14A	S	-	-	1030~1150 급랭	205 이상	480 이상	33 이상	-	183 이하	-
SSC 14X	-	-	-	1080 이상 급랭	180 이상	440 이상	30 이상	-	-	60 이상
SSC 14XNb	-	-	-	1080 이상 급랭	180 이상	440 이상	25 이상	-	-	40 이상
SSC 15	S	-	-	1030~1150 급랭	185 이상	440 이상	28 이상	-	183 이하	-
SSC 16	S	-	-	1030~1150 급랭	175 이상	390 이상	33 이상	-	183 이하	-
SSC 16A	S	-	-	1030~1150 급랭	205 이상	480 이상	33 이상	-	183 이하	-
SSC 16AX	-	-	-	1080 이상 급랭	180 이상	440 이상	30 이상	-	-	80 이상
SSC 16AX	-	-	-	1080 이상 급랭	230 이상	510 이상	30 이상	-	-	80 이상(10)
SSC 17	S	-	-	1050~1160 급랭	205 이상	480 이상	28 이상	-	183 이하	-
SSC 18	S	-	-	1070~1180	195 이상	450 이상	28 이상	-	183 이하	-
SSC 19	S	-	-	1030~1150 급랭	185 이상	390 이상	33 이상	-	183 이하	-
SSC 19A	S	-	-	1030~1150 급랭	205 이상	480 이상	33 이상	-	183 이하	-
SSC 20	S	-	-	1030~1150 급랭	175 이상	390 이상	33 이상	-	183 이하	-

종류의 기호	열처리 조건 (℃)				항복 강도 N/mm²	인장 강도 N/mm²	연신율 %	단면 수축률 %	경도 HB	샤르피 흡수 에너지 J
	기호	퀜칭	템퍼링	고용화 열처리						
SSC 21	S	-	-	1030~1150 급랭	205 이상	480 이상	28 이상	-	183 이하	-
SSC 21X	-	-	-	1050 이상 급랭	180 이상	440 이상	25 이상	-	-	40 이상
SSC 22	S	-	-	1030~1150 급랭	250 이상	440 이상	28 이상	-	183 이하	-
SSC 23	S	-	-	1070~1180 급랭	165 이상	390 이상	30 이상	-	183 이하	-
SSC 31	-	1020~1070 공랭	580~630 공랭 또는 서랭	-	540 이상	760 이상	15 이상	-	-	60 이상
SSC 32	-	-	-	1120 이상 급랭	450 이상	650 이상	18 이상	-	-	50 이상
SSC 33	-	-	-	1120 이상 급랭	450 이상	650 이상	18 이상	-	-	50 이상
SSC 34	-	-	-	1120 이상 급랭	180 이상	440 이상	30 이상	-	-	60 이상
SSC 35	S	-	-	1150~1200 급랭	280 이상	570 이상	35 이상	-	250 이하	-
SSC 40	S	-	-		520 이상	700 이상	20 이상	-	330 이하	-

SSC24의 기계적 성질 및 열처리

종류의 기호	열처리 조건			항복 강도 N/mm²	인장 강도 N/mm²	연신율 %	경도 HB
	기호	고용화 열처리 (℃)	시효 처리 (℃)				
SSC 24	H 900	1020~1080 급랭	475~525×90분 공랭	1030 이상	1240 이상	6 이상	375 이상
	H 1025	1020~1080 급랭	535~585×4시간 공랭	885 이상	980 이상	9 이상	311 이상
	H 1075	1020~1080 급랭	565~615×4시간 공랭	785 이상	960 이상	9 이상	277 이상
	H 1150	1020~1080 급랭	605~655×4시간 공랭	665 이상	850 이상	10 이상	269 이상

5. 고망강간 주강품 KS D 4104

종류의 기호

종류의 기호	적 용
SCMnH 1	일반용(보통품)
SCMnH 2	일반용(고급품, 비자성품)
SCMnH 3	주로 레일 크로싱용
SCMnH 11	고내력 고내마모용(해머, 조 플레이트 등)
SCMnH 21	주로 무한궤도용

화학 성분

- 단위 : %

종류의 기호	C	Si	Mn	P	S	Cr	V
SCMnH 1	0.90~1.30	-	11.00~14.00	0.100 이하	0.050 이하	-	-
SCMnH 2	0.90~1.20	0.80 이하	11.00~14.00	0.070 이하	0.040 이하	-	-
SCMnH 3	0.90~1.20	0.30~0.80	11.00~14.00	0.050 이하	0.035 이하	-	-
SCMnH 11	0.90~1.30	0.80 이하	11.00~14.00	0.070 이하	0.040 이하	1.50~2.50	-
SCMnH 21	1.00~1.35	0.80 이하	11.00~14.00	0.070 이하	0.040 이하	2.00~3.00	0.40~0.70

기계적 성질

종류의 기호	물강인화 처리 온도 ℃	내구력 N/mm^2	인장강도 N/mm^2	연신율 (%)
SCMnH 1	약 1000	-	-	-
SCMnH 2	약 1000	-	740 이상	35 이상
SCMnH 3	약 1050	-	740 이상	35 이상
SCMnH 11	약 1050	390 이상	740 이상	20 이상
SCMnH 21	약 1050	440 이상	740 이상	10 이상

6. 내열강 주강품 KS D 4105

종류의 기호

종류의 기호	유사강종 (참고)	비고
HRSC 1	–	
HRSC 2	ASTM HC, ACI HC	
HRSC 3	–	
HRSC 11	ASTM HD, ACI HD	
HRSC 12	ASTM HF, ACI HF	
HRSC 13	ASTM HH, ACI HH	
HRSC 13 A	ASTM HH Type II	원심력 주강관에는 위표의 기호 끝에 이것을 표시하는 기호 -CF를 붙인다.
HRSC 15	ASTM HT, ACI HT	보기 : HRSC 1-CF
HRSC 16	ASTM HT 30	
HRSC 17	ASTM HE, ACI HE	
HRSC 18	ASTM HI, ACI HI	
HRSC 19	ASTM HN, ACI HN	
HRSC 20	ASTM HU, ACI HU	
HRSC 21	ASTM HK30, ACI HK 30	
HRSC 22	ASTM HK40, ACI HK 40	
HRSC 23	ASTM HL, ACI HL	
HRSC 24	ASTM HP, ACI HP	

화학 성분

종류의 기호	C	Si	Mn	P	S	Ni	Cr
HRSC 1	0.20~0.40	1.50~3.00	1.00 이하	0.040 이하	0.040 이하	1.00 이하	12.00~15.00
HRSC 2	0.40 이하	2.00 이하	1.00 이하	0.040 이하	0.040 이하	1.00 이하	25.00~28.00
HRSC 3	0.40 이하	2.00 이하	1.00 이하	0.040 이하	0.040 이하	1.00 이하	12.00~15.00
HRSC 11	0.40 이하	2.00 이하	1.00 이하	0.040 이하	0.040 이하	4.00~6.00	24.00~28.00
HRSC 12	0.20~0.40	2.00 이하	2.00 이하	0.040 이하	0.040 이하	8.00~12.00	18.00~23.00
HRSC 13	0.20~0.50	2.00 이하	2.00 이하	0.040 이하	0.040 이하	11.00~14.00	24.00~28.00
HRSC 13 A	0.25~0.50	1.75 이하	2.50 이하	0.040 이하	0.040 이하	12.00~14.00	23.00~26.00
HRSC 15	0.35~0.70	2.50 이하	2.00 이하	0.040 이하	0.040 이하	33.00~37.00	15.00~19.00
HRSC 16	0.20~0.35	2.50 이하	2.00 이하	0.040 이하	0.040 이하	33.00~37.00	13.00~17.00
HRSC 17	0.20~0.50	2.00 이하	2.00 이하	0.040 이하	0.040 이하	8.00~11.00	26.00~30.00
HRSC 18	0.20~0.50	2.00 이하	2.00 이하	0.040 이하	0.040 이하	14.00~18.00	26.00~30.00
HRSC 19	0.20~0.50	2.00 이하	2.00 이하	0.040 이하	0.040 이하	23.00~27.00	19.00~23.00
HRSC 20	0.35~0.75	2.50 이하	2.00 이하	0.040 이하	0.040 이하	37.00~41.00	17.00~21.00
HRSC 21	0.25~0.35	1.75 이하	1.50 이하	0.040 이하	0.040 이하	19.00~22.00	23.00~27.00
HRSC 22	0.35~0.45	1.75 이하	1.50 이하	0.040 이하	0.040 이하	19.00~22.00	23.00~27.00
HRSC 23	0.20~0.60	2.00 이하	2.00 이하	0.040 이하	0.040 이하	18.00~22.00	28.00~32.00
HRSC 24	0.35~0.75	2.00 이하	2.00 이하	0.040 이하	0.040 이하	38.00~37.00	24.00~28.00

기계적 성질 및 열처리

종류의 기호	열처리 조건 °C 어닐링	내구력 N/mm²	인장강도 N/mm²	연신율 %
HRSC 1	800~900 서랭	–	490 이상	–
HRSC 2	800~900 서랭	–	340 이상	–
HRSC 3	800~900 서랭	–	490 이상	–
HRSC 11	–	–	590 이상	–
HRSC 12	–	235 이상	490 이상	23 이상
HRSC 13	–	235 이상	490 이상	8 이상
HRSC 13 A	–	235 이상	490 이상	8 이상
HRSC 15	–	–	440 이상	4 이상
HRSC 16	–	195 이상	440 이상	13 이상
HRSC 17	–	275 이상	540 이상	5 이상
HRSC 18	–	235 이상	490 이상	8 이상
HRSC 19	–	–	390 이상	5 이상
HRSC 20	–	–	390 이상	4 이상
HRSC 21	–	235 이상	440 이상	8 이상
HRSC 22	–	235 이상	440 이상	8 이상
HRSC 23	–	245 이상	450 이상	8 이상
HRSC 24	–	235 이상	440 이상	5 이상

7. 용접 구조용 주강품 KS D 4106

종류 및 기호

종류 및 기호	구 기호 (참고)
SCW 410	SCW 42
SCW 450	–
SCW 480	SCW 49
SCW 550	SCW 56
SCW 620	SCW 63

$$탄소\ 당량(\%) = C + \frac{Mn}{6} + \frac{Si}{24} + \frac{Ni}{40} + \frac{Cr}{5} + \frac{Mo}{.4} + \frac{V}{14}$$

화학 성분 및 탄소당량

– 단위 : %

종류 및 기호	C	Si	Mn	P	S	Ni	Cr	Mo	V	탄소당량
SCW 410	0.22 이하	0.80 이하	1.50 이하	0.040 이하	0.040 이하	–	–	–	–	0.40 이하
SCW 450	0.22 이하	0.80 이하	1.50 이하	0.040 이하	0.040 이하	–	–	–	–	0.43 이하
SCW 480	0.22 이하	0.80 이하	1.50 이하	0.040 이하	0.040 이하	0.50 이하	0.50 이하	–	–	0.45 이하
SCW 550	0.22 이하	0.80 이하	1.50 이하	0.040 이하	0.040 이하	2.50 이하	0.50 이하	0.30 이하	0.20 이하	0.48 이하
SCW 620	0.22 이하	0.80 이하	1.50 이하	0.040 이하	0.040 이하	2.50 이하	0.50 이하	0.30 이하	0.20 이하	0.50 이하

기계적 성질

종류 및 기호	항복점 또는 항복 강도 N/mm²	인장 강도 N/mm²	연신율 %	샤르피 흡수에너지	
				충격 시험 온도 ℃	V노치 시험편 3개의 평균치
SCW 410	235 이상	410 이상	21 이상	0	27 이상
SCW 450	255 이상	450 이상	20 이상	0	27 이상
SCW 480	275 이상	480 이상	20 이상	0	27 이상
SCW 550	355 이상	550 이상	18 이상	0	27 이상
SCW 620	430 이상	620 이상	17 이상	0	27 이상

8. 고온 고압용 주강품 KS D 4107

종류의 기호

종류의 기호	강종
SCPH 1	탄소강
SCPH 2	탄소강
SCPH 11	0.5% 몰리브데넘강
SCPH 21	1% 크로뮴-0.5% 몰리브데넘강
SCPH 22	1% 크로뮴-1% 몰리브데넘강
SCPH 23	1% 크로뮴-1% 몰리브데넘-0.2% 바나듐강
SCPH 32	2.5% 크로뮴-1% 몰리브데넘강
SCPH 61	5% 크로뮴-0.5% 몰리브데넘강

화학 성분

- 단위 : %

종류의 기호	C	Si	Mn	P	S	Cr	Mo	V
SCPH 1	0.25 이하	0.60 이하	0.70 이하	0.040 이하	0.040 이하	-	-	-
SCPH 2	0.30 이하	0.60 이하	1.00 이하	0.040 이하	0.040 이하	-	-	-
SCPH 11	0.25 이하	0.60 이하	0.50~0.80	0.040 이하	0.040 이하	-	0.45~0.65	-
SCPH 21	0.20 이하	0.60 이하	0.50~0.80	0.040 이하	0.040 이하	1.00~1.50	0.45~0.65	-
SCPH 22	0.25 이하	0.60 이하	0.50~0.80	0.040 이하	0.040 이하	1.00~1.50	0.90~1.20	-
SCPH 23	0.20 이하	0.60 이하	0.50~0.80	0.040 이하	0.040 이하	1.00~1.50	0.90~1.20	0.15~0.20
SCPH 32	0.20 이하	0.60 이하	0.50~0.80	0.040 이하	0.040 이하	2.00~2.75	0.90~1.20	-
SCPH 61	0.20 이하	0.75 이하	0.50~0.80	0.040 이하	0.040 이하	4.00~6.50	0.45~0.65	-

불순물의 화학 성분 - 단위 : %

종류의 기호	Cu	Mi	Cr	Mo	W	합계량
SCPH 1	0.50 이하	0.50 이하	0.25 이하	0.25 이하	-	1.00 이하
SCPH 2	0.50 이하	0.50 이하	0.25 이하	0.25 이하	-	1.00 이하
SCPH 11	0.50 이하	0.50 이하	0.35 이하	-	0.10 이하	1.00 이하
SCPH 21	0.50 이하	0.50 이하	-	-	0.10 이하	1.00 이하
SCPH 22	0.50 이하	0.50 이하	-	-	0.10 이하	1.00 이하
SCPH 23	0.50 이하	0.50 이하	-	-	0.10 이하	1.00 이하
SCPH 32	0.50 이하	0.50 이하	-	-	0.10 이하	1.00 이하
SCPH 61	0.50 이하	0.50 이하	-	-	0.10 이하	1.00 이하

기계적 성질

종류의 기호	항복점 또는 항복 강도 N/mm²	인장 강도 N/mm²	연신율 (%)	단면 수축률
SCPH 1	205 이상	410 이상	21 이상	35 이상
SCPH 2	245 이상	480 이상	19 이상	35 이상
SCPH 11	245 이상	450 이상	22 이상	35 이상
SCPH 21	275 이상	480 이상	17 이상	35 이상
SCPH 22	345 이상	550 이상	16 이상	35 이상
SCPH 23	345 이상	550 이상	13 이상	35 이상
SCPH 32	275 이상	480 이상	17 이상	35 이상
SCPH 61	410 이상	620 이상	17 이상	35 이상

9. 용접 구조용 원심력 주강관 KS D 4108

탄소 당량(%) = $C + \dfrac{Mn}{6} + \dfrac{Si}{24} + \dfrac{Ni}{40} + \dfrac{Cr}{5} + \dfrac{Mo}{4} + \dfrac{V}{14}$

종류의 기호 및 화학 성분 - 단위 : %

종류의 기호	C	Si	Mn	P	S	Ni	Cr	Mo	V	탄소당량
SCW 410-CF	0.22 이하	0.80 이하	1.50 이하	0.040 이하	0.040 이하	-	-	-	-	0.40 이하
SCW 480-CF	0.22 이하	0.80 이하	1.50 이하	0.040 이하	0.040 이하	-	-	-	-	0.43 이하
SCW 490-CF	0.20 이하	0.80 이하	1.50 이하	0.040 이하	0.040 이하	-	-	-	-	0.44 이하
SCW 520-CF	0.20 이하	0.80 이하	1.50 이하	0.040 이하	0.040 이하	0.50 이하	0.50 이하	-	-	0.45 이하
SCW 570-CF	0.20 이하	1.00 이하	1.50 이하	0.040 이하	0.040 이하	2.50 이하	0.50 이하	0.50 이하	0.20 이하	0.48 이하

기계적 성질

종류의 기호	항복점 또는 내력 N/mm² kgf/mm²	인장 강도 N/mm² kgf/mm²	연신율 %	충격 시험온도 ℃	샤르피 흡수 에너지 J		
					4호 시험편 3개의 평균치	4호 시험편 (나비 7.5mm) 3개의 평균치	4호 시험편 (나비 5.5mm) 3개의 평균치
SCW 410-CF	235 24 이상	410 42 이상	21 이상	0	27 이상	24 이상	20 이상
SCW 480-CF	275 28 이상	480 49 이상	20 이상	0	27 이상	24 이상	20 이상
SCW 490-CF	315 32 이상	490 50 이상	20 이상	0	27 이상	24 이상	20 이상
SCW 520-CF	355 36 이상	520 53 이상	18 이상	0	27 이상	24 이상	20 이상
SCW 570-CF	430 44 이상	570 58 이상	17 이상	0	27 이상	24 이상	20 이상

10. 저온 고압용 주강품 KS D 4111

종류의 기호

종류의 기호	구 분	비 고
SCPL 1	탄소강(보통품)	원심력 주강관에는 위 표의 기호의 끝에 이것을 표시하는 기호 -CF를 표시한다. 보기 SCPL 1-CF
SCPL 11	0.5% 몰리브데넘강	
SCPL 21	2.5% 니켈강	
SCPL 31	3.5% 니켈강	

화학 성분 - 단위 : %

종류의 기호	C	Si	Mn	P	S	Ni	Mo
SCPL 1	0.30 이하	0.60 이하	1.00 이하	0.040 이하	0.040 이하	-	-
SCPL 11	0.25 이하	0.60 이하	0.50~0.80	0.040 이하	0.040 이하	-	0.45~0.65
SCPL 21	0.25 이하	0.60 이하	0.50~0.80	0.040 이하	0.040 이하	2.00~3.00	-
SCPL 31	0.15 이하	0.60 이하	0.50~0.80	0.040 이하	0.040 이하	3.00~4.00	-

불순물의 화학 성분 - 단위 : %

종류의 기호	Cu	Ni	Cr	합 계 량
SCPL 1	0.50 이하	0.50 이하	0.25 이하	1.00 이하
SCPL 11	0.50 이하	-	0.35 이하	-
SCPL 21	0.50 이하	-	0.35 이하	-
SCPL 31	0.50 이하	-	0.35 이하	-

기계적 성질

종류의 기호	항복점 또는 내구력 N/mm²	인장강도 N/mm²	연신율 %	단면 단면 수축률 %	충격 시험 온도 ℃	샤르피 흡수 에너지 J					
						4호 시험편 3개의 평균치	개별의 값	4호 시험편 (나비 7.5mm) 3개의 평균치	개별의 값	4호 시험편 (나비 5mm) 3개의 평균치	개별의 값
SCPL 1	245 이상	450 이상	21 이상	35 이상	-45	18 이상	14 이상	15 이상	12 이상	12 이상	8 이상
SCPL 11	245 이상	450 이상	21 이상	35 이상	-60	18 이상	14 이상	15 이상	12 이상	12 이상	9 이상
SCPL 21	275 이상	480 이상	21 이상	35 이상	-75	21 이상	17 이상	18 이상	14 이상	14 이상	11 이상
SCPL 31	275 이상	480 이상	21 이상	35 이상	-100	21 이상	17 이상	18 이상	14 이상	14 이상	11 이상

11. 고온 고압용 원심력 주강관 KS D 4112

종류의 기호

종류의 기호	비 고
SCPH 1-CF	탄소강
SCPH 2-CF	탄소강
SCPH 11-CF	0.5% 몰리브데넘강
SCPH 21-CF	1% 크로뮴 0.5% 몰리브데넘강
SCPH 32-CF	2% 크로뮴 1% 몰리브데넘강

화학 성분

- 단위 : %

종류의 기호	C	Si	Mn	P	S	Cr	Mo
SCPH 1-CF	0.22 이하	0.60 이하	1.10 이하	0.040 이하	0.040 이하	-	-
SCPH 2-CF	0.30 이하	0.60 이하	1.10 이하	0.040 이하	0.040 이하	-	-
SCPH 11-CF	0.20 이하	0.60 이하	0.30~0.60	0.035 이하	0.035 이하	-	0.45~0.65
SCPH 21-CF	0.15 이하	0.60 이하	0.30~0.60	0.030 이하	0.030 이하	1.00~1.50	0.45~0.65
SCPH 32-CF	0.15 이하	0.60 이하	0.30~0.60	0.030 이하	0.030 이하	1.90~2.60	0.90~1.20

불순물의 화학 성분

- 단위 : %

종류의 기호	Cu	Ni	Cr	Mo	W	합계량
SCPH 1-CF	0.50 이하	0.50 이하	0.25 이하	0.25 이하	-	1.00 이하
SCPH 2-CF	0.50 이하	0.50 이하	0.25 이하	0.25 이하	-	1.00 이하
SCPH 11-CF	0.50 이하	0.50 이하	0.35 이하	-	0.10 이하	1.00 이하
SCPH 21-CF	0.50 이하	0.50 이하	-	-	0.10 이하	1.00 이하
SCPH 32-CF	0.50 이하	0.50 이하	-	-	0.10 이하	1.00 이하

기계적 성질

종류의 기호	항복점 또는 내구력 N/mm^2	인장 강도 N/mm^2	연신율 (%)
SCPH 1-CF	245 이상	410 이상	21 이상
SCPH 2-CF	275 이상	480 이상	19 이상
SCPH 11-CF	205 이상	380 이상	19 이상
SCPH 21-CF	205 이상	410 이상	19 이상
SCPH 32-CF	205 이상	410 이상	19 이상

12. 도로 교량용 주강품 KS D 4118

종류의 기호

종 류	기 호	열처리
1종	SCHB 1	노멀라이징 또는 노멀라이징과 템퍼링 또는 퀜칭과 템퍼링
2종	SCHB 2	노멀라이징 또는 노멀라이징과 템퍼링 또는 퀜칭과 템퍼링
3종	SCHB 3	퀜칭과 템퍼링

최저 예열 온도

구 분	두께 mm	최저 예열 온도 (℃)
1종	25.4 이하	10
2종	25.4 이상	79
	전부	121
3종	전부	149

화학 성분

구 분	화학 성분 %				
	C	Si	Mn	P	S
1종	0.35 이하	0.80 이하	0.90 이하	0.05 이하	0.05 이하
2종	0.35 이하	-	-	0.05 이하	0.05 이하
3종	0.35 이하	-	-	0.05 이하	0.05 이하

기계적 성질

구 분	인장 강도 kgf/mm²(MPa)	항복점 kgf/mm²(MPa)	연신율 (%) (50.8 mm 에서의 표적 거리)	단면 수축율 (%)	샤르피 V 노치 충격 21℃ kg·m	비 고
1종	50 이상 (491 이상)	26 이상 (255 이상)	22 이상	30 이상	3.5 이상	용접이 가능한 탄소강
2종	64 이상 (628 이상)	43 이상 (422 이상)	20 이상	40 이상	3.5 이상	주의깊게 조절한 조건하에서 용접이 가능한 저합금 주강
3종	85 이상 (834 이상)	67 이상 (657 이상)	14 이상	30 이상	4.149 이상	주의깊게 조절한 조건하에서 용접이 가능한 합금 주강

저온에서의 충격치

샤르피 V 노치 충격	1 종	2 종	3 종
- 17.8℃ kg·m	2.1 이상	2.1 이상	3.5 이상
- 46℃ kg·m	-	2.1 이상	2.1 이상

13. 일반용 내부식성 주강품 KS D ISO 11972

화학적 조성

강 등급	화학적 조성 %(m/m)								
	C	Si	Mn	P	S	Cr	Mo	Ni	기타
GX 12 Cr 12	0.15	0.8	0.8	0.035	0.025	11.5 13.5	0.5	1.0	-
GX 8 CrNiMo 12 1	0.10	0.8	0.8	0.035	0.025	11.5 13.5	0.2 0.5	0.8 1.8	-
GX 4 CrNi 12 4 (QT1) GX 4 CrNi 12 4 (QT2)	0.06	1.0	1.5	0.035	0.025	11.5 13.5	1.0	3.5 5.0	-
GX 4 CrNiMo 16 5 1	0.06	0.8	0.8	0.035	0.025	15.0 17.0	-	4.0 6.0	-
GX 2 CrNi 18 10	0.03	1.5	1.5	0.040	0.030	17.0 19.0	-	9.0 12.0	-
GX 2 CrNiN 18 10	0.03	1.5	1.5	0.040	0.030	17.0 19.0	-	9.0 12.0	0.10%N~0.20%N
GX 5 CrNi 19 9	0.07	1.5	1.5	0.040	0.030	18.0 21.0	-	8.0 11.0	-
GX 6 CrNiNb 19 10	0.08	1.5	1.5	0.040	0.030	18.0 21.0	-	9.0 12.0	8×%C≤Nb≤1.00
GX 2 CrNiMo 19 11 2	0.03	1.5	1.5	0.040	0.030	17.0 20.0	2.0 2.5	9.0 12.0	-
GX 2 CrNiMoN 19 11 2	0.03	1.5	1.5	0.040	0.030	17.0 20.0	2.0 2.5	9.0 12.0	0.10%N~0.20%N
GX 5 CrNiMo 19 11 2	0.07	1.5	1.5	0.040	0.030	17.0 20.0	2.0 2.5	9.0 12.0	-
GX6 CrNiMoNb 19 11 2	0.08	1.5	1.5	0.040	0.030	17.0 20.0	2.0 2.5	9.0 12.0	8×%C≤Nb≤1.00
GX 2 CrNiMo 19 11 3	0.03	1.5	1.5	0.040	0.030	17.0 20.0	3.0 3.5	9.0 12.0	-
GX 2 CrNiMoN 19 11 3	0.03	1.5	1.5	0.040	0.030	17.0 20.0	3.0 3.5	9.0 12.0	0.10%N~0.20%N
GX5 CrNiMo 19 11 3	0.07	1.5	1.5	0.040	0.030	17.0 20.0	3.0 3.5	9.0 12.0	-
GX 2 CrNiCuMoN 26 5 3 3	0.03	1.0	1.5	0.035	0.025	25.0 27.0	2.5 3.5	4.5 6.5	2.5%Cu~3.5%Cu 0.12%N~0.25%N
GX 2 CrNiMoN 26 5 3	0.03	1.0	1.5	0.035	0.025	25.0 27.0	2.5 3.5	4.5 6.5	0.12%N~0.25%N

[비고] 표에서 단일값은 최대 한계값을 나타낸다.

14. 오스테나이트계 망가니즈 주강품 KS D ISO 13521

화학적 조성

강 등급	화학적 조성 %(m/m)							
	C	Si	Mn	P 최대	S 최대	Cr	Mo	Ni
GX 120 MnMo7-1	1.05 1.35	0.3 0.9	6 8	0.060	0.045	-	0.9 1.2	-
GX 110 MnMo13-1	0.75 1.35	0.3 0.9	11 14	0.060	0.045	-	0.9 1.2	-
GX 100 Mn 13[1]	0.90 1.05	0.3 0.9	11 14	0.060	0.045	-	-	-
GX 120 Mn 13[1]	1.05 1.35	0.3 0.9	11 14	0.060	0.045	-	-	-
GX 120 MnCr13-2	1.05 1.35	0.3 0.9	11 14	0.060	0.045	1.5 2.5	-	-
GX 120 MnNi13-3	1.05 1.35	0.3 0.9	11 14	0.060	0.045	-	-	3 4
GX 120 Mn17[1]	1.05 1.35	0.3 0.9	16 19	0.060	0.045	-	-	-
GX 90 MnMo14	0.70 1.00	0.3 0.6	13 15	0.070	0.045	-	1.0 1.8	-
GX 120 MnCr17-2	1.05 1.35	0.3 0.9	16 19	0.060	0.045	1.5 2.5	-	-

주 [1] 이 등급들은 때때로 비자성체에 이용된다.

[열처리]

등급 GX90MnMo14 주물 두께가 45mm 미만이고, 탄소 함량이 0.8% 미만의 경우에는 열처리 없이 공급될 수 있다.

두께가 45mm 이상이고 탄소 함량이 0.8% 이상의 GX90MnMo14 및 모든 다른 등급품은 1040℃ 이상 온도에서 용체화 처리하고 수랭시켜야 한다.

4. 주철품의 KS 규격

1 회 주철품 KS D 4301

종류의 기호

종류의 기호	JIS 기호
GC100	FC100
GC150	FC150
GC200	FC200
GC250	FC250
GC300	FC300
GC350	FC350

별도 주입한 공시재의 기계적 성질

종류 및 기호	인장 강도 N/mm²	경도 (HB)
GC100	100 이상	201 이하
GC150	150 이상	212 이하
GC200	200 이상	223 이하
GC250	250 이상	241 이하
GC300	300 이상	262 이하
GC350	350 이상	277 이하

본체 붙임 공시재의 기계적 성질

종류 및 기호	주철품의 두께 (mm)	인장 강도 N/mm²
GC100	-	-
GC150	20 이상 40 미만	120 이상
GC150	40 이상 80 미만	110 이상
GC150	80 이상 150 미만	100 이상
GC150	150 이상 300 미만	90 이상
GC200	20 이상 40 미만	170 이상
GC200	40 이상 80 미만	150 이상
GC200	80 이상 150 미만	140 이상
GC200	150 이상 300 미만	130 이상
GC250	20 이상 40 미만	210 이상
GC250	40 이상 80 미만	190 이상
GC250	80 이상 150 미만	170 이상
GC250	150 이상 300 미만	160 이상
GC300	20 이상 40 미만	250 이상
GC300	40 이상 80 미만	220 이상
GC300	80 이상 150 미만	210 이상
GC300	150 이상 300 미만	190 이상
GC350	20 이상 40 미만	290 이상
GC350	40 이상 80 미만	260 이상
GC350	80 이상 150 미만	230 이상
GC350	150 이상 300 미만	210 이상

실제 강도용 공시재의 기계적 성질

종류 및 기호	주철품의 두께 (mm)	인장 강도 N/mm^2
GC100	2.5 이상 10 미만	120 이상
	10 이상 20 미만	90 이상
GC150	2.5 이상 10 미만	155 이상
	10 이상 20 미만	130 이상
	20 이상 40 미만	110 이상
	40 이상 80 미만	95 이상
	80 이상 150 미만	80 이상
GC200	2.5 이상 10 미만	205 이상
	10 이상 20 미만	180 이상
	20 이상 40 미만	155 이상
	40 이상 80 미만	130 이상
	80 이상 150 미만	115 이상
GC250	4.0 이상 10 미만	250 이상
	10 이상 20 미만	225 이상
	20 이상 40 미만	195 이상
	40 이상 80 미만	170 이상
	80 이상 150 미만	155 이상
GC300	10 이상 20 미만	270 이상
	20 이상 40 미만	240 이상
	40 이상 80 미만	210 이상
	80 이상 150 미만	195 이상
GC350	10 이상 20 미만	315 이상
	20 이상 40 미만	280 이상
	40 이상 80 미만	250 이상
	80 이상 150 미만	225 이상

2 구상 흑연 주철품 KS D 4302

종류의 기호

별도 주입 공시재에 의한 경우	본체 부착 공시재에 의한 경우	비 고
GCD 350-22	GCD 400-18A	
GCD 350-22L	GCD 400-18L	
GCD 400-18	GCD 400-15A	
GCD 400-18L	GCD 500-7A	종류의 기호에 붙인 문자 L은 저온 충격값이 규정된 것임을 나타낸다.
GCD 400-15	GCD 600-3A	종류의 기호에 붙인 문자 A는 본체 부착 공시재에 의한 것임을 나타낸다.
GCD 450-10	-	
GCD 500-7	-	
GCD 600-3	-	
GCD 700-2	-	
GCD 800-2	-	

화학 성분

- 단위 : %

종류의 기호	C	Si	Mn	P	S	Mg
GCD 350-22	2.5 이상	2.7 이하	0.4 이하	0.08 이하	0.02 이하	0.09 이하
GCD 350-22L						
GCD 400-18						
GCD 400-18L						
GCD 400-18A						
GCD 400-18AL						
GCD 400-15		-	-	-		
GCD 400-15A						
GCD 450-10						
GCD 500-7						
GCD 500-7A						
GCD 600-3						
GCD 600-3A						
GCD 700-2						
GCD 800-2						

별도 주입 공시재의 기계적 성질

종류의 기호	인장 강도 N/mm²	항복 강도 N/mm²	연신율 %	샤르피 흡수 에너지			(참 고)	
				시험 온도 ℃	3개의 평균값 J	개개의 값 J	경 도 HB	기지 조직
GCD 350-22	350 이상	220 이상	22 이상	23±5	17 이상	14 이상	150 이하	페라이트
GCD 350-22L				-40±2	12 이상	9 이상		
GCD 400-18	400 이상	250 이상	18 이상	23±5	14 이상	11 이상	130~180	
GCD 400-18L	400 이상	250 이상	18 이상	-20±2	12 이상	9 이상		
GCD 400-15	400 이상	250 이상	15 이상	-	-	-		
GCD 450-10	450 이상	280 이상	10 이상	-	-	-	140~210	
GCD 500-7	500 이상	320 이상	7 이상	-	-	-	150~230	페라이트+펄라이트
GCD 600-3	600 이상	370 이상	3 이상	-	-	-	170~270	펄라이트+페라이트
GCD 700-2	700 이상	420 이상	2 이상	-	-	-	180~300	펄라이트
GCD 800-2	800 이상	480 이상	2 이상	-	-	-	200~330	펄라이트 또는 템퍼링 조직

기계적 성질

종류의 기호	주철품의 주요 살두께 mm	인장 강도 N/mm²	항복 강도 N/mm²	연신율 %	샤르피 흡수 에너지			(참 고)	
					시험 온도 ℃	3개의 평균값 J	개개의 값 J	경 도 HB	기지 조직
GCD 400-18A	30 초과 60 이하	390 이상	250 이상	15 이상	23±5	14 이상	11 이상	120~180	페라이트
	60 초과 200 이하	370 이상	240 이상	12 이상		12 이상	9 이상		
GCD 400-18AL	30 초과 60 이하	390 이상	250 이상	15 이상	-20±2				
	60 초과 200 이하	370 이상	240 이상	12 이상		10 이상	7 이상		
GCD-400-15A	30 초과 60 이하	390 이상	250 이상	15 이상	-	-	-		
	60 초과 200 이하	370 이상	240 이상	12 이상	-	-	-		
GCD 500-7A	30 초과 60 이하	450 이상	300 이상	7 이상	-	-	-	130~230	
	60 초과 200 이하	420 이상	290 이상	5 이상	-	-	-		
GCD 600-3A	30 초과 60 이하	600 이상	360 이상	2 이상	-	-	-	160~270	펄라이트+페라이트
	60 초과 200 이하	550 이상	340 이상	1 이상	-	-	-		

3 오스템퍼 구상 흑연 주철품 KS D 4318

종류의 기호

종류의 기호
GCAD 900-4
GCAD 900-8
GCAD 1000-5
GCAD 1200-2
GCAD 1400-1

별도 주입한 공시재의 기계적 성질

기 호	인장 강도 N/mm²	항복 강도 N/mm²	연신율 (%)	경도 HB
GCAD 900-4	900 이상	600 이상	4	-
GCAD 900-8	900 이상	600 이상	8 이상	-
GCAD 1000-5	1000 이상	700 이상	5 이상	-
GCAD 1200-2	1200 이상	900 이상	2 이상	341 이상
GCAD 1400-1	1400 이상	1100 이상	1 이상	401 이상

[비고]
오스템퍼처리 : 표준이 되는 처리 방법은 열처리 전의 주철품을 오스테나이트화 온도 구역에서 가열 유지한 후, 베이나이트 변태 온도 구역으로 유지되어 있는 염욕로, 유조 또는 유동상로 등으로 이동시켜 연속적으로 베이나이트 변태 온도 구역에 일정 시간 유지하고, 시온까지 적당한 방법으로 냉각하는 처리

4 오스테나이트 주철품 KS D 4319

종류 및 기호의 분류

종류 및 기호	분류
GCA-NiMn 13 7	편상 흑연계
GCA-NiCuCr 15 6 2	
GCA-NiCuCr 15 6 3	
GCA-NiCr 20 2	
GCA-NiCr 20 3	
GCA-NiSiCr 20 5 3	
GCA-NiCr 30 3	
GCA-NiSiCr 30 5 5	
GCA-Ni 35	
GCDA-NiMn 13 17	구상 흑연계
GCDA-NiCr 20 2	
GCDA-NiCrNb 20 2	
GCDA-NiCr 20 3	
GCDA-NiSiCr 20 5 2	
GCDA-Ni 22	
GCDA-NiMn 23 4	
GCDA-NiCr 30 1	
GCDA-NiCr 30 3	
GCDA-NiSiCr 30 5 2	
GCDA-NiSiCr 30 5 5	
GCDA-Ni 35	
GCDA-NiCr 35 3	
GCDA-NiSiCr 35 5 2	

- 오스테나이트 주철은 고합금 재료로서 금속 조직은 합금원소를 사용하기 때문에 상온에서 오스테나이트상을 갖고, 탄소 성분은 주로 편상 또는 구상 흑연으로 존재한다. 탄화물도 종종 보이는데 특히 고 Cr계에서 현저하다.
- ISO 2892 : 1973 Austenitic cast iron

편상 흑연계의 화학 성분

종류 및 기호	화학 성분 (%)					
	C	Si	Mn	Ni	Cr	Cu
GCA-NiMn 13 7	3.0 이하	1.5~3.0	6.0~7.0	12.0~14.0	0.2 이하	0.5 이하
GCA-NiCuCr 15 6 2	3.0 이하	1.0~2.8	0.5~1.5	13.5~17.5	1.0~2.5	5.5~7.5
GCA-NiCuCr 15 6 3	3.0 이하	1.0~2.8	0.5~1.5	13.5~17.5	2.5~3.5	5.5~7.5
GCA-NiCr 20 2	3.0 이하	1.0~2.8	0.5~1.5	18.0~22.0	1.0~2.5	0.5 이하
GCA-NiCr 20 3	3.0 이하	1.0~2.8	0.5~1.5	18.0~22.0	2.5~3.5	0.5 이하
GCA-NiSiCr 20 5 3	2.5 이하	4.5~5.5	0.5~1.5	18.0~22.0	1.5~4.5	0.5 이하
GCA-NiCr 30 3	2.5 이하	1.0~2.0	0.5~1.5	28.0~32.0	2.5~3.5	0.5 이하
GCA-NiSiCr 30 5 5	2.5 이하	5.0~6.0	0.5~1.5	29.0~32.0	4.5~5.5	0.5 이하
GCA-Ni 35	2.4 이하	1.0~2.0	0.5~1.5	34.0~36.0	0.2 이하	0.5 이하

구상 흑연계의 화학 성분

종류 및 기호	화학 성분 (%)					
	C	Si	Mn	Ni	Cr	Cu
GCDA-NiMn 13 17	3.0 이하	2.0~3.0	6.0~7.0	12.0~14.0	0.2 이하	0.5 이하
GCDA-NiCr 20 2	3.0 이하	1.5~3.0	0.5~1.5	18.0~22.0	1.0~2.5	0.5 이하
GCDA-NiCrNb 20 2	3.0 이하	1.5~2.4	0.5~1.5	18.0~22.0	1.0~2.5	–
GCDA-NiCr 20 3	3.0 이하	1.5~3.0	0.5~1.5	18.0~22.0	2.5~3.5	0.5 이하
GCDA-NiSiCr 20 5 2	3.0 이하	4.5~5.5	0.5~1.5	18.0~22.0	1.0~2.5	0.5 이하
GCDA-Ni 22	3.0 이하	1.0~3.0	1.5~2.5	21.0~24.0	0.5 이하	0.5 이하
GCDA-NiMn 23 4	2.6 이하	1.5~2.5	4.0~4.5	22.0~24.0	0.2 이하	0.5 이하
GCDA-NiCr 30 1	2.6 이하	1.5~3.0	0.5~1.5	28.0~32.0	1.0~1.5	0.5 이하
GCDA-NiCr 30 3	2.6 이하	1.5~3.0	0.5~1.5	28.0~32.0	2.5~3.5	0.5 이하
GCDA-NiSiCr 30 5 2	2.6 이하	4.0~6.0	0.5~1.5	29.0~32.0	1.5~2.5	–
GCDA-NiSiCr 30 5 5	2.6 이하	5.0~6.0	0.5~1.5	28.0~32.0	4.5~5.5	0.5 이하
GCDA-Ni 35	2.4 이하	1.5~3.5	0.5~1.5	34.0~36.0	0.2 이하	0.5 이하
GCDA-NiCr 35 3	2.4 이하	1.5~3.0	0.5~1.5	34.0~36.0	2.0~3.0	0.5 이하
GCDA-NiSiCr 35 5 2	2.0 이하	4.0~6.0	0.5~1.5	34.0~36.0	1.5~2.5	–

편상 흑연계의 화학 성분

종류 및 기호	인장 강도 N/mm²	종류 및 기호	인장 강도 N/mm²
GCA-NiMn 13 7	140 이상	GCA-NiSiCr 20 5 3	190 이상
GCA-NiCuCr 15 6 2	170 이상	GCA-NiCr 30 3	190 이상
GCA-NiCuCr 15 6 3	190 이상	GCA-NiSiCr 30 5 5	170 이상
GCA-NiCr 20 2	170 이상	GCA-Ni 35	120 이상
GCA-NiCr 20 3	190 이상		

- 구상 흑연계의 오스테나이트 주철의 기계적 성질은 편상 흑연계보다 우수하다. 또한, 우수한 내열성이나 내식성도 가지며, 동일한 기본 성분을 갖는 편상 흑연계의 것과는 다른 물리적 성질을 갖고 있다.

구상 흑연계의 기계적 성질

종류 및 기호	인장강도 N/mm²	0.2% 항복 강도 N/mm²	연 신 율 (%)	샤르피 충격 흡수 에너지 J 3개 충격 시험의 평균값	
				V 노치	U 노치
GCDA-NiMn 13 17	390 이상	210 이상	15 이상	16 이상	-
GCDA-NiCr 20 2	370 이상	210 이상	7 이상	13 이상	16 이상
GCDA-NiCrNb 20 2	370 이상	210 이상	7 이상	13 이상	-
GCDA-NiCr 20 3	390 이상	210 이상	7 이상	-	-
GCDA-NiSiCr 20 5 2	370 이상	210 이상	10 이상	-	-
GCDA-Ni 22	370 이상	170 이상	20 이상	20 이상	24 이상
GCDA-NiMn 23 4	440 이상	210 이상	25 이상	24 이상	28 이상
GCDA-NiCr 30 1	370 이상	210 이상	13 이상	-	-
GCDA-NiCr 30 3	370 이상	210 이상	7 이상	-	-
GCDA-NiSiCr 30 5 2	380 이상	210 이상	10 이상	-	-
GCDA-NiSiCr 30 5 5	390 이상	240 이상	-	-	-
GCDA-Ni 35	370 이상	210 이상	20 이상	-	-
GCDA-NiCr 35 3	370 이상	210 이상	7 이상	-	-
GCDA-NiSiCr 35 5 2	370 이상	200 이상	10 이상	-	-

5 가단 주철품 KS D ISO 5922

백심 가단 주철품의 기계적 성질

종류의 기호	시험편의 지름 (mm)	인장 강도 N/mm² 이상	0.2% 항복 강도 N/mm² 이상	연신율 %	경도 (HBW)
GCMW 35-04	9	340	-	5	280 이하
	12	350	-	4	
	15	360	-	3	
GCMW 38-12	9	320	170	15	200 이하
	12	380	200	12	
	15	400	210	8	
GCMW 40-05	9	360	200	8	220 이하
	12	400	220	5	
	15	420	230	4	
GCMW 45-07	9	400	230	10	220 이하
	12	450	260	7	
	15	480	280	4	

● 가단 주철품

열처리한 철-탄소합금으로서, 주조 상태에서 흑연을 함유하지 않은 백선 조직을 가지는 주철품. 즉, 탄소 성분은 전부 시멘타이트(Fe_3C)로 결합된 형태로 존재한다.

흑심 가단 주철품 및 펄라이트 가단 주철품의 기계적 성질

종류의 기호		시험편의 지름 (mm)	인장 강도 N/mm² 이상	0.2% 항복 강도 N/mm² 이상	연신율 %	경도 (HBW)
A	B					
GCMB 30-06	-	12 또는 15	300	-	6	150 이하
-	GCMB 30-12	12 또는 15	320	190	12	150 이하
GCMB 35-10	-	12 또는 15	350	200	10	150 이하
GCMP 45-06	-	12 또는 15	450	270	6	150~200
-	GCMP 50-05	12 또는 15	500	300	5	160~220
GCMP 55-04	-	12 또는 15	550	340	4	180~230
-	GCMP 60-03	12 또는 15	600	390	3	200~250
GCMP 65-02	-	12 또는 15	650	430	2	210~260
GCMP 70-02	-	12 또는 15	700	530	2	240~290
-	GCMP 80-01	12 또는 15	800	600	1	270~310

- 흑심 및 펄라이트 가단 주철품

  흑심 가단 주철품의 현미경 조직은 본질적으로 페라이트 기지를 가진다. 펄라이트 가단 주철품의 현미경 조직은 정해진 종류에 따르지만, 펄라이트 또는 그 외 오스테나이트의 변태 생성물의 기지를 갖는다. 흑연은 템퍼탄소 노듈러의 형태로 존재한다.

- 가단 주철품의 종류 및 기호

  GCMW : 백심 가단 주철

  GCMB : 흑심 가단 주철

  GCMP : 펄라이트 가단 주철

Ⅲ

기계재료의 시험법과 열처리

1. 기계재료의 조직검사 및 기계적 시험법

1 현미경 조직 시험법

1. 시료 채취법
① 일반적인 조직 시험의 시료는 중앙부와 끝 부분으로부터 채취한다.
② 결함 검사를 위한 시료는 결함이 발생된 곳에서 가까운 부분을 취한다.
③ 단조 가공한 것은 가공방향에 주의하고, 될 수 있는 대로 종단면, 횡단면 모두 시험할 수 있게 한다.
④ 냉간, 압연한 것은 시료의 표면이 가공 방향과 평행이 되도록 채취한다.

2. 연 마 법
① 거친 연마 : 사포 또는 벨트 그라인더로 연마한다.
② 중간 연마 : 유리 또는 평활한 판 위에 사포 시트를 놓는 것에서나 또는 원판을 회전시키면서 연마한다.
③ 미세 연마 : 고운 연마포를 낀 원판을 회전시키면서 연마제를 물에 탄 액을 판위에 떨어뜨리면서 연마한다.

3. 부 식 법
미세 연마한 시료는 물로 잘 닦고 알코올에 씻은 다음 잘 건조시킨다.

현미경 조직 시험의 부식재

재 료	부식재
철 강	질산알코올용액, 나이탈(질산 2cc + 알코올 100cc), 피크르산(피크르산 5g + 알코올 100cc)
구리, 황동, 청동	염화제2철용액(염화제2철 5g + 진한염산 50cc + 물 100cc)
Ni 및 그 합금	질산초산용액(질산(70%) 50cc + 초산(50%) 50cc)
Sn 및 그 합금	질산용액(질산2cc+알코올 100cc)
Zn 및 그 합금	염산용액(염산5cc + 물100cc)
Pb 및 그 합금	질산용액(질산5cc + 물100cc)
Al 및 그 합금	수산화나트륨액(수산화나트륨 20g + 물100cc)
Au, Pt 등 귀금속	왕수(진한 질산 1cc + 진한 염산 5cc + 물 6cc)

4. 매크로 조직검사(marco test)
10배 이내의 확대경을 사용하거나 육안으로 직접 관찰하여 금속조직을 시험하는 것.

마이크로 시험 : 10배 이상의 배율의 현미경으로 확대하여 금속조직을 시험하는 것. 직접 육안 관찰로 다음과 같은 금속조직을 알아낼 수 있다.

① 균열, 가공 또는 편석 등의 금속결함
② 압연과 단조 등의 기계가공에 의한 재료의 상태
③ 결정 입자의 크기와 형태, 수지상 결정의 발달 방향과 크기

5. 현미경 검경법

① 검정면을 입사 광선에 대하여 수직으로 놓고, 조동 핸들에 의하여 대체적으로 초점을 맞춘다.
② 미동 장치에 의하여 정밀하게 맞추어서 접안 렌즈로 관찰한다.
③ 불필요한 빛깔이나 산란광이 반사되어 대물 렌즈의 분해 능력과 시야에 콘트래스트를 저하시키지 않도록 시야 조리개와 밝기 조리개를 알맞게 조절하여, 이를 위하여 필터를 사용한다.

6. 결정입도시험(Estmating the Average Grain Size Test)

결정립의 크기, 즉 결정입도는 1번에서 8번까지 있으며 번호가 많을수록 결정립의 크기가 작다.

(1) 비교법

가장 일반적으로 사용되는 방법으로 표준사진의 결정입도 범위내에 있는 결정입도를 지닌 완전 어닐링재에 주로 적용하며 약간의 냉간가공을 한 것에 대해서도 사용할 수 있다. 시편의 현미경 영상 또는 사진을 75배 배율로 나타낸 표준사진과 비교하여 실제의 결정입도로 환산한다.

(2) 절단법

겉보기상으로 같은 축이 아닌 결정입자로서 된 재료에 사용한 방법으로 현미경의 영상 또는 사진상으로 이미 알고 있는 길이의 선분에 의하여 완전하게 절단되는 결정입자수를 세어 그 절단길이(㎜)의 평균치로 표시한다. 필요에 따라 가공방향에 평행, 수직한 3축 방향으로 측정하며 절단법으로 측정한 수치는 구적법에 의한 값보다 작을 경우도 있다.

(3) 평적법

비교법이나 절단법의 측정결과에 이의가 있을 경우 사용되는 방법으로 이미 알고 있는 면적의 원 또는 직사각형을 사진 또는 핀트유리 위에 그리고 그 면적내에 완전하게 포함되는 결정입자의 수와 원 또는 직사각형 주변에서 절단되어 있는 결정입자의 반과의 합을 전 결정입자수로 한다.

(4) 헤인(Heyn)법

결정입도 측정법에 있어 시험면의 적당한 배율로 확대된 사진위에 일정길이의 직선을 임의 방향으로 긋고 위 직선과 결정입이 만나는 점의 수를 측정하여 단위 길이당의 교차점수를 표시하는 방법이다.

$$\text{헤인(Heyn)법: } P_L = \frac{\text{측정된 교차점의 수}}{\text{사진위에서의 직선길이} \div m}$$

2 기계적 시험법

1. 인장 시험

시험편의 축방향으로 천천히 잡아당겨 끊어질 때까지의 변형과 이에 대응하는 하중과의 관계를 조사하는 것.

인장강도(tensile strength), 항복점, 내력, 연신율(elongation), 단면 수축률 등의 측정 이외에 탄성한계, 비례한계, 탄성계수, 응력 변형 곡선 등을 시험할 수 있다.

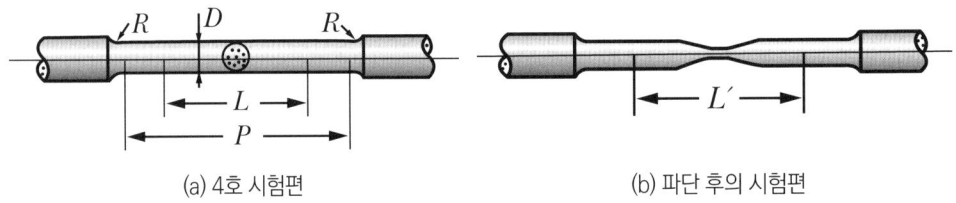

(a) 4호 시험편   (b) 파단 후의 시험편

표점거리 L=50mm, 평행부의 길이 P=약 60mm, 반지름 R=15mm 이상, 지름 D=14mm
4호 시험편은 주로 주강품, 단강품, 가단주철품 및 비철금속의 봉이나 주물의 인장시험에 이용된다.

[인장시험편의 예]

1) 탄성한계와 비례한계
   ① 탄성한계 : 응력이 작은 범위 내에서, 응력을 제거하면 변형도 원상태로 되돌아가는 탄성의 극한 응력 값으로 영구변형이 일어나는 최소 응력값이다.
   ② 비례한계 : 하중을 가했을 때 변형이 응력에 비례하는 한계의 응력값
   ③ 인장 시험편
      P : 평행부의 길이(약 60mm)
      L : 표점거리(50mm)
      D : 직경(14mm)
      R : 반경(15mm 이상)

④ 응력변형곡선

시험편의 변형과 대응하는 하중을 조사하여 변형을 가로축 하중을 세로축에 잡고 그린 곡선

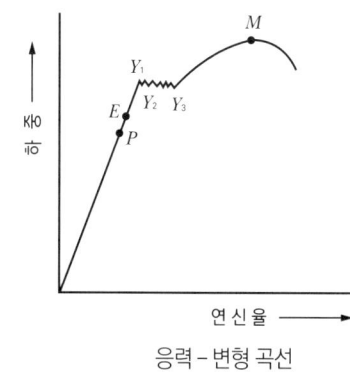

응력 – 변형 곡선

⑤ 항복점

인장 시험편의 지름과 표점거리, 평행부가 하중의 증가로 연신이 시작되기 전의 최대 하중을 평행부의 단면적으로 나눈 값(N/mm²)

P_1 : 시험편이 항복점에 도달할 때까지의 최대하중(N)

A : 시험편의 원래 단면적(mm²)

$$항복점 = \frac{P_1}{A}$$

⑥ 내 력

0.2%의 영구변형을 일으키는 하중을 시험편의 원단면적으로 나눈 값

내력 : 0.2% 연신율에 해당하는 하중×시험편의 원단면적

⑦ 인장강도

시험편에 가해진 최대하중을 원단면적 나눈 값

P_2 : 시험편이 견디는 최대하중(N)

$$인장강도 = \frac{P_2}{A} \ (N/mm^2)$$

⑧ 연신율

인장 시험에서 시험편 절단면을 접속하여 측정한 표점간의 거리와 원 표점간의 거리의 차를 원 표점 거리로 나눈 값의 백분율

L : 표점거리(mm)

L' : 파단 후의 표점거리(mm)

$$연신율\ (\%) = \frac{L'-L}{L} \times 100(\%)$$

2. 경도 시험

금속의 비교경도(比較硬度)를 결정하는 시험이다. 경도(hardness)는 공학적으로 물체가 다른 물체에 의하여 변형당하려고 할 때 발생하는 저항력의 대소(大小)를 표시하는 척도이다.

(1) 브리넬 경도 시험

브리넬 경도(Brinell hardness)는 기호 HBW로 나타내고 직경 1~10mm의 초경합금 강구 압입자를 시험편의 표면에 일정한 하중으로 누를 때 그 때의 하중을 시험편의 표면에 생긴 홈의 표면적으로 압입 하중을 나눈 값을 표시한다. 홈의 표면적과 하중에서 다음 식으로 구한다.(보통 경도에는 단위를 붙이지 않는다.)

[브리넬 경도]

$$HBW = 0.102 \times \frac{2P}{\pi D(D - \sqrt{D^2 - d^2})} \ (\text{N/mm}^2)$$

P : 하중 (N)
D : 강구 압입자의 지름 (mm)
d : 압입홈의 지름 (mm)

① 시험편의 두께 : 들어간 깊이의 10배 이상 나비는 들어간 지름의 4배 이상 필요하다.
② 하중과 시간 : 강구를 누르는 데는 보통 유압을 사용하며 가압시간은 30초간 가장 좋다.
③ 브리넬 경도와 인장 강도와의 관계

인장 강도(N/mm²) = 정수 × 브리넬 경도

(2) 로크웰 경도 시험

로크웰 경도(Rockwell hardness)는 기호 HR로 표시한다. 강구(지름 1.5875mm) 또는 꼭지각 120°인 원뿔형의 다이아몬드 압입체를 사용하여 시험편에 압입흔적의 깊이를 시험시에 취부된 경도지시계(다이얼 게이지)로 직접 읽어 경도를 측정한다.

① B스케일 : 1.5875mm 지름을 가진 강구로 기준하중 10kg을 작용시키고 시험하중 90kg을 걸어 제거한 후 10kg의 기준하중으로 만들었을 때 자국의 깊이 차이로 경도를 측정한다. 알루미늄이나 구리 등과 같이 연한 재료의 경우에는 강구로 된 압입자를 이용하여 측정하여 지시계의 로크웰 B 스케일 값을 읽고 HRB 경도로 표시한다. (예를 들어 HRB50) 열처리된 강과 같이 단단한 재료의 경우에는 지시계의 C 스케일의 값을 읽고 HRC 경도로 표시한다.(예를 들어 HRC50)

$$HRB = 130 - 500 \cdot h$$

② C스케일 : 꼭지각 120°의 원뿔형 다이아몬드를 사용하여 150kg의 시험하중을 작용시켜 경도를 측정한다.

$$HRC = 130 - 500 \cdot h$$

(3) 비커스 경도 시험

비커스 경도(Vickers hardness, 기호 HV)는 대면각이 136°인 다이아몬드로 만든 사각뿔의 압입자를 사용하여 일정 하중 P(N)을 걸어 시험편의 표면에 압입한 후 압입자를 제거하고 나면 얻어지는 피라미드 형상의 압입 흔적의 대각선의 길이 d(mm)로부터 계산된 접촉 표면적에서 하중값을 나눈 값으로 표시한다.

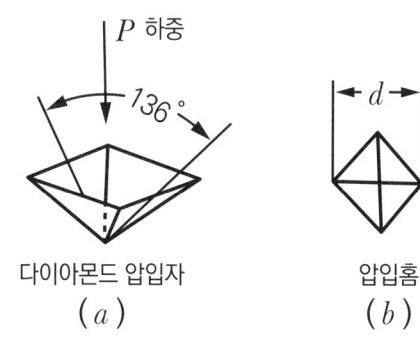

다이아몬드 압입자　　　압입홈
(a)　　　　　　　　(b)

따라서 $HV = \dfrac{하중}{압입흔적의 \ 표면적}$

$$HV = 0.102 \times \dfrac{2P \sin \dfrac{\alpha}{2}}{d^2} = 0.1891 \dfrac{P}{d^2} \ (\text{N/mm}^2)$$

P : 압입하중 (N)
d : 압입 흔적의 대각선 길이 (mm)
α : 다이아몬드 사각뿔의 대면각 136°

(4) 쇼어 경도 시험

쇼어 경도(Shore hardness, 기호 HS)는 시험편에 일정한 높이 k에서 낙하시킨 해머(다이아몬드를 선단에 고정시킨 낙하체)가 시험편의 표면으로부터 반발한 높이 k에 비례하는 값을 경도로 표시한다. 쇼어 경도의 계산은 다음과 같다.

$$HS = k \times \dfrac{h}{h_0} \quad [k는 \ 지시형(C형) : \dfrac{10000}{65}, \ D형 : 140]$$

(5) 긁힘 경도 시험

120°의 정각을 가지는 원뿔형의 다이아몬드로 시험편의 표면을 긁어서 홈의 모양에 의하여 경도를 표시한다.

(6) 미소 경도 시험

비커스 다이아몬드 압입자를 사용하여 하중을 작게 하여 대단히 작은 부품이나 얇은 판, 가는선, 보석, 금속조직 등의 경도를 측정하는 것.

3. 충격 시험

금속재료는 갑자기 커다란 힘을 받는 경우도 많다. 재료의 인성과 취성이 어느 정도인가를 알아보는 시험으로 시계추와 같이 생긴 무거운 해머를 일정한 높이에서 낙하하면 지지대 위에 시험편이 파괴한 후 그 여세로 반대쪽으로 어느 정도 튀어 올라간다. 파괴를 하기 위한 에너지는 처음 일정한 높이에 있던 해머의 위치 에너지이다. 파괴시킨 후 튀어 오른 높이에서의 위치 에너지와의 차이다.

(1) 샤르피 충격 시험

① 시험편 고정법

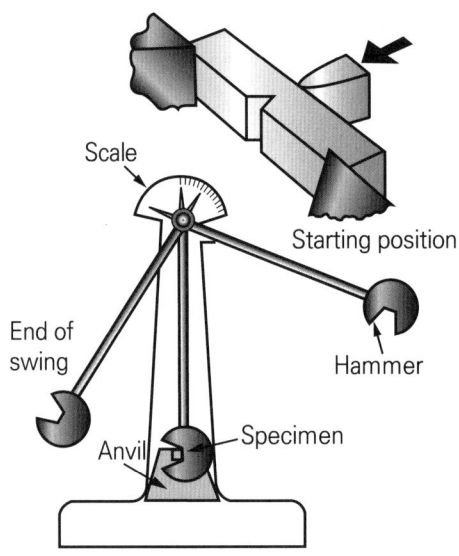

시험편의 양단을 고정시키지 않고 자유로이 지지하여 노치(notch)부분이 정확하게 중앙에 오도록 수평으로 놓는다.

② 샤르피 충격시험기의 흡수 에너지 계산

고정시킨 시험편을 절단하는데 필요한 에너지 E를 노치부의 원단면적(cm^2)으로 나눈 값.

파괴 에너지 : $E = WR(\cos\beta - \cos\alpha)$ (N/mm^2)

충격값 : 파괴 에너지 E를 시험편의 노치부의 단면적으로 나눈 값 (N/mm^2) (J=m^2)

(2) 아이조드 충격 시험

① 시험편 고정법

1. 시험편을 잡은 장치
2. 충격거리 22mm
3. 끝반지름 1mm
4. 펜둘럼 해머

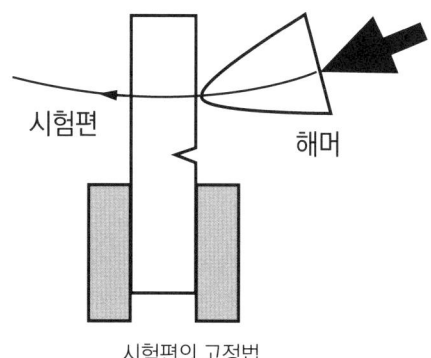

시험편의 고정법

시험편의 한 끝을 수직으로 고정시킨다.

② 원 리

충격값은 시험편이 절단되기까지 흡수한 에너지 E(N·m)로 표시한다.
$$I = E \text{ (N·m)}$$

4. 피로 시험

철도 레일은 방향이 변하는 하중이 반복해서 걸린다. 이처럼 반복하중이 걸리는 재료나 전동축과 같이 회전하면서 끊임없이 진동이 발생되는 재료는 작은 하중에 의해서 파괴할 수가 있다. 이것을 피로(fatigue)에 의한 파괴라고 한다. 영구히 재료가 파괴되지 않는 응력 중에서 최대의 것을 피로 한도(fatigue limit)라 한다.

피로 시험법에는 인장 압축, 회전 굽힘 등의 시험법 등이 있다.

(1) 크리프 시험

재료에 인장 강도보다 작은 응력일지라도 오랜 시간 가해주면 재료는 차차 늘어나 절단된다. 이 때 변형이 일정한 값에서 정지하는 한계의 응력을 크리프 한도라 한다.

(2) 마멸 시험

재료가 다른 물체와 마찰하여 그 표면이 손실되는 현상을 마멸이라 한다. 마멸 시험 측정사항은 주로 온도, 마찰계수, 마멸량 등이다.

(3) 압축 시험

재료에 압력을 가하여 파괴에 견디는 힘을 구하는 것

$$\text{압축강도(N/mm}^2\text{)} = \frac{\text{시험편이 파괴될 때 까지의 최대 하중}(N)}{\text{원단면적(mm}^2\text{)}}$$

(4) 굽힘 시험

시험편을 규정 각도까지 굽히고 굽힘부 바깥쪽에 균열 및 결함이 생기는 것을 검사하는 것.

(5) 에릭슨 시험

강구로 시험판을 눌러 모자 모양으로 만들면 균열이 갈 때의 변형된 깊이로 표시하는 것. 시험 범위는 0.1~2.0mm를 표준으로 해서 나비 70mm 이상의 띠 또는 판에 한다.

5 철강 재료의 검사법

(1) 감별법

① 불꽃시험

강재를 그라인더로 연삭할 때 강재에서 발생하는 불꽃의 색깔과 모양에 의하여 강의 종류를 판정하는 것

② 접촉열 기전력법

열전쌍의 원리를 강재간의 감별법에 사용하는 것

③ 시약반응법

산을 떨어뜨렸을 때의 반응에 의하여 판정하는 것

④ 조직 시험법

강재의 파면을 관찰하든지 현미경에 의하여 조직을 판정하는 것

(2) 결함 검사법

① 파면 검사법

열처리의 적부, 검은색 파면상태, 피로 파괴 여부 및 과열여부 등을 판단하는 검사법

② 육안 검사법

자장 일반적인 외관 검사 방법으로 직접 파단면이나 표면을 눈으로 살펴보는 것

③ 자기 탐상법

잔류자기, 자기 감응을 이용하여 살피며, 자화된 시험재료에 강자성체 분말을 뿌리면 결함이 있는 곳에 모여 위치를 알아내는 것

④ X선 투과 검사법

X선의 투과선을 사진 원판에 취하여 나타나는 명암도로 주물, 용접부의 기포와 같은 결함의 상태를 검사하는 것

⑤ 초음파 탐상법

초음파를 재료에 투과하여 나타나는 반사파의 상태로 균열이나 내부 결함의 위치, 크기 등을 알아내는 것

⑥ 음향방출법

재료 내부에 축적된 변형율 에너지가 탄성파로 방출되는 현상으로, 이를 측정하여 내압시험, 파괴 개시점 검출 등의 비파괴 검사에 이용되고 있다.

⑦ 침투탐상법

물체 표면에 액체나 형광제를 침투시켜 표면의 결함을 검출하는 검사법이다.

⑧ 자분탐상법

자성이 있는 철강 등의 재료를 자화하면 그 재료 내에 자력선이 생긴다.

2. 탄소강의 열처리 및 표면경화처리

1 열처리의 개요

1. 열처리의 정의

금속을 적당한 온도로 가열한 후 냉각 등의 조작을 통하여 목적으로 하는 성질을 부여하는 것으로 확산 또는 변태에 의한 조직을 조정하거나 내부응력을 제거하는 이외에 변태의 일부를 막고 적당한 조직으로 만들어 필요한 성질 및 상태를 얻기 위한 열처리 조작을 말한다.

2. 열처리 로

(1) 중유로
  ① 장점 : 취급 간편하고 경제적이며 열처리로 중에서 가장 많이 사용한다.
  ② 단점 : 로내 온도가 불균일하다.
  ③ 용도 : 대형 제품용, 단조용 가열로, 연속로로 쓰인다.

(2) 가스로
  ① 특징 : 온도조절이 용이하며 균일한 온도지속, 점화간단, 복사열 작용을 한다.
  ② 용도 : 대형 열처리나 연속 가열로에 쓰인다.

(3) 전기로
  ① 전기열 저항체로서 니크로뮴선 비금속재료는 SiC를 발열체로 사용한다.
  ② 특징 : 온도조절이 용이하며 온도분포가 균일하다.
  ③ 용도 : 소형, 정밀, 연속 열처리용에 사용한다.

(4) 진공로
  ① 진공로에서 가열하면 광휘 상태를 유지하므로 이상적이다.
  ② 특징 : 열손실이 적고 단시간에 온도가 상승되며 냉각에 장시간 걸린다.
  ③ 용도 : 게르마늄, 실리콘 등의 전자부품의 열처리, 구리철사의 풀림, 연화용으로 쓰인다.

(5) 염욕로(Salt bath)
  ① 산화, 탈탄 방지로 특수강, 공구강, 고속도강 열처리에 이용된다.
  ② 저온용 : 550℃ 이하에서 처리되며 질산염이 사용되고 열원은 전력이다.
  ③ 중온용 : 600 ~ 900℃에서 처리되며 열원은 전력, 중유, 중성, 환원성의 염욕이 사용된다.
    ※ 탄소공구강, 특수강, 액체침탄 등에 사용되며, 고속도강 예열용이다.
  ④ 고온용 : 1,000 ~ 1,350℃에서 중성, 환원성염에 사용하고 고속도강, 스테인리스강용이다.

(6) 고주파로

① 고주파 유도 가열을 이용한 강의 표면 경화에 적합(표면 신속가열)

② 표면 담금질이 좋다.

③ 고주파 가열부분의 국부냉각 : 분사냉각방법으로 한다.

④ 장점 : 급속가열 가능하며, 산화, 탈탄이 적다.

⑤ 용도 : 표면경화용 용해로, 가열로에 쓰인다.

3. 열처리의 종류 및 주목적

열처리의 종류에 따라 목적이 다르지만 개략적으로 경도와 강도를 얻기 위해서 조직을 균일화하고 결정립을 미세화하여 인성을 부여하고 보다 좋은 기계적 성질을 얻기 위함이라고 할 수 있다.

(1) 기본 열처리

① 담금질(퀜칭, Quenching) : 재질의 경화

② 뜨임(템퍼링, Tempering) : 인성 부여

③ 풀림(어닐링, Annealing) : 재질의 연화

④ 불림(노멀라이징, Normaling) : 균질, 표준화

(2) 항온 열처리

① 오스템퍼

② 마르템퍼

③ 마르퀜칭

(3) 표면경화 열처리

① 침탄법

② 질화법

③ 청화법

④ 시멘타이션에 의한 경화법 등

2 담금질(quenching : 燒入)

1. 담금질의 개요

담금질은 재료를 고온으로 가열한 후 실온 또는 저온으로 유지한 물, 기름, 그 밖의 냉매 속에 투입하여 급속히 급냉하는 열처리로 강을 경하게 하기 위하여 강 고유의 온도까지 가열해서 적당 시간 유지 후 급냉하는 조작이다. 즉, A_3 또는 A_1 변태점 이상(30~50℃ 정도 높은 온도)으로 가열한 오스테나이트 상태의 강을 물이나 기름 속에서 냉각하면, A_1 변태점 부근에서 급냉되어 변태가 끝나는데 이에 필요한 충분한 시간이 없어 변태의 진행이 전부 또는 대부분

방해되어 상온에서 오스테나이트와 펄라이트와의 중간 조직인 마텐자이트, 트루스타이트, 소르바이트 등의 단단한 담금질 조직을 얻게 된다.

담금질 조직은 냉각 속도에 따라 마텐자이트→트루스타이트→소르바이트→펄라이트로 변한다.

탄소량이 적으면 온도가 높으나 탄소량이 증가함에 따라 점차 온도가 떨어져서 0.8%C 이상에서는 723℃(±30~50℃)이면 된다. 0.025%C 이하에서는 담금질이 되지 않으므로 담금질하려면 침탄 후 담금질을 실시한다.

철강재료에서는 담금질경화라고도 하여 고온에서 오스테나이트조직, 실온 부근에서 페라이트조직이 되는 재료를 가열하여 오스테나이트 상태로 한 후 물이나 기름 등에 투입하여 급냉함으로써 단단한 마텐자이트 조직을 얻는 열처리를 말한다. 이 열처리에 의해 단단한 마텐자이트 조직이 얻어진 것을 담금질한다라고 한다. 담금질 후는 연성, 인성을 부여하기 위해 뜨임을 한다. 충분한 양의 마텐자이트가 얻어지지 않고 페라이트나 펄라이트 또는 잔류오스테나이트가 생기는 것을 불완전담금질이라고 하고, 뜨임을 해도 양호한 강도와 연성, 인성이 얻어지지 않는다.

같은 냉각속도가 얻어지는 냉매를 이용하고 같은 굵기나 같은 두께의 재료를 담금질해도 철강재료의 종류에 따라 담금질하는 용이함이 다르다. 그러한 철강재료 자체의 성질로서 담금질하기 쉬운 것을 담금질성이라고 부른다. 합금원소를 첨가하면 원소에 의한 정도의 차는 있으나 담금질성이 좋아진다. 담금질성이 좋으면 대형 재료에서도 불완전담금질이 되기 어렵고, 급냉하지 않아도 담금질이 되기 때문에 담금질시의 균열이나 변형을 억제할 수 있다.

2. 냉각속도와 변태점

강을 담금질할 때에 변태점이 저하되며, 그 강하 정도는 냉각속도(coding rate)에 따라 증가한다.

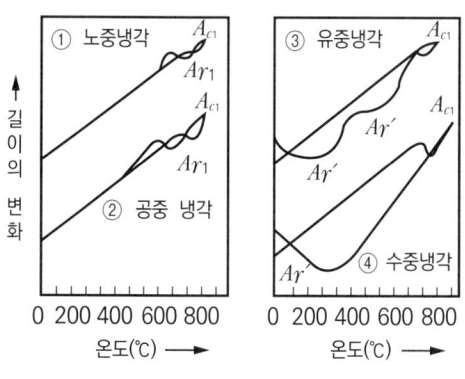

- ①과 같이 약 700℃에서 Ar_1변태를 일으킨다.
- ②의 공냉에서는 약 600℃에서 Sorbite 조직이 생긴다.
- 유중냉각 ③은 500℃⇒Ar_1 변태, 200⇒sorbite 조직이 이루어진다.
- γ가 α로 변한 것은 큰 팽창이다.
- 완전 pearlite가 되면 Martensite보다 수축량이 크다.
- Pearlite 양이 많을수록 팽창률이 감소한다.

공석탄소강의 가열 냉각시 변화되는 길이

(1) 노중냉각
서냉한 경우로서 약 700℃에서의 시료의 팽창은 보통 Ar'(임계냉각속도) 변태가 일어나는 것을 나타내며 조직은 펄라이트이다.

(2) 공기중 냉각
노중냉각보다 냉각속도가 빨라서 변태점은 약 600℃ 정도로 떨어지며 소르바이트 조직이다.

(3) 유중 냉각
① 제1변화 : 550℃ 부근에서 일어나며 오스테나이트로부터 마텐자이트가 생긴 변화 (Ar'변태)
② 제2변화 : 250℃ 부근에서 일어나며 오스테나이트로부터 마텐자이트가 생긴 변화 (Ar''변태)이며 이때의 조직은 마텐자이트+트루스타이트이다.

(4) 수중냉각
급냉의 경우는 약 250℃까지 변태점이 강하되어 있다. 즉 Ar''변태를 나타내지 않고 Ar'변태만 존재하며 곡선은 팽창하는 도중에 온도가 상승에 도달하였으므로 일부는 마텐자이트로 변하고 나머지 오스테나이트로 나타난다.

3. 담금질 조직
담금질 조직은 냉각 속도에 따라 오스테나이트(Austenite), 마텐자이트(Martensite), 트루스타이트(Troostite), 소르바이트(Sorbite)가 있는데 오스테나이트 조직을 마텐자이트 조직으로 얻는 조작이 담금질이며, 열처리 조직의 경도의 관계는 다음과 같다.

$$\text{Martensite} > \text{Troostite} > \text{Sorbite} > \text{Pearlite} > \text{Austenite}$$

(1) 오스테나이트(Austenite)
① 탄소를 고용한 γ철이며 C의 용해도는 1145℃에서 2.0% 이하이다.
② 강을 A_1점(723℃) 이상으로 가열하였을 때 얻어진 조직이다.
③ 비자성체이며, 전기저항이 크고 강도는 낮으나 인장강도에 비해 연율이 크며 HB 155이다.
④ 탄소강에서는 잘 나타나지 않는다.

(2) 마텐자이트(Martensite)
탄소를 과포화하게 고용한 α철을 마텐자이트라 하고 현미경 조직적으로 침상 및 백색이다. 결정구조는 체심정방, 체심입방 등으로서 담금질했을 때 나타나는 조직은 체심정방(α-Martensite), 뜨임했을 때 나타나는 조직은 체심입방(β-Martensite)으로서 잔류 오스테나이트를 150~300℃로 뜨임했을 때, 유냉시 200℃에서 제2변화에서 수냉시 280℃에서 Ar''변태에 의해서 생성된다.

① 철에 C를 과포화상태로 되어 있는 α고용체이다.
② 강을 A_{C1}점 이상 온도에서 수중 담금질하면 나타나는 조직이다.

③ 침상조직으로 부식에 대한 저항력이 크고 경도와 인장강도가 대단히 크며 취약하다.
④ 강자성체이며 비중은 오스테나이트보다 적고 HB 600 ~ 700이다.
⑤ 열처리 조직 중 가장 강하고 경하며, 취성이 있어 뜨임처리에 사용한다.

(3) 트루스타이트(Troostite)

a와 미세한 Fe_3C의 혼합으로서 일명 Fine Pearlite라고 한다. 잔류 오스테나이트 또는 마텐자이트를 350~500℃로 뜨임했을 때, 유냉시 550℃에서 제1변화($A\gamma'$)에서 생기는 조직으로 마텐자이트보다 경도는 낮으나 인성이 있다. 가장 부식이 잘 되는 조직은 Troostite=Osmondite이다.

① 마텐자이트 조직보다 냉각속도를 조금 적게 했을 때 나타난다.
② 마텐자이트 조직을 350 ~ 500℃에서 뜨임했을 때 나타난다.
③ 페라이트와 극히 미세한 시멘타이트와의 기계적 혼합물이며 HB 420이다.

(4) 소르바이트(Sorbite)

① 마텐자이트 조직을 600℃에서 뜨임했을 때 나타난다.
② 경도·강도는 트루스타이트보다 작으나 인성과 탄성을 동시에 요하는 곳에 사용한다.
③ 트루스타이트보다 냉각속도를 느리게 했을 때 얻어지는 조직이다.

4. 담금질 액과 담금질 온도

(1) 담금질액

① 보통 물(탄소강, 텅스텐강, 망가니즈강)이나 기름(특수강)이 많이 사용된다.(소금물, 비눗물, 액체 상태의 소금)
② 기름은 식물성이 좋고 120℃까지 상승하여 열처리효과의 변화가 적다(60 ~ 80℃가 우수함)
③ 물:40℃ 이상이 되면 냉각효과의 변화가 크다.

> ■ 냉각의 4가지 원칙
> ㉮ 긴 일감은 장축을 액면에 수직으로 담그고 얇은 판상은 세워서 담금질할 것
> ㉯ 두께가 고르지 않는 경우는 두꺼운 부분을 먼저 할 것
> ㉰ 구멍이 막힌 곳, 오목한 곳이 이 곳을 위로 향할 것
> ㉱ 냉각속도 = 구 : 환봉 : 판재 = 4 : 3 : 2

(2) 담금질 온도

담금질 온도는 $A_{3·2·1}$ 변태점(아공석강 $A_{3·2·1}$, 과공석강 A_1)보다 30 ~ 50℃ 정도 높게 가열후 수냉(유냉)에 급냉한다.

① 담금질온도가 너무 낮으면 균일한 오스테나이트를 얻기 어렵다.
② 담금질온도가 너무 높으면 과열로 인한 재질의 변화로 담금질효과가 된다.

③ 강의 담금질온도를 Acm선 이상 가열하면 조직은 결정립이 치밀해진다.
④ 담금질온도는 열처리할 때 재료의 크기와 관계가 있다.(큰 재료는 냉각속도가 느리므로 다소 높게 가열하여 유중(油中)에 담금질한다.

5. 담금질 균열 및 방지책

담금질할 때에 생기는 균열을 의미하며 급냉에 따른 열변형에 의한 것과, 변태변형에 의한 것이 있는데, 강재에 있어 담금질 균열의 대부분은 변태변형에 의한 것으로, 오스테나이트→마텐자이트 변태에 따르는 이상팽창이 원인이다. 따라서 담금질균열 방지의 대책으로는 M_s점(마텐자이트 변태 온도) 이하를 서냉한다.

(1) 담금질 균열 및 방지책(quenching crack)

모양이 복잡하거나 두께의 차가 있는 강재를 냉각속도가 빠른 냉각제로 담금질하면 균열이 생기는 수가 있다. 이러한 현상을 담금질 균열이라 한다.

① 제1차 담금질 균열

수냉을 했을 때 외부가 물에 접촉하여 내부보다 수축이 크므로 생기는 균열

② 제2차 담금질 균열

외부가 내부보다 수축이 크다가 Ms점 즉 280℃ 부근에서 오스테나이트(면심입방)→마텐자이트(체심정방)가 되면서 오히려 팽창이 일어나므로 균열을 일으킨다.

(2) 담금질 균열방지책

① 급냉을 피하고 무리없이 일정한 냉각속도를 유지($A\gamma''$점에서 서냉할 것)
② 가능한한 수냉은 피하고 유냉할 것이며 특수원소 첨가로 유냉으로 수냉의 효과를 얻을 것
③ 부분적 온도차를 적게 하고 부분단면을 일정하게 할 것
④ 재료의 흑피를 완전 제거하여 담금액 접촉이 잘 되게 할 것
⑤ 직각 부분을 적게 할 것(담금질 후 즉시 뜨임할 것)
⑥ 담금질 후 시효변형을 막기 위해 장시간 뜨임 및 심냉처리하여 잔류 오스테나이트를 완전히 마텐자이트로 변태시킬 것

6. 질량 효과와 경화능

(1) 질량효과(Mass effect)

재료를 담금질할 때 동일 조성의 강재를 동일한 방법으로 담금질한다 해도 그 재료의 두께나 깊이가 다르면 냉각속도가 다르기 때문에 즉, 질량이 작은 재료는 내외부의 온도차가 없으나 질량이 큰 재료는 열의 전도에 시간이 소요되는 내외부의 온도차가 생겨 외부는 경화되어도 내부는 경화되지 않는 현상을 말한다. 즉 질량의 크기에 따라서 경도 차이가 발생하는 것으로 작은 것이 냉각속도가 빠르고 열처리가 잘된다.

(2) 경화능

경도의 분포, 경화의 깊이를 지배하는 성질로 합금강은 탄소강보다 경화능이 크고, 질량 효과는 작다. 탄소강은 합금강이 경화능이 작고, 질량효과는 크다.

3 뜨임(Tempering : 소주, 소려, 燒漏)

1. 뜨임의 개요

담금질만 실시한 강은 마텐자이트 조직으로 아주 경하고 취약하므로 기계재료로 사용할 수 없으므로, 경도는 다소 낮추더라도 인성(Toughness)을 주기 위하여 A_1(723℃)점 이하에서 적당한 온도로 가열, 유지한 후 냉각하는 열처리 조작이 뜨임이다. 뜨임온도를 높게 함에 따라 탄화물의 석출, 잔류 오스테나이트의 분해, 시멘타이트의 석출, 합금탄화물의 석출 등이 생긴다. 뜨임온도가 높으면 경도·강도는 낮아지고 연성·인성은 올라가는데, 어느 온도 범위에서 뜨임하면 취화가 생기는 경우가 있다(뜨임취성). 담금질 후 뜨임을 하여 양호한 강도와 인성을 얻는 것을 조질이라고도 한다.

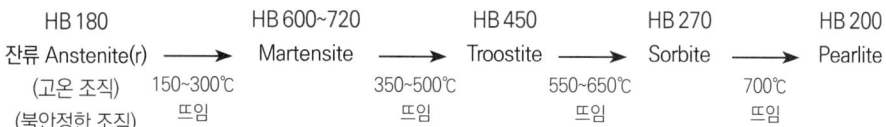

(1) 뜨임의 목적

담금질한 강의 강인성을 부여함(저온 뜨임은 내부응력제거, 고온 뜨임은 인성이 증가된다)

(2) 뜨임의 종류

① 저온 뜨임(150 ~ 200℃)
  ㉠ 내부응력과 담금질 응력을 제거하며 경년변화방지, 연삭균열을 방지하고 내마모성이 향상된다.
  ㉡ 고속도강, 고합금강의 잔류 오스테나이트를 안정화한다.

① 고온 뜨임(550 ~ 650℃)
  ㉠ 트루스타이트⇒소르바이트를 얻기 위함(강인성 필요시)

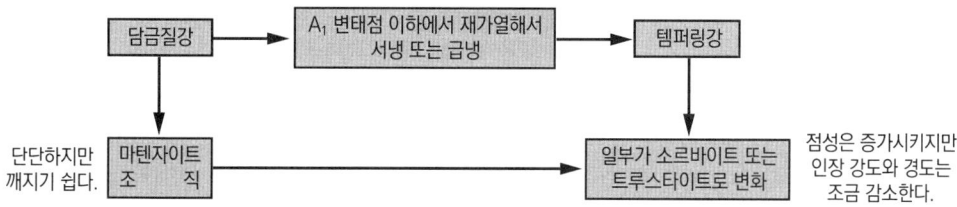

(3) 뜨임 취성

합금강을 어느 온도 범위에서 뜨임했을 때, 또는 그 온도 범위를 서냉했을 때에 생기는 것으로 475℃ 부근에서 볼 수 있는 고온뜨임취성은 P, Sn, As, Sb 등이 결정립계에 편석하고 입계 파괴하기 쉬워짐으로써 생긴다. 300℃ 부근에서 볼 수 있는 저온뜨임취성은 막상(膜狀)시멘타이트의 석출, 조대탄화물의 석출, 불순물 원소의 결정립계 편석 등에 의해 생긴다.

① 저온 뜨임 취성

180~200℃에서 충격치가 약해지기 시작해서 200~300℃(청열취성과 같다)에서 최저치가 된다. 구조용 강(건축, 토목, 교량, 차량, 선박 등)은 이 온도를 피해야 하며, 경도와 내마모성을 요구하는 공구강은 이 온도를 사용한다.

② 뜨임 시효 취성

500℃ 부근에서 뜨임을 하여 뜨임시간이 길어지면 취약해진다. 입계에 탄화물, 인화물, 질화물이 석출되어 경도가 크기 때문에 잘 깨진다.

③ 뜨임 서냉 취성(일반적 뜨임은 서냉)

525~600℃ 부근에서 뜨임을 한 후 서냉하면 취약해진다. Ni-Cr강의 담금질 온도는 800~850℃, 뜨임은 550~650℃이나 뜨임 후 서냉하면 깨지므로 물 또는 기름에 급냉한다.(Ni-Cr강의 취성 방지제는 Mo 또는 V 첨가. SNC→SNCM)

2. 심냉처리(초저온처리, 영하처리 : Sub Zero-Treatment)

물 담금질 직후에 액체 공기(액체질소, 액체산소)중에 담그는 조작을 말하며 0℃ 이하이므로 서브제로(Subzero, 심냉처리)란 명칭이 붙은 것이다. 목적은 잔류 오스테나이트의 마텐자이트화에 있다. 정밀한 금형공구, 합금강, 게이지 등은 뜨임보다 심냉처리가 좋다.

(1) 심냉처리 목적

① 주 목적은 강을 강인하게 만들기 위한 것이다.

② 공구강의 경도 증대, 성능 향상, 절삭성 향상, 정밀부품의 조직 안정을 위한 것이다.

③ 시효에 의한 형상 및 치수변형방지, 침탄층의 경화목적을 달성하기 위한 것이다.

담금질한 강의 경도를 증대시키고 시효변형을 방지하기 위하여 0℃ 이하의 저온에서 처리한 것을 말하며, 심냉처리는 담금질 직후 -80℃ ~-120℃의 저온에서 실시하고 심냉처리가 끝나면 곧이어 뜨임 작업을 한다.

(2) 잔류 오스테나이트의 안정화

담금질한 후 시간이 경과하거나 뜨임처리를 하면 잔류 오스테나이트는 마텐자이트로 잘 되지 않는다. 즉, 담금질 직후에 심냉처리 그 다음에 뜨임처리를 한다. 정밀도를 요구하는 금형, 게이지, 공구에는 반드시 심냉처리를 한다.

4 불림과 풀림

1. 불림(Normalizing : 소준, 燒準)

가공의 영향을 제거하며 결정립을 미세화하고, 기계적 성질을 향상시켜 강을 표준조직 (Standard structure)으로 하기 위하여 A_3, A_1 변태점 또는 Acm선보다 30 ~ 50℃ 높게 가열하여 적당 시간 유지 후 색깔이 없어질 때까지 공냉하고 그 후에 더 서냉한 열조작을 불림이라 한다.

(1) 불림의 목적

① 주조, 가열조직의 미세화

② 내부응력 제거, 피삭성을 개선한다.

③ 결정조직, 물리적, 기계적 성질이 표준화된다.

(2) 불림처리한 강의 성질

① 결정립 및 조직이 미세화되며 섬유조직이 없어지고 담금질성이 향상된다.

② 경도, 강도, 연율, 인성이 증가하고 주조과열 조직이 개선된다.

(3) 불림의 종류

① 보통 불림

필요한 불림 온도까지 상승시킨 후 일정하게 노내에서 유지시킨 후 대기 중에서 방냉한다. 바람이 불거나 따뜻한 장소라던가 추운 곳은 강의 냉각 속도가 변화되므로 주의해야 한다.

② 2단 불림

불림의 유지 온도로부터 화색이 없어지는 온도(약 550℃)까지 공냉한 후 불림상자에서 서냉하여 상온까지 냉각시킨다.

③ 항온 불림

항온 변태 곡선의 코(nose)의 온도와 비슷한 550℃ 부근에서 항온 변태를 시킨 후 상온까지 공랭시킨다. 불림유지 온도로부터 항온 변태까지의 냉각은 열풍냉각을 하며 냉각시간은 5~7분 정도가 적당하다. 이 방법을 실시하면 저탄소 합금강에 대해서는 절삭성이 향상된다.

④ 이중 불림
  ㉮ 1회 열처리 : 고온 불림(930℃까지 유지한 후 공랭하는 방법)을 하면 조직의 개선 및 편석 성분이 균일화된다.
  ㉯ 2회 열처리 : 저온 불림(820℃ 또는 A_3 부근의 온도에서 공랭하는 방법)을 하면 펄라이트 조직이 미세해진다. 차축이나 저탄소강의 강인성을 요구하는데 이 방법이 적용되며 불림 후에는 뜨임처리를 해야 한다.

2. 풀림(Annealing : 소둔, 燒鈍)

단조, 주조, 기계가공에서 생긴 내부응력제거, 열처리에 의해 경화된 재료 및 가공 경화된 재료의 연화목적으로 강재를 A_3, A_1변태점보다 30 ~ 50℃ 높게 가열 후, 일정시간 유지한 뒤 로냉(로 중에서 냉각)하는 열처리 조작

3. 풀림의 목적과 풀림 후의 성질 변화

(1) 풀림의 목적
  ① 기계적 성질, 물리적 성질의 변화
  ② 강도와 경도가 낮게 조직이 연화되고 조직의 균일 및 결정립의 미세화, 표준화
  ③ 연성이 향상(특히 상온가공에 있어서), 내부응력 제거(편석 제거)
  ④ 조직 개선, 담금질 효과가 향상된다.

4. 저온 풀림

(1) 응력제거 풀림(Stress Eelief Annealing)
단조, 주조, 기계가공, 용접, 담금질, 뜨임 등에서 생기는 강의 내부 응력을 제거하고 수소 등을 확산 방출하기 위해 A_2점 이하의 온도(600℃) 부근에서 가열 후 냉각 조작하는 것을 응력제거 풀림 또는 저온 풀림이라 한다.

(2) 중간 풀림(Process Annealing)
얇은 판(압연)이나 강선(인발) 등에 생긴 내부 응력을 제거하기 위해 600℃ 부근에서 풀림

(3) 재결정 풀림
냉간가공재에 생긴 내부 응력을 제거하기 위해 600℃로 풀림하면 재결정이 일어난다.

(4) 구상화 풀림(Spheroidizing Annealing)
0.8%C 이상에서는 망상의 시멘타이트가 존재하는데 담금질시 균열이 생긴다. 강을 A_1점 직

상 또는 직하의 온도에서 장시간 유지반복하여 망상의 시멘타이트를 구상화시키기 위한 조작으로 이는 과공석강의 기계가공성을 증가시키고 담금질 균열을 방지한다. 또한 보다 완전히 구상화시키기 위해서는 구상화 풀림 전에 불림처리를 하여 결정립을 미세화하고 난 후에 실시하는 것이 좋다. 공구강은 담금질 전에 반드시 구상화 풀림을 해야 한다.(HB180으로 떨어짐)

· 담금질 전의 예비처리
· 담금질 시의 균열 방지
· 담금질 후의 강인성 증가
· 기계가공성 향상

5. 고온 풀림

(1) 완전 풀림

일반 풀림은 A_3, A_1 상 30~50℃로 가열한 다음 적당 시간 유지 후 로냉하는 조작

(2) 확산 풀림

주조 상태 후 강괴 혹은 강편에서는 고상선 및 액상선의 현저한 온도차이로 인해 합금 성분 또는 P, S 등이 국부적 농도 차이로 인해 편석이 존재하므로 가공에 유해한 영향을 미친다. 이런 P, S의 해를 제거하기 위해서 1,050~1,200℃로 풀림을 해서 P, S 등을 입계에서 입내로 보낸다. 고온이고, 경비가 비싸므로 별로 쓰이지 않는다.

(3) 항온 풀림

담금질(풀림) 온도에서 꺼내어 S곡선의 노우즈(560℃)보다 약간 높은 온도(600~650℃)로 유지된 염욕에 넣어 항온유지하여 변태 완료 후 냉각하여 바르게 연화 풀림의 목적을 달성한다. 공구강이나 자경성이 강한 특수강을 연화풀림하는데 가장 적합하다.

5 항온 열처리

1. 강의 항온 변태와 곡선(연속 냉각곡선)

(1) 항온 냉각 변태 곡선(T.T.T곡선, S곡선)

강을 오스테나이트 상태에서 A_1점 이하의 항온까지 급냉하여 이 온도에 그대로 항온 유지했을 때 나타나는 변태를 항온변태라 한다.

- 베이나이트(Bainite) 조직
- 마텐자이트와 트루스타이트의 중간조직
- S곡선의 코와 Ms점 사이의 온도구간에 항온냉각시 나타난다.
- 열처리에 따른 변형이 적고 강도가 높고, 인성이 크다.
- 침상조직이다.
- 마텐자이트에 비해 시약에 잘 부식된다.

- 트루스타이트보다 경하고 질기다.
- 소르바이트보다 점성이 강하다.

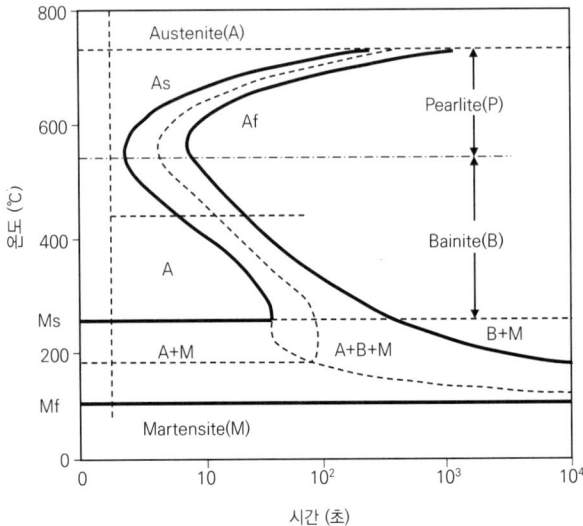

항온 변태 곡선(TTT곡선, Time-Temperature Trans for mation Curve)

2. 열처리 결함

① 탈 탄
  상태 : 경도, 내마모성, 강도저하, 담금 균열 발생
② 과 열
  상태 : 결정입자 치밀, 경도, 강도가 저하한다.
③ 변 형
  상태 : 굽거나 비틀림, 치수가 불량
④ 담금질 균열
  상태 : 내부응력이 재료강도를 넘으면 균열이 발생한다.

3. 항온 열처리의 종류

(1) 오스템퍼링 (Austempering)

오스테나이트 상태의 강을 S곡선의 코와 마텐자이트 변태 개시점(Ms)사이의 온도로 유지한 염욕에 담금질하고 과냉 오스테나이트 변태가 완료할 때까지 항온에 유지한 후 끄집어내어 공냉시켜 베이나이트 조직으로 만드는 열처리를 오스템퍼링이라 한다. 이를 혹은 베이나이트 담금질이라고도 한다. 오스템퍼링시 Ar′점 가까운 부근(S곡선 코부분)에서 실시하면 연한 상부 베이나이트 조직을 Ar″점 부근(Ms점 부근에서)실시하면 딱딱한 하부 베이나이트를 얻을 수 있다. 오스템퍼링을 하면 담금질 및 뜨임한 것보다 신율, 충격치 등이 크고 강인성이 풍부한 재료를 얻을 수 있으며, 또한 담금질 균열 및 비틀림 변형을 방지할 수 있다.

(2) 마르퀜칭(Marquenching)

마르퀜칭은 마르템퍼링과 비슷한 열처리이며 일종의 중간 담금질(interruped quenching)이다.

• Ms점($A\gamma''$점) 직상으로 가열된 항온 염욕에 담금질하여 재료의 내외부 온도가 같아지면 집어내어 공냉시켜서 $A\gamma''$변태를 진행시키는 열처리이다.

이와 같은 처리를 하면 재료의 내외부가 동시에 서서히 마텐자이트화 하기 때문에 균열이나 비틀림이 생기지 않으며 담금질 방법 중 가장 좋은 방법이다. 또한 목적에 따라서 뜨임하여 적절한 경도 및 강도를 얻을 수 있다.

마르퀜칭을 적용하려면 우선 소재의 Ms점을 알아야 한다.

Ms점 = 550 - 350C - 40Mn - 35V - 20Cr - 17Ni - 10Mo + 15Co + 30Al - 5W

(여기서 C, Mn, V………등은 원소의 무게비(%)를 나타낸다.)

(3) 마르템퍼링(Martempering)

마르템퍼링은 $A\gamma''$구역(Ms과 Mf점 사이)내에서 항온처리하는 것으로써 즉, 강을 오스테나이트 상태로부터 Ms점 이하의 염욕에 담금질해서 과냉각된 오스테나이트의 변태가 대략 완료될 때까지 유지한 후 끄집어내어 공냉하는 열처리이다. 마르템퍼링을 이용하면 마텐자이트의 뜨임과정 및 담금질응력의 제거 및 과냉각 오스테나이트의 하부 베이나이트화 등에 의하여 경도는 그다지 저하하지 않고 충격치가 높은 재료를 얻을 수 있다.

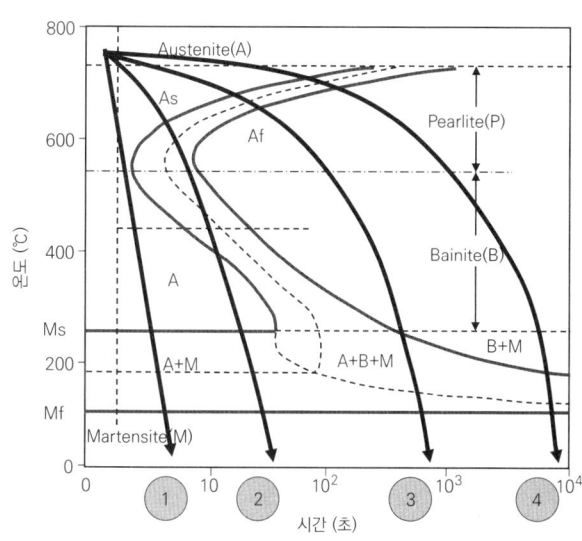

항온 변태 곡선 상에서 보는 열처리 냉각 개념

3. 강의 표면 경화 열처리

1 표면 경화법의 분류

철강제품의 표면층만을 경화시켜 경도를 높게 하며 내마모성을 높이고 내부는 안정을 가져 내충격, 내피로성을 주게 하기 위하여 실시하는 열처리를 표면경화 열처리라고 한다.

표면 경화법의 종류에는 침탄법, 청화법, 질화법, 금속침투법, 화염경화, 고주파경화, 방전 경화 등이 있다.

1. 물리적인 표면 경화법

강재의 화학성분은 변화시키지 않고 표면만 경화한다.
   ① 고주파 경화법
   ② 화염 경화
   ③ 하드 페이싱
   ④ 쇼트 피이닝

2. 화학적인 표면 경화법

강재표면의 화학성분을 여러 가지 원소의 확산에 의해 변화시켜 경화층을 얻는다.
   ① 침탄법
   ② 질화법
   ③ 청화법
   ④ 침유법
   ⑤ 금속 침투법

2 물리적인 표면 경화법

1. 고주파 경화법(Induction hardening)

표면 경화처리로서의 고주파 열처리의 목적은 기계구조부품의 표면을 경화하여 내마모성 향상과 기계적 성질(내피로성)을 높이는 것이다. 코일에 고주파 유도 전류를 이용하여 재료 표면을 급가열, 냉각시켜 표면층을 경화하는 열처리 방법으로 탄소 0.4% 이상의 고탄소강을 사용한다. 고주파 전류를 1차 쪽에 통과시켜 2차 쪽에 강재 부품을 놓으면 표피효과(skin effect)에 의해 극히 얇은 표피에 맴돌이 전류가 유도되어 표피가 가열한다.

   ① 10초~5분 정도(10초에 100℃ 올림) 짧은 시간에 담금질온도로 가열한다.

② 고주파 전류:500 ~ 1500Hz, 출력:50 ~ 150kW, 1차쪽 전류:600 ~ 15000A
③ 표피산화, 탈탄, 결정입자 미세화 등이 일어나지 않는다.
④ 전체 변형은 작으나 급열, 급냉으로 인한 재료 변형이 일어난다.

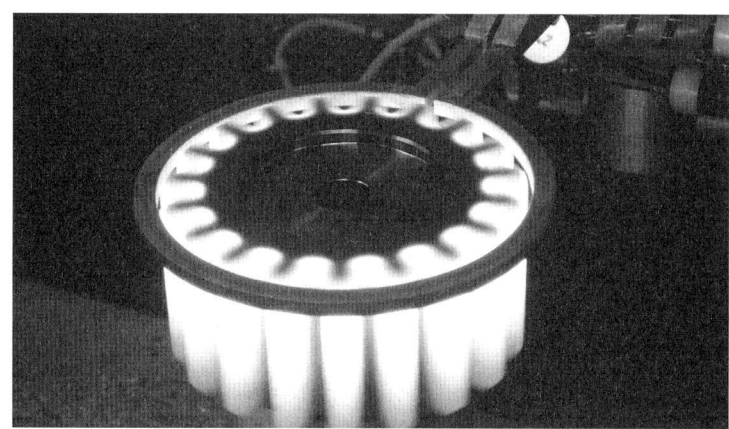

- 고주파처리의 특징
  ㉮ 급열, 급냉으로 작업시간이 짧고 비접촉 부분 가열이므로 다른 부분에 영향이 없으며 국부 또는 전체 처리가 가능하다.
  ㉯ 직접 가열로 열효율이 좋고 표면은 최고의 경도가 되고 내부는 인성이 풍부하기 때문에 동적강도가 크고 내마모, 내피로성이 향상된다.
  ㉰ 열처리 시간이 매우 짧아 단시간 가열로 산화피막, 탈탄현상, 변형이 적다.
  ㉱ 내마모, 내피로성을 향상시킨다.
  ㉲ 피가열물의 재질에 대한 제한이 적지만 부품의 형상과 소재가 제한적이다.
  ㉳ 설비비용이 많이 들지만 작업환경이 좋다.
  ㉴ 자동화가 용이하며 기계 가공라인과의 연결이 가능하다.

- 유도 가열 경화법
  ㉮ 저주파 : 아주 깊게 경화시키는 열처리, 용해 시간이 길면 녹음
  ㉯ 중주파
  ㉰ 고주파 : 표면(기어의 치면은 대표적인 고주파 경화)

- 고주파 담금질 시 주의할 점
  고주파수의 운전 및 조작은 기기마다 조금씩 차이가 있으나 특히 감전 사고에 유의해야 하며 다음은 감전사고의 방지책에 관한 것이다.

㉮ 고주파 전원 발진장치는 안전한 케이스로 덮어씌우고 각 부분은 충분한 절연을 한다.

㉯ 유도자와 강재물품의 틈새는 쇼트되지 않도록 한다.

㉰ 접지(earth) 공사를 완전히 해야 한다.

㉱ 기기장치를 수리할 때는 반드시 전원이 차단되어 있는지를 확인하고 나서 작업을 한다.

㉲ 기타 고압전력에 대한 각종의 예비대책을 세운다.

2. 화염(불꽃) 경화법(Flame hardening)

산소-아세틸렌가스, 프로판가스 또는 천연가스 등을 열원으로 한 가스 불꽃을 사용하여 0.4~0.5%C의 탄소강 표면을 급가열한 후 담금질 온도에 이르렀을 때 냉각수로 급냉시켜 표면만 경화시킨 열처리 방법으로 재료의 표면에 큰 마멸작용과 충격을 동시에 받는 부품 등에 사용되는 열처리이다. 급냉 방법은 유관 주수식에 의해 하며 아무리 큰 강재라 할지라도 쉽게 응용할 수 있다. 선반의 베드, 미끄럼면, 공작기계 등에 사용하며 단점으로 온도를 정확히 측정할 수 없어 작업자의 경험 즉, 온도에 따른 강재의 색에 의해 구분한다.

① 산소-아세틸렌 혼합비=1:1이 가장 좋다.

② 화염경화법의 장점

㉮ 주철, 주강, 특수강, 탄소강 등 거의 모든 강제품에 담금질할 수 있다.

㉯ 노안에 장입할 수 없는 대형부품의 부분 담금질도 가능하다.

㉰ 전용 담금질 장치를 제외하고 가열장치의 이동이 가능하다.

㉱ 장치가 간단한 편이고 다른 담금질 방법에 비해서 설비비가 저렴하다.

㉲ 부분 담금질이나 담금질 깊이의 조절이 가능하다.

㉳ 담금질 균열이나 변형이 적다.

㉴ 기계가공을 생략할 수 있다.

⑭ 강재의 표면은 경화되고 내마모성이 우수하다.

㉑ 강재의 부품은 동적강도가 크고 기계적 성질이 우수하다.

㉚ 간단한 소형부품은 용접용 토치로도 담금질이 가능하다.

③ 화염경화법의 단점

㉮ 가열온도를 정확하게 측정할 수 없으므로 담금질 조작에는 숙련이 필요하다.

㉯ 화구(nozzle)의 설계가 정밀해야 한다.

㉰ 불꽃의 세기 조절이 힘들다.

㉱ 급속한 가열이므로 복잡한 형상의 것이나 모서리가 있는 부분은 치수의 변형이 생기기 쉽다.

㉲ 가스의 취급 및 조작방법에 위험이 따른다.

3 침탄법

1. 침탄경화(Carburizing)

0.18%C 이하의 저탄소강의 표면에 탄소를 침투확산시켜 고탄소강으로 만든 다음 이것을 담금질하여 경화시키는 방법이다. 기어, 베어링, 샤프트, 캠 등과 같은 기계부품에서는 부품 전체의 인성이 요구됨과 동시에 마모에 견디어야 하므로 표면이 단단해야 한다. 철강 속에 탄소를 첨가하면 경도가 올라가는 성질을 이용하여 재료의 표면에 탄소를 침입시켜 표면층만을 경화시키는 것이 침탄이다.

① 침탄처리에 사용되는 종류에 따라 고체, 가스, 액체침탄법이 있다.

② 강의 침탄시 침탄 방지할 곳의 처리 : Cu 도금을 한다.

③ 침탄층 측정법은 초음파 탐상법(초음파 시험법) 등이 있다.

(1) 침탄강의 구비조건

① 저탄소강이어야 한다.(C0.18% 이하로 SM20C까지)

② 강괴 주조시 완전을 기해야 하며 표면에 흠이나 결점이 없어야 한다.

③ 침탄용 강(SM9CK, SM10CK, SM15CK)

④ 고온에서 장시간 가열하더라도 입자가 성장하지 않는 강을 선택해야 한다.

(2) 침탄 방지

① 진흙을 바른다.(탄소 흡수)

② 청화동액을 붓으로 칠한다.(콘듀샬)

③ 가공여유를 크게 잡고 절삭시킨다.

(3) 침탄강의 열처리

① 제1차 담금질

조대화된 중심부를 미세화하기 위하여 A_{C_3} 상 또는 850~900℃에서 적당시간 유지 후 급냉

② 제2차 담금질

　　표면부를 경화시키기 위해 A_{C1} 상 또는 770~800℃에서 적당시간 유지 후 급냉

③ 뜨임 : 150~200℃

대표적인 침탄강

종류	기호	성분(%)					담금질		뜨임
		C	Mn	Cr	Ni	Mo	1차	2차	
탄소강	SM9CK SM15CK	0.10 0.15	0.5 0.5	- -	- -	- -	900℃ 유냉	780℃ 수냉	180℃ 공냉
크로뮴강	SCr21 SCr22	0.15 0.20	0.7 0.7	0.1 0.1	- -	- -	880℃ 유냉	880℃ 유냉	170℃ 공냉 180℃ 공냉
크로뮴몰리브데넘강	SCM21 SCM22 SCM23	0.15 0.20 0.20	0.7 0.7 0.9	1.0 1.0 1.0	- - -	0.2 0.2 0.2	880℃ 유냉	830℃ 유냉	180℃ 공냉
니켈크로뮴강	SNC21 SNC22	0.15 0.15	0.5 0.5	0.4 0.8	2.3 3.2	0.2 0.2	870℃ 유냉 860℃ 유냉	780℃ 수냉 780℃ 유냉	180℃ 공냉
니켈크로뮴몰리브데넘강	SNCM21 SNCM22 SNCM23 SNCM25 SNCM26	0.20 0.15 0.10 0.20 0.16	0.8 0.6 0.6 0.4 1.0	0.5 0.5 0.5 0.9 1.6	0.6 1.8 1.8 4.3 3.0	0.2 0.2 0.2 0.2 0.5	880℃ 유냉 880℃ 유냉 880℃ 유냉 850℃ 유냉 880℃ 유냉	880℃ 유냉 880℃ 유냉 880℃ 유냉 780℃ 유냉 800℃ 유냉	180℃ 공냉 180℃ 공냉 180℃ 공냉 180℃ 공냉 150℃ 공냉

2. 고체 침탄법(Pack Carbarizing)

목탄, 코크스, 골탄 등의 침탄제와 탄산바륨($BaCO_3$), 탄산소다($NaCO_3$) 등의 침탄촉진제를 6 : 4의 비율로 배합하여 침탄로 중에서 900 ~ 950℃로 가열하여 4 ~ 6시간 유지 후 재료 표면에 0.5 ~ 2.0mm 침탄층을 얻음

　① 침탄제 : 목탄, 입상 Coke, 골탄 등이 있다.

　② 침탄촉진제 : $BaCO_3$, $NaCO_3$ 등이 있다.

　③ 가열온도시간 : 900~950℃로 4~6시간이다.

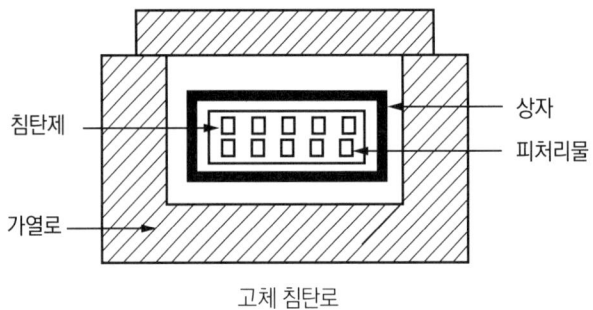

고체 침탄로

3. 액체 침탄법(Liquied Carburizing, 침탄질화법, 시안화법, 청화법)

KCN, NaCN 등을 K_2CO_3, Na_2CO_3, KCl, NaCl 등과 사용하여 상자에 넣고 550℃ 이상으로 가열하여 용액을 만들어 이 용액을 800 ~ 900℃로 가열 후 용액 중에 재료를 침적시켜 침탄, 질화 등을 동시에 침투 확산시킨 방법이며, 990℃에서 30분 처리하면 0.3mm 정도 얻음(처리 온도가 높을수록 깊어진다).

① 침탄제 : 시안화칼륨(KCN), 시안화나트륨(NaCN), 페로시안화칼륨($K_4Fe(N)_6 3H_2O$)
② 침탄 촉진제 : 탄산칼륨(K_2CO_3), 시안화나트륨(NaCN), 염화칼륨(KCl), 염화나트륨(NaCl)

> ■ 많이 사용되는 침탄제
> NaCN(54%), NaCO3(44%), 기타(2%)

③ 침탄 깊이는 800~900℃로 20 ~ 30분 ⇒ 0.1~0.5mm
④ 저온처리는 700℃ 이하로 질화가 일어나고 고온처리는 800℃ 이상에서 침탄이 일어난다.
⑤ 액체 침탄법의 장·단점
　㉮ 가열균일, 제품변형방지
　㉯ 온도조절이 용이하고 산화방지로 가공시간이 절약된다.
　㉰ 침탄제 값이 비싸고 침탄층이 얇고 발생가스가 유해하다.

4. 가스 침탄법(Gas Carburizing)

주로 작은 강제품에 이용되어 천연 가스, 프로판 가스, 부탄, 메탄, 에틸렌 가스 등을 변성로에 넣어 질소를 촉매로 하여 침탄 가스로 변성시킨 후 가열로 중에 다시 불어 넣어 침탄처리한다.

① CO나 CH_4(메탄)이 주 침탄제 역할을 한다.
② 침탄온도는 1,000 ~ 1,200℃가 많이 사용한다.
③ 가스침탄시 촉매로 쓰는 원소는 질소이다.

4 질화법(Nitriding)

암모니아(NH_3)를 고온으로 가열하면 NH3⇌N+3H+로 되어 이 때에 발생기의 질소와 수소로 분해되는데 질소를 강의 표면에 침투확산시켜 경화하는 방법이다. 질화강은 질화에 따른 표면경화를 목적으로 한 저합금특수강으로 Cr-Mo계, Cr-Mo-Al계, Cr-Mo-V계, Ni-Cr-Al계 등이 대표적이고 Al, Cr은 표면층경화용이며 Mo, V는 질화층의 강인화용이다. 침탄표면 담금질강보다 단단하고(표면경도 Hv는 침탄이 700 ~ 800, 질화가 900 ~ 1200) 250℃ 이상에서 연화하는 침탄강에 대해 500℃에서도 경도를 유지하기 때문에 고속내연기관의 실린더 라이너, 연료펌프 플런저, 특수기어 등에 이용된다.

① 질화처리는 520 ~ 550℃에서 50 ~ 100시간 유지하여 질화처리된다.
② 주철, 탄소강 및 Ni, Co 등을 함유한 강은 질화하여도 경화되지 않는다.
③ Al, Cr, Ti, V, Mo 등을 함유한 강은 심하게 경화한다.
④ 내마모성, 내식성이 있고, 고온에서 안정된다.
⑤ 침탄보다 시간이 많이 걸리고 비용이 많이 든다.
⑥ 질화된 경화면은 은회색의 빛을 띠며 단단하다.

1. 침탄법과 질화법의 비교

침 탄 법	질 화 법
1. 경도는 질화법보다 낮다.	1. 경도는 침탄층보다 높다.
2. 침탄 후 열처리가 필요하다.	2. 질화 후 열처리는 필요하다.
3. 침탄 후에도 수정이 가능하다.	3. 질화 후에는 수정이 불가능하다.
4. 같은 이에서는 침탄처리 시간이 짧다.	4. 질화층을 깊게 하려면 장시간 걸린다.
5. 경화로 인한 변형이 생긴다.	5. 경화로 인한 변형이 적다.
6. 고온이 되면 뜨임이 되어 경도가 저하된다.	6. 고온이라도 경도고 저하되지 않는다.
7. 침탄층이 질화층처럼 여리지 않다.	7. 질화층이 여리다.
8. 담금질강은 질화강처럼 강의 종류에 제한이 적다.	8. 강의 종류에 제한을 받는다.

5 금속 침투법(Metallic Cementition)

피복하고자 하는 재료를 가열하여 그 표면에 다른 종류의 피복 금속을 부착시키는 동시에 확산에 의해서 합금 피복층을 얻는 방법으로 주로 철강재료에 Zn, Cr, Al 등을 피복에 확산시켜서 내식성, 방청성, 내고온 산화성 등의 화학적 성질을 향상시키고 표면 경도를 증가시키는 방법이다.

> ■ 금속 침투법의 목적
> · 내식성, 방청성, 내고온 산화성 등의 화학적 성질을 향상시켜 주는 동시에 경도가 증가되는 효과를 얻는다.

철강에 대해 확산피복하는 주요 금속 및 성질

피복 금속	확산피복법	성질
Zn	① 용융도금의 가열 ② 아연 분말 중에서 가열(Sherardizing) ③ (ZnO + 환원제) 중에서 가열 ④ 아연용사의 가열	대기 중의 부식 방지에 적합하다.
Al	① Al 또는 Fe-Al 분말과 flux와의 혼합물 중에서 가열(Calorizing) ② 용융도금법 ③ Al 용사층의 가열 ④ Al 합판의 가열	고온산화 방지에 적합하다. 함유황의 고온 분위기에 대해서 저항력이 크다.
Cr	① Cr 또는 ferrochrome(Fe-Cr) 분말 중에서 가열 ② 염화 Cr법 ③ Cr 용사층의 가열 ④ 용융염 용사법	내식성 우수 경질피복
Si	① Si, ferrosilico, 탄화규소와 flux와의 혼합물 중에서 가열 ② 연화 소법	질산, 염산, 묽은산에 대한 내식성 우수
B	붕소(B) 또는 ferroboron 분말 중에서 700℃ 이상으로 가열	경질피복 모든 농도의 염산에 대한 내식성이 크다.
Be	Be 또는 Fe-Be 분말 중에서 600℃ 이상에서 가열	극히 경도가 높고 방식성 있다.
Mo	Mo 또는 Fe-Mo 분말 중에서 1300℃에서 가열	극히 경도가 높고 내식성 우수
W	W, Fe-W 또는 WC 분말 중에서 800℃ 이상에서 가열	극히 경도가 높고 내유산성 우수
V	Fe-V 분말 중에서 900℃ 이상에서 가열	극히 경도가 높고 내질산성 우수
Ti	Fe-Ti 분말 중에서 800℃ 이상에서 가열	표면경화에 적당하다.
Sb	Sb 분말 중에서 350℃ 이상에서 가열하거나 또는 용융도금법	염산 또는 묽은 유산에 대한 내식성이 크다.
Ta	Fe-Ta 분말 중에서 800℃ 이상에서 가열	경도가 크다. 묽은 염산 및 유산에 대한 내식성이 좋다.

1. 세라다이징(Sherardizing : Zn 침투법, 내식성)

아연(Zn)을 침투 확산시킨 방법으로 청분(blue powder)을 300메시(mesh) 정도의 가는 Zn 분말 속에 경화시키고자 하는 재료를 묻고 보통 300 ~ 400℃로 1 ~ 5시간 동안 두께 0.015mm 정도의 경화층을 얻는 방법으로 균일한 두께의 피막을 얻을 수 있어 나사산이 만들어진 볼트, 너트 등의 방청용에 적합하다.

2. 크로마이징(Chromizing : Cr 침투법, 내식·내마모성)

강의 표면에 크로뮴(Cr)을 침투 확산시키는 방법으로 도금할 재료를 침투제인 Cr 분말(Al_2O_3를 20 ~ 30% 첨가)속에 묻고 환원성 또는 중성 분위기 중에서 980 ~ 1,070℃로 8~15시간 가열해서 Cr을 침투시키고 강 표면에 Cr_2O_3의 피막을 형성한다.

Cr이 침투된 표면층은 높은 Cr의 특성을 강 표면에 갖게 되므로 스테인리스강의 성질을 갖

게 되어 내식, 내열, 내마모성, 경도가 증가한다.(절삭공구에 이용해서 공구의 수명을 2~3배 증가)

3. 칼로라이징(Calorizing : 알리티어링, Al 침투법)

철강의 표면에 알루미늄(Al)을 침투 확산시키는 방법으로 Al 분말을 소량의 염화암모늄과 혼합시켜 피경화재료와 같이 회전로 중에 넣고 중성 분위기를 만든 후 850 ~ 950℃에서 4 ~ 6시간 가열 후 노에서 꺼내어 다시 950 ~ 1,050℃에서 12 ~ 40시간 가열하여 Al을 침투 확산시키는 방법으로 고온 산화에 견디는 부품에 사용한다.

4. 실리코나이징(Siliconizing : Si 침투법)

강의 표면에 내식성을 증가시킬 목적으로 규소(Si)를 침투 확산시켜 열, 부식, 마모, 내산성을 향상시킨다.

5. 보로나이징(Boronizing : B 침투법)

강재의 표면에 B(붕소)를 침투 확산시켜 경도가 높은 층을 형성시키는 표면 경화법이다.(Hv 1,300 ~ 1,400) 붕소처리에 의한 경화 깊이는 약 0.15mm이며 처리 후 담금질이 필요하지 않으며 각종 강재에 적용이 가능하다.

6. 텅스텐나이징(Tingstenizing : W 침투법)

철강에 텅스텐(W)을 침투 확산시켜 경도 및 내마모성 증대함

6 기타 표면 경화법

1. 쇼트 피닝(Shot peening)

표면 냉간 가공의 일종으로 금속재료 표면에 고속력으로 강철의 작은 입자(0.5 ~ 1.0mm)를 분사시켜 금속의 표면층을 가공경화에 의해 경화시키는 방법이다. 쇼트 피닝을 한 재료는 인장이나 압축에는 큰 영향이 없지만 휨이나 비틀림의 반복응력에 대해서는 피로한도를 뚜렷하게 증가시킨다. 사용범위는 스프링, 축, 핀 등의 표면가공에 사용된다.

쇼트 피닝의 종류

절단 쇼트				주조 쇼트			
경강선		피아노선		주철		주강	
치수	경도	치수	경도	치수	경도	치수	경도
0.4~2.0	48~36	0.4~2.0	48~36	0.07~4.57	56~48	0.44~2.83	56~26

2. 방전 가공법(Spark hardenig)

방전현상을 이용하여 강의 표면을 침탄, 질화시키는 방법이며 전압 120V로 50~70μ 두께의 경화층이 얻어진다. 경화층의 경도는 Hv1,400 ~ 1,600에 달하므로 내마모성이 향상되고 공구수명이 증가된다.

3. 하드 페이싱(hard facing)

마모되기 쉬운 금속의 표면에 스텔라이트(Co-Cr-W-C계 합금), 경합금 등을 융착시켜 표면 경화층을 만드는 방법으로 용착방법으로는 가스용접, 전기용접, 금속용사(화염용사, 플라즈마제트염 용사 등이 있다.

4. 금속용사법

철강의 표면에 Zn, Al 등의 용융금속을 압축공기가 금속을 분무상으로 물체의 표면에 분사하여 금속의 피복층을 만들어 주는 방업이다. 내마모성, 내식성, 내열성 향상, 절연 등의 목적으로 사용되고 있다.

5. 개량처리법

실루민에 나트륨이나 플루오르소다와 같은 제3원소를 소량 첨가하여 조직을 미세화해서 섬유상 조직을 발달시켜 기계적 성질을 개량하는 처리이다.

Ⅳ
비철금속재료

1. 비철금속재료의 개요 및 분류

비철금속은 철 및 철을 주성분으로 하는 합금 이외의 모든 재료를 가리키는 것으로 구리, 알루미늄, 마그네슘, 니켈, 금, 은, 타이타늄, 몰리브데넘 등을 말한다.

(1) 비철금속재료는 순금속 및 합금상태에서 색상이 아름답고 강도나 내식성이 높다.

(2) 철강재료는 대부분 급냉에 의해 강화되지만 비철재료는 과포화고용체의 시효에 의한 석출로 강화된다.

(3) 구조재의 사용과 경량성을 이용한 항공기, 접합용 재료, 건축재나 장식용 등 폭넓은 분야에 활용되는 재료이다.

(4) 신소재인 형상기억합금, 원자력, 수소흡장, 초전도, 자성, 반도체, 생체재료 등의 합금재료로 이용된다.

비철금속의 분류

2. 구리 및 그 합금의 특성과 용도

1 구리의 성질 및 제조

구리(Coupper)는 원소기호 Cu, 원자번호 29, 비중 8.96, 면심입방의 결정구조를 가지고 용융온도는 1085℃이다. 가공이 용이하고 내식성도 우수하며 비교적 강도도 강하다. 또 철이나 알루미늄과 같이 많이 사용되고 있는 비철금속으로 무르면서 연성이 풍부하여 아주 가느다란 실처럼 뽑을 수도 있고, 전성이 좋아 얇은 판으로 만들 수 있으며, 전기 및 열전도성이 우수하고 잘 휘어지는 특성이 있어 전선과 코일 제작에 많이 사용되고 있고 비자성이며 쉽게 납땜과 브레이징에 사용될 수 있다. 구리에 아연이나 주석, 알루미늄, 니켈 등을 첨가하여 합금으로 만들면 기계적성질이 향상되고, 또 철강보다 내식성이 좋으므로 공업분야에서 널리 쓰이고 있다.

(1) 구리의 장점과 특징

① 전기 및 열의 전도성이 우수하고 유연하며 전연성이 좋아 가공성이 용이하다.
② 화학적 저항력이 커서 부식저항이 크며, 아름다운 광택을 가진다.
③ Zn, Sn, Ni, Mg 등과 합금이 용이하며 귀금속 성질을 갖는다.
④ 구리의 특성상 산소와 결합시 산화되어 피막을 형성하여 전기적 특성을 나쁘게 하므로 이를 방지하기 위해 도금처리를 한다.
⑤ 구리가 알루미늄보다 열전도성이 좋지만 경제성을 고려해 알루미늄이 주로 사용된다.

(2) 물리적 성질

1) Cu의 물리적 성질(99.99%Cu)

원소기호	결정격자	격자정수 (nm)	밀도 293K (kg/㎥)	융점 (K)	비열 293K (J/kg·K)	선팽창율 273~373K (K^{-1})	열전도율 293K [W/(m·K)]	전기저항율 293K (nΩ·m)	색채
Cu	면심입방격자	0.36147	8.93×10^3	1356	385	17.1×10^{-6}	394	16.78	적색

2) 전기전도율은 합금원소를 첨가하면 감소한다.
   ① 도전율 및 열전도율은 Ag 다음으로 높다.
   ② 도전율을 감소시키는 원소 : Ti, P, Fe, As
3) 비저항(比抵抗)
   ① 온도상승에 따라 증가하고 상온가공에 의해 2~3% 정도 증가한다.
   ② 고용체로서 녹는 불순물의 비저항에 미치는 영향은 가공법의 법칙에 따라 변한다.
4) 구리는 비자성체이나 Fe을 0.04% 함유하면 상자성으로 된다.
5) 면심입방격자(F.C.C)이며, 변태점 및 쌍정이 없고, 격자상수는 3.608Å이다.

- 동광석에는 적동광, 황동광, 휘동광, 반동광 등이 있다.

6) 고유의 담적색이나 공기 중에서 표면이 산화되어 암적색이 된다.

(3) 기계적 성질

1) 화학성분(불순물의 함유량)과 열처리 및 가공상태에 따라 현저히 다르다.

순동의 기계적 성질

상태	인장강도 (N/mm²)	연신(%) (l=50mm)	(%)	경도 브리넬	경도 쇼어
주조한 그대로의 상태	150~200	15~20	40~70	30~55	-
상온에서 압연한 것 (40% 가공)	340~360	5	8	65~75	20~25
압연 후 풀림한 것	220~250	40~60	40~70	35~40	6~8

동판의 규격 KS D 5201

종류	질별	기호	Cu (%)	인장강도 (N/mm²)	연신 (%)	참고	
C1020	연질	C1020P-0	99.96 이상	195 이상	35 이상	무산소동	전기용, 화학공업용
C1100	연질	C1100P-0	99.90 이상	195 이상	35 이상	터프피치동	증류, 건축용
C1201	연질	C1201P-0	99.90 이상	195 이상	35 이상	인탈산동	욕조, 탕비기, 화학공업용, 건축용
C1221	연질	C1201P-0	99.90 이상	195 이상	35 이상	인탈산동	

2) 인장강도

　① 온도가 상승하면 인장강도는 낮아진다.

　② 상온가공에 의해서 경도와 인장강도는 풀림하였을 때보다 약 2배 증가한다.

　③ 가공도에 따라 증가(가공도 70~80% 부근에서 최대)하며 상온가공 후 풀림을 한다.

　　　•완전 풀림 온도(600~650℃)　•열간 가공 온도(750~850℃)

3) 연신율

　① 가열하면 온도 상승에 따라 감소되어 500~600℃에서 최저가 되며 그 온도 이상에서는 급격히 증가한다.

　② 700℃ 이상으로 가열하면 결정입자가 성장하여 크게 거칠어지며 연신율이 감소한다.

4) 가공도

　① 질이 연하고 가공성이 풍부하여 냉간가공에 의해 적당한 강도를 부여한다.

　② 가공재를 풀림하면 100~200℃에서 연화하기 시작하여 250~350℃에서 완료된다.

　③ 소성변형에 의해 90% 이상의 단면감소가 가능하다.

　④ 가공도에 따라 연질. 1/4 경질, 1/2 경질, 경질 등으로 구분한다.

(4) 화학적 성질

1) 상온의 건조한 공기 중에서는 산화하지 않고 자연수 중에서 보호피막이 형성되기 쉽고 부

식율이 적다.

2) 해수(海水)에서는 유속(流速)이 작을 때 내식성이 좋고, 부식율은 0.05mm/년 정도다.

3) 중성염류 수용액에서는 비교적 강하다.

4) 수소병(hydrogen embrittlement, 수소취성, 수소메짐성, 환원메짐성)

① 수소를 함유한 환원성 분위기 속에서 Cu를 가열하면 Cu 중에 약간 존재하는 Cu_2O가 수소에 의해서 $Cu_2O + H_2 \rightarrow 2Cu + H_2O$로 반응을 일으키고 그 때 발생하는 수증기가 결정립계에서 팽창하여 갈라지는 현상을 말한다.

② 산소를 품는 정련동에서 가끔 나타난다.

③ 수소취성 온도는 650~850℃이며 900℃ 이상이 되면 수소취성이 없어진다.

(5) Cu 중에 함유된 불순물의 영향

1) As : 0.5%까지는 소성을 해치지 않으나 전기전도율이 감소된다.

2) Bi, Pb : Bi는 0.02% 이상, Pb는 0.05% 이상이 되면 고온취성을 일으킨다.

3) O_2 : 수소용해도의 감소로 순도를 높인다.

4) Fe : 3.0~4.0%를 고용하며 1.0%를 초과하면 굳고 여리다.

5) S : Cu_2S로서 구리와 공정을 만들며 0.25% 정도에서 냉간가공이 안된다.

6) Sb : 소량 첨가시는 경도를 증대하나 소성을 해치며 5.0%는 전기전도율을 해친다.

(6) 구리의 제조

구리광석은 철이나 아연, 납, 금, 은 등의 광석과 함께 산화물이나 활화물로 산출되는데 구리 정련에는 황동석과 휘동석이 쓰인다.

1) 동광석(구리가 함유되어 있는 광석)의 종류

① 황화광(黃化鑛)의 종류(가장 중요하다.)

황동광($CuFeS_2$), 반동광($3Cu_2S \cdot FeS_3$), 휘동광($3Cu_2S \cdot Cu(OH)_2$), 4면동광(Cu_3SbS_3), 황규동광(Cu_2AsS_4) 등이 있다.

② 산화광(酸化鑛)의 종류

공작석($CuCO_3 \cdot Cu(OH)_2$), 염광동($2CuCO_3 \cdot Cu(OH)_2$), 규공작석($CuSiO_3 \cdot 2H_2O$), 적동광(Cu_2O) 등의 광석이 있다.

③ 자연동(自然銅)

2) 동광석의 품위

① 조동은 98~99.5%Cu를 함유하고 전기동은 99.96%Cu를 함유한다.

② 보통 2.0~4.0%Cu의 것을 선광(選鑛)하여 품위를 20% 이상으로 제련한다.

3) 동광석의 제련법

① 광석은 선광을 거쳐 필요에 따라 배소(焙燒), 소결(燒結), 단광(團鑛) 등의 처리를 한 다음 용광로 또는 반사로 등에서 용융제련을 한다.

② 건식법(pyrometallurgical process)
  ㉮ 약 90%의 Cu가 황동광의 건식제련에 의해서 얻어진다.
  ㉯ 용융제련에 의하여 구리는 황화물의 상태로 농축된 Matte로 된다.
  ㉰ 건식제련은 황화물의 산화과정이 특징이며, 이때 S, Fe 등을 제거하면서 그 산화발열을 이용한다.
  ㉱ 조동(粗銅, Blister copper)
     용융 Matte를 다시 전로작업에서 공기산화에 의해 Fe, S을 제거하면 조동이 된다.
  ㉲ 전기동(電氣銅)
     조동을 전해정련하여 정제된 순수한 전기동(純銅)을 얻으며 취약하므로 반사로에서 재정련하여 강인동으로 만든다.(99.95% 정도의 순도)
③ 습식법(hydrometallurgical process)
  ㉮ 주로 저품위광에 이용되며 동광석을 배소하여 황산동 또는 염화동으로 한다.
  ㉯ 산화광은 황산으로 처리하여 구리분을 용해해서 이 용액을 정화하여 화학적 또는 전기화학적 방법으로 금속동을 얻는다.

2 구리의 종류

1. 전기동(electrolytic copper)

전기분해하여 음극에서 얻어지는 구리로 순도는 높으나 취성이 있고 동지금(銅地金)으로 판매된다.

1) 순도 99.95% 이상으로 높으나 수소, 유황 등의 불순물을 포함하여 가공이 어렵다.
2) 산화에 의한 용융정련을 하여 형동을 만들어 판매하기도 한다.

2. 전해인성 구리(정련동, electrolytic tought-pitch copper)

전기동을 용융정제하여 얻은 동으로 폴링이라 하며 생송목(生松木)을 용융동 중에 투입하여 탈산시켜 0.02~0.04% 산소를 남긴 동이다.

1) 용해할 때 노내 분위기를 산화성으로 해서 용융 구리 중의 산소 농도를 증가시켜 H함유량을 저하시킨 후 생목을 용융 중에 투입하는 poling을 하여 탈탄시킨 동이다.
2) 전기동을 용융정제하여 Cu 중에 O_2를 0.02~0.04% 정도 남긴 정제동으로 표준조성은 99.92% Cu-0.03% O_2이다.
3) 전도성, 내식성, 전연성, 강도 등이 우수하여 공업용에 많이 사용된다.

3. 무산소 구리(OFHC, oxygen free high conductivity copper)

진공 속 또는 수소나 일산화탄소가스 등의 환원가스로 용동 속의 산소를 방출시키고 0.02%

이하로 한 것이다.

1) 산소나 P, Zn, Si, K 등의 탈산제를 품지 않는 것으로 전기동을 진공 또는 무산화 분위기에서 정련주조한 것으로 정련동과 탈탄동의 장점을 갖춘 동이다.

2) O_2나 탈산제를 품지 않는 Cu이며 산소함유량은 0.001~0.002% 정도이다.

3) 전해정련된 음극 Cu를 용해하고 CO 및 질소가스의 환원성 분위기에서 O_2가 Cu에 들어오는 것을 방지하면서 주조하면 무산소구리를 만들 수 있다.

4) 전기전도도가 극히 좋고 가공성이 우수하므로 전자기용으로 사용한다.

4. 탈산 구리(deoxidized copper)

O를 P로 탈산시킨 동(P_2O_5)이며 잔류 산소량 0.01% 이하, 잔류 인량을 0.02% 남긴 동으로 전기전도도는 약간 저하하나 변화온도가 높으므로 용접봉에 사용한다.

1) 용해시 흡수된 O_2를 인(P)으로 탈산하여 O_2를 0.01% 이하로 한 것으로 고온에서 수소취성이 없고 산소를 흡수하지 않으며 용접성이 좋아 가스관, 열교환관 등으로 사용한다.

2) 연화온도가 약간 높으므로 용접용으로 적합하다.

3) 판재, 가스관, 열교환관, 중유버너용 관 등에 사용한다.

3 황동(brass, 黃銅, 놋쇠, Cu-Zn)

구리(Cu)에 아연(Zn)을 주성분으로 한 Cu-Zn계의 합금으로 황금빛을 띠는 구리합금이며 일명 놋쇠 또는 신주라고도 한다. 주조하기 쉽고 가공성과 내식성이 좋으며, 미려하고 가격도 비교적 저렴한 편으로 널리 이용되고 있으며 일반적으로 30~40% Zn을 함유한다.

1. 황동의 조직

1) Cu에 Zn을 첨가하면 용융점이 낮아지고 합금은 공정반응에 의해 $α, β, γ, δ, ε, η$ 의 6상이 존재한다.

2) 동소체는 $α, β, γ$ 의 고용체를 가지며 공업용으로 사용되는 것은 Zn이 45% 이하로 실용되는 조직은 $α$-고용체와 $α+β$의 2개의 상이 이용된다.

3) $α$ 상은 Cu에 Zn(32.5% 함유)이 고용된 상이며 연하고 인성이 크며 주조품에서 풀림쌍정이 일어난다.

4) $β$ 상은 Cu에 Zn(32.5~38.0% 함유)이 고용된 상이며, 인장강도, 경도가 $α$ 상보다 크고 인성과 내식성이 떨어진다.

5) $γ$ 상은 Zn이 약 50% 이상인 경우에 고용체를 형성하며, Cu_2Zn_3의 화합물을 모체로 하는 고용체로 매우 여리다.

2. 황동의 성질

(1) 물리적 성질

1) 비중

　① Zn 함유량의 증가에 따라 직선적으로 감소하며 Zn 40%에서 8.39이다.

　② 풀림이나 금형주조한 Zn 50% 구리합금의 비중은 약 8.29까지 직선적으로 강하한다.

2) 전기(열)전도율

　① Zn 40%까지는 고용체 특유의 낮은 값을 나타낸다.

　② Zn 40% 이상이 되어 β상이 나오면 전도율은 상승하여 Zn 50%에서 최대가 된다.

3) 순수황동은 자성이 없으나 Fe이 불순물로서 소량 첨가되면 자성을 나타낸다.

(2) 기계적 성질

1) 인장강도

　① Zn 함유량의 증가에 따라 증가하고 β상이 나타나면 더욱 증가한다.

　② Zn 40%(β상)에서 최대가 되며 γ상이 나타나면 급감된다.

　③ Zn 50% 이상의 황동에서는 취약하므로 구조용재로는 부적합하다.

2) 연신율

　① Zn 함유량의 증가에 따라 증가하고 Zn 30% 부근에서 최대가 된다.

　② Zn 40~50%(β 상에 가까우면)가 되면 급감한다.

　③ 온도상승에 따라 감소되며 500℃ 부근에서 최대가 된다.

3) 6:4 황동(문쯔메탈)의 기계적 성질

　① 7:3황동에 비해 강력하지만 상온가공이 적합하지 않다.

　② Zn 35~45%의 $\alpha+\beta$ 황동으로 고온가공에 적합하다.

　③ 300~500℃의 온도 범위를 피하고 고온(700~800℃)로 가공하여 성형한다.

　④ 600℃까지는 연신율이 저하하고 그 이상이 되면 급증한다.

4) 7:3 황동의 기계적 성질

　① 냉간가공에 적합하며 전연성이 크고 압연, 드로잉에 잘 견딘다.

　② 7:3 황동은 600℃ 이상에서 취성이 생겨 고온가공이 부적당하다.

5) 가공도에 의한 성질변화

　① 가공도에 따라 강도는 증가하고 연신율은 감소한다.

　② 가공재를 풀림하면 250℃ 이상에서 강도가 저하하고 연신율은 증가한다.

　③ 형상, 크기 및 조질상태에 따라 달라진다.

　④ 크고 두꺼운 것일수록 강도는 감소되고 연신율은 증가된다.

　⑤ 저온풀림 경화(low temperature anneal hardening)

　　㉮ α황동을 냉간가공하여 재결정 이하로 풀림하면 가공상태보다 경화되는 현상이다.

㉯ 저온풀림한 제품은 냉간가공만으로 얻는 재료보다 경도가 높고 스프링특성을 향상시키며 이 현상은 약 10% Zn에서 α상 한계까지의 합금에 많이 나타난다.

6) 경년변화(secular change)

황동의 가공재를 방치하거나 저온풀림 경화시킨 스프링재가 사용도중 시간의 경과에 따라 경도 등 여러 가지 성질이 악화되는 현상을 말한다.

3. 화학적 성질

(1) 탈아연 부식

① 불순한 물질 또는 부식성물질이 녹아 있는 수용액의 작용에 의해 황동의 표면 또는 내부까지 탈아연되는 현상이다.

② 염소(Cl)를 함유한 물을 사용하는 관에 흔히 볼 수 있으며 Zn 함유량이 많은 황동 즉 α+β 황동 또는 β 단상 합금에서 많이 나타난다.

③ 탈아연부식은 다공질이 되어 강도가 없어진다.

④ α+β 조직의 6:4 황동을 풀림하면 탈아연 때문에 표면의 β상이 없어지고 α상만의 층상이 생긴다.

⑤ 탈아연 부식의 방지법

Zn 30% 이하의 α 황동을 사용하고 0.1~0.5% As, Sb 및 1.0% Sn을 첨가한다.

(2) 자연균열(시즈닝 크랙, season crack)

황동은 가공재 특히 관, 봉 등에 잔류응력에 기인하는 균열을 일으키는 일이 가끔 있다. 이 현상은 잔류응력에 한하지 않고, 외부에서의 인장하중에 의해서도 일어나는 응력 부식 균열이다. 일반적으로 60~70% Cu의 황동에서 인장하중이 비례한계를 넘을 때 파괴하기 쉽다. 자연균열을 일으키기 쉬운 분위기는 암모니아 또는 그 유도체가 있을 때 산소, 탄산가스, 습기 등은 이것을 촉진시킨다.

① 황동에 공기 중의 암모니아, 기타 염류에 의해 입간부식을 일으켜 상온가공에 의해 내부응력 때문에 생기며 응력부식 균열로 잔류응력에 기인하는 현상이다.

② 60~70% Cu의 황동에서 인장하중이 비례한도를 넘을 때 파괴하기 쉽게 된다.

③ 자연균열의 방지법

㉮ 아연도금, 도료 또는 가공재를 180~260℃로 20~30분 동안 응력제거풀림을 한다.

㉯ α+β 황동 및 β 황동에서는 Sn을 첨가하거나 1.0~1.5%의 Si를 첨가한다.

④ 암모니아(NH_3), 산소, 이산화탄소, 탄산가수, 습기, 수은 및 그 화합물 등의 분위기에서는 자연균열을 일으키기 쉽다.

(3) 고온 탈아연(dezincing)

① 고온에서 증발에 의해 황동표면으로부터 Zn이 탈출하는 현상을 말한다.

② 고온일수록 또는 표면에 산화물 등이 없어 깨끗할수록 탈아연이 심해진다.
③ 무산화분위기 중에서 풀림하면 아연증발에 의해 탈아연이 더욱 심하게 되어 광택을 잃고 표면의 Zn 함유량이 불균일하게 된다.
④ 고온탈아연의 방지법
　㉮ 황동표면에 산화물 피막을 형성시키면 효과적이다.
　㉯ 아연산화물은 증발을 방지하는 효과가 있고 Al산화물은 더욱 효과적이다.

(4) 황동에 함유된 불순물

① Pb : α 황동에서 열간가공을 해친다.
② As : 탈산작용에 의해 유동성을 증가시킨다.
③ Sb : 황동의 입자를 조대화시켜 부스러지기 쉽다.
④ Fe : 결정입자의 미세화, 인장강도 및 경도를 증가시킨다.
⑤ Sn : 전연성을 저하시키고 내식성을 증가시킨다.
⑥ Ni : 결정입자를 미세화시킨다.
⑦ 부식율 : O_2, CO_2, H_2O, SO_2가 증가할수록 증가한다.

황동판 KS D 5201

종류	질별	기호	화학성분 (%)				인장강도 (N/mm^2)	연신율 (%)	용도
			Cu	불순물		Zn			
				Pb	Fe				
C2600	연질	C2600P-O	68.5~71.5	0.05 이하	0.05 이하	나머지	275 이상	40 이상	단자커넥터 등
C2680	연질	C2680P-O	64.0~68.0	0.05 이하	0.05 이하	나머지	275 이상	40 이상	스냅버튼, 카메라, 배선기구 등
C2720	연질	C2680P-O	62.0~64.0	0.07 이하	0.07 이하	나머지	275 이상	40 이상	드로잉용 등
C2801	연질	C2680P-O	59.0~62.0	0.07 이하	0.07 이하	나머지	325 이상	35 이상	배선기구, 명판, 기계판 등

3. 황동의 종류와 용도

구리와 아연을 주성분으로 하는 Cu-Zn계 합금을 황동이라 한다.

(1) 톰백(단동, Tombac)

① 8~20% Zn의 황동으로 저아연 합금의 총칭이며 강도는 낮으나 전연성이 좋다.
② 빛깔이 거의 황금색에 가까우므로 Zn 20% 정도의 황동은 금박의 대용품이나 장식품에 사용된다.
③ Zn 10% 내외의 단동은 적색황동이라고도 하며 플랜지, 밸브, 스위치 등 전기용품에 사용된다.
④ 납땜도 가능하다.

(2) 7:3 황동(카트리지 브라스, Cartidge Brass, 황동1종)

가공용 황동의 대표적인 것으로 판, 봉, 관, 선으로 사용되며 자동차용 방열기 부품과 소켓트, 각종 일용품, 탄피, 장식용으로 쓰이고 α-황동으로 부드럽고 전연성이 우수하며 상온에서 인발, 압연, 프레스 등 냉간가공이 가능하다.

① Cu 70%, Zn 30% 합금의 α 황동으로 부드럽고 전연성이 풍부한 가공용 황동의 대표다.
② 연신율이 크고 인장강도가 상당히 높으며 냉간가공성이 좋아 판, 봉, 관, 선에 사용된다.
③ 자동차용 방열기부품, 장식품, 탄피, 체결구 등으로 가공하여 이용한다.

(3) 6:4 황동(문쯔메탈, Muntz metal, 황동3종)

$\alpha+\beta'$로서 상온에서 전연성은 낮으나 인장강도는 크고 강력하므로 고온가공하여 판, 봉, 기계부품, 복사기 용품, 열간 단조품, 볼트, 너트, 대포 탄피용으로 쓰이며 내식성이 적고 탈아연 부식을 일으키기 쉽고 납땜, 상온가공이 어렵다.

① Cu 60%, Zn 40%의 합금으로 $\alpha+\beta$ 조직이다.
② 상온에서 7:3 황동에 비해 전연성이 낮고 인장강도가 커서 상온가공은 적당하지 않고 강도가 요구되는 부분에 쓰인다.
③ 내식성이 다소 낮고 탈아연부식을 일으키나 강력하다.
④ 황동 중에서 아연함유량이 가장 많아 값이 저렴하고 널리 사용된다.
⑤ 700~800℃에서 고온가공한 다음 상온에서 완성시켜 판, 봉, 선, 관 등으로 만든다.
⑥ 일반 판금용으로 많이 사용되며 자동차부품, 열교환기, 탄피 등에 사용된다.

7:3황동과 6:4황동의 성질 비교

종류\성질	조 성(%)	고용체	인장강도 (N/mm²)	연신율(%)	경도(HB)	가공 방법
6:4황동	Cu(60)-Zn(40)	$\alpha+\beta$	400~440	45~55	70	열간가공
7:3황동	Cu(70)-Zn(30)	α	300~340	60~70	40~50	냉간가공

(4) 길딩 메탈(gilding metal)
① Cu(95%)-Zn(5%)의 합금으로 순동과 같이 연하고 코이닝(coining)하기 쉽다.
② 아연함량보다 구리함량이 훨씬 높은 황동으로 주로 동전, 메달 등에 사용한다.

(5) 90Cu-10Zn(커머셜 브론즈, commercial bronze)
① Cu(90%)-Zn(10%)의 합금으로 단동의 대표적인 것으로 색깔이 청동과 비슷하여 청동 대용으로 사용된다.
② 딥드로잉(deep drawing)용 재료, 메달, 뱃지, 건축용, 금속공예, 가구용 등에 사용된다.

(6) 레드브레스(red brass)
적색이 강하여 붉은 황동 또는 건메탈이라 함
① Cu(85%)-Zn(15%)의 합금으로 연하고 내식성이 좋다.

② 건축용, 금속잡화, 소켓 체결구 등으로 사용된다.

(7) 로우브레스(low brass)

① Cu(80%)-Zn(20%)의 합금으로 전연성이 좋고 색깔이 아름답다.

② 금박대용, 장식용, 금속잡화, 악기 등으로 사용한다.

(8) 황동2종(High or yellow brass)

① Cu(65%)-Zn(35%)의 합금으로 7:3 황동과 같이 α 황동이다.

② 용도는 7:3 황동과 거의 같으나 Zn 함유량이 많으므로 값이 저렴하다.

(9) 황동주물(BSC, brass casting)

절삭성, 가공성, 주조성이 좋고 전기전도성, 열전도성, 내해수성이 좋다.

① 10~40% Zn이 주물용으로 주로 사용되며 Zn을 함유하므로 용탕의 유동성이 좋아 복잡하고 정밀한 주물을 얻을 수 있다.

② 절삭성을 좋게 하기 위해서는 2.5% 정도의 Pb을 첨가하는 경우도 있다.

③ 내해수성, 내알칼리성을 요구하는 곳에는 약간의 주석을 첨가한다.

④ 아연 함유량이 10~15%인 것은 미술용 주물로 사용한다.

⑤ 아연 함유량이 30~40%인 것은 강도가 크므로 기계용 주물로 사용한다.

⑥ Zn20% 이하인 적색 황동주물은 납땜용, Zn30% 이상의 황색 황동주물은 일반용이다.

4. 황동의 성질 및 용도

종류	주요 성분	주요 성질	용도
톰백 (Tombac)	Zn 5~20%	강도 낮음 전연성 풍부 황금색	모조금, 금박, 금분, 메달, 악세사리 등
7:3 황동 (Cartidge Brass)	Cu 70% Zn 30%	연신율이 큼 인장강도 큼 전연성 풍부	선, 관, 전구의 소켓, 탄피 재료 등
6:4 황동 (Muntz metal)	Cu 60% Zn 40%	값이 저렴 전연성 낮음 내식성 낮음 인장강도 큼	일반 판금용, 자동차 부품, 판, 봉, 선, 관, 열교환기, 탄피 등
길딩 메탈	Cu 95% Zn 5%	구리함량이 높음 순구리와 같이 연함	동전, 메달 등
90Cu-10Zn (commercial bronze)	Cu 90% Zn 10%	색깔이 청동과 유사	메달, 뱃지, 금속공예, 가구용 등
레드 브레스 (red brass)	Cu 85% Zn 15%	적색의 붉은 황동 전연성 우수 내식성 우수	건축용, 금속잡화, 소켓 체결구, 시계용 기어, 스크류 등
로우 브레스 (low brass)	Cu 80% Zn 20%	전연성 우수 미려한 색깔	금박 대용, 장식용, 금속잡화, 악기 등
하이 옐로우 브라스 (High or yellow brass)	Cu 65% Zn 35%	값이 저렴 전연성 우수 드로잉 가공성 양호	배선기구, 열교환기, 라디에이터 등
황동주물	Zn 10~40%	절삭성, 주조성 양호	미술용, 기계용 주물

5. 특수 황동

(1) 아연당량(亞鉛當量, zinc equivation)

① 특수황동에 첨가되는 제 3의 원소 단위량이 어느 정도 양의 아연과 같은 영향을 황동의 조직에 미치는가를 나타내는 수를 그 금속의 아연당량이라 한다.

② 아연당량 1의 금속은 아연과 같은 조직변화를 일으킨다.

③ (-) 당량을 나타내는 것은 아연을 당량만큼 감소한 것과 같은 효과를 준다.

④ Guillet에 의한 각종 원소의 아연당량

원소명	Sn	Al	Si	Fe	Mn	Ni	Mg	Pb
아연당량	2.0	6.0	10.0	0.9	0.5	-1.3	2.0	1.0

※ Ni은 전율고용하므로 아연당량이 (-)가 된다.

(2) 납황동(쾌삭황동, lead brass, ferr cutting brass)

① 황동에 1.0~3.5% Pb을 첨가한 합금으로 절삭성이 우수하여 쾌삭황동으로 알려져 있다.

② $\alpha+\beta$ 황동에 Pb을 0.3%까지 고용하며 열간가공성을 향상시킨다.

③ 시계용 기어, 나사, 정밀용 공구 등과 같은 제품에 사용된다.

(3) 주석황동(Tin brass)

황동에 소량의 Sn을 첨가하면 경도, 인장강도, 내식성이 증가하고 연율이 감소하며 황동의 내식성을 개량하기 위해 1%의 Sn을 첨가하면 탈아연 부식억제, 내식성 증가, 경도, 강도가 증가된다.

① 6:4 황동과 7:3 황동에 1.5% 이하의 Sn을 첨가하면 인장강도, 경도, 내해수성이 증가되므로 응축관이나 판 등과 같은 선박용 기계부품에 사용한다.

② 1.0% Sn을 첨가하면 탈아연부식에 억제된다.

③ 애드미럴티 황동(Admiralty metal)

7:3 황동에 Sn 1% 첨가하고 성분은 Cu(71%)+Zn(28%)+Sn(0.75%)이며 전연성이 좋으므로 관판으로서 증발기, 열교환기에 사용된다.

㉮ 7:3 황동에 1.0% 이하의 주석을 첨가한 황동으로 내식성이 양호하다.

㉯ 전연성이 좋아 관 또는 판을 만들어 복수기, 증발기, 열교환기 등에 사용한다.

④ 네이벌 황동(Naval brass)

6:4 황동에 Sn을 1% 첨가한 것으로 성분은 Cu(60%)+Zn(39.25%)+Sn(0.75%)이며, 판, 봉으로 파이프, 선박용 기계 부품으로 사용된다.

㉮ 6:4 황동에 1.0% 이하의 주석을 첨가한 황동으로 내식성이 양호하다.

㉯ 판, 봉으로 가공하여 복수기관, 용접봉, 파이프, 선박 기계 등에 사용한다.

(4) Al 황동(Aluminum brass)

① 7:3 황동에 1.5~2.0% Al을 첨가하면 결정입자 미세화 및 강도, 경도가 증가되고 유동하는 해수에 내식성이 좋다. 급수가열기, 열교환기, 증류기 등의 관에 사용한다.

② 알브락(Albrca)

황동에 Al을 1.5~2.0% 첨가하면 결정립자의 미세화, 내식성이 증가한다.

㉮ 표준조성 : 22% Zn-Al 1.5~2.0%-나머지% Cu

㉯ 고온가공으로 관을 만들어 복수기관, 급수가열기, 열교환기관, 증류기관 등에 사용

(5) 규소황동(Silicon bronze)

① 10~16% Zn의 황동에 4~5%의 Si를 첨가한 황동이다.

② 주물을 만들기 쉽고 내해수성이나 강도가 우수하고 선박용품 등으로 많이 사용된다.

(6) 철황동(Iron brass)

대표적인 델타 메탈로 6:4 황동에 Fe을 1~2% 첨가하여 강도와 내식성을 개선하며, Fe이 2% 이상시 인성을 저하시킨다.

① 6:4 황동에 1~2%의 Fe을 첨가한 합금이다.

② 결정입자가 미세하게 되어 강인성과 내식성이 증가된다.

③ 조성 : 55% Cu-43% Zn-1% Fe-(Pb, Al, Sn의 소량 첨가)

㉮ 델타 메탈(Delta metal) : 6:4 황동에 1.0% Fe 내외를 첨가한 황동이다.

㉯ 듀라나 메탈(Durana metal) : 7:3 황동에 1~2% Fe과 소량의 Sn, Al을 첨가한 황동이다.

④ 연신율의 감소가 적고 주조, 압연에 적당하며 열간가공이 용이하다.

⑤ 강도가 크고 내식성이 양호하여 광산, 선박용, 화학기계부품 등에 사용한다.

구분 \ 성질	인장강도(N/mm^2)	연신율(%)
주물의 경우	320 ~ 370	30 ~ 100
압연의 경우	420 ~ 530	9 ~ 17

(7) 망가니즈황동(Mn-brass)

① 6:4 황동에 Al, Fe, Mn, Sn 등을 첨가한 고력합금으로 망가니즈청동이라고도 한다.

② 화학약품에 약하며 탈아연을 일으키기 쉽고 내해수성이 비교적 크다.

③ 내식성, 인장강도가 크고 열간가공이 용이하다.

④ 프로펠러, 선박기계부품, 피스톤, 밸브 등에 사용한다.

(8) 니켈황동(양은, 양백, Nickel brass, German silver)

① 7:3 황동에 7~30% Ni을 첨가한 합금으로 10~20% Ni-15~30% Zn의 합금이 많이 사용된다. 양백은 양은이라고도 하고, 게르만 실버 또는 니켈 실버라고도 한다.

② Ni은 탈색효과가 매우 우수하며 Ni이 20% 정도 함유할 때는 은백색을 나타낸다.

③ Zn이 약 30% 이상이 되면 $\alpha+\beta$ 조직이 되어 점성이 낮아지고, 냉간가공은 저하하나 열간가공이 좋아 열간가공재에 이용된다.

④ 내수압 주물용은 20% Ni-5~10% Zn-4~6% Pb-2~4% Sn의 합금이 좋다.

⑤ 양백의 용도

㉮ 양백은 전기저항이 크고 내열성, 내식성이 좋으므로 일반 전기저항체로 이용한다.

㉯ 탄성, 내식성이 좋으므로 탄성재료, 화학기계용 재료 등에 사용하며 성분은 Ni(10~20%)+Zn (15~30%)이 많이 사용된다.

㉰ 색이 Ag와 비슷하므로 장식용, 식기, 악기, Ag 대용으로 사용한다.

㉱ 가공재로 사용되고 주물로서는 밸브, 콕, 악기, 광학기계 부품 등으로 사용한다.

(9) 강력황동(High strength brass)

① 강력황동은 6:4 황동을 기본으로 하고 일부의 Zn 대신에 Mn, Fe, Al, Ni, Sn 등의 원소를 첨가한 합금으로 강도와 내식성이 개선된다.

② 강력황동은 주로 주물용이나 단조품으로 이용한다.

③ 용도

㉮ 강력황동 주물

㉠ 1종($HBsC_1$): 선박용 연질 프로펠러에 적합하다.

㉡ 2종($HBsC_2$): 선박용 경질 프로펠러에 적합하다.

㉢ 3종($HBsC_3$): 내마멸용의 고강도, 고경도를 필요로 하는 기계부품, 기어 등

㉯ 단조용: 내마모성을 요하는 클러치, 펌프 로드 등

여러 가지 특수황동의 성질 및 용도

종류	주 성분 (%)	성질	용도
납 함유 황동 (lead brass)	Cu 58~62%, Pb 1.0~3.5, Zn 나머지, Fe+Sn 0.8 이하	1.5~3.5%를 함유한 것은 쾌삭황동이라 한다.	시계용 기어 나사 정밀가공용
주석 함유 황동 (tin brass)	네이벌 황동 (6:4황동+Sn 1%) 애드미럴티 황동 (7:3황동+Sn 1%)	내식성 양호	스프링용 황동 화학용 기계부품
철 함유 황동 (iron brass)	6:4황동+Fe1~2%	델타메탈이 대표적	광산 선박 화학용 기계부품
망가니즈 황동 (manganese brass)	6:4황동에 Al·Fe·Mn·Sn을 첨가한 것(고력황동)	망가니즈 청동이라고도 불린다. 내식성·인장강도도 크고 열간가공이 용이	프로펠라 선박용 기계부품 밸브 피스톤 등

4 청동(tin bronze, 靑銅, Cu-Sn)

동과 주석을 주성분으로 한 Cu-Sn계 합금인 청동은 청동기 시대부터 사용되고 있으며 포금(gun metal)이라고도 한다. 황동보다 내식성이 좋고 내마모성과 주조성, 기계적 강도가 우수하여 기계부품, 무기(대포), 불상, 기계부품, 선박용, 미술 공예품 등에 널리 사용된다. 주석의 함량이 많아지면 화합물이 조직으로 석출하므로 기계적성질이 현저히 저하된다. 일반적으로

실생활에 사용되는 청동은 주석이 약 15% 이하의 α상의 범위이다.

1. 청동의 조직

1) α-고용체에 Sn의 최대 고용한도는 520℃에서 약 16%이다.
2) β-고용체는 체심입방격자(B.C.C)를 이루며 고온에서 존재한다.
3) β-고용체는 586℃에서 $\beta \leftrightarrow \alpha + \gamma$의 공석변태를 일으킨다.
4) γ-고용체는 520℃에서 $\gamma \leftrightarrow \alpha + \delta$의 공석변태를 일으킨다.
5) δ 및 ε-고용체는 화합물($Cu_{31}Sn_{18}$ 및 Cu_3Sn)이며 취약한 조직이다.
6) δ상이 많을수록 단단하며 메짐을 가지고 있다.
7) ε상은 석출하기 어려운 상이므로 크게 가공한 후 장시간 풀림할 때 석출한다.
8) 고용체와 그 화합물의 특성

상	특징
α	• 등적색 또는 등황색이며 연하고 전성이 크다.
β	• 등황색이며 강도는 α상보다 크나 전연성이 떨어진다.
γ	• 고온에서의 강도가 β상보다 훨씬 큰 조직이다.
δ	• β상에 비해 높은 온도에서 강도가 크다.
ε	• 회백색이며 δ상보다 메짐이 작다.
δ, Cu_4Sn, Cu_3Sn	• 백색이며 메짐이 있다.

2. 청동의 성질

(1) 물리적 성질

① 비중은 Sn의 증가에 따라 감소되며 20% Sn에서 8.85, α-황동은 8.89로 거의 변하지 않는다.
② 선팽창계수는 10% Sn까지는 순동과 거의 변화가 없다.
③ 전기전도율은 순동의 $61m/\Omega mm^2$에서 약 3% Sn까지 급격히 감소하고, 10% Sn에서 거의 1/10로 감소한다.
④ 전기저항의 온도계수 및 열전도율은 10% Sn 함유시 순동보다 감소한다.

(2) 기계적 성질

① 연신율은 4~5% Sn 부근에서 최대값이 되고 Sn 함유량의 증가에 따라 감소한다.
② 인장강도는 α-고용체의 농도에 따라 증가하며 α의 범위를 넘어 17~18% Sn 부근에서 δ 화합물에 의해 최대가 된다.
③ 내력(0.5% 왜곡, 歪曲)은 12% Sn까지 직선적으로 증가한다.
④ 경도는 30% Sn에서 최대가 되며, 25% Sn 이상에서는 취성이 생긴다.
⑤ 풀림시 경도는 Sn의 증가에 따라 감소하며, α 조직의 청동은 유연하고 가공이 잘 된다.
⑥ Sn 청동 주물은 내열성 및 강도가 우수하고, 마모, 수압 및 부식에 견딘다.

(3) 화학적 성질

① Sn 청동은 일반적으로 대기 중에서 내식성이 좋고 부식율은 0.00015~0.002mm/년이다.

② 청동 표면에 생기는 피막은 적색층과 녹색층이 번갈아가며 덮고 있다.

③ 10% Sn까지의 Sn 청동은 Sn 함유량이 증가에 따라 내해수성이 좋아 선박용 부품에 사용된다.

③ 산수용액에서의 부식은 산화성 산인 진한 질산(HNO_3)에서 부식율이 높다.

④ 비산화성 산인 염산에서도 Cu보다 Sn 청동의 부식율이 높다.

⑤ 5% 황산(H_2SO_4)에서의 부식율이 대단히 낮지만, 알칼리 수용액에서는 내식성이 상당히 좋다.

(4) 청동에 함유된 불순물의 영향

① Zn, Al : Zn은 탈산효과, 주조성을 개선하며, Al은 취성을 일으킨다.

② Pb, P : Pb은 2.0%까지는 기계가공성을 개선하며, P은 강탈산제이다.

③ Fe : 입자를 미세화하고 강도, 경도를 증가시킨다.

④ Mn : 탈산제 작용을 하며 조직 미세화, 기계적 성질을 개선한다.

3. 주석청동의 종류와 용도

(1) 청동주물의 기계적 성질 및 용도 KS D 6024

종류	기호	합금계	기계적 성질 인장강도 (N/mm²)	연신율 (%)	특징	용도
청동주물 1종	CAC401 (BC1)	Cu-Sn-Zn-Pb계	165 이상	15 이상	유동성(용탕흐름), 피삭성이 좋다.	베어링, 명판, 일반기계부품 등
청동주물 2종	CAC402 (BC2)	Cu-Sn-Zn계	245 이상	20 이상	CAC406에 비해 내압성, 내마모성 및 내식성이 좋고, 인장강도 및 연신율도 좋다. 납 침출량은 적다.	베어링, 펌프 부품, 밸브, 기어, 선박용 창, 전동 기기 부품, 일반 기계 부품 등
청동주물 3종	CAC403 (BC3)	Cu-Zn-Sn계	245 이상	15 이상	CAC406에 비해 내압성, 내마모성, 인장강도 및 연신율도 좋고, 내식성이 CAC402보다 좋다. 납 침출량은 적다.	베어링, 펌프 부품, 밸브, 기어, 선박용 창, 전동 기기 부품, 일반 기계 부품 등
청동주물 6종	CAC406 (BC6)	Cu-Sn-Zn-Pb계	195 이상	15 이상	내압성, 내마모성, 피삭성, 주조성이 좋다.	밸브, 펌프 부품, 급수 용구 및 급수관용 각종 부품, 수도용 기자재, 베어링, 일반 기계 부품, 미술 주물 등
청동주물 7종	CAC407 (BC7)	Cu-Sn-Zn-Pb계	215 이상	18 이상	내압성, 내마모성이 좋다. 인장강도 및 연신율이 CAC406보다 좋다.	밸브, 펌프 부품, 급수 용구 및 급수관용 각종 부품, 수도용 기자재, 베어링, 일반 기계부품 등

(2) 기계용 청동(machinary bronze)

1) 포금(gun metal)

기계 부품의 재료에 사용되는 청동을 총칭해서 포금이라 한다. Cu 90%와 Sn 10%로 된 합금이며 주로 포신의 재료로 많이 사용되었기 때문에 포금이라 불렸으며, 강도와 연성이 높고 내식성과 내마모성이 우수하므로 피스톤, 밸브콕, 기어, 프로펠러 등에 사용된다. 현재는 대포의 포신 재료로 Ni-Cr강이 사용된다.

　① 8~12% Sn에 주조성을 향상시키기 위해 1~2% Zn을 함유한 청동으로 선박용 재료, 기계용 부품에 사용한다.
　② 10% Sn의 포금 제조시 기계적 성질을 개선하기 위한 탈산제는 Mn, Cu 등이다.
　③ 강력하고 주조성, 내식성, 기계적 성질, 내해수성이 좋고 수압, 증기압에 잘 견딘다.
　④ 포금의 인장강도는 $250N/mm^2$, 연신율은 10.5%이다.

2) 애드미럴티 포금(admiralty gun metal)

　① 조성 : 88% Cu-10% Sn-2% Zn으로 주조성과 내압력성이 좋아 수압, 증기압에 잘 견디기 때문에 선박 등에 널리 사용된다.
　② 사형주물의 인장강도는 $140~350N/mm^2$, 신율은 3~50%로 물에 대한 내압력이 크다.
　③ 용도 : 기어, 밸브, 콕, 부싱, 플랜지, 프로펠러 등에 사용한다.

아래 표에 나타낸 청동 주물 중에서도 제3종은 어드미럴티 청동(admiralty-bronze)로 알려져 있는데 이것은 단조나 압연가공도 가능하다.

청동주물 KS D 6024

종류	기호	화학성분 (%)				인장강도 (N/mm^2)	연신율 (%)
		Cu	Sn	Zn	Pb		
1종	CAC 401 C	79.0~83.0	2.0~4.0	8.0~12.0	3.0~7.0	195 이상	15 이상
2종	CAC 402 C	86.0~90.0	7.0~9.0	3.0~5.0	-	275 이상	15 이상
3종	CAC 403 C	86.5~89.5	9.0~11.0	1.0~3.0	-	275 이상	13 이상
6종	CAC 406 C	82.0~87.0	4.0~6.0	4.0~6.0	4.0~6.0	245 이상	15 이상
7종	CAC 407 C	86.0~90.0	5.0~7.0	3.0~5.0	1.0~3.0	255 이상	15 이상

(3) 베어링용 청동(bearing bronze)

베어링용 청동의 Sn 함유량은 10% 내외로 포금과 다르지 않지만 윤활성을 좋게 하기 위해 5~15%의 Pb을 첨가한다. 철도차량과 같이 저속도 고하중인 곳에 사용하는 베어링은 더욱 많은 납(20~30%)을 첨가한 Plastic Bronze가 적용된다.

　1) 10~14% Sn을 함유한 것은 연성은 감소되나 경도가 크고 내마멸성이 크므로 베어링, 차축 등 내마멸성을 요구하는 부분에 사용된다.

2) 특히 5~15% Pb을 첨가한 것은 윤활성이 우수하므로 철도차량, 공작기계, 압연기 등의 고압용 베어링에 적합하다.

3) 켈멧(kelmet)
① Pb 28~42%, Ni 또는 Ag 2% 이하, Fe 0.8% 이하, Sn 1.0% 이하를 함유한 Cu 합금으로 고속회전용 베어링, 항공기, 자동차, 광산기계 등에 사용한다.
② 인장강도는 160~170 N/mm^2, 연신율은 18~24%, 경도(HB)는 42~55이다.

4) 소결 베어링용 합금(sintered bearing, oilless bearing)
① Cu 분말에 8~12%의 Sn 분말을 배합하여 압축성형하고 900℃의 온도에서 소결한 합금으로 다공질이므로 20~40%의 기름을 흡수한다.
② 윤활유를 공급하기 어려운 곳의 베어링용으로 적합하다.

(4) 화폐용 청동(coining bronze)

1) α청동은 단조성이 좋아 프레스작업이 용이하며 단단하고 강인하며 마멸, 부식에 잘 견디므로 주로 화폐, 상패, 메달용 등에 사용한다.
2) 3~8% Sn, 1% Zn을 함유하는 단조청동의 일종으로 성형성이 좋고 강인하다.
3) 조각성을 좋게 하기 위하여 Pb을 1~3% 정도 첨가하는 경우가 있다.

(5) 미술용 청동(art bronze)

Sn 2~8%에 Zn 1~12%를 첨가하여 유동성을 좋게 하고, 주조 후 가공하기 쉽도록 5~15%의 납을 첨가한 청동은 동상이나 공예품에 적합하고 미술용 청동으로 이용되고 있다.

1) Cu(80~90%)+Sn(2~8%)+Pb(5~15%)+Zn(1~12%)로 조성
2) 유동성을 좋게 하기 위하여 정밀주물에는 많은 Zn을 첨가하고 절삭가공을 필요로 하는 용도에는 Pb을 첨가하기도 한다.
3) 동상, 실내장식용, 건축용 등에 사용한다.
4) 종은 20~25% Sn을 첨가하여 강하고 경도가 높아 맑은 소리를 낼 수 있다.

(6) 주석청동의 용도

1) 실용주석 청동은 3.5~7.0%의 압연용 청동으로 단련 및 가공이 쉬워 화폐, 메달, 청동판, 선, 봉 등으로 만들어 사용한다.
2) 1~2% Sn의 청동은 강도와 내식성을 요하는 송전선에 사용한다.
3) 2~8% Sn-1~2% Zn-1~3% Pb의 청동은 미술용 청동으로 사용한다.
4) 3~8% Sn에 1% Zn을 첨가한 청동은 성형성이 좋고 각인하기 쉬워 화폐나 메달용으로 사용한다.
5) 8~12% Sn에 1~2% Zn을 첨가한 청동은 포금으로 주물에 사용한다.
6) 13~18% Sn의 α+β 조직의 청동은 베어링용으로 사용한다.
7) 17~25% Sn의 고주석청동은 소리가 맑고 길게 지속되는 종의 용도로 사용한다.

4. 특수청동

(1) 인청동(phosphorus broze, PBS)

① 구리와 주석의 합금에 소량의 인을 첨가하면 기계적 성질을 개선할 수 있다. Sn 청동에 P을 0.5% 정도 첨가하면 강도는 최대가 된다. P이 1% 정도로 되면 조직 중에 강한 α+Cu3P+Cu4Sn의 3원공정물이 생기고 이것이 α 고용체의 수지상결정 중에 점재하고 있으므로 재질이 경하게 되고, 내마모성, 강인성을 어느 정도 향상시킨다. 따라서 인청동은 큰 하중을 받는 베어링이나 피스톤링, 웜기어 등에 사용된다. 또 Sn 2~10%, P 0.35% 이하의 인청동압연판은 상온 또는 고온에서도 탄성이 높고 뛰어난 스프링 특성을 보이고 내식성도 좋고 전류에 대한 접촉저항이 낮으므로 스프링재·전기통신기기재로 중요한 재료이다.

② 스프링용 인청동
  ㉮ Sn 2~10%, P 0.6% 이하의 합금이 사용된다.
  ㉯ 적당한 냉간가공을 하면 탄성한도가 높고 탄성피로가 적은 것을 얻을 수 있다.
  ㉰ 내식성, 용접성이 좋고 자성이 없으므로 통신기, 계기 등의 고급 스프링 재료로 사용한다.

③ 인청동주물
  ㉮ Sn 9~13%, P 0.2~1.0% 정도를 함유한다.
  ㉯ 보통 청동주물보다 강인하고 내마모성, 내식성이 우수하여 기어, 펌프 부속품, 피스톤링, 프로펠러 등과 같은 기계부품에 사용된다.

④ 인청동의 용도
  ㉮ 고탄성을 이용하는 판, 선 등의 가공재로 사용한다.
  ㉯ 인청동 주물은 내식성, 내마모성을 이용하는 펌프, 기어, 선박용 부품, 화학기계용 부품 등의 주물로 사용되고 밸브, 피스톤링, 베어링 등에 사용한다.

인청동 주물 KS D 6024

종류	기호	합금계	화학성분(%) Cu	Sn	P	인장강도 (N/mm^2)	연신율 (%)
인청동주물 2종 A	CAC502A (PBC2)	Cu-Sn-P계	87.0~91.0	9.0~12.0	0.05~0.20	195 이상	5 이상
인청동주물 3종 B	CAC503B (PBC3B)	Cu-Sn-P계	84.0~88.0	12.0~15.0	0.15~0.50	265 이상	3 이상

(2) 알루미늄 청동(aluminium bronze)

알루미늄 청동은 Al을 6~12% 함유한 Cu-Al 합금으로 $\alpha+\beta$ 조직을 갖는 알루미늄 청동은 내마모성이 우수하여 웜기어, 기어 등에 사용한다. Al 8~11%의 알루미늄 청동주물은 사형중에서 천천히 냉각시키면 β결정이 조대해지고, 그것이 공석변화를 일으킨 후 역시 조대한 α정(晶)과 β정(晶)이 입상으로 분해하기 때문에 인장강도·연신율도 저하한다. 이것을 방지하기 위하여 급냉하면 수축응력을 발생시킬 우려가 있으므로 제3원소로서 4% 이하의 Fe·Mn·Zn·Ni를 첨가하는 경우가 많다.

① 6~12% 이하의 Al을 함유한 합금으로 황동에 비해 주조성, 가공성, 용접성은 떨어지지만 내식성, 내열성, 내마모성, 강도, 경도, 인성, 내피로성 등의 기계적 성질이 좋으므로 선박, 자동차, 항공기 등의 부품으로 사용된다.
② Al 청동은 Al의 함유량과 그 열처리 상태에 따라 기계적 성질이 변한다.
③ 내해수성이 양호하며 마텐자이트 조직이 가장 우수하다.
④ 주조성, 용접성, 가공성이 떨어지며 융합 손실이 크다.
⑤ 특수 Al 청동의 종류
　㉮ 종류에는 아암즈 청동, 다이나모 청동, 노브스톤 등이 있다.
　㉯ 아암즈(arm's)청동은 Al 8~12%, Ni 0.5~2.0%, Fe 2~5%, Mn 0.5~2.0%의 합금으로 인장강도가 600~800N/mm^{2}이다.
　㉰ 노브스톤(novoston)은 Al 7.5%, Mn 12%, Ni 2.0%, Fe 2.5%를 함유한 합금이다.
　㉱ 강도가 크고 내식성, 내마모성이 양호하므로 고급 기계부품 등에 사용한다.
⑥ 가공용 Al 청동
　㉮ 소성가공을 할 수 있고 강도, 경도, 내열성, 내식성, 내마모성이 좋으므로 단조품, 판, 봉, 관 등의 제품에 이용된다.
　㉯ 고온강도가 우수하므로 가스터빈, 콤프레셔의 날개 등에 적합하다.
⑦ 주물용 Al 청동
　㉮ 고강도 황동보다 비중이 작고 관성능력이 약 15%가 적으므로 프로펠러의 지름을 크게 하여 효율을 높일 수 있으며, 약알칼리, 염욕액 등에 견딘다.
　㉯ 내식성이 좋아서 수명이 길기 때문에 대형 프로펠러에 많이 사용된다.
　㉰ 강도, 경도, 내마모성이 높으므로 압연기의 부품, 각종 기어, 밸브, 펌프, 터빈부품 등에 적합하다.

알루미늄 청동주물의 기계적 성질 및 용도(KS D 6024)

종류	기호	합금계	기계적 성질		특징	용도
			인장강도 (N/mm^2)	연신율 (%)		
알루미늄청동 주물 1종	CAC701 (AlBC1)	Cu-Al-Fe-Ni-Mn계	165 이상	15 이상	인장강도, 인성이 좋고 굽힘에도 강하다. 내식성, 내열성, 내마모성, 저온 특성이 좋다.	내산 펌프, 베어링, 기어, 밸브 시트, 플런저, 제지용 롤 등

종류	기호	합금계	기계적 성질 인장강도 (N/mm²)	기계적 성질 연신율 (%)	특징	용도
알루미늄청동 주물 2종	CAC702 (AlBC2)	Cu-Al-Fe-Ni-Mn계	245 이상	20 이상	강도가 높고 내식성, 내마모성이 좋다.	선박용 소형 프로펠러, 베어링, 기어, 밸브 시트, 임펠러, 볼트 너트, 안전 공구, 스테인리스강용 베어링 등
알루미늄청동 주물 3종	CAC703 (AlBC3)	Cu-Al-Fe-Ni-Mn계	245 이상	15 이상	대형 주물에 적합하고 강도가 높고 내식성, 내마모성이 좋다.	선박용 소형 프로펠러, 임펠러, 밸브, 기어, 펌프 부품, 화학 공업용 기기 부품, 스테인리스강용 베어링, 식품 가공용 기계 부품 등
M알루미늄청동 주물 4종	CAC704 (AlBC4)	Cu-Al-Fe-Ni-Mn계	195 이상	15 이상	단순 모양의 대형 주물에 적합하고 강도가 특히 높고 내식성, 내마모성이 좋다.	선박용 프로펠러, 슬리브, 기어, 화학용 기기 부품 등
알루미늄청동 주물 5종	CAC705 (C95500)	Cu-Al-Fe-Ni계	215 이상	18 이상	신뢰도가 높고 강도가 크며 경도는 망가니즈 청동과 같으며, 내식성 및 내피로도가 우수하다. 고온에서도 내마모성이 좋지만 용접성이 좋지 않다.	중하중을 받는 총포 슬라이드 및 지지부, 기어, 부싱, 베어링, 프로펠러 날개 및 허브, 라이너 베어링 플레이트용 등

(3) Ni 청동(nickel bronze)

청동에 10% 내외의 Ni을 첨가한 니켈 청동은 조직이 치밀해져 인성과 내식성이 크고, 일반적으로 Al, Si, Zn, Mn 등을 첨가하여 시효경화성을 부여하여 특수 니켈청동으로 사용한다.

① Cu-Ni-Al계 합금

Ni을 함유한 Cu-Ni 합금으로 Ni은 Si의 일부와 치환함으로써 점성이 강하고 내식성이 크며 표면이 평활한 합금이 된다. 약 900℃에서 수중 담금질하고, 400~500℃의 온도로 뜨임을 하여 강도·경도를 함께 증가시키면 인장강도가 650~850N/mm²가 된다.

㉮ 이 합금은 점성이 강하고 내식성이 크다.

㉯ 이 합금은 뜨임 시효경화성이 있어 고온에서의 기계적 성질도 우수하다.

② Cu-Ni-Si계 합금(콜슨 합금, corson alloy)

Cu-Ni-Si계 합금은 콜슨 합금 또는 C 합금이라고 하며, 담금질·뜨임을 하면 1030N/mm²이상의 인장강도를 얻을 수 있다.

㉮ Ni 청동의 대표로서 Cu에 Ni 3.0~4.0%, Si 1.0%의 합금으로 석출경화성을 가진다.

㉯ CA 합금은 콜슨에 3~6% Al을 첨가한 합금으로 인장강도와 탄성한도가 더욱 높아져 스프링재에 적합하다.

㉰ CAZ 합금은 CA합금에 10% 이하의 Zn을 첨가한 합금으로 장거리 전신용에 적용되며, 강력하고 도전율이 비교적 좋으므로 강력 전도재료, 스프링 등에 사용한다.

㉱ 쿠니알(kunial bronze)은 Cu-Al-Ni계 합금이다.

③ Cu-Ni-Zn계 합금(양은, 양백, nickel silver)

㉮ Ni 5~30%, Zn 13~35%, Cu 52~67%의 은색의 아름다운 합금이다.

㉯ 기계적성질, 내열성, 내피로성이 우수하다.

㉰ 전기저항이 온도에 의해 그다지 변화하지 않는다.

④ Cu 83%, Sn 10%, Pb 3.0%, Ni 3.5%의 합금

절삭가공이 용이하며, 인장강도는 330N/mm^2, 연신율은 7~10% 정도이다.

⑤ MMM 합금(moddified monel metal)

㉮ Ni 60~65%, Cu 24~28%, Sn 9~11%, 소량의 Fe, Si, Mn계의 합금이다.

㉯ 인장강도 490N/mm^2, 연신율은 5% 정도이며, 압력용기, 밸브 등에 사용한다.

⑥ 장식용 청동은 10% 정도의 Ni을 첨가하면 백색을 띠고 내식성이 우수하다.

(4) 규소 청동(silicon bronze)

규소 청동은 Sn의 대체로서 동에 소량의 Si를 첨가하여 탈산시킨 합금으로 보통 0.03~0.3%의 Si를 함유하고 있는 Cu 합금을 청동이라 하며, 열처리효과가 작으므로 700~750℃에서 풀림하여 사용한다.

① Cu-0.75~3.5%Si-<1.6%Fe-<1.5%Mn-<1.6%Sn-<1.5Zn<0.6%Ni-0.05%Pb계 합금

② Si 청동은 내식성과 강도가 크므로 화학공업용, 선박용 부품 재료에 적합하다.

③ Si 4.7% 까지는 상온에서 Cu 중에 고용해서 인장강도, 내식성, 내열성을 향상한다.

④ 냉간가공재는 응력부식균열에 대한 저항이 크며, 고온과 저온에서 내식성 및 용접성이 우수하여 휘발유 저장 탱크, 화학 공업용 기구 등에 사용된다.

⑤ 에버듀르(Everdur)

Si 청동의 대표적인 합금으로 구리에 Si 3.0~4.5%, Mn 1.0~1.2%를 첨가한 합금으로 내식성이 특히 뛰어나며, 미국에서 생산되는 명칭이다.

⑥ 허큘로이(herculoy)

㉮ Cu에 Si 0.75~3.5%, Fe 1.6%이하, Mn 1.5%, Sn 1.6%, Zn 1.5%, Ni 0.5%, Pb 0.05%의 합금으로 미국에서 생산되는 명칭이다.

㉯ 강력하고 내마모성이 우수하며, 냉간가공재는 응력부식 균열에 대한 저항이 큰 것이 특징이다.

⑦ 실진청동(silzin bronze)

㉮ 일본에서 개발된 청동으로 Cu에 Si 4.5%, Zn 15%의 Zn을 함유한다.

㉯ 내식성, 강력형, 주조성이 좋으며 터빈날개, 선박용품에 사용한다.

㉰ 청동이란 이름이 붙어도 Sn을 전혀 함유하지 않은 합금이다.

(5) Be 청동(beryllium bronze)

① Cu에 Be 2.0~3.0%를 첨가한 시효경화성이 강력하며 베릴륨 청동이라고도 한다.
② Cu 합금 중에서 가장 큰 강도와 경도를 가진다.
③ 시효경화처리 후에는 $1000N/mm^2$ 이상의 강도를 가진다.
④ Be은 값이 비싸며 산화하기 쉽고, 경도가 커서 가공하기가 곤란하다.
⑤ 내열성, 내식성, 도전율 및 내피로성이 우수하며 가공재 또는 주물로서 이용한다.
⑥ 용도 : 구리의 높은 전도성과 강철의 고강도 성질을 서로 혼합
 ㉮ 고강도, 내식성, 고전도성을 요구하는 고급 스프링, 베어링, 전기접점, 전극 등에 사용한다.
 ㉯ 충격시 스파크(spark)가 발생하지 않으므로 정유소에서 사용하는 공구 및 부품에 활용되며 우수한 주조 특성과 비자성이다.

(6) 망가니즈 청동

Cu에 5~15%의 Mn을 첨가한 합금으로 열간가공·냉간가공이 용이하고 또한 고온강도가 크다. 망가니즈 청동의 가장 큰 특징은 전기저항의 온도계수가 적다는 것이다.

① Cu-5~15% Mn계 합금으로 전기저항($39~44\mu\Omega/cm$ 정도)이 높다.
② 고강도황동에서 탈산제로 Mn을 사용해 소량의 Mn이 잔류한 것이 Mn 청동이다.
③ 실용합금은 Manganin, Isabellin, Novoknstant, Aalloy 등이 저항재료로 사용된다.
④ 망가닌(Manganin)합금이 대표로서 Ni을 함유한 Cu-Mn합금이다.
 ㉮ 조성은 Cu 80~88%, Mn 10~15%, Ni 2~5%, Fe 1.0% 정도
 ㉯ 전기저항 온도계수는 상온에서 작고, 내식성이 나쁘다.
⑤ 망가니즈 청동의 특성 및 용도
 ㉮ 3~5% Mn을 함유한 청동은 약 300℃까지는 강도가 저하되지 않으므로 고온용 재료인 보일러의 연소실 재료, 증기관, 증기 밸브, 터빈날개 등에 이용한다.
 ㉯ 전기저항의 온도계수가 작으므로 표준저항 또는 정밀계기 부품에 사용한다.
 ㉰ 기계적 성질이 우수하고 소금물, 광산수에 대한 내식성이 좋으므로 선박, 광산용, 증기터빈날개 등에 사용한다.

(7) 타이타늄 청동(titanium bronze)

① 고강도 합금으로 포화 고용체에서 Cu_3Ti상의 중간상 성장에 의해 시효경화처리된다.
② 5.8% Ti 합금을 진공로 중에서 885℃에서 16시간 가열한 것을 수냉담금질하여 430℃로 시효처리하면 강도는 $820N/mm^2$, 항복점은 $735N/mm^2$, 연신율은 8%, H_V는 340 정도가 되며 내열성은 좋으나 도전율이 낮다.
③ CTB 합금은 4.0% Ti에 0.5% Be, 0.5% Co 또는 2.0% Ni, 1.0% Fe의 합금으로 인장강도가 $1180N/mm^2$이다.

④ CTC 합금은 4.0% Ti-3.0% Al-1.0% Zr의 합금으로 인장강도가 $1128N/mm^2$, 내마멸성이 좋고 베릴륨청동보다 우수하다.

(8) 크로뮴 청동(chromium copper)
① 0.5~0.8% Cr의 것이 실용합금으로 사용된다.
② 내열성, 전도성이 좋으므로 용접용 전극재료로 발전된 합금이다.

(9) 스프링용 동합금
① 고동합금계(高銅合金系) 스프링
㉮ Cu-Be-Co계 합금은 석출경화형 합금의 대표로서 내식성이 좋다.
㉯ Cu-Ti계 합금은 시효경화용 합금으로 Be청동에 비해 200℃에서의 응력완화율이 훨씬 낮다.
㉰ Corson(C합금, Cu-Ni-Si계 합금) : 2~10% Ni과 3~6% Si를 Cu에 첨가해 Ni2Si의 석출에 의한 시효경화성 합금으로 도전성, 내진동성, 내피로성이 좋은 재료이다.

② 황동계 스프링
㉮ Cu-35% Zn계 합금(65:35황동, C2680)은 성질은 7:3 황동과 비슷하며 가공도의 증가에 따라 인장강도, 경도가 증가한다.
㉯ 악기리드용 황동은 C6711S, C6712S는 Pb과 Mn이 첨가된 특수황동으로 타발성(打拔性), 내피로성, 음색이 좋으므로 악기의 리드용으로 개발된 특수 재료이다.

③ 주석청동계(Cu-Sn합금) 스프링
㉮ 인청동(Cu-Sn-P계 합금)
㉠ 7~8% Sn-0.05~0.15% P의 합금이 실용화되며 고급스프링에 사용된다.
㉡ 적당한 냉간가공으로 탄성한계가 높고 탄성피로가 적은 것을 얻을 수 있다.
㉯ 쾌삭인청동
㉠ Pb, Zn의 첨가로 피삭성을 개선시킨 합금이다.
㉡ 봉재는 스프링 특성이 있으므로 고급스프링재로서 사용한다.

④ Cu-Ni계 스프링
㉮ 백동(cupronickel)
㉠ 스프링 재료에는 Cu-20% Ni계 합금이 사용된다.
㉡ Fe 함유량이 낮아야 하며 스프링성을 얻기 위하여 강한 가공을 한다.
㉯ 함규소 백동
㉠ Cu에 20% Ni, 0.5% Si를 첨가한 합금으로 시효경화성 합금이다.
㉡ 응력부식균열을 일으키지 않는 곳, 와이어스프링 릴레이의 직선스프링에 사용한다.
㉰ Cu-Ni-Sn계 합금
㉠ 9~20% Ni-3.5~6.5% Sn계 합금이다.

ⓒ 내식성, 내응력 완화성이 우수한 고강도의 박판, 선 스프링재로서 실용화한다.
⑤ 양백계(nickel silver, 洋銀, 洋白系) 스프링
㉮ Cu에 18% Ni, 27% Zn을 첨가한 합금이 스프링용으로 사용된다.
㉯ 스프링성, 내피로성이 우수하여 통신기용 스프링재로 사용된다.
㉰ Pb을 첨가하면 피삭성이 개선되어 쾌삭 양백봉으로 사용되고 있다.
⑥ 복합 스프링 재료
㉮ 스프링 재료의 표면에 은-파라듐 합금이나 금-인듐 합금을 첨가하여 낮은 접촉 저항을 목적으로 한 복합재료이다.
㉯ 모재가 되는 스프링재료는 황동, 인청동, 양백, Be청동 등이 있다.

(10) 납(Pb)청동(lead bronze)

연입청동이라고 하며 납의 함유량이 많아 면압이 높고, 조질이 치밀하며 마찰력을 극대화하므로 미끄럼 베어링 재료로 널리 이용되고 있다.

① 주석청동(Cu-Sn) 중에 Pb을 3~26% 첨가한 합금으로 연입청동이라고도 한다.
② 연청동 주물의 대표적인 조성은 Cu에 3~11% Sn, 3~36% Pb, 1% 이하 Ni의 범위이다.
③ 중력편석하기 쉽고 응고범위가 넓어 역편석하여 연한(鉛汗, lead sweat)을 일으킨다.
④ 켈멧(kelmet, 고연청동)

납청동을 개량한 것으로 Cu-Pb 합금에서 나타나는 편석을 방지하고, 조직을 균일화하기 위해 2% 이하의 Ag 또는 Ni을 함유한 것이다.

㉮ 연강재의 바탕에 두께 약 1mm로 고연청동을 용착한 베어링으로 Cu에 20~40% Pb을 첨가한 합금으로 화이트메탈보다 바탕과의 결합이 강력하여 박리(剝離)되지 않는다.
㉯ 열전도도나 용융점이 높아서 용착이 생기지 않으므로 고속·고하중의 운전에 견디며 항공기나 자동차, 디젤 엔진 등의 베어링용으로 사용한다.

⑤ 납(Pb)청동의 용도
㉮ 조직 중에 납이 거의 고용되지 않고 입계에 점재하여 윤활성이 좋으므로 베어링, 패킹재료 등에 사용되며, 윤활성 향상으로 자동차, 일반기계, 베어링에 사용한다.
㉯ 납 함유량이 많은 것은 각종 기계의 중속, 중하중용의 베어링 등에 사용한다.

(11) 호이슬러 합금(Heusler's alloy)

Cu 70%·Mn 30%의 합금에 알루미늄, 주석, 안티몬, 비스무스 등의 원소를 소량 첨가한 것이다. 이들의 성분금속은 비강자성체이지만 이 합금은 강자성을 가지고 있다.

(12) 소결베어링합금(sintered bearing metal)

Cu 분말에 Sn 분말 8~12%, 흑연분말 4~5%를 혼합하고 베어링 금형에 넣어 압축성형하여 수소분위기 중에서 약 900℃로 소결한 다공질합금이다. 이 합금에 윤활유를 흡수시키면 기름은 그 합금입자간의 공간에 20~30% 정도가 흡수된다. 따라서 이 베어링합금으로 만든 베어

링은 무급유베어링 또는 오일리스 베어링(oilless bearing)이라 부르고 자동차 등 윤활유 주입이 어려운 부분에 이용된다. 하지만 큰 하중이나 고속회전용으로는 적당하지 않다.

5. 구리합금의 분류

구리	Cu	타프피치동, 탈산구리, 무산소구리
고동합금	Cu-Be-Co Cu-Ni-Si Cu-Ti Cu-Fe-P Cu-Cr Cu-Zr Cu-Ag Cu-Sn	베릴륨구리(Be 0.4~2.2%) 코티손합금(Ni 1~3%, Si 0.2~0.7%) 타이타늄구리(Ti 1.0~4.0%) 철들이구리(Fe 0.1~2.6%, P 0.01~0.3%) 크로뮴구리(Cr 0.4~1.2%) 지르코늄구리(Zr 0.02~0.2%) 은들이구리(Ag 0.08~0.25%) 주석들이구리(Sn 0.05~0.2%)
황동	Cu-Zn Cu-Zn-Pb Cu-Zn-Sn Cu-Zn-Al Cu-Zn-Mn-Al-Fe	단동, 황동, 놋쇠 쾌삭황동 네이벌황동, 애드미럴티황동 알루미늄황동 고력황동
청동	Cu-Sn Cu-Sn-Zn, Cu-Sn-Zn-Pb Cu-Sn-P Cu-Sn-Pb	주석청동 청동, 포금 인청동 납청동
특수청동	Cu-Al-Fe-Ni-Mn Cu-Si-Zn	알루미늄청동 규소청동
구리-니켈합금	Cu-Ni Cu-Ni-Zn	백동, 큐프로니켈 양백
구리-납합금	Cu-Pb	켈멧

(1) 구리 및 구리합금 봉 KS D 5101 : 2009

종류 및 기호

6종류		기호	참고	
합금 번호	제조 방법		명칭	특색 및 용도 보기
C 1020	압출	C 1020 BE	무산소동	전기 · 열의 전도성, 전연성이 우수하고, 용접성 · 내식성 · 내후성이 좋다. 환원성 분위기 속에서 고온으로 가열하여도 수소 취화를 일으킬 염려가 없다. 전기용, 화학 공업용 등
	인발	C 1020 BD		
	단조	C 1020 BF		
C 1100	압출	C 1100 BE	타프피치동	전기 · 열의 전도성이 우수하고, 전연성 · 내식성 · 내후성이 좋다. 전기 부품, 화학 공업용 등
	인발	C 1100 BD		
	단조	C 1100 BF		
C 1201	압출	C 1201 BE	인탈산동	전연성 · 용접성 · 내식성 · 내후성 및 열의 전도성이 좋다. C 1220은 환원성 분위기 속에서 고온으로 가열하여도 수소 취화를 일으킬 염려가 없다. C1201은 C 1220보다 전기의 전도성이 좋다. 용접용, 화학 공업용 등
	인발	C 1201 BD		
C 1220	압출	C 1220 BE		
	인발	C 1220 BD		

6종류		기호	참고	
합금 번호	제조 방법		명칭	특색 및 용도 보기
C 2600	압출	C 2600 BE	황동	냉간 단조성·전조성이 좋다. 기계 부품, 전기 부품 등
	인발	C 2600 BD		
C 2700	압출	C 2700 BE	황동	열간 가공성이 좋다. 기계 부품, 전기 부품 등
	인발	C 2700 BD		
C 2745	압출	C 2745 BE	황동	열간 가공성이 좋다. 기계 부품, 전기 부품 등
	인발	C 2745 BD		
C 2800	압출	C 2800 BE	황동	열간 가공성이 좋다. 기계 부품, 전기 부품 등
	인발	C 2800 BD		
C 3533	압출	C 3533 BE	내식 황동	네이벌 황동보다 내식성이 우수하다. 수도꼭지, 밸브 등
	인발	C 3533 BD		
C 3601	인발	C 3601 BD	쾌삭 황동	절삭성이 우수하다. C 3601, C 3602는 전연성도 좋다. 볼트, 너트, 작은 나사, 스핀들, 기어, 밸브, 라이터·시계·카메라 부품 등
C 3602	압출	C 3602 BE		
	인발	C 3602 BD		
	단조	C 3602 BF		
C 3603	인발	C 3603 BD		
C 3604	압출	C 3604 BE		
	인발	C 3604 BD		
	단조	C 3604 BF		
C 3605	압출	C 3605 BE		
	인발	C 3605 BD		
C 3712	압출	C 3712 BE	단조 황동	열간 단조성이 좋고, 정밀 단조에 적합하다. 기계 부품 등
	인발	C 3712 BD		
	단조	C 3712 BF		
C 3771	압출	C 3771 BE		열간 단조성과 피절삭성이 좋다. 밸브, 기계 부품 등
	인발	C 3771 BD		
	단조	C 3771 BF		
C 4622	압출	C 4622 BE	네이벌 황동	내식성, 특히 내해수성이 좋다. 선박용 부품, 샤프트 등
	인발	C 4622 BD		
	단조	C 4622 BF		
C 4641	압출	C 4641 BE		
	인발	C 4641 BD		
	단조	C 4641 BF		
C 4860	압출	C 4860 BE	내식 황동	네이벌 황동보다 내식성이 우수한 환경 소재이다. 수도꼭지, 밸브, 선박용 부품 등
	인발	C 4860 BD		
C 4926	압출	C 4926 BE	무연 황동	납이 없는 쾌삭 황동으로 환경 소재이다. 전기전자 부품, 자동차 부품, 정밀가공용
	인발	C 4926 BD		
C 4934	압출	C 4934 BE	무연내식 황동	납이 없고, 내식성이 우수한 쾌삭 황동으로 환경 소재이다. 수도꼭지, 밸브 등
	인발	C 4934 BD		
C 6161	압출	C 6161 BE	알루미늄 청동	강도가 높고, 내마모성, 내식성이 좋다. 차량 기계용, 화학 공업용, 선박용의 기어 피니언·샤프트· 부시 등
	인발	C 6161 BD		
C 6191	압출	C 6191 BE		
	인발	C 6191 BD		
C 6241	압출	C 6241 BE		
	인발	C 6241 BD		

6종류		기호	참고	
합금 번호	제조 방법		명칭	특색 및 용도 보기
C 6782	압출	C 6782 BE	고강도 황동	강도가 높고, 열간 단조성, 내식성이 좋다. 선박용 프로펠러 축, 펌프 축 등
	인발	C 6782 BD		
	단조	C 6782 BF		
C 6783	압출	C 6783 BE		
	인발	C 6783 BD		

[비고] 1. 봉이란 전체의 길이에 걸쳐 균일한 단면을 가지며 곧은 상태로 공급되는 전신 제품을 말한다.
2. 정육각형의 봉은 R 붙임 정육각형의 봉을 포함한다.

봉의 화학 성분

합금 번호	화학 성분(질량 %)													
	Cu	Pb	Fe	Sn	Zn	Al	Mn	Ni	P	Bi	As	Si	Cd	Cu+Al +Fe+ Mn+Ni	Fe+Sn
C 1020	99.96 이상	-	-	-	-	-	-	-	-	-	-	-	-	-	-
C 1100	99.90 이상	-	-	-	-	-	-	-	-	-	-	-	-	-	-
C 1201	99.90 이상	-	-	-	-	-	-	-	0.004 이상 0.015 미만	-	-	-	-	-	-
C 1220	99.90 이상	-	-	-	-	-	-	-	0.015 ~ 0.040	-	-	-	-	-	-
C 2600	68.5~71.5	0.05 이하	0.05 이하	-	나머지	-	-	-	-	-	-	-	-	-	-
C 2700	63.0~67.0	0.05 이하	0.05 이하	-	나머지	-	-	-	-	-	-	-	-	-	-
C 2745	60.0~65.0	0.25 이하	0.35 이하	-	나머지	-	-	-	-	-	-	-	-	-	-
C 2800	59.0~63.0	0.10 이하	0.07 이하	-	나머지	-	-	-	-	-	-	-	-	-	-
C 3533	59.5~64.0	1.5~3.5	-	-	나머지	-	-	-	-	0.02~0.25	-	-	-	-	-
C 3601	59.0~63.0	1.8~3.7	0.30 이하	-	나머지	-	-	-	-	-	-	-	-	-	0.50 이하
C 3602	57.0~61.0	1.8~3.7	0.50 이하	-	나머지	-	-	-	-	-	-	-	-	-	1.0 이하
C 3603	57.0~61.0	1.8~3.7	0.35 이하	-	나머지	-	-	-	-	-	-	-	-	-	0.6 이하
C 3604	57.0~61.0	1.8~3.7	0.50 이하	-	나머지	-	-	-	-	-	-	-	-	-	1.0 이하
C 3605	56.0~60.0	3.5~4.5	0.50 이하	-	나머지	-	-	-	-	-	-	-	-	-	1.0 이하
C 3712	58.0~62.0	0.25~1.2	-	-	나머지	-	-	-	-	-	-	-	-	-	0.8 이하

합금 번호	화학 성분(질량 %)													
	Cu	Pb	Fe	Sn	Zn	Al	Mn	Ni	P	Bi	As	Si	Cd	Cu+Al +Fe+ Mn+Ni	Fe+Sn
C 3771	57.0~ 61.0	1.0~ 2.5	-	-	나머지	-	-	-	-	-	-	-	-	-	1.0 이하
C 4622	61.0~ 64.0	0.30 이하	0.20 이하	0.7~ 1.5	나머지	-	-	-	-	-	-	-	-	-	-
C 4641	59.0~ 62.0	0.50 이하	0.20 이하	0.50~ 1.0	나머지	-	-	-	-	-	-	-	-	-	-
C 4860	59.0~ 62.0	1.0~ 2.5	-	0.30~ 1.5	나머지	-	-	-	-	-	0.02~ 0.25	-	-	-	-
C 4926	58.0~ 63.0	0.09 이하	0.50 이하	0.50 이하	나머지	-	-	-	0.05~ 0.15	0.5~ 1.8	-	0.10	0.001	-	-
C 4934	60.0~ 63.0	0.09 이하	-	0.50~ 1.5	나머지	-	-	-	0.05~ 0.15	0.5~ 2.0	-	0.10	0.001	-	-
C 6161	83.0~ 90.0	0.02 이하	2.0~ 4.0	-	-	7.0~ 10.0	0.50~ 2.0	0.50~ 2.0	-	-	-	-	-	99.5 이상	-
C 6191	81.0~ 88.0	-	3.0~ 5.0	-	-	8.5~ 11.0	0.50~ 2.0	0.50~ 2.0	-	-	-	-	-	99.5 이상	-
C 6241	80.0~ 87.0	-	3.0~ 5.0	-	-	9.0~ 12.0	0.50~ 2.0	0.50~ 2.0	-	-	-	-	-	99.5 이상	-
C 6782	56.0~ 60.5	0.50 이하	0.10~ 1.0	-	나머지	0.20~ 2.0	0.50~ 2.5	-	-	-	-	-	-	-	-
C 6783	55.0~ 59.0	0.50 이하	0.20~ 1.5	-	나머지	0.20~ 2.0	1.0~ 3.0	-	-	-	-	-	-	-	-

봉의 기계적 성질(플레어 너트용은 제외)

합금 번호	질별	기호	지름, 변 또는 맞변거리 mm	인장 시험		경도 시험	
				인장 강도 N/mm²	연신율 %	비커스 HV	브리넬 HBW (10/3 000)
C 1020 C 1100 C 1201 C 1220	F	C 1020 BE-F	6 이상	195 이상	25 이상	-	-
		C 1100 BE-F					
		C 1201 BE-F					
		C 1220 BE-F					
		C 1020 BF-F	100 이상				
		C 1100 BF-F					
C 1020 C 1100 C 1201 C 1220	O	C 1020 BD-O	6 이상 110 이하	195 이상	30 이상	-	-
		C 1100 BD-O					
		C 1201 BD-O					
		C 1220 BD-O					
	1/2 H	C 1020 BD-1/2 H	6 이상 25 이하	245 이상	15 이상	-	-
		C 1100 BD-1/2 H	25 초과 50 이하	225 이상	20 이상	-	-

합금 번호	질별	기호	지름, 변 또는 맞변거리 mm	인장 시험 인장 강도 N/mm²	인장 시험 연신율 %	경도 시험 비커스 HV	경도 시험 브리넬 HBW (10/3 000)
C 1020 C 1100 C 1201 C 1220	1/2 H	C 1201 BD-1/2 H	50 초과 75 이하	215 이상	25 이상	-	-
		C 1220 BD-1/2 H	75 초과 110 이하	205 이상	30 이상	-	-
	H	C 1020 BD-H	6 이상 25 이하	275 이상	-	-	-
		C 1100 BD-H	25 초과 50 이하	245 이상	-	-	-
		C 1201 BD-H	50 초과 75 이하	225 이상	-	-	-
		C 1220 BD-H	75 초과 110 이하	215 이상	-	-	-
C 2600	F	C 2600 BE-F	6 이상	275 이상	35 이상	-	-
	O	C 2600 BD-O	6 이상 75 이하	275 이상	45 이상	-	-
	1/2H	C 2600 BD-1/2H	6 이상 50 이하	355 이상	20 이상	-	-
	H	C 2600 BD-H	6 이상 20 이하	410 이상	-	-	-
C 2700	F	C 2700 BE-F	6 이상	295 이상	30 이상	-	-
	O	C 2700 BD-O	6 이상 75 이하	295 이상	40 이상	-	-
	1/2H	C 2700 BD-1/2H	6 이상 50 이하	355 이상	20 이상	-	-
	H	C 2700 BD-H	6 이상 20 이하	410 이상	-	-	-
C 2745	F	C 2745 BE-F	6 이상	295 이상	30 이상	-	-
	O	C 2745 BD-O	6 이상 75 이하	295 이상	40 이상	-	-
	1/2H	C 2745 BD-1/2H	6 이상 50 이하	355 이상	20 이상	-	-
	H	C 2745 BD-H	6 이상 20 이하	410 이상	-	-	-
C 2800	F	C 2800 BE-F	6 이상	315 이상	25 이상	-	-
	O	C 2800 BD-O	6 이상 75 이하	315 이상	35 이상	-	-
	1/2H	C 2800 BD-1/2H	6 이상 50 이하	375 이상	15 이상	-	-
	H	C 2800 BD-H	6 이상 20 이하	450 이상	-	-	-
C 3533	F	C 3533 BE-F	6 이상 50 이하	315 이상	15 이상	-	-
		C 3533 BD-F	6 이상 110 이하				
C 3601	O	C 3601 BD-O	1 이상 6 미만	295 이상	15 이상	-	-
		C 3601 BD-1/2H	6 이상 75 이하	295 이상	25 이상	-	-
	1/2H	C 3601 BD-H	1 이상 50 이하	345 이상	-	95 이상	-
	H		1 이상 20 이하	450 이상	-	130 이상	-
C 3602	F	C 3602 BE-F	6 이상 75 이하	315 이상	-	75 이상	-
		C 3602 BD-F	1 이상 110 이하				
		C 3602 BF-F	100 이상				
C 3603	O	C 3603 BD-O	1 이상 6 미만	315 이상	15 이상	-	-
			6 이상 75 이하	315 이상	20 이상	-	-
	1/2H	C 3603 BD-1/2H	1 이상 50 이하	365 이상	-	100 이상	-
	H	C 3603 BD-H	1 이상 20 이하	450 이상	-	130 이상	-
C 3604	F	C 3604 BE-F	6 이상 75 이하	355 이상	-	80 이상	-
		C 3604 BD-F	1 이상 110 이하				
		C 3604 BF-F	100 이상				

합금 번호	질별	기호	지름, 변 또는 맞변거리 mm	인장 시험		경도 시험	
				인장 강도 N/mm²	연신율 %	비커스 HV	브리넬 HBW (10/3 000)
C 3605	F	C 3605 BE-F	6 이상 75 이하	355 이상	–	80 이상	–
		C 3605 BD-F	1 이상 110 이하		–		
C 3712 C 3771	F	C 3712 BE-F	6 이상	315 이상	15 이상	–	–
		C 3712 BD-F					
		C 3771 BE-F					
		C 3771 BD-F					
		C 3712 BF-F	100 이상				
		C 3771 BF-F					
C 4622	F	C 4622 BE-F	6 이상 50 이하	345 이상	20 이상	–	–
		C 4622 BD-F	6 이상 110 이하	365 이상	20 이상	–	–
		C 4622 BF-F	100 이상	345 이상	20 이상	–	–
C 4641	F	C 4641 BE-F	6 이상 50 이하	345 이상	20 이상	–	–
		C 4641 BD-F	6 이상 110 이하	375 이상	20 이상	–	–
		C 4641 BF-F	100 이상	345 이상	20 이상	–	–
C 4860	F	C 4860 BE-F	6 이상 50 이하	315 이상	15 이상	–	–
		C 4860 BD-F	6 이상 110 이하	335 이상	15 이상	–	–
C 4926	F	C 4926 BE-F	6 이상 50 이하	335 이상	–	80 이상	–
		C 4926 BD-F	1 이상 110 이하				
C 4934	F	C 4934 BE-F	6 이상 50 이하	335 이상	–	80 이상	–
		C 4934 BD-F	1 이상 110 이하				
C 6161	F	C 6161 BE-F	6 이상 50 이하	590 이상	25 이상	–	130 이상
		C 6161 BD-F					
		C 6161 BF-F					
C 6191	F	C 6191 BE-F	6 이상 50 이하	685 이상	15 이상	–	170 이상
		C 6191 BD-F				–	
		C 6191 BF-F				–	
C 6241	F	C 6241 BE-F	6 이상 50 이하	685 이상	10 이상	–	210 이상
		C 6241 BD-F					
		C 6241 BF-F					
C 6782	F	C 6782 BE-F	6 이상 50 이하	460 이상	20 이상	–	–
		C 6782 BD-F	6 이상 110 이하	490 이상	15 이상	–	–
		C 6782 BF-F	100 이상	460 이상	20 이상	–	–
C 6783	F	C 6783 BE-F	6 이상 50 이하	510 이상	15 이상	–	–
	F	C 6783 BD-F	6 이상 50 이하	540 이상	12 이상	–	–

플레어 너트용 인발봉의 기계적 성질

합금 번호	질별	기호	맞변거리 mm	인장 시험		경도 시험	
				인장 강도 N/mm²	연신율 %	비커스 HV	브리넬 HBW (10/3 000)
C 3604	SR	C 3604 BDN	17, 22, 24, 26, 27, 29, 36	355 이상	15 이상	70 이상 120 이하	-
C 3771	SR	C 3771 BDN	17, 22, 24, 26, 27, 29, 36	315 이상	15 이상	70 이상 120 이하	-

(2) 베릴륨동, 인청동 및 양백의 봉 및 선 KS D 5102 : 2009

종류 및 기호

종류		기호	참고	
합금 번호	모양		명칭	특색 및 용도 보기
C 1720	봉	C 1720 B	베릴륨동	내식성이 좋고 시효경화 처리 전은 전연성이 풍부하며 시효경화 처리 후는 내피로성, 도전성이 증가한다. 시효경화 처리는 성형가공 후에 한다. 봉은 항공기 엔진 부품, 프로펠러, 볼트, 캠, 기어, 베어링, 점용접용 전극 등 선은 코일 스프링, 스파이럴 스프링, 브러시 등
	선	C 1720 W		
C 5111	봉	C 5111 B	인청동	내피로성·내식성·내마모성이 좋다. 봉은 기어, 캠, 이음쇠, 축, 베어링, 작은 나사, 볼트, 너트, 미끄럼마찰 부품, 커넥터, 트롤리선용 행어 등 선은 코일 스프링, 스파이럴 스프링, 스냅 버튼, 전기 바인드용 선, 헤더재, 와셔 등
	선	C 5111 W		
C 5102	봉	C 5102 B		
	선	C 5102 W		
C 5191	봉	C 5191 B		
	선	C 5191 W		
C 5212	봉	C 5212 B		
	선	C 5212 W		
C 5341	봉	C 5341 B	쾌삭 인청동	절삭성이 좋다. 작은 나사, 부싱, 베어링, 볼트, 너트, 볼펜 부품 등
C 5441	봉	C 5441 B		
C 7451	선	C 7451 W	양백	광택이 아름답고, 내피로성·내식성이 좋다. 봉은 작은 나사, 볼트, 너트, 전기 기기 부품, 악기, 의료기기, 시계 부품 등 선은 특수 스프링 재료에 적당하다. 직선 스프링·코일 스프링으로서 계전기, 계측기, 의료 기기, 장식품, 안경 부품, 연질재는 헤더재 등
C 7521	봉	C 7521 B		
	선	C 7521 W		
C 7541	봉	C 7541 B		
	선	C 7541 W		
C 7701	봉	C 7701 B		
	선	C 7701 W		
C 7941	봉	C 7941 B	쾌삭 양백	절삭성이 좋다. 작은 나사, 베어링, 볼펜 부품, 안경 부품 등

봉 및 선의 화학 성분

합금 번호	화학 성분(질량 %)												
	Cu	Pb	Fe	Sn	Zn	Be	Mn	Ni	Ni+Co	Ni+Co+Fe	P	Cu+Sn+P	Cu+Be+Ni+Co+Fe
C 1720	-	-	-	-	-	1.8~2.00	-	-	0.20 이상	0.6 이하	-	-	99.5 이상
C 5111	-	0.02 이하	0.10 이하	3.5~4.5	0.20 이하	-	-	-	-	-	0.03~0.35	99.5 이상	-
C 5102	-	0.02 이하	0.10 이하	4.5~5.5	0.20 이하	-	-	-	-	-	0.03~0.35	99.5 이상	-
C 5191	-	0.02 이하	0.10 이하	5.5~7.0	0.20 이하	-	-	-	-	-	0.03~0.35	99.5 이상	-
C 5212	-	0.02 이하	0.10 이하	7.0~9.0	0.20 이하	-	-	-	-	-	0.03~0.35	99.5 이상	-
C 5341	-	0.8~1.5	-	3.5~5.8	-	-	-	-	-	-	0.03~0.35	99.5(1) 이상	-
C 5441	-	3.5~4.5	-	3.0~4.5	1.5~4.5	-	-	-	-	-	0.01~0.50	99.5(2) 이상	-
C 7451	63.0~67.0	0.03 이하	0.25 이하	-	나머지	-	0.50 이하	8.5~11.0	-	-	-	-	-
C 7521	62.0~66.0	0.03 이하	0.25 이하	-	나머지	-	0.50 이하	16.5~19.5	-	-	-	-	-
C 7541	60.0~64.0	0.03 이하	0.25 이하	-	나머지	-	0.50 이하	12.5~15.5	-	-	-	-	-
C 7701	54.0~58.0	0.03 이하	0.25 이하	-	나머지	-	0.50 이하	16.5~19.5	-	-	-	-	-
C 7941	60.0~64.0	0.8~1.8	0.25 이하	-	나머지	-	0.50 이하	16.5~19.5	-	-	-	-	-

봉 및 선의 기계적 성질 및 그 밖의 특성 항목

합금 번호	봉				선			
	지름 또는 맞변 거리 mm	인장 강도	연신율	경도	지름 또는 맞변 거리 mm	인장 강도	연신율	감김성
C 1720	250 이하	○	-	△	0.4 이상	○	-	-
C 5111	50 이하	○	○	△	0.4 이상	○	-	△
	50 초과 100 이하	-	-	○			-	
C 5102	50 이하	○	○	△	0.4 이상	○	-	△
	50 초과 100 이하	-	-	○			-	
C 5191	50 이하	○	○	△	0.4 이상	○	-	△
C 5212	50 초과 100 이하	-	-	○				
C 5341	50 이하	○	○	△	-	-	-	-
C 5441	50 초과 100 이하	△	△	○	-	-	-	-
C 7451	-	-	-	-	0.4 이상	○	-	-
C 7521	50 이하	○	-	△	0.4 이상	○	-	-
C 7541								
C 7701								
C 7941	50 이하	○	-	△	-	-	-	-

봉의 기계적 성질

합금 번호	질별	기호	지름 또는 맞변 거리 mm	인장 시험 인장 강도 N/mm²	인장 시험 연신율 %	경도 시험 비커스 경도 HV	경도 시험 로크웰경도 HRB	경도 시험 로크웰경도 HRC
C 1720	O	C 1720 B-O	3.0 이상 6 이하	410~590	–	90~190	–	–
C 1720	O	C 1720 B-O	6 초과 25 이하	410~590	–	90~190	45~85	–
C 1720	H	C 1720 B-H	3.0 이상 6 이하	645~900	–	180~300	–	–
C 1720	H	C 1720 B-H	6 초과 25 이하	590~900	–	175~330	88~103	–
C 5111	H	C 511 B-H	3.0 이상 6 이하	490 이상	–	140 이상	–	–
C 5111	H	C 511 B-H	6 초과 13 이하	450 이상	10 이상	125 이상	–	–
C 5111	H	C 511 B-H	13 초과 25 이하	410 이상	13 이상	115 이상	–	–
C 5111	H	C 511 B-H	25 초과 50 이하	380 이상	15 이상	105 이상	–	–
C 5111	H	C 511 B-H	50 초과 100 이하	–	–	–	60~80	–
C 5102	H	C 5102 B-H	3.0 이상 6 이하	540 이상	–	150 이상	–	–
C 5102	H	C 5102 B-H	6 초과 13 이하	500 이상	10 이상	135 이상	–	–
C 5102	H	C 5102 B-H	13 초과 25 이하	460 이상	13 이상	125 이상	–	–
C 5102	H	C 5102 B-H	25 초과 50 이하	430 이상	15 이상	115 이상	–	–
C 5102	H	C 5102 B-H	50초과 100 이하	–	–	–	65~85	–
C 5191	½H	C 5191 B-½H	3.0 이상 6 이하	540 이상	–	150 이상	–	–
C 5191	½H	C 5191 B-½H	6 초과 13 이하	500 이상	13 이상	135 이상	–	–
C 5191	½H	C 5191 B-½H	13 초과 25 이하	460 이상	15 이상	125 이상	–	–
C 5191	½H	C 5191 B-½H	25 초과 50 이하	430 이상	18 이상	120 이상	–	–
C 5191	½H	C 5191 B-½H	50초과 100 이하	–	–	–	70~85	–
C 5191	H	C 5191 B-H	3.0 이상 6 이하	635 이상	–	180 이상	–	–
C 5191	H	C 5191 B-H	6 초과 13 이하	590 이상	10 이상	165 이상	–	–
C 5191	H	C 5191 B-H	13 초과 25 이하	540 이상	13 이상	150 이상	–	–
C 5191	H	C 5191 B-H	25 초과 50 이하	490 이상	15 이상	140 이상	–	–
C 5191	H	C 5191 B-H	50초과 100 이하	–	–	–	75~90	–
C 5212	½H	C 5212 B-½H	3.0 이상 6 이하	540 이상	–	155 이상	–	–
C 5212	½H	C 5212 B-½H	6 초과 13 이하	490 이상	13 이상	140 이상	–	–
C 5212	½H	C 5212 B-½H	13 초과 25 이하	440 이상	15 이상	130 이상	–	–
C 5212	½H	C 5212 B-½H	25 초과 50 이하	420 이상	18 이상	125 이상	–	–
C 5212	½H	C 5212 B-½H	50초과 100 이하	–	–	–	72~87	–
C 5212	H	C 5212 B-H	3.0 이상 6 이하	735 이상	–	195 이상	–	–
C 5212	H	C 5212 B-H	6 초과 13 이하	685 이상	10 이상	195 이상	–	–
C 5212	H	C 5212 B-H	13 초과 25 이하	635 이상	13 이상	180 이상	–	–
C 5212	H	C 5212 B-H	25 초과 50 이하	560 이상	15 이상	170 이상	–	–
C 5212	H	C 5212 B-H	50초과 100 이하	–	–	–	80~95	–
C 5341 / C 5441	H	C 5441 B-H	0.5 이상 3 이하	470 이상	–	125 이상	–	–
C 5341 / C 5441	H	C 5441 B-H	3.0 이상 6 이하	440 이상	–	125 이상	–	–
C 5341 / C 5441	H	C 5441 B-H	6 초과 13 이하	410 이상	10 이상	115 이상	–	–
C 5341 / C 5441	H	C 5441 B-H	13 초과 25 이하	375 이상	12 이상	110 이상	–	–
C 5341 / C 5441	H	C 5441 B-H	25 초과 50 이하	345 이상	15 이상	100 이상	–	–
C 5341 / C 5441	H	C 5441 B-H	50초과 100 이하	320 이상	15 이상	–	60~90	–

합금번호	질별	기호	지름 또는 맞변 거리 mm	인장 시험		경도 시험		
				인장 강도 N/mm²	연신율 %	비커스 경도 HV	로크웰경도	
							HRB	HRC
C 7521	½H	C 7521 B-½H	3.0 이상 6 이하	490~635	-	145 이상	-	-
			6 초과 13 이하	440~590	-	130 이상	-	-
	H	C 7521 B-H	3.0 이상 6 이하	550~685	-	145 이상	-	-
			6 초과 13 이하	480~620	-	125 이상	-	-
			13 초과 25 이하	440~580	-	115 이상	-	-
			25 초과 50 이하	410~550	-	110 이상	-	-
C 7541	½H	C 7541 B-½H	3.0 이상 6 이하	440~590	-	135 이상	-	-
			6 초과 13 이하	390~540	-	120 이상	-	-
	H	C 7541 B-H	3.0 이상 6 이하	570~705	-	150 이상	-	-
			6 초과 13 이하	520~645	-	135 이상	-	-
			13 초과 25 이하	450~590	-	115 이상	-	-
			25 초과 50 이하	390~540	-	100 이상	-	-
C 7701	½H	C 7701 B-½H	3.0 이상 6 이하	520~665	-	150 이상	-	-
			6 초과 13 이하	470~620	-	130 이상	-	-
	H	C 7701 B-H	3.0 이상 6 이하	620~755	-	160 이상	-	-
			6 초과 13 이하	550~685	-	140 이상	-	-
			13 초과 25 이하	510~645	-	140 이상	-	-
			25 초과 50 이하	480~620	-	130 이상	-	-
C 7941	H	C 7941 B-H	3.0 이상 6 이하	550~685	-	150 이상	-	-
			6 초과 13 이하	480~620	-	130 이상	-	-
			13 초과 20 이하	460~600	-	120 이상	-	-
			20 초과 25 이하	440~580	-	120 이상	-	-
			25 초과 50 이하	410~550	-	110 이상	-	-

합금번호 C 1720 봉의 시효 경화 처리 후의 기계적 성질

합금번호	질별	기호	지름 또는 맞변 거리 mm	인장 시험		경도 시험		
				인장 강도 N/mm²	연신율 %	비커스 경도 HV	로크웰경도	
							HRB	HRC
C 1720	O	-	3.0 이상 6 이하	1 100~1 370	-	300~400	-	-
			6 초과 13 이하	1 100~1 370	-	300~400	-	34~40
	H	-	3.0 이상 6 이하	1 270~1 520	-	340~440	-	-
			6 초과 13 이하	1 210~1 470	-	330~430	-	37~45

선의 기계적 성질

합금 번호	질별	기호	지름 또는 맞변 거리 mm	인장 시험 인장 강도 N/mm^2	인장 시험 연신율 %
C 1720	O	C 1720 W-O	0.40 이상	390~540	-
C 1720	1/4 H	C 1720 W-1/4 H	0.40 이상 5.0 이하	620~805	-
C 1720	3/4 H	C 1720 W-3/4 H	0.40 이상 5.0 이하	835~1 070	-
C 5111	O	C 5111 W-O	0.40 이상	295~410	-
C 5111	H	C 5111 W-H	0.40 이상 5.0 이하	490 이상	-
C 5102	O	C 5102 W-O	0.40 이상	305~420	-
C 5102	H	C 5102 W-H	0.40 이상 5.0 이하	635 이상	-
C 5102	SH	C 5102 W-SH	0.40 이상 5.0 이하	862 이상	-
C 5191	O	C 5191 W-O	0.40 이상	315~460	-
C 5191	1/8 H	C 5191 W-1/8 H	0.40 이상 5.0 이하	435~585	-
C 5191	1/8 H	C 5191 W-1/8 H	0.40 이상 5.0 이하	535~685	-
C 5191	1/2 H	C 5191 W-1/2 H	0.40 이상 5.0 이하	635~785	-
C 5191	3/4 H	C 5191 W-3/4 H	0.40 이상 5.0 이하	735~885	-
C 5191	H	C 5191 W-H	0.40 이상 5.0 이하	835 이상	-
C 5212	O	C 5212 W-O	0.40 이상	345~490	-
C 5212	1/2 H	C 5212 W-1/2 H	0.40 이상 5.0 이하	685~835	-
C 5212	H	C 5212 W- H	0.40 이상 5.0 이하	930 이상	-
C 7451	O	C 7451 W-O	0.40 이상	345~490	-
C 7451	1/4 H	C 7451 W-1/4 H	0.40 이상 5.0 이하	400~550	-
C 7451	1/2 H	C 7451 W-1/2 H	0.40 이상 5.0 이하	490~635	-
C 7451	H	C 7451 W-H	0.40 이상 5.0 이하	635 이상	-
C 7521	O	C 7521 W-O	0.40 이상	375~520	-
C 7521	1/4 H	C 7521 W-1/4 H	0.40 이상 5.0 이하	450~600	-
C 7521	1/2 H	C 7521 W-1/2 H	0.40 이상 5.0 이하	520~685	-
C 7521	H	C 7521 W-H	0.40 이상 5.0 이하	664 이상	-
C 7541	O	C 7541 W-O	0.40 이상	365~510	-
C 7541	1/2 H	C 7541 W-1/2 H	0.40 이상 5.0 이하	510~665	-
C 7541	H	C 7541 W-H	0.40 이상 5.0 이하	635 이상	-
C 7701	O	C 7701 W-O	0.40 이상	440~635	-
C 7701	1/4 H	C 7701 W-1/4 H	0.40 이상 5.0 이하	500~650	-
C 7701	1/2 H	C 7701 W-1/2 H	0.40 이상 5.0 이하	635~785	-
C 7701	H	C 7701 W-H	0.40 이상 5.0 이하	765 이상	-

합금 번호 C 1720 선의 시효 경화 처리 후의 기계적 성질

합금 번호	질별	기호	인장 시험 지름 또는 맞변 거리 mm	인장 시험 인장 강도 N/mm^2
C 1720	O	-	0.40 이상	1 100~1 320
C 1720	1/4 H	-	0.40 이상 5 이하	1 210~1 420
C 1720	3/4 H	-	0.40 이상 5 이하	1 300~1 590

[비고] $1N/mm^2$ =1 MPa

(3) 구리 및 구리합금 선 KS D 5103

종류 및 기호

종류		기호	참고	
합금 번호	모양		명칭	특색 및 용도 보기
C 1020	선	C 1020 W	무산소동	전기·열전도성·전연성이 우수하고, 용접성·내식성·내환경성이 좋다. 환원성 분위기에서 고온으로 가열하여도 수소취화를 일으킬 염려가 없다(전기 제품, 화학 공업용 등).
C 1100	선	C 1100 W	타프피치동	전기·열전도성이 우수하고, 전연성·내식성·내환경성이 좋다(전기용, 화학 공업용, 작은 나사, 못, 철망 등).
C 1201	선	C 1201 W	인탈산동	전연성·용접성·내식성·내환경성이 좋다. C 1220은 환원성 분위기에서 고온으로 가열하여도 수소취화를 일으킬 염려가 없다. C 1201은 C 1220보다 전기 전도성은 좋다(작은 나사, 못, 철망 등).
C 1220	선	C 1220 W		
C 2100	선	C 2100 W	단동	색과 광택이 아름답고, 전연성·내식성이 좋다. 장식품, 장신구, 패스너, 철망 등
C 2200	선	C 2200 W		
C 2300	선	C 2300 W		
C 2400	선	C 2400 W		
C 2600	선	C 2600 W	황동	전연성·냉간 단조성·전조성이 좋다 리벳, 작은 나사, 핀, 코바늘, 스프링, 철망 등
C 2700	선	C 2700 W		
C 2720	선	C 2720 W		
C 2800	선	C 2800 W		합금번호 C 2600, C2700, C2720에 비해 강도가 높고 전연성도 있다. 용접봉, 리벳 등
C 3501	선	C 3501 W	니플용 황동	피삭성·냉간 단조성이 좋다. 자동차의 니플 등
C 3601	선	C 3601 W	쾌삭 황동	피삭성이 우수하다. 합금 번호 C 3601, C 3602는 전연성도 있다. 볼트, 너트, 작은 나사, 전자 부품, 카메라 부품 등
C 3602	선	C 3602 W		
C 3603	선	C 3603 W		
C 3604	선	C 3604 W		

화학 성분

합금번호	화학 성분(질량 %)					
	Cu	Pb	Fe	Zn	P	Fe+Sn
C 1020	99.96 이상	–	–	–	–	–
C 1100	99.90 이상	–	–	–	–	–
C 1201	99.90 이상	–	–	–	0.004 이상 0.015 미만	–
C 1220	99.90 이상	–	–	–	0.015~0.040	–
C 2100	94.0~96.0	0.03 이하	0.05 이하	나머지	–	–
C 2200	89.0~91.0	0.05 이하	0.05 이하	나머지	–	–
C 2300	84.0~86.9	0.05 이하	0.05 이하	나머지	–	–
C 2400	78.5~81.5	0.05 이하	0.05 이하	나머지	–	–
C 2600	68.5~71.5	0.05 이하	0.05 이하	나머지	–	–
C 2700	63.0~67.0	0.05 이하	0.05 이하	나머지	–	–
C 2720	62.0~64.0	0.07 이하	0.07 이하	나머지	–	–
C 2800	59.0~63.0	0.10 이하	0.07 이하	나머지	–	–
C 3501	60.0~64.0	0.7~1.7	0.20 이하	나머지	–	0.40 이하
C 3601	59.0~63.0	1.8~3.7	0.30 이하	나머지	–	0.50 이하
C 3602	59.0~63.0	1.8~3.7	0.50 이하	나머지	–	1.0 이하
C 3603	57.0~61.0	1.8~3.7	0.35 이하	나머지	–	0.6 이하
C 3604	57.0~61.0	1.8~3.7	0.50 이하	나머지	–	1.0 이하

기계적 성질

합금 번호	질별	기호	인장 시험		
			지름, 변 또는 맞변거리 mm	인장강도 N/mm²	연신율 %
C 1020 C 1100 C 1201 C 1220	O	C 1020 W-O	0.5 이상 2 이하	195 이상	15 이상
		C 1100 W-O	2를 넘는 것.	195 이상	25 이상
		C 1201 W-O			
		C 1220 W-O			
	½H	C 1020 W-½H	0.5 이상 12 이하	255~365	-
		C 1100 W-½H	12 초과 20 이하	245~365	
		C 1201 W-½H			
		C 1220 W-½H			
	H	C 1020 W-H	0.5 이상 10 이하	345 이상	-
		C 1100 W-H	10 초과 20 이하	275 이상	
		C 1201 W-H			
		C 1220 W-H			
C 2100	O	C 2100 W-O	0.5 이상	205 이상	20 이상
	½H	C 2100 W-½H	0.5 이상 12 이하	325~430	-
	H	C 2100 W-H	0.5 이상 10 이하	410 이상	-
C 2200	O	C 2200-O	0.5 이상	225 이상	20 이상
	½H	C 2200-½H	0.5 이상 12 이하	345~490	-
	H	C 2200-H	0.5 이상 10 이하	470 이상	-
C 2300	O	C 2300-O	0.5 이상	245 이상	20 이상
	½H	C 2300-½H	0.5 이상 12 이하	375~490	-
	H	C 2300-H	0.5 이상 10 이하	470 이상	-
C 2400	O	C 2400-O	0.5 이상	255 이상	20 이상
	½H	C 2400-½H	0.5 이상 12 이하	375~610	-
	H	C 2400-H	0.5 이상 10 이하	590 이상	-
C 2600	O	C 2600 W-O	0.5 이상	275 이상	20 이상
	⅛H	C 2600 W-⅛H	0.5 이상 12 이하	345~440	10 이상
	¼H	C 2600 W-¼H	0.5 이상 12 이하	390~510	5 이상
	½H	C 2600 W-½H	0.5 이상 12 이하	490~610	-
	¾H	C 2600 W-¾H	0.5 이상 10 이하	590~705	-
	H	C 2600 W-H	0.5 이상 10 이하	685~805	-
	EH	C 2600 W-EH	0.5 이상 10 이하	785 이상	-
C 2700	O	C 2700 W-O	0.5 이상	295 이상	20 이상
	⅛H	C 2700 W-⅛H	0.5 이상 12 이하	345~440	10 이상
	¼H	C 2700 W-¼H	0.5 이상 12 이하	390~510	5 이상
	½H	C 2700 W-½H	0.5 이상 12 이하	490~610	-
	¾H	C 2700 W-¾H	0.5 이상 10 이하	590~705	-
	H	C 2700 W-H	0.5 이상 10 이하	685~805	-
	EH	C 2700 W-EH	0.5 이상 10 이하	785 이상	-

합금 번호	질별	기호	인장 시험		
			지름, 변 또는 맞변거리 mm	인장강도 N/mm^2	연신율 %
C 2720	O	C 2720 W-O	0.5 이상	295 이상	20 이상
	⅛H	C 2720 W-⅛H	0.5 이상 12 이하	345~440	10 이상
	¼H	C 2720 W-¼H	0.5 이상 12 이하	390~510	5 이상
	½H	C 2720 W-½H	0.5 이상 12 이하	490~610	-
	¾H	C 2720 W-¾H	0.5 이상 10 이하	590~705	-
	H	C 2720 W-H	0.5 이상 10 이하	685~805	-
	EH	C 2720 W-EH	0.5 이상 10 이하	785 이상	-
C 2800	O	C 2800 W-O	0.5 이상	315 이상	20 이상
	¼H	C 2800 W-¼H	0.5 이상 12 이하	345~460	5 이상
	½H	C 2800 W-½H	0.5 이상 12 이하	440~590	-
	¾H	C 2800 W-¾H	0.5 이상 10 이하	540~705	-
	H	C 2800 W-H	0.5 이상 10 이하	685 이상	-
C 3501	O	C 3501 W-O	0.5 이상	295 이상	20 이상
	½H	C 3501 W-½H	0.5 이상 15 이하	345~440	10 이상
	H	C 3501 W-H	0.5 이상 10 이하	420 이상	-
C 3601	O	C 3601 W-O	1 이상	295 이상	15 이상
	½H	C 3601 W-½H	1 이상 10 이하	345 이상	-
	H	C 3601 W-H	1 이상 10 이하	450 이상	-
C 3602	F	C 3602 W-F	1 이상	315 이상	-
C 3603	O	C 3603 W-O	1 이상	315 이상	15 이상
	½H	C 3603 W-½H	1 이상 10 이하	365 이상	-
	H	C 3603 W-H	1 이상 10 이하	450 이상	-
C 3604	F	C 3604 W-F	1 이상	335 이상	-

(4) 구리 및 구리합금 판·띠 KS D 5201

종류, 등급 및 기호

종류		등급	기호	참고	
합금번호	모양			명칭	특색 및 용도 보기
C 1020	판	보통급	C 1020 P	무산소동	도전성, 열전도성, 전연성·드로잉 가공성이 우수하고, 용접성·내식성·내후성이 좋다. 환원성 분위기 중에서 고온으로 가열하여도 수소 취화가 일어나지 않는다. 전기용, 화학공업용 등
		특수급	C 1020 PS		
	띠	보통급	C 1020 R		
		특수급	C 1020 RS		
C 1100	판	보통급	C 1100 P	타프피치동	도전성, 열전도성이 우수하고 전연성·드로잉 가공성·내식성·내후성이 좋다. 전기용, 증류솥, 건축용, 화학공업용, 개스킷, 기물 등
	판	특수급	C 1100 PS		
	띠	보통급	C 1100 R		
		특수급	C 1100 RS		
	인쇄용판	보통급	C 1100 PP	인쇄용 동	특히, 표면이 매끄럽다. 그라비어(Gravure) 판용
C 1201	판	보통급	C 1201 P	인탈산 동	전연성·드로잉 가공성·용접성·내식성·내후성·열의 전도성이 좋다. 합금번호 C 1220은 환원성 분위기 중에서 고온으로 가열하여도 수소 취화가 일어나지 않는다. 합금번호 C 1201은 C 1220 및 C 1221보다 도전성이 좋다. 목욕솥, 탕비기, 개스킷, 건축용, 화학공업용 등
		특수급	C 1201 PS		
	띠	보통급	C 1201 R		
		특수급	C 1201 RS		
C 1220	판	보통급	C 1220 P		
		특수급	C 1220 PS		
	띠	보통급	C 1220 R		
	띠	특수급	C 1220 RS		
C 1221	판	보통급	C 1221 P		
	판	특수급	C 1221 PS		
	띠	보통급	C 1221 R		
	띠	특수급	C 1221 RS		
	인쇄용판	보통급	C 1221 PP	인쇄용 동	특히, 표면이 매끄럽다. 그라비어 판용
C 1401	인쇄용판	보통급	C 1401 PP	인쇄용 동	특히, 표면이 매끄럽고 내열성이 있다. 사진용 요철판용
C 1441	판	특수급	C 1441 PS	주석함유 동	도전성, 열전도성, 내열성, 전연성이 우수하다. 반도체용 리드프레임, 배선기기, 그 외에 전기전자 부품, 탕비기 등
	띠	특수급	C 1441 RS		
C 1510	판	특수급	C 1510 PS	지르코늄 함유 동	도전성, 열전도성, 내열성, 전연성이 우수하다. 반도체용 리드프레임 등
	띠	특수급	C 1510 RS		
C 1921	판	특수급	C 1921 PS	철함유 동	도전성, 열전도성, 강도, 내열성이 우수하고, 가공성이 좋다. 반도체용 리드프레임, 단자 커넥터 등의 전자부품 등
	띠	특수급	C 1921 RS		
C 1940	판	특수급	C 1940 PS		
	띠	특수급	C 1940 RS		
C 2051	띠	보통급	C 2051 R	뇌관용 동	특히, 표면이 매끄럽다. 뇌관용
C 2100	판	보통급	C 2100 P	단동	색과 광택이 미려하고, 전연성·드로잉 가공성·내후성이 좋다. 건축용, 장신구, 화장품 케이스 등
	띠	보통급	C 2100 R		
		특수급	C 2100 RS		
C 2200	판	보통급	C 2200 P		
	띠	보통급	C 2200 R		
		특수급	C 2200 RS		

종류		등급	기호	참고	
합금 번호	모양			명칭	특색 및 용도 보기
C 2300	판	보통급	C 2300 P	단동	색과 광택이 미려하고, 전연성 · 드로잉 가공성 · 내후성이 좋다. 건축용, 장신구, 화장품 케이스 등
	띠	보통급	C 2300 R		
	띠	특수급	C 2300 RS		
C 2400	판	보통급	C 2400 P		
	띠	보통급	C 2400 R		
	띠	특수급	C 2400 RS		
C 2600	판	보통급	C 2600 P	황동	전연성 · 드로잉 가공성이 우수하고, 도금성이 좋다. 단자 커넥터 등
	띠	보통급	C 2600 R		
	띠	특수급	C 2600 RS		
C 2680	판	보통급	C 2680 P		전연성 · 드로잉 가공성 · 도금성이 좋다. 스냅버튼, 카메라, 보온병 등의 딥드로잉용, 단자 커넥터, 방열기, 배선 기구 등
	띠	보통급	C 2680 R		
	띠	특수급	C 2680 RS		
C 2720	판	보통급	C 2720 P		전연성 · 드로잉 가공성이 좋다. 드로잉용 등
	띠	보통급	C 2720 R		
	띠	특수급	C 2720 RS		
C 2801	판	보통급	C 2801 P		강도가 높고 전연성이 있다. 프레스한 상태 또는 구부려 사용하는 배선기구 부품, 명판, 기계판 등
	띠	보통급	C 2801 R		
	띠	특수급	C 2801 RS		
C 3560	판	보통급	C 3560 P	쾌삭 황동	특히 피삭성이 우수하고 프레스성도 좋다. 시계 부품, 기어 등
	띠	보통급	C 3560 R		
C 3561	판	보통급	C 3561 P		
	띠	보통급	C 3561 R		
C 3710	판	보통급	C 3710 P		특히 프레스성이 우수하고 피삭성도 좋다. 시계 부품, 기어 등
	띠	보통급	C 3710 R		
C 3713	판	보통급	C 3713 P		
	띠	보통급	C 3713 R		
C 4250	판	보통급	C 4250 P	주석 함유 황동	내응력 균열성, 내부식 균열성, 내마모성, 스프링성이 좋다. 스위치, 계전기, 커넥터, 각종 스프링 부품 등
	띠	보통급	C 4250 R		
	띠	특수급	C 4250 RS		
C 4430	판	보통급	C 4430 P	애드미럴티 황동	내식성, 특히 내해수성이 좋다. 두꺼운 것은 열교환기용 관판, 얇은 것은 열교환기, 가스 배관용 용접관 등
C 4430	띠	보통급	C 4430 R		
C 4621	판	보통급	C 4621 P	네이벌 황동	내식성, 특히 내해수성이 좋다. 두꺼운 것은 열교환기용 관판, 얇은 것은 선박 해수 취입구용 등(C 4621은 로이드선급용, NK선급용, C 4640은 AB선급용)
C 4640	판	보통급	C 4640 P		
C 6140	판	보통급	C 6140 P	알루미늄 청동	강도가 높고 내식성, 특히 내해수성, 내마모성이 좋다. 기계 부품, 화학공업용, 선박용 등
C 6161	판	보통급	C 6161 P		
C 6280	판	보통급	C 6280 P		
C 6301	판	보통급	C 6301 P		
C 6711	판	보통급	C 6711 P	악기 리드용 황동	프레스성, 내피로성이 좋다. 하모니카, 오르간, 아코디언의 리드 등
C 6712	판	보통급	C 6712 P		
C 7060	판	보통급	C 7060 P	백동	내식성, 특히 내해수성이 좋고, 비교적 고온에서 사용하기에 적합하다. 열교환기용, 관판, 용접판 등
C 7150	판	보통급	C 7150 P		

화학 성분

합금 번호	화학 성분(질량 %)									
	Cu	Pb	Fe	Sn	Zn	Al	Mn	Ni	P	기타
C 1020	99.96 이상	–	–	–	–	–	–	–	–	–
C 1100	99.90 이상	–	–	–	–	–	–	–	–	–
C 1201	99.90 이상	–	–	–	–	–	–	–	0.004 이상 0.015 미만	–
C 1220	99.90 이상	–	–	–	–	–	–	–	0.015~0.040	–
C 1221	99.75 이상	–	–	–	–	–	–	–	0.004~0.040	–
C 1401	99.30 이상	–	–	–	–	–	–	0.10~0.20	–	–
C 1441	나머지	0.03 이하	0.02 이하	0.10~0.20	0.10 이하	–	–	–	0.001~0.020	–
C 1510	나머지	–	–	–	–	–	–	–	–	Zr0.05~0.15
C 1921	나머지	–	0.05~0.15	–	–	–	–	–	0.015~0.050	–
C 1940	나머지	0.03 이하	2.1~2.6	–	0.05~0.20	–	–	–	0.015~0.150	기타 불순물 0.2 이하
C 2051	98.0~99.0	0.05 이하	0.05 이하	–	나머지	–	–	–	–	–
C 2100	94.0~96.0	0.05 이하	0.03 이하	–	나머지	–	–	–	–	–
C 2200	89.0~91.0	0.05 이하	0.05 이하	–	나머지	–	–	–	–	–
C 2300	84.0~86.0	0.05 이하	0.05 이하	–	나머지	–	–	–	–	–
C 2400	78.5~81.5	0.05 이하	0.05 이하	–	나머지	–	–	–	–	–
C 2600	68.5~71.5	0.05 이하	0.05 이하	–	나머지	–	–	–	–	–
C 2680	64.0~68.0	0.05 이하	0.05 이하	–	나머지	–	–	–	–	–
C 2720	62.0~64.0	0.07 이하	0.07 이하	–	나머지	–	–	–	–	–
C 2801	59.0~62.0	0.10 이하	0.07 이하	–	나머지	–	–	–	–	–
C 3560	61.0~64.0	2.0~3.0	0.10 이하	–	나머지	–	–	–	–	–

합금번호	화학 성분(질량 %)									
	Cu	Pb	Fe	Sn	Zn	Al	Mn	Ni	P	기타
C 3561	57.0~61.0	2.0~3.0	0.10 이하	–	나머지	–	–	–	–	–
C 3710	58.0~62.0	0.6~1.2	0.10 이하	–	나머지	–	–	–	–	–
C 3713	58.0~62.0	1.0~2.0	0.10 이하	–	나머지	–	–	–	–	–
C 4250	87.0~90.0	0.05 이하	0.05 이하	1.5~3.0	나머지	–	–	–	0.35 이하	–
C 4430	70.0~73.0	0.05 이하	0.05 이하	0.9~1.2	나머지	–	–	–	–	As 0.02~0.06
C 4621	61.0~64.0	0.20 이하	0.10 이하	0.7~1.5	나머지	–	–	–	–	–
C 4640	59.0~62.0	0.20 이하	0.10 이하	0.50~1.0	나머지	–	–	–	–	–
C 6140	88.0~92.5	0.01 이하	1.5~3.5	–	0.20 이하	6.0~8.0	1.0 이하	–	0.015 이하	Cu+Pb+Fe+Zn+Mn+Al+P 99.5 이상
C 6161	83.0~90.0	0.02 이하	2.0~4.0	–	–	7.0~10.0	0.50~2.0	0.50~2.0	–	Cu+Al+Fe+Ni+Mn 99.5 이상
C 6280	78.0~85.0	0.02 이하	1.5~3.5	–	–	8.0~11.0	0.50~2.0	4.0~7.0	–	Cu+Al+Fe+Ni+mn 99.5 이상
C 6301	77.0~84.0	0.02 이하	3.5~6.0	–	–	8.5~10.5	0.50~2.0	4.0~6.0	–	Cu+Al+Fe+Ni+mn 99.5 이상
C 6711	61.0~65.0	0.10~1.0	–	0.7~1.5	나머지	–	0.05~1.0	–	–	Fe+Al+Si 1.0 이하
C 6712	58.0~62.0	0.10~1.0	–	–	나머지	–	0.05~1.0	–	–	Fe+Al+Si 1.0 이하
C 7060	–	0.02 이하	1.0~1.8	–	0.50 이하	–	0.20~1.0	9.0~11.0	–	Cu+Ni+Fe+Mn 99.5 이상
C 7150	–	0.02 이하	0.40~1.0	–	0.50 이하	–	0.20~1.0	29.0~33.0	–	Cu+Ni+Fe+Mn 99.5 이상

기계적 성질 및 그 밖의 특성 항목

합금번호	기계적 성질 및 그 밖의 특성을 표시하는 항목								
	인장강도	항복강도(1)	연신율	굽힘성	경도	결정입도(2)	도전율·부피 저항률	수소 취하	딥드로잉
C 1020	○	-	○	△	□	△	△	○	-
C 1100(3)	○	(*)	○	△	□	-	△	-	-
C 1201	○	-	○	△	□	△	-	△	-
C 1220	○	(*)	○	△	□	△	-	-	-
C 1221(3)	○	-	○	△	□	△	-	△	-
C 1401	-	-	-	-	○	-	-	-	-
C 1441	○	-	○	△	□	-	△	-	-
C 1501	○	-	○	-	□	-	△	-	-
C 1921	○	-	○	△	□	-	△	-	-
C 1940	○	-	○	-	□	-	△	-	-
C 2051	○	-	○	-	-	-	-	-	-
C 2100	○	-	○	△	-	△	-	-	-
C 2200	○	(*)	○	△	-	△	-	-	-
C 2300	○	-	○	△	-	△	-	-	-
C 2400	○	(*)	○	△	-	△	-	-	-
C 2600	○	-	○	△	□	△	△	-	-
C 2680	○	-	-	△	□	△	△	-	-
C 2720	○	-	○	△	□	-	-	-	-
C 2801	○	-	○	△	□	-	△	-	-
C 3560	○	-	○	-	-	-	-	-	-
C 3561	○	-	○	-	-	-	-	-	-
C 3710	○	-	○	-	-	-	-	-	-
C 3713	○	-	○	-	-	-	-	-	-
C 4250	○	-	○	△	□	-	-	-	-
C 4430	○	-	○	-	-	-	-	-	-
C 4621	○	-	○	-	-	-	-	-	-
C 4640	○	(*)	○	-	-	-	-	-	-
C 6140	○	(*)	○	-	-	-	-	-	-
C 6161	○	-	○	△	-	-	-	-	-
C 6280	○	-	○	-	-	-	-	-	-
C 6301	○	-	○	-	-	-	-	-	-
C 6711	-	-	-	-	○	-	-	-	-
C 6712	-	-	-	-	○	-	-	-	-
C 7060	○	(*)	○	-	-	-	-	-	-
C 7150	○	(*)	○	-	-	-	-	-	-

(8) 인청동 및 양백의 판·띠 KS D 5506

종류 및 기호

종류		기 호	참 고	
합금 번호	형상		명 칭	특색 및 용도 보기
C 5111	판	C 5111 P	인청동	전연성, 내피로성, 내식성이 우수하다. 합금 번호 C 5191, C 5212는 스프링 재료에 적합하다. 단, 특별히 고성능의 탄력성을 요구하는 경우에는 스프링용 인청동을 사용하는 것이 좋다. 전자, 전기 기기용 스프링, 스위치, 리드 프레임, 커넥터, 다이어프램, 베로, 퓨즈 클립, 섭동편, 볼베어링, 부시, 타악기 등
C 5111	띠	C 5111 R		
C 5102	판	C 5102 P		
C 5102	띠	C 5102 R		
C 5191	판	C 5191 P		
C 5191	띠	C 5191 R		
C 5212	판	C 5212 P		
C 5212	띠	C 5212 R		
C 7351	판	C 7351 P	양백	광택이 아름답고 전연성, 내피로성, 내식성이 좋다. 합금 번호 C 7351, C 7521은 수축성이 풍부하다. 수정 발진자 케이스, 트랜지스터 캡, 볼륨용 섭동편, 시계 문자판, 장식품, 양식기, 의료 기기, 건축용, 관악기 등
C 7351	띠	C 7351 R		
C 7451	판	C 7451 P		
C 7451	띠	C 7451 R		
C 7521	판	C 7521 P		
C 7521	띠	C 7521 R		
C 7541	판	C 7541 P		
C 7541	띠	C 7541 R		

화학 성분

합금 번호	화학 성분 (질량 %)								
	Cu	Pb	Fe	Sn	Zn	Mn	Ni	P	Cu+Sn+P
C 5111	–	0.02 이하	0.10 이하	3.5~4.5	0.20 이하	–	–	0.03~0.35	99.5 이상
C 5102	–	0.02 이하	0.10 이하	4.5~5.5	0.20 이하	–	–	0.03~0.35	99.5 이상
C 5191	–	0.02 이하	0.10 이하	5.5~7.0	0.20 이하	–	–	0.03~0.35	99.5 이상
C 5212	–	0.02 이하	0.10 이하	7.0~9.0	0.20 이하	–	–	0.03~0.35	99.5 이상
C 7351	70.0~75.0	0.03 이하	0.25 이하	–	나머지	0~0.50	16.5~19.5	–	–
C 7451	63.0~67.0	0.03 이하	0.25 이하	–	나머지	0~0.50	8.5~11.0	–	–
C 7521	62.0~66.0	0.03 이하	0.25 이하	–	나머지	0~0.50	16.5~19.5	–	–
C 7541	60.0~64.0	0.03 이하	0.25 이하	–	나머지	0~0.50	12.5~15.5	–	–

3. 알루미늄 및 그 합금의 특성과 용도

1 알루미늄과 그 합금

알루미늄은 비중이 2.7로서 대단히 가볍고 내식성이 좋으며 전기 및 열의 전도성이 구리 다음으로 좋고 용융점은 660℃로 낮은 대표적인 경금속이다. 탄산염, 크로뮴산염, 초산염 등의 중성 수용액에서는 내식성이 좋으나 염화물 액 중에서는 나빠진다. 일반적으로 알루미늄은 표면에 생기는 산화피막의 보호작용 때문에 내식성이 좋다. 알루미늄은 단독으로는 강도가 약하므로 구조용으로서 부적당하다. 하지만 알루미늄에 Cu·Si, 또는 Mg 등의 금속을 첨가한 경합금에는 기계적성질이 상당히 우수한 것이 있다. 따라서 항공기·자동차관련 부품, 알루미늄 사시 등의 건축용재료, 광학기기·전기기기, 화학공업기기 외에 가벼운 소재가 필요한 기계재료로 그 용도가 상당히 넓다.

1. 알루미늄의 개요

(1) Al의 제련법

① Al 광석의 종류

㉮ 보크사이트(bauxite, $Al_2O_3 \cdot XH_2O$) : Al의 대부분은 열대나 아열대지방에서 생산하는 보크사이트(bauxite)를 원광석으로 하여 Al_2O_3를 만들고, 이것을 빙정석(Na3AlF6,氷晶石)의 용융 중 녹이고 탄소전극을 사용하여 전기분해해서 99.5~99.8%의 순도의 알루미늄 지금(地金)을 정련하고 있다. 이 지금은 그 후 다시 전해시켜 99.99%의 고순도가 된다. 순도가 높은 알루미늄은 가공성이 좋고 얇은 박으로서 오븐용 포장박이나 치약 튜브 등의 용기에 사용된다. 보크사이트 → (산화)알루미나 → 알루미늄

㉯ kaolinit($Al2O_3 \cdot 2SiO_2 \cdot 2H_2O$) : 보크사이트(bauxite)의 일종이다.

㉰ 다이아스포어(dispore, $Al_2O_3 \cdot H_2O$), 명반석[alumite, $K_2SO_4 \cdot Al_2(SO_4)_3 \cdot 4Al(OH)_3$], leucite ($K_2O \cdot Al_2O_3 \cdot 4SiO_2$), nepheline($3Na_2O_3 \cdot K_2O \cdot 3Al_2O_3 \cdot 9SiO_2$)

② 제련법

㉮ Al광석→Al_2O_3→용융상태의 빙정석(cryolite) 중에서 가열 및 전해→순Al

㉯ Al제련법의 종류

㉠ 베이어 프로세스(Bayer process)

알루미늄의 주요 광물인 철반석(보크사이트, bouxite)을 수산화나트륨(NaOH) 용액에 녹여서 알루민산소다($NaAlO_2$)를 얻고 여기에 수산화알루미늄[$Al(OH)_3$]의 침전을 촉진시키며, 전해환원 이전에 철반석에서 Al_2O_3를 추출하는 방법이다.

　　ⓒ Hall process

　　　카올리라이트 속에 용해하는 Al_2O_3의 전해환원에 따라 Al_2O_3에서 Al을 만드는 방법으로 탄소 양극과 음극을 사용하여 전해조(電解槽) 내에서 전해시킨다.

　　ⓒ 소다석회법(Deville-pechiney)

　　　바이어법으로 할 수 없는 SiO_2가 많이 함유한 bouxite, 난용성(難溶(性)) bouxite 등에 적합하며 탄산소다와 석회를 혼합하여 회전로에서 1000~1200℃로 가열하여 반응상태로 하며 건식 알루민산소다를 만들어 주로 추출하는 방법이다.

　　ⓔ 페터슨법(Pederson process)은 전열법 또는 전열-알칼리법이다.

　　ⓜ 그로스법(Gross process)은 bouxite에서 직접 C로 환원하고 염소가스를 통하여 염화알루미늄으로 하고 이것을 분리하여 금속 알루미늄을 얻는 방법이다.

(2) 알루미늄의 용도

① 알루미늄 주물 : 자동차 공업, 항공기 공업, 가정용품, 화학공업용 등

② 알루미늄 박 및 파이프 : 알루미늄 박은 의약품, 식품 등의 포장용, 알루미늄 파이프는 전기재료용 등

③ 알루미늄 분말 : 산화 방지용, 화약제조용, 도료 등

④ 알루미늄과 그 합금 제품 : 압연품, 주물, 다이캐스팅, 단조품, 전선, 분(粉), 기타

2. 알루미늄의 성질

(1) 물리적 성질

① 도전율은 Au 다음으로 좋아 송전선, 액체공기 제조에 사용한다.

　㉮ 전도율은 불순물의 다소에 영향의 관계가 크다.

　㉯ Ti〉Mn〉Zn〉Cu〉Si〉Fe의 순으로 전기전도율을 해친다.

② 용융점이 낮아 용해하기가 쉽고 결정격자는 면심입방격자이다.

성질	고순도(99.996%)	보통순도(99.5%)
밀도 (20℃)	2.698	2.71
융점	660.2℃	650℃ 이하
선팽창계수 (20~100℃)	24.6×10^{-6}	23.5×10^{-6}
비열 (100℃)	916J/kg·K	958J/kg·K
전도율 (% IACS)	64.9	59(연질)

(2) 기계적 성질

① 순도가 높을수록 연하며, 불순물이 증가하면 강도는 커지고 단단해진다.

　㉮ 알루미늄 합금에서 강도를 증가시키는 원소는 Cu, Mg, Si, Mn, Zn, Ni 등이다.

　㉯ 강도는 고온에서 급격히 감소되며, 열간가공온도는 280~500℃가 적당하다.

　㉰ 상온가공을 하면 경도와 인장강도는 증가하고 연신율은 감소한다.

② 수축률이 크며, 순수 알루미늄은 주조성이 좋지 않다.

알루미늄의 기계적 성질(1.5mm 판)

성질	고순도 (99.996%)		보통순도 (99.5%)	
	연질	경질	연질	경질
인장강도 (N/㎟)	48	114	88	167
신율 (%)	50	5.5	35	5
경도 (HBS)	17	27	23	44

(3) 화학적 성질

① 대기 중에서 표면에 Al_2O_3의 얇은 피막이 형성되어 내식성, 가공성이 좋다.
  ㉮ 알루미늄의 부식은 공기 중의 습도와 염분의 함유량, 불순물의 양 및 질 등에 관계된다.
  ㉯ 내식성은 불순물의 함유량이 적을수록 우수하다.
  ㉠ 내식성을 향상시켜 주는 원소 : Cr, Mn, Zr 등
  ㉡ 내식성을 해치는 원소 : Fe, Cu, Ni, Ag 등
  ㉢ 영향을 거의 끼치지 않는 원소 : Mg, Si 등
② 중성수용액(탄산염, 크로뮴산염, 초산염, 황화물 등) 중에서는 내식성이 좋으나 염화물 용액 중에서는 나빠진다.
③ 80% 이상의 질산이나 질산, 유기산에서는 내식성이 좋다.
④ 산성용액 중에서는 수소이온 농도의 증가에 따라 부식이 증가한다.
⑤ 황산, 희질산, 인산 중에서는 침식되며 특히 염산 중에서 침식이 빠르다.
⑥ 암모니아 중에서는 잘 견디나 기타의 알칼리에는 수용액 중에서 침식된다.

(4) 알루미늄 방식법

① 알루미늄의 표면에 적당한 전해액 중에서 양극 산화처리하여 표면에 방식성이 우수하고 치밀한 산화피막이 만들어지도록 하는 방법이다.
② 수산법(알루마이트법, alumite process)
  ㉮ 알루미늄 내식성을 좋게 하기 위해 2% 수산용액에서 직류, 교류 또는 직류에 교류를 동시에 송전하여 표면에 단단하고 치밀한 산화피막을 만든다.
  ㉯ 전류효율이 좋으며 피막의 두께는 전류의 통전량이 비례한다.
③ 황산법(alumilite process)
  ㉮ 15~20% 황산액이 사용되며 농도가 낮은 경우에 단단한 피막이 형성된다.
  ㉯ 투명한 피막이 얻어지고 수산법보다 약하지 않으므로 일반적으로 많이 이용된다.
④ 크로뮴산법
  ㉮ 3.0%의 산화크로뮴(Cr_2O_3)수용액을 사용하며 전해액의 온도는 40℃ 정도로 유지한다.
  ㉯ 크로뮴피막은 내마멸성은 적으나 내식성이 매우 크다.

3. 알루미늄합금의 종류

알루미늄은 강도가 약해서 구조용 재료로 사용하기엔 적당하지 않다. 하지만 알루미늄에 Cu·Si 또는 Mg 등의 금속을 첨가한 경합금 중에는 기계적 성질이 매우 우수한 것이 있다. 따라서 항공기, 자동차 관련 부품, 알루미늄 새시 등의 건축용 재료, 광학기기, 전기기기, 화학공업기기, 기타 경량을 필요로 하는 기계재료로서 용도가 다양하다. 알루미늄합금의 열처리는 강의 경우와 다르게 석출경화 또는 시효경화(age-hardenning)를 이용한다. 시간이 지남에 따라 성질이 변화하는 현상을 시효(aging)라 하고, 시효에 의해 강도·경도가 증가하는 현상을 시효경화라고 한다. 알루미늄합금의 담금질 경화는 이 시효경화에 의한 것이다. 담금질재를 160℃ 정도의 온도로 가열하면 시효현상을 빠르게 할 수 있는데 이것을 인공시효(artificial aging)라 한다. 시효경화가 일어나는 온도는 합금의 종류나 과포화의 정도, 가공의 정도에 따라 변화한다.

(1) 주조(주물)용 Al 합금

주물용 알루미늄 합금은 크게 Al-Cu계, Al-Mg계의 3대 2원계 합금에 Cu, Si, Mg 및 Ni 등이 단독 혹은 복합적으로 첨가된 3원 및 4원계 합금으로 되어 있다. 이들 합금은 사형, 금형 주조용 합금 및 다이캐스팅 합금으로 크게 구분되어져 있다.

알루미늄에 Cu·Si·Mg·Ni 등의 원소를 첨가한 것이 주물에 사용될 수 있다. 일반적으로 주물용 합금의 경우는 전신용 합금에 비해서 첨가 합금원소의 양이 많다. 이것은 합금원소의 양이 많아지면 조직성분이 공정(共晶)에 가까워지므로 융점이 낮아지고 주조하는데 형편이 좋기 때문이다.

알루미늄 합금의 주조 방법으로는 사형 주조법, 금형 주조법 및 다이캐스팅법이 가장 널리 이용되는 주조법이며 이중 용융금속에 압력을 가해 순간적으로 금형(die)으로 주조하는 다이캐스팅법이 대량 생산 등의 잇점이 있어 가장 보편화된 주조 방법이라 할 수 있다. 최근에는 응고시 압력을 가하는 용탕 단조법, 반용융상태에서 가공을 하는 반용융 응고 가공법 등이 새롭게 개발되어지고 있다.

알루미늄합금 주물의 종류 KS D 6008

종류의 기호	적용	종류의 기호	적용
AC1B	사형주물 금형주물	AC4D AC4D	사형주물 금형주물
AC2A AC2B		AC5A	
AC3A		AC7A	
AC4A AC4B AC4C AC4CH		AC8A AC8B AC8C	금형주물
		AC9A AC9B	

① Al 합금 주물에 사용하는 주조법에는 사형, 금형, 다이캐스팅형, 가스형이 있다.
② Al-Cu계 합금

이 합금은 주조성, 기계적성질, 절삭성은 좋지만 높은 온도에 쉽게 주조균열을 일으키기 쉬운 단점이 있어 적당량의 Fe을 첨가하여 주조균열을 방지하고 있다.

㉮ 실용합금으로는 Cu함유량이 4%, 8%, 12%가 사용된다.
  ㉠ Cu 4% : Mg 0.2~1.0% 첨가로 열처리 효과가 크고 강도를 요하는 부품에 사용한다.
  ㉡ Cu 8% : 주물의 대표로 자동차부품, 다이 캐스팅용으로 사용한다.
  ㉢ Cu 12% : 고온에 견디며 자동차, 피스톤 기화기, 방열기, 실린더 등에 사용한다.
㉯ 담금질과 시효경화에 의해 강도는 증가되고 내열성, 연신율, 절삭성이 좋으나 고온취성이 크며 수축에 의한 균열이 있다.
㉰ 고용체에 의해 시효경화를 이용하며 경도를 증대한 합금의 대표이다.

③ Al-Si계 합금(실루민, silumin)

Si를 11~14%, 나머지가 Al의 공정조성인 합금으로 실루민·알펙스(alpax)라고 알려져 있다. 알루미늄합금 주물의 AC3A, AC4A~AC4D 및 AC4CH가 여기에 상당한다.

㉮ 실루민은 Al-Si계 합금으로 개질처리한 Al 합금의 대표이다.
㉯ 실용합금으로는 Si 10~13%가 함유된 실루민으로 용융점이 낮고 유동성이 좋아서 두께가 얇고 형상이 복잡한 주물에 이용된다.
㉰ Al에 Si가 고용될 수 있는 한계는 공정온도인 578℃에서 약 1.65%이다.
㉱ 개량처리(개질처리, modified treament)
  ㉠ Al-Si계 합금에 Na, 플루오르화 알칼리, 수산화나트륨, 알칼리염 등을 주입 전에 용탕안에 넣어 10~50분 유지하면 조직이 미세화되며 공정점은 13.5% Si(개질처리의 최대 효과를 나타냄), 564℃로 이동한다. 이 처리를 개량처리(modification)라고 하고 개량처리한 합금을 개량합금(modified alloy)이라 한다.
  ㉡ Na의 첨가량은 0.05~0.1% 정도, 용탕온도는 750~800℃가 좋다.
  ㉢ 플르오르화나트륨을 사용할 때는 용탕온도 800~900℃에서 첨가하는 것이 좋다.
  ㉣ 개질처리한 조직은 미세화, 강력화가 되며, 용탕과 모래형의 수분과의 반응으로 기포가 생긴다.
  ㉤ 개질처리에 효과를 얻는 방법
    • Na을 쓰는 방법 : 금속 Na을 쓰는 방법(가장 많이 사용), 수산화 Na을 쓰는 방법
    • 프루오르(불화물)를 쓰는 방법
    • 가성소다를 쓰는 방법
㉲ γ-silumin(Al 9%, Si0.5%, Mn계 합금)

열처리효과를 크게 하기 위해 실루민을 개량처리한 것에 0.5% 전후의 Mg와 Mn을

첨가함으로써 Mg_2Si에 의한 시효성을 가진다.(AC4A, AC4C 등이 있다.)

ⓑ Cu-silumin(Al 9%, Si 3%, Cu계 합금)

실루민에 0.8%정도의 Cu를 넣어 α상을 강화하고 $CuAl_2$상에 의한 시효성을 가지도록 한다.(0.3%~0.5%의 Mn 첨가, AC4B)

ⓢ 결정입자를 미세화하기 위하여 Ti을 약간 첨가하며 P을 첨가하면 초정 Si의 미세화 효과가 있다.

ⓗ 실루민의 용도

㉠ Si 5%의 모래형 : 건축재료, 자동차, 선박기구, 계기의 하우징, 화학공업기구

㉡ Si 5%의 금형 : 취사용구, 용기 및 기계부품

㉢ Si 13%의 정제 : 증발기, 선박용, 차량용 기구

④ Al-Cu-Si계 합금(라우탈, lautal이 대표)

㉮ Cu 약 4%, Si 4~5% 외에 소량의 Mg, Zn, Fe, Mn을 함유한 것으로 실루민의 결점인 가공면의 거침을 없앤 것이다.

㉯ Si를 첨가하여 주조성을 개선하고, Cu를 첨가하여 다듬질 가공이 쉽고 열처리에 의해 기계적성질을 개선할 수 있다.

⑤ Al-Mg계 합금

AC7A는 Al-Mg계 합금으로 대표적인 것이 하이드로날륨(hydronalium)이다.

㉮ 합금의 실용범위는 Al에 약 Mg 12%를 함유한 합금이다.

㉯ 실용합금 중 Mg 3.5~5.5% 합금(AC7A)은 내식성이 가장 좋고 열처리하지 않는다.

㉰ 해수에 대한 내식성이 크므로 선박용, 화학공업용 부품 등에 많이 사용된다.

㉱ AC7A는 강도와 연성도 우수하고 내식성·절삭성이 좋아 차량용, 전선을 지지하는 제품 등에 사용된다.

⑥ 내열용 Al 합금

㉮ Y합금(Al-Cu-Ni-Mg계 합금)

㉠ Cu 4%, Ni 2%, Mg 1.5% 정도를 함유한 Al 합금으로 내열용 Al 합금으로 우수한 성질을 갖는다.

㉡ 고온에서 강한 것이 특징이며, 모래형 또는 금형주물과 단조용으로 사용한다.

㉢ Y합금의 기계적 성질

구분 \ 성질	인장강도 (N/mm^2)	연신율 (%)	경도 (HB)
금형에 주조한 경우	186~245	2.0	85~105
금형에서 주조 후 열처리한 경우	362~392	2.0	130~150

② 금형에 주조한 것은 열전도율이 크며 기계적 성질이 우수하고 내연기관의 피스톤, 공냉 실린더헤드 등에 사용한다.(AC5A)

⑩ 금형에서 주조 후 열처리한 것은 복잡한 주물로 주조하기 쉽고 내열성이 크며 적열취성이 없고 팽창계수가 작으므로 피스톤 등의 내열성 부품에 많이 사용된다.

⑭ 열처리는 505~515℃의 온수에서 냉각한 후 약 4일간 상온시효한다.

※인공시효는 230~240℃에서 5~8시간 가열한다.

⑭ 하드미늄(Hiduminium, RR50, RR53, Y합금을 개량한 합금)

㉠ Cu와 Ni을 Y합금보다 적게 하고 대신에 Fe, Ti을 약간 함유한 Al합금으로 내열성과 기계적 성질이 좋다.

㉡ RR50은 주조성이 좋으므로 실린더 블록, 크랭크 케이스 등 대형주물에 사용한다.

㉢ RR53은 강도가 큰 피스톤 실린더헤드 등의 고온 부품에 사용한다.

⑭ 로-엑스(Lo-Ex, low expansion alloy)합금

실루민에 Cu 및 Mg과 함께 3% 이하의 Ni을 첨가한 Al-Si-Cu-Ni-Mg계 합금으로 열팽창이 적어 내열성이 좋으므로 피스톤 재료에 이용되고 있다.

㉠ Al에 Cu 0.8~0.9%, Mg 1.0%, Ni 1.0~2.5%, Si 11~14%, Fe 1.0%계 합금이다.

㉡ 고강도를 주기 위하여 Cu, Ni, Mn을 넣고 또 Mg을 첨가하여 시효경화성을 준다.

㉢ 특수 실루민으로 Na처리를 한 합금으로 열팽창계수, 비중이 작으며 내열성, 내마멸성이 좋고 고온강도가 크며 피스톤용으로서 금형에서 주조한다.

⑦ 다이 캐스팅용 Al 합금

㉮ Alcoa12, 라우탈, 실루민, Y합금 등이 사용된다.

㉯ 전동기의 회전자와 같이 높은 전도율을 요구하는 다이캐스팅에 Al합금을 사용한다.

㉰ 자동차부품, 통신기기부품, 철도차량부품, 가정용 기구 등에 사용한다.

(2) 가공용 Al 합금

① 단조, 압연, 인발, 압출 등의 가공으로 판, 봉, 관, 선 등으로 만들 수 있는 합금이다.

㉮ 합금첨가량은 주조용 합금보다 소량이며 고용체 또는 소량의 화합물을 함유하는 고용체 합금으로 가공재는 냉간가공, 열처리에 의해서 기계적 성질이 달라진다.

㉯ Al합금 가공재의 AA기호(미국 Al 협회 합금번호)

합금의 계통	번호	합금의 계통	번호	합금의 계통	번호
Al99.0%	1000번대	Al-Si	4000번대	Al-Zn	7000번대
Al-Cu	2000번대	Al-Mg	5000번대	기타	8000번대
Al-Mn	3000번대	Al-Mg-Si	6000번대	예비	9000번대

※가공용 합금에는 S를 붙이고 그 앞의 2자리 숫자로 합금의 계통을 나타내고 AA번호는 합금계에 따라서 1000 단위 숫자로 표시한다.

㉥ TM(미국 규격, KS D 0004) 규정에 의한 합금 종별의 질별기호
- F : 제조한 그대로의 것(압연, 압출, 주조한 그대로의 것)
- O : 풀림을 한 것(가공재에만 사용)
- H : 가공경화한 것
    - H1n : 가공경화를 받는 그대로의 것
    - H2n : 가공경화 후 풀림(적당한 연화처리)을 한 것
    - H3n : 가공경화 후 안정화처리를 한 것

    ※n에는 다음과 같은 숫자를 기입한다.
    : n=1은 ($\frac{1}{8}$경질), n=2은 ($\frac{1}{4}$경질), n=3은 ($\frac{3}{8}$경질), n=4는 ($\frac{1}{2}$경질),
    n=5는 ($\frac{5}{8}$경질), n=6은 ($\frac{3}{4}$경질) n=7은 ($\frac{7}{8}$경질), n=8은 (경질),
    n=9는 (초경질)

- T : F, O, H 이외의 열처리를 받는 재질
    - T_1 : 고온가공에서 냉각한 다음 자연시효처리한 것
    - T2 : 고온가공에서 냉각한 다음 냉간가공하고 다시 자연시효한 것
    - T3 : 담금질한 후에 냉간가공한 것
    - T4 : 담금질한 후에 상온시효가 완료된 것
    - T5 : 제조한 후에 담금질을 생략하고 바로 인공시효한 것
    - T6 : 담금질한 후에 인공시효 경화시킨 것
    - T7 : 담금질한 후에 안정화처리한 것
    - T8 : 담금질한 후에 냉간가공하여 인공시효처리한 것
    - T9 : 담금질한 후에 인공시효처리한 다음 냉간가공한 것
    - T10 : 담금질을 생략하고 풀림한 다음 상온가공 담금질한 것
- W : 담금질 후 시효경화가 진행 중인 것(※W30 : 담금질 후에 30일 경과한 것)

② 강력(고력) Al 합금
  ㉮ 두랄루민(duralumin, Al-Cu-Mg계 합금)

  독일의 빌름(A. Wilm)이 1911년에 발명한 유명한 고력 알루미늄합금으로 당초 Al 95%, Cu 4%, Mg 0.5%, Mn 0.5%의 합금을 500℃ 부근에서 용체화처리하고, 수냉 후 상온에서 시효하면 인장강도 400 MPa의 고력 알루미늄합금을 얻을 수 있다. 극히 소량의 Mn, Si, Fe을 함유하고 있고, 주조는 비교적 곤란하지만 냉간 및 열간가공은 모두 용이하다. 두랄루민의 시효성은 CuAl2·Mg2Si에 의한 것으로 Mg이 많이 함유되어 있는 것은 시효성이 증대하고 400N/㎟ 이상의 인장강도를 기대할 수 있다.

  ㉠ 단련용 Al 합금의 대표로 AA번호 2014, 2017합금으로 시효경화성 Al 합금이다.

ⓒ 주성분은 Al-Cu-Mg이며 Cu 4%, Mg 0.5%, Mn 0.5%의 조성이다.
　　ⓒ 비중이 약 2.79이므로 비강도가 연강의 약 3배이다.
　　ⓔ 500~510℃에서 용체화처리 후 상온시효하여 기계적 성질을 개선시킨 합금이다.
　　ⓜ 가볍고 강도가 크므로 항공기, 자동차, 운반용 기계 등에 사용한다.
　④ 초두랄루민(SD, super duralumin)
　　Mg를 증가시키거나 Si를 첨가하기도 하여 인장강도 500MPa인 것이 초두랄루민이고, Al 87.8%, Cu 2%, Zn 8%, Mg 1.5%, Mn 0.5%, Cr 0.2%인 것이 초초두랄루민으로 인장강도가 600MPa이다. A2014, A2017의 보통의 두랄루민에 대해서 강도 개선을 한 A2024는 초두랄루민이라 한다. 미국에서는 24S, 영국에서는 RR합금으로 알려져 있다.
　　㉠ 두랄루민에 Mg을 다소 증가시킨 Al-4.5%Cu-1.5%Mg-0.6%Mn의 조성을 가진다.
　　㉡ AA번호 2024, 미국에서는 알코아 24S, MDM31(독일)은 Mn이 다소 많고 RR56(영국)은 Ni을 첨가한 것으로 이 종류에 속하며, 인장강도가 490N/mm^2 이상의 두랄루민을 말한다.
　④ 초강(초초) 두랄루민(EDS, extea-super duralmin)
　　㉠ Al에 Cu 2%, Zn 8%, Mg 1.5%, Mn 0.5%, Cr 0.2%, Fe 0.3%를 첨가한 합금이다.
　　㉡ 450~480에서 담금질한 후 100~130℃로 24시간 뜨임한 것은 인장강도가 600N/mm^2 이상에 달해서 반경강에 필적하는 우수한 강도를 지녀 항공기의 구조용 재료 등에 사용한다.
　　㉢ 알코아 75S 또는 KS 7075가 여기에 속한다.
　④ 고강도 합금(HD합금)
　　㉠ Al에 Zn 5.5%, Mg 2%, Mn 0.7~0.8%, Cr 0.25~0.3%의 조성 합금이다.
　　㉡ 고온저항이 낮고, 420℃에서 용체화처리 후 20일간 상온시효시키면 인장강도는 490N/mm^2, 내력은 275N/mm^2, 연신율은 15%를 갖는다.
　④ Al 합금의 시효경화
　　㉠ 500℃에서 용체화처리하여 급냉한 후 상온에 방치하면 시간이 경과함에 따라 경화되며 150~170℃로 가열하면 경화현상을 촉진한다.
　　㉡ 급냉에 의해서 과포화로 고용된 탄화물, 복탄화물 또는 화합물이 그 뒤의 시효(상온, 고온시효)에 의해 미립석출되어 경화하는 현상을 석출경화라 한다.
③ 내식용 Al 합금
　④ 하이드로날륨(hydronalium, Al-Mg계 합금, 내식용 Al 합금의 대표)
　　하이드로날륨은 특히 내식성이 우수하고, 강도도 크기 때문에 건축물 등에 폭넓게 이용되고 있지만 제조는 용이하지 않다. Mg을 3.5~5.5%로 많이 첨가한 것은 강도·연성도 좋고 내식성·절삭성도 좋으므로 차량용, 선박용 부품 등에 폭넓게 사용되고 있다.
　㉠ Mg 6% 이하가 일반적이나 특수 목적에는 Mg 10%의 것도 실용화한다.
　㉡ 내해수성이 좋고 피로강도가 온도에 따른 변화가 적다.
　㉢ 염수와 알칼리성에 대한 내식성이 강하고 용접성이 매우 우수하다.
　㉣ 주조성이 좋으며, 비중이 적고 강도, 연신율이 우수하나 내열성은 좋지 않다.
　㉤ 선박용, 조리용, 화학 장치용 부품 등에 이용한다.

㉯ 알민(almin, Al-Mn계 합금)
　㉠ 실용합금으로는 Mn 1.0~1.5%의 합금이 많이 사용된다.
　㉡ Al에 Mn 1.5%의 3003(알코아3S)합금은 가공성, 용접성이 좋다.
　㉢ 풀림상태의 강도는 순수한 Al과 유사하나 가공 상태에서는 비교적 강하고 내식성도 거의 같고 저장탱크, 기름탱크 등에 이용한다.

㉰ 알드리(aldrey, A-Mg-Si계 합금)
　㉠ 실용합금으로는 Al에 0.45~1.50% Mg, 0.2~1.2% Si를 함유한 6000번대의 합금과 개량품이며 Mn_2Si상의 석출과정에 의한 시효경화성 합금이다.
　㉡ 용접성, 내식성, 인성이 좋고 강한 가공에 견디며 복잡한 모양의 부품을 단조하는데 적합하고 전기저항이 낮다.

㉱ 알크래드(alclad)
　고력 알루미늄합금은 일반적으로 강도는 뛰어나지만 내식성(특히 바닷물에 부식하기 쉽다)이 나쁘므로, 이것을 순알루미늄 또는 내식성 알루미늄합금으로 피복하여 강도와 내식성을 동시에 증가시키고 부식을 방지할 목적으로 한 것이다. 이것은 알크래드(alclad)나 듀럴 플렛(dural plat)재라고 하고 피복의 두께는 대체로 심재(心材)의 5~10% 정도이다.

㉲ Al-Mn-Mg계 합금
　㉠ 실용합금은 3004(알코아4S)합금으로 조성은 Al-1.2% Mn-1.0% Mg이다.
　㉡ 3003 합금보다 강하고 냉간가공 상태의 내력은 고강도 합금과 비슷하다.

④ 내열용 Al 합금(Al-Cu-Ni-Mg계 합금)
　Y합금은 내열성이 우수하다. 전신용 합금의 경우에도 동일하게 Y합금이 내열재료로 사용되고 있다.
　㉮ A2018, A2218은 내열합금으로 Mn을 약 2% 줄이고, Ni을 첨가한 조성으로 주조성을 가지게 하기 위해 주조용 Y합금에 비해 Mn의 함유량을 적게 한다.
　시효경화합금으로 적당한 온도에서 시효를 하여 사용할 때는 강력하다.
　Y합금은 내열용 알루미늄합금으로서 뛰어난 성질을 가지고 있어 내연기관용 피스톤·실린더 등 고온 환경에서 사용된다.

㉯ A4032 합금(Al에 12.5% Si, 1.0% Mg, 0.9% Mn, 0.9%Ni을 함유한 합금)

실루민계의 합금에 Cu·Mg·Ni을 약 1%씩 첨가한 Lo-Ex 라고 불리는 합금 계열이다. 내열성이 우수하며 열팽창계수, 비중이 작고 내마모성이 좋고, 고온강도가 크며 피스톤용으로 사용한다.

㉰ 코비탈륨(Cobitalium)합금(Al에 Cu 1~5%, Si 0.5%~2%, Mg 0.4~2.0%, Fe 1~2%, Ni 0.4~2%, Ti 0.2%, Cr 0.2~1% 첨가한 합금)

Y합금의 일종으로 Ti와 Cu를 0.2% 정도씩 첨가하며, 주로 내연기관의 피스톤에 사용한다.

㉱ Al 분말 소결체(SAP, Sintered Aluminium Powder, APMP)

㉠ Al에 산화막을 증가시키기 위하여 산소분위기 내에서 분쇄하여 8~15%의 알루미나(Al_2O_3)를 함유한 Al 분말을 가압성형, 500~600℃로 소결 후 압출한 것이다.

㉡ 절삭가공, 냉간가공이 가능하며 비중, 열팽창계수가 작고 피로강도가 좋다.

- 소결(sintering)은 분말 입자들이 열적 활성화 과정을 거쳐 하나의 덩어리로 되는 과정을 말하며 가루나 가루를 압축한 덩어리를 녹는 점 이하의 온도로 가열했을 때, 가루가 녹으면서 서로 밀착하여 엉기어 굳어지는 현상이다.

2 알루미늄 마그네슘 및 그 합금-질별 기호 KS D 0004

기본기호, 정의 및 의미

기본 기호	정 의	의 미
F	제조한 그대로의 것.	가공 경화 또는 열처리에 대하여 특별한 조정을 하지 않는 제조 공정에서 얻어진 그대로의 것.
O	어닐링한 것.	전신재에 대해서는 가장 부드러운 상태를 얻도록 어닐링한 것. 주물에 대해서는 연신의 증가 또는 치수 안정화를 위하여 어닐링한 것.
H	가공 경화한 것.	적절하게 부드럽게 하기 위한 추가 열처리의 유무에 관계없이 가공 경화에 의해 강도를 증가한 것.
W	용체화 처리한 것.	용체화 열처리 후 상온에서 자연 시효하는 합금에만 적용하는 불안정한 질별
T	열처리에 의해 F·O·H 이외의 안정한 질별로 한 것.	안정한 질별로 하기 위하여 추가 가공 경화의 유무에 관계없이 열처리한 것.

HX의 세분 기호 및 그 의미

기 호	의 미
H1	가공 경화만 한 것. 소정의 기계적 성질을 얻기 위하여 추가 열처리를 하지 않고 가공 경화만 한 것.
H2	가공 경화 후 적절하게 연화 열처리한 것. 소정의 값 이상으로 가공 경화한 후에 적절한 열처리에 의해 소정의 강도까지 저하한 것. 상온에서 시효 연화하는 합금에 대해서는 이 질별은 H3 질별과 거의 동등한 강도를 가진 것. 그 밖의 합금에 대해서는 이 질별은 H1 질별과 거의 동등한 강도를 갖지만 연신은 어느 정도 높은 값을 나타내는 것.
H3	가공 경화 후 안정화 처리한 것. 가공 경화한 제품을 저온 가열에 의해 안정화 처리한 것. 또한 그 결과, 강도는 어느 정도 저하하고 연신은 증가하는 것. 이 안정화 처리는 상온에서 서서히 시효 연화하는 마그네슘을 포함하는 알루미늄 합금에만 적용한다.
H4	가공 경화 후 도장한 것. 가공 경화한 제품이 도장의 가열에 의해 부분 어닐링된 것.

HXY의 세분 기호 및 그 의미

기 호	의 미	참 고
HX1	인장 강도가 O와 HX2의 중간인 것.	1/8 경질
HX2 (HXB)	인장강도가 O와 HX4의 중간인 것.	1/4 경질
HX3	인장 강도가 HX2와 HX4의 중간인 것.	3/8 경질
HX4 (HXD)	인장 강도가 O와 HX8의 중간인 것.	1/2 경질
HX5	인장 강도가 HX4와 HX6의 중간인 것.	5/8 경질
HX6 (HXF)	인장 강도가 HX4와 HX8의 중간인 것.	3/4 경질
HX7	인장 강도가 HX6와 HX8의 중간인 것.	7/8 경질
HX8 (HXH)	일반적인 가공에서 얻어지는 최대 인장 강도의 것. 인장 강도의 최소 규격값은 원칙적으로 그 합금의 어닐링 질별의 인장 강도의 최소 규격값을 기준으로 다음 표에 따라 결정된다.	경 질
HX9 (HXJ)	인장 강도의 최소 규격값이 HX8보다 10 N/mm^2	특경질

HX8의 인장 강도의 최소 규격값을 결정하는 기준

단위 : N/mm^2

어닐링 질별의 인장 강도의 최소 규격값	HX8의 인장 강도의 최소 규격값 결정을 위한 추가 보정값
40 이하	55
45 이상 60 이하	65
65 이상 80 이하	75
85 이상 100 이하	85
105 이상 120 이하	90
125 이상 160 이하	95
165 이상 200 이하	100
205 이상 240 이하	105
245 이상 280 이하	110
285 이상 320 이하	115
325 이상	120

TX의 세분 기호 및 그 의미

기 호	의 미
T1 (TA)	고온 가공에서 냉각 후 자연 시효시킨 것. 압출재와 같이 고온의 제조 공정에서 냉각 후 적극적으로 냉간 가공을 하지 않고 충분히 안정된 상태까지 자연 시효시킨 것. 따라서 교정하여도 그 냉간 가공의 효과가 작은 것.
T2 (TC)	고온 가공에서 냉각 후 냉간 가공을 하고, 다시 자연 시효시킨 것. 압출재와 같이 고온의 제조 공정에서 냉각 후 강도를 증가시키기 위하여 냉간 가공을 하고, 다시 충분히 안정된 상태까지 자연 시효시킨 것.
T3 (TD)	용체화 처리 후 냉간 가공을 하고, 다시 자연 시효시킨 것. 용체화 처리 후 강도를 증가시키기 위하여 냉간 가공을 하고, 다시 충분히 안정된 상태까지 자연 시효시킨 것.
T4 (TB)	용체화 처리 후 자연 시효시킨 것. 용체화 처리후 냉간 가공을 하지 않고 충분히 안정된 상태까지 자연 시효시킨 것. 따라서 교정 하여도 그 냉간 가공의 효과가 작은 것.
T5 (TE)	고온 가공에서 냉각 후 인공 시효 경화 처리한 것. 주물 또는 압출재와 같이 고온의 제조 공정에서 냉각 후 적극적으로 냉간 가공을 하지 않고 인공 시효 경화 처리한 것. 따라서 교정을 하여도 그 냉간 가공의 효과가 작은 것.
T6 (TF)	용체화 처리 후 인공 시효 경화 처리한 것. 용체화 처리 후 적극적으로 냉간 가공을 하지 않고 인공 시효 경화 처리한 것. 따라서 교정하여도 그 냉간 가공의 효과가 작은 것.
T7 (TM)	용체화 처리 후 안정화 처리한 것. 용체화 처리 후 특별한 성질로 조정하기 위하여 최대 강도를 얻는 인공 시효 경화 처리 조건을 넘어서 과 시효 처리한 것.
T8 (TH)	용체화 처리 후 냉간 가공을 하고, 다시 인공 시효 경화 처리한 것. 용체화 처리 후 강도를 증가시키기 위하여 냉간 가공을 하고, 강도를 증가시키기 위하여 다시 냉간 가공한 것.
T9 (TL)	용체화 처리 후 인공 시효 경화 처리를 하고, 다시 냉간 가공한 것. 용체화 처리 후 인공 시효 경화 처리를 하고, 강도를 증가시키기 위하여 다시 냉간 가공한 것.
T10 (TG)	고온 가공에서 냉각 후 냉간 가공을 하고, 다시 인공 시효 경화 처리한 것. 압출재와 같이 고온의 제조 공정에서 냉각 후 강도를 증가시키기 위하여 냉간 가공을 하고, 다시 인공 시효 경화 처리한 것.

TXY의 구체적인 보기와 그 의미

기 호	의 미
T31 (TD1)	T3의 단면 감소율을 거의 1%로 한 것. 용체화 처리 후 강도를 증가시키기 위하여 단면 감소율을 거의 1%의 냉간 가공을 하고, 다시 자연 시효시킨 것.
T351 (TD51)	용체화 처리 후 냉간 가공을 하고, 잔류 응력을 제거하고 다시 자연 시효시킨 것. 용체화 처리 후 강도를 증가시키기 위하여 냉간 가공을 하고, TX51의 영구 변형을 주는 인장 가공에 의해 잔류 응력을 제거한 후, 다시 자연 시효시킨 것.
T3510 (TD510)	용체화 처리 후 냉간 가공을 하고, 잔류 응력을 제거하고 다시 자연 시효시킨 것. 용체화 처리 후 강도를 증가시키기 위하여 냉간 가공을 하고, TX510의 영구 변형을 주는 인장 가공에 의해 잔류 응력을 제거한 후, 다시 자연 시효시킨 것.
T3511 (TD511)	용체화 처리 후 냉간 가공을 하고, 잔류 응력을 제거하고 다시 자연 시효시킨 것. 용체화 처리 후 강도를 증가시키기 위하여 냉간 가공을 하고, TX511의 영구 변형을 주는 인장 가공에 의해 잔류 응력을 제거한 후, 다시 자연 시효시킨 것.
T352 (TD52)	용체화 처리 후 냉간 가공을 하고, 잔류 응력을 제거하고 다시 자연 시효시킨 것. 용체화 처리 후 강도를 증가시키기 위하여 냉간 가공을 하고, TX52의 영구 변형을 주는 인장 가공에 의해 잔류 응력을 제거한 후, 다시 자연 시효시킨 것.
T354 (YD54)	용체화 처리 후 냉간 가공을 하고, 잔류 응력을 제거하고 다시 자연 시효시킨 것. 용체화 처리 후 강도를 증가시키기 위하여 냉간 가공을 하고 TX54의 영구 변형을 주는 인장 및 압축의 복합 교정에 의해 영구 변형을 주고 잔류 응력을 제거한 후, 다시 자연 시효시킨 것. 최종 틀에 의한 냉간 재가공을 한 형단조품에 적용한다.
T36 (TD6)	T3의 단면 감소율을 거의 6%로 한 것.
T361 (TD61)	용체화 처리 후 강도를 증가시키기 위하여 단면 감소율을 거의 6%의 냉간 가공을 하고, 다시 자연 시효시킨 것.
T37 (TD7)	T3의 단면 감소율을 거의 7%로 한 것. 용체화 처리 후 강도를 증가시키기 위하여 단면 감소율을 거의 7%의 냉간 가공을 하고, 다시 자연 시효시킨 것.
T39 (TD9)	T3의 냉간 가공을 규정된 기계적 성질이 얻어질 때까지 실시한 것. 용체화 처리 후 자연 시효 전이나 후에 규정된 기계적 성질이 얻어질 때까지 냉간 가공을 한 것.
T39 (TD9)	T4의 처리를 사용자가 실시한 것. 사용자가 용체화 처리 후 충분한 안정 상태까지 자연 시효시킨 것.
T42 (TB2)	용체화 처리 후 잔류 응력을 제거하고, 다시 자연 시효시킨 것. 용체화 처리 후 TX51의 영구 변형을 주는 인장 가공에 의해 잔류 응력을 제거하고, 다시 자연 시효시킨 것.
T451 (TB51)	용체화 처리 후 잔류 응력을 제거하고, 다시 자연 시효시킨 것. 용체화 처리 후 TX510의 영구 변형을 주는 인장 가공에 의해 잔류 응력을 제거하고, 다시 자연 시효시킨 것.
T4510 (TB510)	용체화 처리 후 잔류 응력을 제거하고, 다시 자연 시효시킨 것. 용체화 처리 후 TX511의 영구 변형을 주는 인장 가공에 의해 잔류 응력을 제거하고, 다시 자연 시효시킨 것. 다만 이 인장 가공 후 약간의 가공은 허용된다.
T4511 (TB511)	용체화 처리 후 잔류 응력을 제거하고, 다시 자연 시효시킨 것. 용체화 처리 후 TX511의 영구 변형을 주는 인장 가공에 의해 잔류 응력을 제거하고, 다시 자연 시효시킨 것. 다만 이 인장 가공 후 약간의 가공은 허용된다.
T452 (TB52)	용체화 처리 후 잔류 응력을 제거하고, 다시 자연 시효시킨 것. 용체화 처리 후 TX52의 영구 변형을 주는 압축 가공에 의해 잔류 응력을 제거하고, 다시 자연 시효시킨 것.
T454 (TB54)	용체화 처리 후 잔류 응력을 제거하고, 다시 자연 시효시킨 것. 용체화 처리 후 TX54의 영구 변형을 주는 인장과 압축 가공에 의해 잔류 응력을 제거하고, 다시 자연 시효시킨 것.
T51 (TE1)	고온 가공에서 냉각 후 인공 시효 경화 처리한 것. 고온 가공에서 냉각 후 성형성을 향상시키기 위하여 인공 시효 경화 처리 조건을 조정한 것.

기 호	의 미
T56 (TF1)	고온 가공에서 냉각 후 인공 시효 경화 처리한 것. 고온 가공에서 냉각 후 T5 처리에 의한 것보다 높은 강도를 얻기 위하여 6000계 합금의 인공 시효 경화 처리 조건을 조정한 것.
T61 (TF1)	전신재의 경우, 온수 퀜칭에 의한 용체화 처리 후 인공 시효 경화 처리한 것. 퀜칭에 의한 변형의 발생을 방지하기 위하여 온수에 퀜칭하고, 음으로 인공 시효 경화 처리한 것. 주물의 경우, 용체화 처리 후 인공 시효 경화 처리한 것. T6 처리에 의한 것보다 높은 강도를 얻기 위하여 인공 시효 경화 처리 조건을 조정한 것.
T6151 (TF151)	용체화 처리 후 잔류 응력을 제거하고, 다시 인공 시효 경화 처리한 것. 용체화 처리 후 TX51의 영구 변형을 주는 인장 가공에 의해 잔류 응력을 제거하고, 다시 성형성을 향상시키기 위하여 인공 시효 경화 처리 조건을 조정한 것.
T62 (TF2)	T6의 처리를 사용자가 한 것. 사용자가 용체화 처리 후 인공 시효 경화 처리한 것.
T64 (TF4)	용체화 처리 후 인공 시효 경화 처리한 것. 용체화 처리 후 성형성을 향상시키기 위하여 인공 시효 경화 처리 조건을 T6과 T61의 중간으로 조정한 것.
T651 (TF51)	용체화 처리 후 잔류 응력을 제거하고, 다시 인공 시효 경화 처리한 것. 용체화 처리 후 TX51의 영구 변형을 주는 인장 가공에 의해 잔류 응력을 제거하고, 다시 인공 시효 경화 처리한 것.
T-6510 (TF510)	용체화 처리 후 잔류 응력을 제거하고, 다시 인공 시효 경화 처리한 것. 용체화 처리 후 TX510의 영구 변형을 주는 인장 가공에 의해 잔류 응력을 제거하고, 다시 인공 시효 경화 처리한 것.
T6511 (TF511)	용체화 처리 후 잔류 응력을 제거하고, 다시 인공 시효 경화 처리한 것. 용체화 처리 후 TX511의 영구 변형을 주는 인장 가공에 의해 잔류 응력을 제거하고, 다시 인공 시효 경화 처리한 것. 다만 이 인장 가공 후 약간의 가공은 허용된다.
T652 (TF52)	용체화 처리 후 잔류 응력을 제거하고, 다시 인공 시효 경화 처리한 것. 용체화 처리 후 TX52의 영구 변형을 주는 압축 가공에 의해 잔류 응력을 제거하고, 다시 인공 시효 경화 처리한 것.
T654 (TF54)	용체화 처리 후 잔류 응력을 제거하고, 다시 인공 시효 경화 처리한 것. 용체화 처리 후 TX54의 영구 변형을 주는 인장과 압축의 복합 교정에 의해 잔류 응력을 제거하고, 다시 인공 시효 경화 처리한 것.
T66 (TF6)	용체화 처리 후 인공 시효 경화 처리한 것. T6 처리에 의한 것보다 높은 강도를 얻기 위하여 6000계 합금의 인공 시효 경화 처리 조건을 조정한 것.
T73 (TM3)	용체화 처리 후 인공 시효 경화 처리한 것. 용체화 처리 후 내응력 부식 균열성을 최대로 하기 위하여 과시효 처리한 것.
T732 (TM32)	T73의 처리를 사용자가 한 것. 사용자가 용체화 처리 후 내응력 부식 균열성을 최대로 하기 위하여 과시효 처리한 것.
T7351 (TM351)	용체화 처리 후 잔류 응력을 제거하고, 다시 과시효 처리한 것. 용체화 처리 후 TX51의 영구 변형을 주는 인장 가공에 의해 잔류 응력을 제거하고, 다시 T73의 조건에서 과시효 처리한 것.
T73510 (TM3510)	용체화 처리 후 잔류 응력을 제거하고, 다시 과시효 처리한 것. 용체화 처리 후 TX510의 영구 변형을 주는 인장 가공에 의해 잔류 응력을 제거하고, 다시 T73의 조건에서 과시효 처리한 것.
T73511 (TM3511)	용체화 처리 후 잔류 응력을 제거하고, 다시 과시효 처리한 것. 용체화 처리 후 TX511의 영구 변형을 주는 인장 가공에 의해 잔류 응력을 제거하고, 다시 T73의 조건에서 과시효 처리한 것. 다만 이 인장 가공 후 약간의 가공은 허용된다.
T7352 (TM352)	용체화 처리 후 잔류 응력을 제거하고, 다시 과시효 처리한 것. 용체화 처리 후 TX52의 영구 변형을 주는 압축 가공에 의해 잔류 응력을 제거하고, 다시 T73의 조건에서 과시효 처리한 것.
T7354 (TM354)	용체화 처리 후 잔류 응력을 제거하고, 다시 과시효 처리한 것. 용체화 처리 후 TX54의 영구 변형을 주는 인장과 압축의 복합 교정에 의해 잔류 응력을 제거하고, 다시 T73의 조건에서 과시효 처리한 것.
T74 (TM4)	용체화 처리 후 과시효 처리한 것. 용체화 처리 후 내응력 부식 균열성을 조정하기 위하여 T73과 T76의 중간의 과시효 처리한 것.

기 호	의 미
T7451 (TM451)	용체화 처리 후 잔류 응력을 제거하고, 다시 과시효 처리한 것. 용체화 처리 후 TX51의 영구 변형을 주는 인장 가공에 의해 잔류 응력을 제거하고, 다시 T74의 조건에서 과시효 처리한 것.
T74510 (TM4510)	용체화 처리 후 잔류 응력을 제거하고, 다시 과시효 처리한 것. 용체화 처리 후 TX510의 영구 변형을 주는 인장 가공에 의해 잔류 응력을 제거하고, 다시 T74의 조건에서 과시효 처리한 것.
T74511 (TM4511)	용체화 처리 후 잔류 응력을 제거하고, 다시 과시효 처리한 것. 용체화 처리 후 TX511의 영구 변형을 주는 인장 가공에 의해 잔류 응력을 제거하고, 다시 T74의 조건에서 과시효 처리한 것. 다만 이 인장 가공 후 약간의 가공은 허용된다.
T7452 (TM452)	용체화 처리 후 잔류 응력을 제거하고, 다시 과시효 처리한 것. 용체화 처리 후 TX52의 영구 변형을 주는 압축 가공에 의해 잔류 응력을 제거하고, 다시 T74의 조건에서 과시효 처리한 것.
T7454 (TM454)	용체화 처리 후 잔류 응력을 제거하고, 다시 과시효 처리한 것. 용체화 처리 후 TX54의 영구 변형을 주는 인장과 압축의 복합 교정에 의해 잔류 응력을 제거하고, 다시 T74의 조건에서 과시효 처리한 것.
T76 (TM6)	용체화 처리 후 과시효 처리한 것. 용체화 처리 후 내박리 부식성을 좋게 하기 위하여 과시효 처리한 것.
T761 (TM61)	용체화 처리 후 과시효 처리한 것. 용체화 처리 후 내박리 부식성을 좋게 하기 위하여 과시효 처리한 것. 7475 합금의 박판 및 조에 적용한다.
T762 (TM62)	T76의 처리를 사용자가 한 것. 사용자가 용체화 처리 후 내박리 부식성을 좋게 하기 위하여 과시효 처리한 것.
T7651 (TM6510)	용체화 처리 후 잔류 응력을 제거하고, 다시 과시효 처리한 것. 용체화 처리 후 TX51의 영구 변형을 주는 인장 가공에 의해 잔류 응력을 제거하고, 다시 T76의 조건에서 과시효 처리한 것.
T76510 (TM6510)	용체화 처리 후 잔류 응력을 제거하고, 다시 과시효 처리한 것. 용체화 처리 후 TX510의 영구 변형을 주는 인장 가공에 의해 잔류 응력을 제거하고, 다시 T76의 조건에서 과시효 처리한 것.
T76511 (TM6511)	용체화 처리 후 잔류 응력을 제거하고, 다시 과시효 처리한 것. 용체화 처리 후 TX511의 영구 변형을 주는 인장 가공에 의해 잔류 응력을 제거하고, 다시 T76의 조건에서 과시효 처리한 것.
T7652 (TM652)	용체화 처리 후 잔류 응력을 제거하고, 다시 과시효 처리한 것. 용체화 처리 후 TX52의 영구 변형을 주는 인장 가공에 의해 잔류 응력을 제거하고, 다시 T76의 조건에서 과시효 처리한 것.
T7654 (TM654)	용체화 처리 후 잔류 응력을 제거하고, 다시 과시효 처리한 것. 용체화 처리 후 TX54의 영구 변형을 주는 인장과 압축의 복합 교정에 의해 잔류 응력을 제거하고, 다시 T76의 조건에서 과시효 처리한 것.
T79 (TM9)	용체화 처리 후 과시효 처리한 것. 용체화 처리 후 아주 약간 과시효 처리한 것.
T79510 (TM9510)	용체화 처리 후 잔류 응력을 제거하고, 다시 과시효 처리한 것. 용체화 처리 후 TX510의 영구 변형을 주는 인장 가공에 의해 잔류 응력을 제거하고, 다시 T79의 조건에서 과시효 처리한 것.
T79511 (TM9511)	용체화 처리 후 잔류 응력을 제거하고, 다시 과시효 처리한 것. 용체화 처리 후 TX511의 영구 변형을 주는 인장 가공에 의해 잔류 응력을 제거하고, 다시 T79의 조건에서 과시효 처리한 것. 다만 이 인장 가공 후 약간의 가공은 허용된다.
T81 (TH1)	T8의 단면 감소율을 거의 1%로 한 것. 용체화 처리 후 강도를 증가시키기 위하여 단면 감소율을 거의 1%의 냉간 가공을 하고, 다시 인공 시효 경화 처리한 것.
T82 (TH2)	T8의 처리를 사용자가 하고 단면 감소율을 거의 2%로 한 것. 사용자가 용체화 처리 후 2%의 영구 변형을 주는 인장 가공을 하고, 다시 인공 시효 경화 처리한 것.
T83 (TH3)	T8의 단면 감소율을 거의 3%로 한 것. 용체화 처리 후 강도를 증가시키기 위하여 단면 감소율을 거의 3%의 냉간 가공을 하고, 다시 인공 시효 경화 처리한 것.
T832 (TH32)	T8의 냉간 가공 조건을 조정한 것. 용체화 처리 후 강도를 증가시키기 위하여 냉간 가공 조건을 조정하고, 다시 인공 시효 경화 처리한 것.

기 호	의 미
T841 (TH41)	T8의 인공 시효 경화 처리 조건을 조정한 것. 용체화 처리 후 강도를 증가시키기 위하여 냉간 가공을 하고, 다시 인공 시효 경화 처리한 것.
T84151 (TH4151)	용체화 처리 후 잔류 응력을 제거하고, 다시 인공 시효 경화 처리 조건을 조정한 것. 용체화 처리 후 TX51의 영구 변형을 주는 인장 가공에 의해 잔류 응력을 제거하고, 다시 인공 시효 경화 처리한 것.
T851 (TH51)	용체화 처리 후 냉간 가공을 하고, 잔류 응력을 제거하고, 다시 인공 시효 경화 처리한 것. 용체화 처리 후 TX51의 영구 변형을 주는 인장 가공에 의해 잔류 응력을 제거하고, 다시 인공 시효 경화 처리한 것.
T8510 (TH510)	용체화 처리 후 냉간 가공을 하고, 잔류 응력을 제거하고 다시 인공 시효 경화 처리한 것. 용체화 처리 후 강도를 증가시키기 위하여 냉간 가공을 하고, TX510의 영구 변형을 주는 인장 가공에 의해 잔류 응력을 제거하고, 다시 인공 시효 경화 처리한 것.
T8511 (TH511)	용체화 처리후 냉간 가공을 하고, 잔류 응력을 제거하고 다시 인공 시효 경화 처리한 것. 용체화 처리 후 강도를 증가시키기 위하여 냉간 가공을 하고, TX511의 영구 변형을 주는 인장 가공에 의해 잔류 응력을 제거하고, 다시 인공 시효 경화 처리한 것. 다만 이 인장 가공 후 약간의 가공은 허용된다.
T852 (TH52)	용체화 처리 후 냉간 가공을 하고, 잔류 응력을 제거하고 다시 인공 시효 경화 처리한 것. 용체화 처리 후 강도를 증가시키기 위하여 냉간 가공을 하고, TX52의 영구 변형을 주는 압축 가공에 의해 잔류 응력을 제거하고, 다시 인공 시효 경화 처리한 것.

③ 알루미늄 및 알루미늄 합금의 판 및 조 KS D 6701

종류, 등급 및 기호

종류 합금번호	등 급	기 호	참고 특성 및 용도 보기
1085	-	A1085P	순알루미늄이므로 강도는 낮지만 성형성, 용접성, 내식성이 좋다. 반사판, 조명, 기구, 장식품, 화학 공업용 탱크, 도전재 등
1080	-	A1080P	
1070	-	A1070P	
1050	-	A1050P	
1100	-	A1100P	강도는 비교적 낮지만, 성형성, 용접성, 내식성이 좋다. 일반 기물, 건축 용재, 전기 기구, 각종 용기, 인쇄판 등
1200	-	A1200P	
1N00	-	A1N00P	1100보다 약간 강도가 높고, 성형성도 우수하다. 일용품 등
1N30	-	A1N30P	전연성, 내식성이 좋다. 알루미늄 박지 등
2014	-	A2014P	강도가 높은 열처리 합금이다. 접합판은 표면에 6003을 접합하여 내식성을 개선한 것이다. 항공기 용재, 각종 구조재 등
	-	A2014PC	
2017	-	A2017P	열처리형 합금으로 강도가 높고, 절삭 가공성도 좋다. 항공기 용재, 각종 구조재 등
2219	-	A2219P	강도가 높고, 내열성, 용접성도 좋다. 항공 우주 기기 등
2024	-	A2024P	2017보다 강도가 높고, 절삭 가공성도 좋다. 접합판은 표면에 1230을 접합하여 내식성을 개선한 것이다. 항공기 용재, 각종 구조재 등
	-	A2024PC	
3003	-	A3003P	1100보다 약간 강도가 높고, 성형성, 용접성, 내식성이 좋다. 일반용 기물, 건축 용재, 선박 용재, 핀재, 각종 용기 등
3203	-	A3203P	
3004	-	A3004P	3003보다 강도가 높고, 성형성이 우수하며 내식성도 좋다. 음료 캔, 지붕판, 도어 패널재, 컬러 알루미늄, 전구 베이스 등
3104	-	A3104P	
3005	-	A3005P	3003보다 강도가 높고, 내식성도 좋다. 건축 용재, 컬러 알루미늄 등
3105	-	A3105P	3003보다 약간 강도가 높고, 성형성, 내식성이 좋다. 건축 용재, 컬러 알루미늄, 캡 등

종 류		기 호	참 고
합금번호	등 급		특성 및 용도 보기
5005	-	A5005P	3003과 같은 정도의 강도가 있고, 내식성, 용접성, 가공성이 좋다. 건축 내외장재, 차량 내장재 등
5052	-	A5052P	중간 정도의 강도를 가진 대표적인 합금으로, 내식성, 성형성, 용접성이 좋다. 선박·차량·건축 용재, 음료 캔 등
5652	-	A5652P	5052의 불순물 원소를 규제하여 과산화수소의 분해를 억제한 합금으로서, 기타 특성은 5052와 같은 정도이다. 과산화수소 용기 등
5154	-	A5154P	5052와 5083의 중간 정도의 강도를 가진 합금으로서, 내식성, 성형성, 용접성이 좋다. 선박·차량 용재, 압력 용기 등
5254	-	A5254P	5154의 불순물 원소를 규제하여 과산화수소의 분해를 억제한 합금으로서, 기타 특성은 5154와 같은 정도이다. 과산화수소 용기 등
5454	-	A5454P	5052보다 강도가 높고, 내식성, 성형성, 용접성이 좋다. 자동차용 휠 등
5082	-	A5082P	5083과 거의 같은 정도의 강도가 있고, 성형성, 내식성이 좋다.
5182	-	A5182P	음료 캔 등
5083	-	A5083P	비열처리 합금 중에 최고의 강도이고, 내식성, 용접성이 좋다.
5083	-	A5083PS	선박·차량 용재, 저온용 탱크, 압력 용기 등
5086	-	A5086P	5154보다 강도가 높고 내식성이 우수한 용접 구조용 합금이다. 선박 용재, 압력 용기, 자기 디스크 등
5N01	-	A5N01P	3003과 거의 같은 정도의 강도이고 화학 또는 전해 연마 등의 광휘 처리 후의 양극 산화 처리로 높은 광휘성이 얻어진다. 성형성, 내식성도 좋다. 장식품, 부엌 용품, 명판 등
6061	-	A6061P	내식성이 양호하고, 주로 볼트·리벳 접합의 구조 용재로서 사용된다. 선박·차량·육상 구조물 등
7075	-	A7075P	알루미늄 합금 중 최고의 강도를 갖는 합금의 한 가지지만, 접합판은 표면에 7072를 접합하여 내식성을 개선한 것이다. 항공기 용재, 스키 등
7075	-	A7075PC	
7N01	-	A7N01P	강도가 높고, 내식성도 양호한 용접 구조물 합금이다. 차량, 기타 육상 구조물 등
8021	-	A8021P	1N30보다 강도가 높고 전연성, 내식성이 좋다.
8079	-	A8079P	알루미늄 박지 등, 장식용, 전기 통신용, 포장용 등

4. 마그네슘 및 그 합금의 특성과 용도

1 마그네슘과 그 합금

마그네슘은 밀도가 $1.738g/cm^3$으로 실용 금속재료 중 가장 가볍고 철의 약 1/4, 비강도(중량비강도)도 최대로서 진동감쇠능, 내압입자국성, 절삭성, 치수안정성이 높고, 열중성자흡수 단면적이 작다는 등의 우수한 특성이 있으며, 합금으로서 우주, 항공, 미사일, 원자로 등의 분야뿐만 아니라 일반적으로는 자동차, 오토바이, 휴대용전자기기, 가전제품, 광학기기, 스포츠용품 등에 이르기까지 그 활용도가 넓은 합금이며 경금속 중에서 가장 가볍고 강도가 높아 항공기 재료로 주목을 받아왔다.

1. Mg의 제련법 및 성질

1) Mg의 제련법

① 마그네슘은 돌로마이트(dolomite)와 주로 마그네사이트(magnesite, $MgCO_3$) 등의 원광석 중에 존재하고 바닷물 중에도 약간 포함되어 있다.

② 제련법

㉮ 전해법(電解法)

㉠ 마그네사이트($MgCO_3$)와 염화마그네슘($MgCl_2$) 또는 마그네시아(magnesia, MgO) 등의 무수염화마그네슘을 전해하여 얻는 방법이다.

㉡ 도우 전해법(Dow process)는 지하 염수에서 Mg을 추출하여 결정수 일부를 함유하는 염화 Mg을 전해하는 방법이다.

㉢ IG 전해법은 마그네사이트($MgCO_3$)를 소성한 마그네시아를 원료로 하여 완전 무수 염화 Mg을 전해하는 방법이다.

㉯ dolomite($MgCO_3 \cdot CaCO_3$)에 Fe-Si을 혼합하여 직접환원에 의해서 증류 Mg을 얻는 환원방법이 있다.

㉰ 건식 제련법(Pidgeon법)

㉠ 소성 dolomite에 ferro-silicon을 6:1의 비율로 혼합하여 단광으로 한 것을 retort에 넣고 감압, 진공도 하에서 1150~1200℃로 환원하여 증류 Mg을 얻는다.

㉡ Pidgeon법으로 얻은 지금의 순도는 99.95~99.97% Mg로서 타 제련법에 비해 순도가 높다.

2) Mg의 성질

① 물리적 성질

⑦ 비중은 상온에서 1.74(Al의 약 30%)로 실용금속상 가장 가볍다.

④ 열전도도, 전기전도도는 Cu, Al보다 낮다.

④ 은백색의 가장 가벼운 금속으로 알카리토 금속에 속하는 두 번째 원소이다.

② 기계적 성질

⑦ 기계적 강도는 작으나 절삭성이 좋고 가공재료는 상온가공에 의한 경화속도가 크므로 가공하기 곤란하지만, 조금 온도(200℃ 이상)를 올리면 압연 및 단조·압출을 할 수 있다.

④ Al, Cu 등에 비하여 냉간가공성이 나쁘며, 탄성한도와 연신율이 작으므로 Al, Zn, Mn, Zr 등을 첨가한 합금이 제조된다.

③ 화학적 성질

⑦ 알칼리에는 견디나 산이나 열에 침식되며 Mg은 용융점 온도 이상에서 O_2에 대한 친화력이 크므로 공기 중에서 가열, 용해하면 폭발, 발화한다.

④ 부식되기 쉽고 불순물 중 Fe, Cu, Ni 등은 내식성을 해친다.

마그네슘의 기계적 성질

종별	인장강도 (N/mm²)	신율 (%)	(%)	브리넬 경도
사형주물	60	6	6	30
금형주물	120	4~7	6	30
압연재	180	4.5	6	40
압연강	165	5	6	33

3) Mg의 용도

① Al 합금용, Ti, Zr, U 제련의 환원용, 구상흑연주철의 제조용 및 Mg 합금 제조용

② 전기방식용 양극, 건전지의 음극 보호 및 인쇄제판 등에 사용한다.

③ 항공기, 자동차 부품, 광학기계, 전기기기 등에 사용한다.

④ 경량(輕量), 강도, 절삭성 등을 요구하는 주물용에 사용한다.

(2) Mg 합금

마그네슘합금은 기계적 강도가 작으므로 마그네슘에 Al·Mn·Zn 등을 첨가하는 것으로 가벼우면서도 단단해지며, 절삭가공이 용이하고 내식성도 좋아진다.

1) 주물용 Mg 합금

① Mg-Al계 합금(ASTM 합금, 기호:AM, AZ)

⑦ Al을 10% 정도까지 첨가한 것과 여기에 Zn을 첨가한 것이 일반적이다.

④ 강도와 연성이 있고, 주조성이 좋으며 열간균열이 없다.

④ 엘렉트론(Elektron, Mg-Al-Zn계 합금)

㉠ Mg(90%)-Al+Zn(10% 이하)계 합금에 소량의 Mn을 첨가한 합금이다.

ⓒ 내연기관의 피스톤에 사용한다.
　㉣ 다우 메탈(Dow metal, Mg-Al계 합금) : 미국 다우케미컬사에 의해 개발
　　　㉠ 다우 메탈 D는 Al 8.5%, Mn 0.15%, Cu 2%, Cd 1%, Zn 0.5%에 나머지가 Mg인 합금으로 인장강도 155N/㎟, 연신율 2%로 복잡한 주물에 적용된다.
　　　ⓒ 전성, 연성이 우수하고 내식성이 양호하다.
　　　ⓒ 단조물, 강력주물, 복잡한 주물, 열전도도가 좋은 주물용으로 사용한다.
　　　㉣ Mg 중의 Al은 상온에서 약 8%, 420℃에서 약 12%까지 고용하고, 그 이상이 되면 Al_3Mg_2의 화합물이 고용체와 공정을 만든다. Al이 6% 정도까지에서는 강도 및 경도가 증가하지만 그 이상에서는 오히려 감소한다. 또 Al을 추가하면 용융점이 저하한다.
② Mg-Zn계 합금
　㉮ 3~6%Zn, 기타 소량의 Zr(지르코늄), Th(토륨) 또는 R.E(희토류 원소)를 함유하고 있다.
　㉯ Mg-Al계 합금보다 강력한 합금으로 항복강도가 특히 높고 강도-비중비가 금속재료 중에서 가장 크다.
③ Mg-R.E계 합금
　㉮ 250℃에서 내열성을 가지며 Zr을 첨가하면 결정입자를 미세화한다.
　㉯ 희토류 원소 또는 Th의 첨가로 크리프특성이 좋은 내열성 Mg합금으로 제트 엔진 구조재에 사용한다.
　㉰ 희토류 원소는 보통 미쉬메탈로서 첨가되며 주조성, 내식성이 개선된다.
　㉱ 디디뮴(didymium)은 mish metal에 Ce(세륨)을 제외한 합금원소를 첨가하여 기계적 성질을 개선한 합금이다.
④ Mg-Th계 합금
　Th은 Mg의 크리프강도를 향상시키는 유효원소이나 Th만으로는 온전한 주물을 얻을 수 없으므로 Zr을 첨가하며, 용해 주조할 때 희토류원소 이상으로 산화하기 쉽다.
⑤ Mg-Zr계 합금
　Mg에 Zr(지르코늄)을 첨가하면 결정립을 미세화하고 결정립간 수축이 없는 주물을 얻을 수 있고 가공성을 개선하며, 보통 Zr 0.2~0.7% 정도를 첨가한다.

2) 가공용 합금
① Mg-Al-Zn계 합금
　이 합금의 대표적인 것은 독일의 엘렉트론(Elektron)이 유명하다. Mg-Al 합금에 Zn을 첨가하면 시효경화를 일으키는 열처리효과도 있고, 약 400℃의 온도에서 수중담금질한 다음 50~200℃로 재가열하면 현저하게 경화한다. 이 합금은 기계적 성질이 우수하지만, 부식하기 쉬운 단점이 있으므로 적당한 도료를 칠해서 부식을 방지하는 것이 중요

하다. Al 0.5% 정도, Zn 4~6% 까지는 내식성이 증가하지만 이 양을 넘으면 반대로 부식하기 쉬어진다. 주로 주조에 이용되지만 전신용으로서는 300~400℃의 온도에서 봉이나 판 등을 압연한다.

 ㉮ 가공용으로 가장 많이 사용하는 합금으로 Al 3~7%, Mn(소량), Zn 약 1%를 함유한 합금이 실용화되고 있다.

 ㉯ PE 합금은 Mg에 Al 3.25%, Zn 1.2%의 조성으로 사진제판용에 이용한다.

 ㉰ 항공기, 자동차의 내장부품 등에 주로 사용된다.

② Mg-Mn계 합금(MIA 합금)

 ㉮ 가공용으로 사용하는 Mg 합금이다.

 ㉯ 표준조성은 Mg에 Mn 1.2%, Ca 0.09%로 650℃에서 포정반응을 일으킨다.

 ㉰ 어느 정도의 강도가 있고 용접성, 고온성형성 및 내식성이 좋고 값이 저렴하다.

③ Mg-Zn-Zr계 합금

 ㉮ ZK60A 합금이 이 계통의 합금으로 가공용 합금 가운데 강도가 가장 높다.

 ㉯ 압출봉, 형재 및 단조품 등으로 이용되며 항공기재료로서 발달되고 있다.

④ Mg-Zn-R.E계 합금

 ㉮ ZE10A 합금이 이에 속하며 판재용으로 사용된다.

 ㉯ 강도는 보통이나 용접 후 응력제거처리가 불필요하다.

⑤ Mg-Th계 합금

Th(토륨)는 Mg의 크리프강도를 향상시키는 유효원소이나 Th만으로는 건전한 주물을 얻을 수 없으므로 Zr을 첨가하며, 용해 주조할 때 희토류원소 이상으로 산화하기 쉽다.

 ㉮ 내열성이 있어 항공기 및 미사일 등 300~350℃의 고온용 내열합금으로 사용한다.

 ㉯ HM21A의 합금은 판재, 단조재에 사용한다.

 ㉰ HM31A의 합금은 압출재로 사용한다.

마그네슘 합금의 예

명칭	화학성분 (%)					인장강도 (N/㎟)	신율 (%)	적요
	Mn	Si	Zn	Al	Mg			
엘렉트론 VI	0.2~0.5	-	-	10	나머지	130~180	4~2	다이캐스트
(피스톤용)	0.2~0.5	2~3	-	10	나머지	-	-	-
엘렉트론 AZF	0.2~0.5	-	3	4	나머지	170~200	6~4	사형
엘렉트론 AZG	0.2~0.5	-	3	6	나머지	170~200	5~3	사형
엘렉트론 AZM	0.2~0.5	-	1	6~6.5	나머지	280~320	14~12	압연
엘렉트론 Z16	-	-	4.5	-	나머지	250~270	18~16	단조
엘렉트론 AM503	1.5~2.2	0.3 이하	0.1 이하	0.1 이하	나머지	190~230	10~7	압연
다우 메탈 A	-	-	-	8	나머지	175	4	주물
다우 메탈 D	0.15	Cd 1.0	0.5	8.5	Cu 2.0	155	2	주물
다우 메탈 E	0.15	-	-	6.0	Cu 2.0	180	7	주물

❷ 이음매 없는 마그네슘 합금 관 KS D5573

종류 및 기호

종류	기호	대응 ISO 기호	상당 합금(참고)			
			ASTM	BS	DIN	NF
1종B	MT1B	ISO-MgAl3Zn1(A)	AZ31B	MAG110	3.5312	G-A3Z1
1종C	MT1C	ISO-MgAl3Zn1(B)	-	-	-	-
2종	MT2	ISO-MgAl6Zn1	AZ61A	MAG121	3.5612	G-A6Z1
5종	MT5	ISO-MgZn3Zr	-	MAG151	-	-
6종	MT6	ISO-MgZn6Zr	ZK60A	-	-	-
8종	MT8	ISO-MgMn2	-	-	-	-
9종	MT9	ISO-MgZn2Mn1	-	MAG131	-	-

화학 성분

화학 성분 단위 : %(질량분율)

종류	기호	Mg	Al	Zn	Mn	Zr	Fe	Si	Cu	Ni	Ca	기타	기타 합계
1종B	MT1B	나머지	2.4~3.6	0.50~1.5	0.15~1.0	-	0.005 이하	0.10 이하	0.05 이하	0.005 이하	0.04 이하	0.05 이하	0.30 이하
1종C	MT1C	나머지	2.4~3.6	0.50~1.5	0.05~0.4	-	0.05 이하	0.10 이하	0.05 이하	0.005 이하	-	0.05 이하	0.30 이하
2종	MT2	나머지	5.5~6.5	0.50~1.5	0.15~0.40	-	0.005 이하	0.10 이하	0.05 이하	0.005 이하	-	0.05 이하	0.30 이하
5종	MT5	나머지	-	2.5~4.0	-	0.45~0.8	-	-	-	-	-	0.05 이하	0.30 이하
6종	MT6	나머지	-	4.8~6.2	-	0.45~0.8	-	-	-	-	-	0.05 이하	0.30 이하
8종	MT8	나머지	-	-	1.2~2.0	-	0.10 이하	0.05 이하	0.01 이하	-	-	0.05 이하	0.30 이하
9종	MT9	나머지	0.1 이하	1.75~2.3	0.6~1.3	-	0.06 이하	0.10 이하	0.1 이하	0.005 이하	-	0.05 이하	0.30 이하

기계적 성질

종류	질별	대응 ISO 질별	기호 및 질별	두께 mm	인장 시험		
					인장 강도 N/mm²	항복 강도 N/mm²	연신율 %
1종B	F	F	MT1B-F	1 이상 10 이하	220 이상	140 이상	10 이상
1종C	F	F	MT1C-F				
2종	F	F	MT2-F	1이상 10 이하	260 이상	150 이상	10 이상
5종	T5	T5	MT5-T5	전 단면 치수	275 이상	255 이상	4 이상
6종	F	F	MT6-F	전 단면 치수	275 이상	195 이상	5 이상
	T5	T5	MT6-T5	전 단면 치수	315 이상	260 이상	4 이상
8종	F	F	MT8-F	2 이하	225 이상	165 이상	2 이상
				2 초과	200 이상	145 이상	15 이상
9종	F	F	MT9-F	10 이하	230 이상	150 이상	8 이상
				10 초과 75 이하	245 이상	160 이상	10 이상

관의 바깥지름의 허용차

단위 : mm

지름	허용차 규정 바깥지름에 대한 차이	
	평균 바깥지름	규정 바깥지름
10 이상 30 미만	±0.25	±0.50
30 이상 50 미만	±0.35	±0.60
50 이상 80 미만	±0.45	±0.80
80 이상 120 미만	±0.65	±1.20

관 두께의 허용차

지름	허용차 규정 두께에 대한 차이 %	
	평균 두께	규정 두께
1 이상 2 미만	±10	±13
2 이상 3 미만	±8	±11
3 이상	±7	±10

③ 마그네슘 합금 판, 대 및 코일판 KS D 6710

종류 및 기호

종류	기호	대응 ISO 기호	상당 합금(참고)				적용 용도 (참고)
			ASTM	BS	DIN	NF	
1종B	MP1B	ISO-MgAl3Zn1(A)	AZ31B	MAG110	3.5312	G-A3Z1	성형용, 전극판 등
1종C	MP1C	ISO-MgAl3Zn1(B)	-	-	-	-	에칭판, 인쇄판 등
7종	MP7	-	-	-	-	-	성형용, 에칭판, 인쇄판 등
9종	MP9	ISO-MgMn2Mn1	-	MAG131	-	-	성형용 등

화학 성분

종류	기호	화학 성분 단위 : %(질량분율)										
		Mg	Al	Zn	Mn	Fe	Si	Cu	Ni	Ca	기타	기타 합계(1)
1종B	MP1B	나머지	2.4~3.6	0.50~1.5	0.15~1.0	0.005 이하	0.10 이하	0.05 이하	0.005 이하	0.04 이하	0.05 이하	0.30 이하
1종C	MP1C	나머지	2.4~3.6	0.50~1.5	0.05~0.4	0.05 이하	0.10 이하	0.05 이하	0.005 이하	-	0.05 이하	0.30 이하
7종	MP7	나머지	1.5~2.4	0.50~1.5	0.05~0.6	0.010 이하	0.10 이하	0.10 이하	0.005 이하	-	0.05 이하	0.30 이하
9종	MP9	나머지	0.10이하	1.75~2.3	0.6~1.3	0.06 이하	0.10 이하	0.10 이하	0.005 이하	-	0.05 이하	0.30 이하

기계적 성질

종류	질별기호	대응 ISO 질별	기호 및 질별기호	두께 mm	인장 시험 인장 강도 N/mm²	항복 강도 N/mm²	연신율 %
1종B	O	O	MP1B-O	0.5 이상 6 이하	220 이상	105 이상	11 이상
1종C			MP1C-O	6 초과 25 이하	210 이상	105 이상	9 이상
	F	-	MP1B-F	-	-	-	-
			MP1C-F				
	H12	H×2	MP1B-H12	0.5 이상 6 이하	250 이상	160 이상	5 이상
	H22		-H22	6 초과 25 이하	220 이상	120 이상	8 이상
			MP1C-H12				
			-H22				
	H14	H×4	MP1B-H14	0.5 이상 6 이하	260 이상	200 이상	4 이상
	H24		-H24	6 초과 25 이하	250 이상	160 이상	6 이상
			MP1C-H14				
			-H24				
7종	O	-	MP7-O	0.5 이상 6 이하	190 이상	90 이상	13 이상
	F	-	MP7-F	-	-	-	-
9종	O	O	MP9-O	6 이상 25 이하	220 이상	120 이상	8 이상
	H14	H×4	MP9-H14	6 이상 25 이하	250 이상	165 이상	5 이상
	H24		-M24				

두께, 나비 및 길이의 허용차

두께 mm	허용차 mm		
	두께	나비	길이
0.5 이상 0.75 이하	±0.05	±3	±8
0.75 초과 1.0 이하	±0.06	±3	±8
1.0 초과 2.5 이하	±0.08	±3	±8
2.5 초과 3.5 이하	±0.11	±5	±8
3.5 초과 4.5 이하	±0.15	±5	±8
4.5 초과 5.0 이하	±0.18	±5	±8
5.0 초과 6.0 이하	±0.23	±5	±8

대의 나비 허용차

단위 : mm

두께	허용차 나비			
	150 이하	150 초과 300 이하	300 초과 600 이하	600 초과 1200 이하
0.4 초과 3.1 이하	±0.5	±0.8	±1.0	±1.5
3.1 초과 4.5 이하	±0.8	±1.0	±1.5	±2.0

대의 변형량 최대치

두께 mm	허용차(길이 2000mm당)			
	나비 mm			
	15 초과 25 이하	25 초과 50 이하	50 초과 100 이하	100 초과 300 이하
0.4 초과 1.6 이하	20	15	10	7
1.6 초과 3.1 이하	-	-	10	7

4 마그네슘 합금 압출 형재 KS D 6723

종류 및 기호

종류	기호	대응 ISO 기호	상당 합금(참고)			
			ASTM	BS	DIN	NF
1종B	MS1B	ISO-MgAl3Zn1(A)	AZ31B	MAG110	3.5312	G-A3Z1
1종C	MS1C	ISO-MgAl3Zn1(B)	-	-	-	-
2종	MS2	ISO-MgAl6Zn1	AZ61A	MAG121	3.5612	G-A6Z1
3종	MS3	ISO-MgAl8Zn	AZ80A	-	3.5812	-
5종	MS5	ISO-MgZn3Zr	-	MAG151	-	-
6종	MS6	ISO-MgZn6Zr	AK60A	-	-	-
8종	MS8	ISO-MgMn2	-	-	-	-
9종	MS9	ISO-MgMn2Mn1	-	MAG131	-	-
10종	MS10	ISO-MgMn7CuI	ZC71A	-	-	-
11종	MS11	ISO-MgY5RE4Zr	WE54A	-	-	-
12종	MS12	ISO-MgY4RE3Zr	WE43A	-	-	-

화학 성분

종류	기호	화학 성분 %(질량분율)													
		Mg	Al	Zn	Mn	RE	Zr	Y	Li	Fe	Si	Cu	Ni	Ca	기타	기타 합계
1종B	MS1B	나머지	2.4~3.6	0.50~1.5	0.15~1.0	-	-	-	-	0.005 이하	0.10 이하	0.05 이하	0.005 이하	0.04 이하	0.05 이하	0.30 이하
1종C	MS1C	나머지	2.4~3.6	0.5~1.5	0.05~0.4	-	-	-	-	0.05 이하	0.10 이하	0.05 이하	0.005 이하	-	0.05 이하	0.30 이하
2종	MS2	나머지	5.5~6.5	0.5~1.5	0.15~0.40	-	-	-	-	0.005 이하	0.10 이하	0.05 이하	0.005 이하	-	0.05 이하	0.30 이하
3종	MS3	나머지	7.8~9.2	0.20~0.8	0.12~0.40	-	-	-	-	0.005 이하	0.10 이하	0.05 이하	0.005 이하	-	0.05 이하	0.30 이하
5종	MS5	나머지	-	2.5~4.0	-	-	0.45~0.8	-	-	-	-	-	-	-	0.05 이하	0.30 이하
6종	MS6	나머지	-	4.8~6.2	-	-	0.45~0.8	-	-	-	-	-	-	-	0.05 이하	0.30 이하
8종	MS8	나머지	-	-	1.2~2.0	-	-	-	-	-	0.10 이하	0.05 이하	0.001 이하	-	0.05 이하	0.30 이하
9종	MS9	나머지	0.10이하	1.75~2.3	0.6~1.3	-	-	-	-	0.06 이하	0.10 이하	0.1 이하	0.005 이하	-	0.05 이하	0.30 이하

종류	기호	화학 성분 %(질량분율)													
		Mg	Al	Zn	Mn	RE	Zr	Y	Li	Fe	Si	Cu	Ni	Ca	기타	기타 합계
10종	MS10	나머지	0.2이하	6.0~7.0	0.5~1.0	-	-	-	-	0.05 이하	0.10 이하	1.0~1.5	0.001 이하	-	0.05 이하	0.30 이하
11종	MS11	나머지	-	0.20 이하	0.03 이하	1.5~4.0	0.4~1.0	4.75~5.5	0.2 이하	0.010 이하	0.01 이하	0.02 이하	0.005 이하	-	0.01 이하	0.30 이하
12종	MS12	나머지	-	0.20 이하	0.03 이하	2.4~4.4	0.4~1.0	3.7~4.3	0.2 이하	0.010 이하	0.01 이하	0.02 이하	0.005 이하	-	0.01 이하	0.30 이하

형재의 기계적 성질

종류	질별	대응 ISO 질별	기호 및 질별기호	두께 mm	인장 시험		
					인장 강도 N/mm²	항복 강도 N/mm²	연신율 %
1종B	F	F	MS1B-F	1 이상 10 이하	220 이상	140 이상	10 이상
1종C			MS1C-F	10 초과 65 이하	240 이상	150 이상	10 이상
2종	F	F	MS2-F	1 이상 10 이하	260 이상	160 이상	6 이상
				10 초과 40 이하	270 이상	180 이상	10 이상
				40 초과 65 이하	260 이상	160 이상	10 이상
3종	F	F	MS3-F	40 이하	295 이상	195 이상	10 이상
				40 초과 60 이하	295 이상	195 이상	8 이상
				60 초과 130 이하	290 이상	185 이상	8 이상
	T5	T5	MS3-T5	6 이하	325 이상	205 이상	4 이상
				6 초과 60 이하	330 이상	230 이상	4 이상
				60 초과 130 이하	310 이상	205 이상	2 이상
5종	F	F	MS5-F	10 이하	280 이상	200 이상	8 이상
				10초과 100 이하	300 이상	255 이상	8 이상
	T5	T5	MS5-T5	단면의 모든 치수	275 이상	255 이상	4 이상
6종	F	F	MS6-F	50 이하	300 이상	210 이상	5 이상
	T5	T5	MS6-T5	50 이하	310 이상	230 이상	5 이상
8종	F	F	MS8-F	10 이하	230 이상	120 이상	3 이상
				10 초과 50 이하	230 이상	120 이상	3 이상
				50 초과 100 이하	200 이상	120 이상	3 이상
9종	F	F	MS9-F	10 이하	230 이상	150 이상	8 이상
				10 초과 75 이하	245 이상	160 이상	10 이상
10종	F	F	MS10-F	10 초과 130 이하	250 이상	160 이상	7 이상
	T6	T6	MS10-T6	10 초과 130 이하	325 이상	300 이상	3 이상
11종	T5	T5	MS11-T5	10 이상 50 이하	250 이상	170 이상	8 이상
				50 초과 100 이하	250 이상	160 이상	6 이상
	T6	T6	MS11-T6	10 이상 50 이하	250 이상	160 이상	8 이상
				50 초과 100 이하	250 이상	160 이상	6 이상
12종	T5	T5	MS12-T5	10 이상 50 이하	230 이상	140 이상	5 이상
				50 초과 100 이하	220 이상	130 이상	5 이상
	T6	T6	MS12-T6	10 이상 50 이하	220 이상	130 이상	8 이상
				50 초과 100 이하	220 이상	130 이상	6 이상

중공 형재의 기계적 성질

종류	질별	대응 ISO 질별	기호 및 질별	두께 mm	인장 시험		
					인장강도 N/mm²	항복강도 N/mm²	연신율 %
1종B	F	F	MS1B-F	1 이상 10 이하	220 이상	140 이상	10 이상
1종C			MS1C-F				
2종	F	F	MS2-F	1 이상 10 이하	260 이상	150 이상	10 이상
3종	F	F	MS3-F	10 이하	295 이상	195 이상	7 이상
5종	T5	T5	MS5-T5	단면의 모든 치수	275 이상	225 이상	4 이상
6종	F	F	MS6-F	단면의 모든 치수	275 이상	195 이상	5 이상
	T5	T5	MS6-T5	단면의 모든 치수	315 이상	260 이상	4 이상
8종	F	F	MS8-F	2 이하	225 이상	165 이상	2 이상
			MS8-F	2 초과	200 이상	145 이상	1.5 이상
9종	F	F	MS9-F	10 이하	230 이상	150 이상	8 이상
			MS9-F	10 초과 75 이하	245 이상	160 이상	10 이상

웨이브 높이 및 플랜지 나비의 허용차

단위 : %

치수	허용차
3미만	±0.35
3이상 6미만	±0.45
6이상 10미만	±0.6
10이상 25미만	±0.8
25이상 50미만	±1.0
50이상 100미만	±1.5
100이상 150미만	±2.0
150이상	±2.5

각도의 허용차

단위 : 도

치수	허용차
5미만	±2.5
5이상 19미만	±2.0
19이상	±1.5

두께의 허용차

단위 : mm

두께	허용차
5미만	±0.35
5이상 6미만	±0.45
6이상 10미만	±0.6
10이상	±0.7

5 마그네슘 합금 봉 KS D 6724

종류 및 기호

종류	기호	대응 ISO 기호	상당 합금			
			ASTM	BS	DIN	NF
1종B	MB1B	ISO-MgAl3Zn1(A)	AZ31B	MAG110	3.5312	G-A3Z1
1종C	MB1C	ISO-MgAl3Zn1(B)	-	-	-	-
2종	MB2	ISO-MgAl6Zn1	AZ61A	MAG121	3.5612	G-A6Z1
3종	MB3	ISO-MgAl8Zn	AZ80A	-	3.5812	-
5종	MB5	ISO-MgZn3Zr	-	MAG151	-	-
6종	MB6	ISO-MgZn6Zr	ZK60A	-	-	-
8종	MB8	ISO-MgMn2	-	-	-	-
9종	MB9	ISO-MgZn2Mn1	-	MAG131	-	-
10종	MB10	ISO-MgZn7CuI	ZC71A	-	-	-
11종	MB11	ISO-MgY5RE4Zr	WE54A	-	-	-
12종	MB12	ISO-MgY4RE3Zr	WE43A	-	-	-

화학 성분

종류	기호	화학 성분 %(질량분율)												
		Mg	Al	Zn	Mn	RE	Zr	Y	Li	Fe	Si	Cu	Ni	Ca	기타	기타 합계
1B종	MB1B	나머지	2.4~3.6	0.50~1.5	0.15~1.0	-	-	-	-	0.005 이하	0.10 이하	0.050 이하	0.005 이하	0.04 이하	0.05 이하	0.30 이하
1C종	MB1C	나머지	2.4~3.6	0.5~1.5	0.05~0.4	-	-	-	-	0.05 이하	0.10 이하	0.05 이하	0.005 이하	-	0.05 이하	0.30 이하
2종	MB2	나머지	5.5~6.5	0.5~1.5	0.15~0.40	-	-	-	-	0.005 이하	0.10 이하	0.05 이하	0.005 이하	-	0.05 이하	0.30 이하
3종	MB3	나머지	7.8~9.2	0.20~0.8	0.12~0.40	-	-	-	-	0.005 이하	0.10 이하	0.05 이하	0.005 이하	-	0.05 이하	0.30 이하
5종	MB5	나머지	-	2.5~4.0	-	-	0.45~0.8	-	-	-	-	-	-	-	0.05 이하	0.30 이하
6종	MB6	나머지	-	4.8~6.2	-	-	0.45~0.8	-	-	-	-	-	-	-	0.05 이하	0.30 이하
8종	MB8	나머지	-	-	1.2~2.0	-	-	-	-	-	0.10 이하	0.05 이하	0.001 이하	-	0.05 이하	0.30 이하
9종	MB9	나머지	0.1 이하	1.75~2.3	0.6~1.3	-	-	-	-	0.06 이하	0.10 이하	0.1 이하	0.005 이하	-	0.05 이하	0.30 이하
10종	MB10	나머지	0.2 이하	6.0~7.0	0.5~1.0	-	-	-	-	0.05 이하	0.10 이하	1.0~1.5	0.01 이하	-	0.05 이하	0.30 이하
11종	MB11	나머지	-	0.20 이하	0.03 이하	1.5~4.0	0.4~1.0	4.75~5.5	0.2 이하	0.010 이하	0.01 이하	0.02 이하	0.005 이하	-	0.01 이하	0.30 이하
12종	MB12	나머지	-	0.20 이하	0.03 이하	2.4~4.4	0.4~1.0	3.7~4.3	0.2 이하	0.010 이하	0.01 이하	0.02 이하	0.005 이하	-	0.01 이하	0.30 이하

기계적 성질

종류	질별	대응 ISO 질별	기호 및 질별	지름 mm	인장 시험		
					인장 강도 N/mm²	항복 강도 N/mm²	연신율 %
1B종	F	F	MB1B-F	1 이상 10 이하	220 이상	140 이상	10 이상
1C종			MB1C-F	10 초과 65 이하	240 이상	150 이상	10 이상
2종	F	F	MB2-F	1 이상 10 이하	260 이상	160 이상	6 이상
				10 초과 40 이하	270 이상	180 이상	10 이상
				40 초과 65 이하	260 이상	160 이상	10 이상
3종	F	F	MB3-F	40 이하	295 이상	195 이상	10 이상
				40 초과 60 이하	295 이상	195 이상	8 이상
				60 초과 130 이하	290 이상	185 이상	8 이상
	T5	T5	MB3-T5	6 이하	325 이상	205 이상	4 이상
				6 초과 60 이하	330 이상	230 이상	4 이상
				60 초과 130 이하	310 이상	205 이상	2 이상
5종	F	F	MB5-F	10 이하	280 이상	200 이상	8 이상
				10 초과 100 이하	300 이상	225 이상	8 이상
	T5	T5	MB5-T5	전단면 치수	275 이상	255 이상	4 이상
6종	F	F	MB6-F	50 이하	300 이상	210 이상	5 이상
	T5	T5	MB6-T5	50 이하	310 이상	230 이상	5 이상
8종	F	F	MB8-F	10 이하	230 이상	120 이상	3 이상
				10 초과 50 이하	230 이상	120 이상	3 이상
				50 초과 100 이하	200 이상	120 이상	3 이상
9종	F	F	MB9-F	10 이하	230 이상	150 이상	8 이상
				10 초과 75 이하	245 이상	160 이상	10 이상
10종	F	F	MB10-F	10 이상 130 이하	250 이상	160 이상	7 이상
	T6	T6	MB10-T6	10 이상 130 이하	325 이상	300 이상	3 이상
11종	T5	T5	MB11-T5	10 이상 50 이하	250 이상	170 이상	8 이상
				50 초과 100 이하	250 이상	160 이상	6 이상
	T6	T6	MB11-T6	10 이상 50 이하	250 이상	160 이상	8 이상
				50 초과 100 이하	250 이상	160 이상	6 이상
12종	T5	T5	MB12-T5	10 이상 50 이하	230 이상	140 이상	5 이상
				50 초과 100 이하	220 이상	130 이상	5 이상
	T6	T6	MB12-T6	10 이상 50 이하	220 이상	130 이상	8 이상
				50 초과 100 이하	220 이상	130 이상	6 이상

5. 타이타늄 및 그 합금의 특성과 용도

1 타이타늄과 그 합금

타이타늄합금은 철, 크로뮴, 망가니즈, 알루미늄 등과 합금된다. 이들 타이타늄합금은 가볍고, 내식성 및 내열성이 극히 우수해서 거의 대부분의 합금은 인장강도가 1000N/㎟ 이상에 달하는 강력합금이다. 타이타늄(비중 4.5)은 알루미늄보다 무겁지만 철보다 훨씬 가벼우므로 보통 경금속으로 취급한다. 순수한 타이타늄은 500N/㎟ 정도의 인장강도이고 알루미늄이나 마그네슘 등의 경합금보다 훨씬 크고 강인하다. 또한 내식성도 우수하고 특히 바닷물에 대해서 18-8 스테인리스보다 뛰어나다. 게다가 내열성은 500℃ 정도까지의 온도에 대해서는 스테인리스보다도 우수하다. 타이타늄의 열간가공은 800~900℃로 하지만 상온가공을 한 것은 인장강도가 매우 커지고, 50%의 상온가공(압연률)에서 800N/㎟ 정도까지 증대한다.

1. Ti의 제조법

(1) 원광석(原鑛石)

① 종류에는 금홍석(TiO_2, ~60% Ti), 타이타늄-산화철(ilmenite, $FeTiO_3$, ~30% Ti)이 있다.

② 환원제로는 코크(coke), 목탄 등이 사용된다.

(2) 제련법

① 크롤(Kroll)법

4염화(四鹽化)타이타늄($TiCl_4$)을 불활성가스 분위기 중에서 Mg으로 환원하여 금속 스폰지 타이타늄을 분리하여 제조한다.

② 헌터(Hunter)법

염화타이타늄 대신 Na으로 반응(환원)시켜 스폰지 상태의 Ti을 얻는 방법이다.

2. Ti의 성질

(1) 물리적 성질

① 비중(4.45)이 작고 용융점(1670℃)이 강보다 높으며 비열, 열·도전율이 낮다.

② 약 882℃에서 저온형인 α-Ti(조밀육방)이 β-Ti(체심입방)으로 동소변태한다.

③ 타이타늄의 물리적, 화학적 성질은 지르코늄과 비슷하다.

(2) 기계적 성질

① 전신재에서는 그 집합조직(섬유조직)에 따른 이방성이 나타난다.

② 인장강도
  ㉮ 인장강도는 약 300N/mm²으로 Al이나 탄소강보다도 크다.
  ㉯ $\dfrac{내력}{인장강도}$의 비는 0.75~0.85로 상당히 높다.
  ㉰ Ti의 피로강도는 인장강도값의 50% 이상으로 크다.

(3) 화학적 성질
  ① 내식성
    ㉮ 질산, 크로뮴산 등에는 매우 안정하며 각종 유기산에서 내식성이 좋다.
    ㉯ 산화성 수용액에서는 표면에 안정된 산화타이타늄의 보호피막이 생겨 내식성을 가진다.
    ㉰ 황산, 염산에는 내식성이 좋지 않으며, 국부적 부식인 공식(孔蝕), 극간(隙間)부식을 일으키지 않는다.
    ㉱ 중성, 환원성환경에도 억제제의 병용이나 공기의 취입 등으로 안정성을 향상시킨다.
  ② 고온산화
    ㉮ 고온에서는 산화피막의 치밀성이 없어져 산소가 피막층을 쉽게 확산시켜 내부 금속의 산화가 진행된다.
    ㉯ Ti은 매우 활성이 커서 고온산화와 환원 제조시의 취급 곤란 원인이 된다.
    ㉰ 산소, 고온의 공기, CO, CO_2에 의해 산화물을 형성한다.
  ③ 내열성도 약 500℃에서는 스테인리스강보다 우수하다.

3. Ti 합금

타이타늄은 Fe, Cr, Mn, Al 등과 합금된다. 이런 합금은 가볍고, 내식성·내열성도 아주 우수하고, 대부분의 합금은 인장강도가 1000N/mm² 이상인 매우 강력한 합금이다. 타이타늄 합금은 순 타이타늄에 비해서 가공이 어렵고, 비용이 많이 들기 때문에 일반 구조용부재료가 아닌 제트엔진 부품, 우주 로켓 연료탱크, 골프채의 헤드, 안경테 등에 사용된다.

(1) Ti-Mn계 합금
  ① 실용합금 조성 : Mn 9.5~9.0%, N 0.07%, C 0.15%, H 0.15%, Fe 0.5%, O 0.3%로 조성된다.
  ② 인장강도는 1060N/mm², 항복강도는 1000N/mm², 연신율은 14%이다.
  ③ 급냉한 후 280~400℃에서 뜨임을 하여 시효경화시킨다(실용합금 : $\alpha+\beta$ 조직이다).

(2) Ti-Al계 합금
  ① 비중이 적고 고온에서 내산성이 좋으나 열간가공성이 나쁘다.
  ② Ti-Al-V합금은 강력 Ti합금이다.
  ③ Ti-Mo-Zr-Sn계 합금은 가공성이 특히 좋고 용접성이 좋다.
  ④ Ti-Mo-Zr계 합금은 강도, 용접성, 가공성, 내식성이 좋다.

⑤ Ti-Cu계 합금은 시효경화성 합금이다.
⑥ Ti-V-Cr-Al계 합금은 가공성, 용접성이 우수하며, 크리프저항 합금으로 사용한다.

대표적인 Ti 합금의 종류와 기계적 성질

타입	종류(조직)	인장강도(N/mm²)	내력(N/mm²)	신율(%)	(%)
α형	Ti-0.15 Pd	330	250	30	40
	Ti-5 Al-2.5 Sn	850	800	10	25
	Ti-5 Al-2.5 SnELI	800	750	10	20
β형	Ti-11.5 Mo-4.5 Sn-6Zr	1382	1313	11	8
	Ti-13 V-11 Cr-3 Al	1215	1165	8	-
	Ti-15 Mo-5 Cr-3 Al	1470	1450	4	10
α+β형	Ti-6 Al-4V	890	820	15	20
	Ti-6 Al-6 V-2Sn	1270	1170	10	20
	Ti-5 Al-2 Sn Zr-4 Cr-4 Mo	1140	1070	8	10

2 타이타늄 팔라듐 합금 선 KS D 3851

종류 및 기호

종류	기호	참고
		특색 및 용도보기
11종	TW 270 Pd	내식성, 특히 틈새 내식성이 좋다. 화학장치, 석유정제 장치, 펄프제지 공업장치 등.
12종	TW 340 Pd	
13종	TW 480 Pd	

화학 성분

종류	화학성분 %					
	H	O	N	Fe	Pd	Ti
11종	0.015 이하	0.15 이하	0.05 이하	0.20 이하	0.12~0.25	나머지
12종	0.015 이하	0.20 이하	0.05 이하	0.25 이하	0.12~0.25	나머지
13종	0.015 이하	0.30 이하	0.07 이하	0.30 이하	0.12~0.25	나머지

기계적 성질

종류	지름 mm	인장 시험	
		인장강도 N/mm²	연신율 %
11종	1 이상 8 미만	270~410	15 이상
12종		340~510	13 이상
13종		480~620	11 이상

지름의 허용차

단위 : mm

지름	허용차
1 이상 2 미만	±0.04
2 이상 3 미만	±0.06
3 이상 5 미만	±0.08
5 이상 8 미만	±0.10

3 타이타늄 및 타이타늄 합금-이음매 없는 관 KS D 5574

종류, 마무리 방법, 열처리 및 기호

종류	다듬질 방법	기호	특색 및 용도 보기(참고)
1종	열간 압연	TTP 270 H	
	냉간 압연	TTP 270 C	
2종	열간 압연	TTP 340 H	공업용 순수 타이타늄 내식성이 우수하고, 특히 내해수성이 좋다. 화학 장치, 석유 정제 장치, 펄프 제지 공업 장치 등에 사용한다.
	냉간 압연	TTP 340 C	
3종	열간 압연	TTP 480 H	
	냉간 압연	TTP 480 C	
4종	열간 압연	TTP 550 H	
	냉간 압연	TTP 550 C	
11종	열간 압연	TTP 270 Pd H	
	냉간 압연	TTP 270 Pd C	
12종	열간 압연	TTP 340 Pd H	
	냉간 압연	TTP 340 Pd C	
13종	열간 압연	TTP 480 Pd H	
	냉간 압연	TTP 480 Pd C	
14종	열간 압연	TTP 345 NPRC H	
	냉간 압연	TTP 345 NPRC C	
15종	열간 압연	TTP 450 NPRC H	
	냉간 압연	TTP 450 NPRC C	
16종	열간 압연	TTP 343 Ta H	
	냉간 압연	TTP 343 Ta C	내식 타이타늄 합금 내식성이 우수하고, 특히 내마모 부식성이 좋다. 화학 장치, 석유 정제 장치, 펄프 제지 공업 장치 등에 사용한다.
17종	열간 압연	TTP 240 Pd H	
	냉간 압연	TTP 240 Pd C	
18종	열간 압연	TTP 345 Pd H	
	냉간 압연	TTP 345 Pd C	
19종	열간 압연	TTP 345 PCo H	
	냉간 압연	TTP 345 PCo C	
20종	열간 압연	TTP 450 PCo H	
	냉간 압연	TTP 450 PCo C	
21종	열간 압연	TTP 275 RN H	
	냉간 압연	TTP 275 RN C	
22종	열간 압연	TTP 410 RN H	
	냉간 압연	TTP 410 RN C	
23종	열간 압연	TTP 483 RN H	
	냉간 압연	TTP 483 RN C	
50종	열간 압연	TATP 1500 H	α합금(Ti-1.5Al) 내식성이 우수하고, 특히 내해수성이 좋다. 내수소 흡수성 및 내열성이 좋다. 이륜차, 머플러 등에 사용한다.
	냉간 압연	TATP 1500 C	
61종	열간 압연	TAT 3250 L	α-β합금(Ti-3Al-2.5V) 타이타늄 합금 중에서는 가공성이 좋아 자전거 부품, 내압 배관 등에 사용한다.
		TAT 3250 F	
	냉간 압연	TAT 3250 CL	
		TAT 3250 CF	

4 열 교환기용 타이타늄 및 타이타늄 합금 관 KS D 5575

종류, 제조 방법, 마무리 방법 및 기호

종류	제조 방법	마무리 방법	기호	참고 특징 및 용도 예
1종	이음매 없는 관	냉간 가공	TTH 270 C	내식성, 특히 내해수성이 좋다. 화학 장치, 석유 정제 장치, 펄프 제지 공업 장치, 발전설비, 해수 담수화 장치 등
1종	용접관	용접한 그대로	TTH 270 W	
1종	용접관	냉간 가공	TTH 270 WC	
2종	이음매 없는 관	냉간 가공	TTH 340 C	
2종	용접관	용접한 그대로	TTH 340 W	
2종	용접관	냉간 가공	TTH 340 WC	
3종	이음매 없는 관	냉간 가공	TTH 480 C	
3종	용접관	용접한 그대로	TTH 480 W	
3종	용접관	냉간 가공	TTH 480 WC	
11종	이음매 없는 관	냉간 가공	TTH 270 Pd C	
11종	용접관	용접한 그대로	TTH 270 Pd W	
11종	용접관	냉간 가공	TTH 270 Pd WC	
12종	이음매 없는 관	냉간 가공	TTH 340 Pd C	
12종	용접관	용접한 그대로	TTH 340 Pd W	
12종	용접관	냉간 가공	TTH 340 Pd WC	
13종	이음매 없는 관	냉간 가공	TTH 480 Pd C	
13종	용접관	용접한 그대로	TTH 480 Pd W	
13종	용접관	냉간 가공	TTH 480 Pd WC	
14종	이음매 없는 관	냉간 가공	TTH 345 NPRC C	
14종	용접관	용접한 그대로	TTH 345 NPRC W	
14종	용접관	냉간 가공	TTH 345 NPRC WC	
15종	이음매 없는 관	냉간 가공	TTH 450 NPRC C	
15종	용접관	용접한 그대로	TTH 450 NPRC W	
15종	용접관	냉간 가공	TTH 450 NPRC WC	내식성, 특히 틈새 부식성이 좋다. 화학 장치, 석유 정제 장치, 펄프 제지 공업 장치, 발전 설비 해수 담수화 장치 등.
16종	이음매 없는 관	냉간 가공	TTH 343 Ta C	
16종	용접관	용접한 그대로	TTH 343 Ta W	
16종	용접관	냉간 가공	TTH 343 Ta WC	
17종	이음매 없는 관	냉간 가공	TTH 240 Pd C	
17종	용접관	용접한 그대로	TTH 240 Pd W	
17종	용접관	냉간 가공	TTH 240 Pd WC	
18종	이음매 없는 관	냉간 가공	TTH 345 Pd C	
18종	용접관	용접한 그대로	TTH 345 Pd W	
18종	용접관	냉간 가공	TTH 345 Pd WC	
19종	이음매 없는 관	냉간 가공	TTH 345 PCo C	
19종	용접관	용접한 그대로	TTH 345 PCo W	
19종	용접관	냉간 가공	TTH 345 PCo WC	
20종	이음매 없는 관	냉간 가공	TTH 450 PCo C	

종류	제조 방법	마무리 방법	기호	참고 특징 및 용도 예
20종	용접관	용접한 그대로	TTH 450 PCo W	
		냉간 가공	TTH 450 PCo WC	
21종	이음매 없는 관	냉간 가공	TTH 275 RN C	
	용접관	용접한 그대로	TTH 275 RN W	내식성, 특히 틈새 부식성이 좋다.
		냉간 가공	TTH 275 RN WC	화학 장치, 석유 정제 장치, 펄프 제지 공업 장치,
22종	이음매 없는 관	냉간 가공	TTH 410 RN C	발전 설비 해수 담수화 장치 등.
	용접관	용접한 그대로	TTH 410 RN W	
		냉간 가공	TTH 410 RN WC	
23종	이음매 없는 관	냉간 가공	TTH 483 RN C	
	용접관	용접한 그대로	TTH 483 RN W	
		냉간 가공	TTH 483 RN WC	
50종	이음매 없는 관	냉간 가공	TATH 1500 Al C	내식성, 특히 내해수성이 좋다.
	용접관	용접한 그대로	TATH 1500 Al W	내수소흡수성, 내열성이 좋다.
		냉간 가공	TATH 1500 Al WC	

5 타이타늄 및 타이타늄 합금-선 KS D 5576

종류 및 기호

종류	기호	참고 특징 및 용도 보기
1종	TW 270	공업용 순 타이타늄
2종	TW 340	내식성, 특히 내해수성이 좋다.
3종	TW 480	화학 장치, 석유 정제 장치, 펄프 제지 공업 장치 등
11종	TW 270 Pd	
12종	TW 340 Pd	
13종	TW 480 Pd	
14종	TW 345 NPRC	
15종	TW 450 NPRC	
16종	TW 343 Ta	내식 타이타늄합금
17종	TW 240 Pd	내식성, 특히 내틈새부식성이 좋다.
18종	TW 345 Pd	화학 장치, 석유 정제 장치, 펄프 제지 공업 장치 등
19종	TW 345 PCo	
20V	TW 450 PCo	
21종	TW 275 RN	
22종	TW 410 RN	
23종	TW 483 RN	
50종	TAW 1500	α합금(Ti-1.5Al) 내식성, 특히 내해수성이 우수하다. 내수소 흡수성 및 내열성이 좋다. 이륜차의 머플러 등
61종	TAW 3250	α-β합금(Ti-3Al-2.5V) 중강도로 내식성, 열간 가공성이 우수하고, 절삭성이 좋다. 자동차 부품, 의료 재료, 레저 용품, 안경 프레임용 등

종류	기호	참고
		특징 및 용도 보기
61F종	TAW 3250F	α-β합금(절삭성이 좋은 Ti-3Al-2.5V) 중강도로 내식성, 열간 가공성이 우수하고, 절삭성이 좋다. 자동차 부품, 의료 재료, 레저 용품 등
80종	TAW 4220	β합금(Ti-4Al-22V) 고강도로 내식성이 우수하고 냉간 가공성이 좋다. 자동차 부품, 레저 용품 등

6 타이타늄 및 타이타늄 합금-단조품 KS D 5591

종류 및 기호

종류	기호	참고
		특징 및 용도 보기
1종	TF 270	공업용 순수 타이타늄 내식성, 특히 내해수성이 좋다. 화학 장치, 석유 정제 장치, 펄프 제지 공업 장치 등
2종	TF 340	
3종	TF 480	
4종	TF 550	
11종	TF 270 Pd	내식 타이타늄 합금 내식성, 특히 내틈새부식성이 좋다. 화학 장치, 석유 정제 장치, 펄프 제지 공업 장치 등
12종	TF 340 Pd	
13종	TF 480 Pd	
14종	TF 345 NPRC	
15종	TF 450 NPRC	
16종	TF 343 Ta	
17종	TF 240 Pd	
18종	TF 345 Pd	
19종	TF 345 PCo	
20종	TF 450 PCo	
21종	TF 275 RN	
22종	TF 410 RN	
23종	TF 483 RN	
50종	TAF 1500	α합금(Ti-1.5Al) 내식성이 우수하고 특히 내해수성이 우수하다. 내수소 흡수성 및 내열성이 좋다. 예를 들면, 이륜차 머플러 등
60종	TAF 6400	α-β합금(Ti-6Al-4V) 고강도로 내식성이 좋다. 화학 공업, 기계 공업, 수송 기기 등의 구조재. 예를 들면, 대형 증기 터빈 날개, 선박용 스크루, 자동차용 부품, 의료 재료 등
60E종	TAF 6400E	α-β합금(Ti-6Al-4V ELI) 고강도로 내식성이 우수하고 극저온까지 인성을 유지한다. 저온, 극저온에서도 사용할 수 있는 구조재. 예를 들면, 유인 심해 조사선의 내압 용기, 의료 재료 등
61종	TAF 3250	α-β합금(Ti-3Al-2.5V) 중강도로 내식성, 용접성, 성형성이 좋다. 냉간 가공이 우수하다. 예를 들면, 의료 재료, 레저용품 등
61F종	TAF 3250F	α-β합금(절삭성이 좋다. Ti-3Al-2.5V) 중강도로 내식성, 절삭 가공성이 좋다. 자동차 부품, 레저 용품 등. 예를 들면, 자동차 엔진, 커넥팅 로드, 너트 등
80종	TAF 8000	β합금(Ti-4Al-22V) 고강도로 내식성이 우수하고 냉간 가공성이 좋다. 자동차 부품, 레저 용품 등. 예를 들면, 자동차 엔진용 리테너, 스프링, 볼트, 너트, 골프 클럽의 헤드 등

7 타이타늄 및 타이타늄 합금-봉 KS D 5604

종류, 가공 방법 및 기호

종류	기호	참고
		특징 및 용도 보기
1종	TB 270 H	공업용 타이타늄 내식성, 특히 내해수성이 좋다. 화학 장치, 석유 정제 장치, 펄프 제지 공업 장치 등
	TB 270 C	
2종	TB 340 H	
	TB 340 C	
3종	TB 480 H	
	TB 480 C	
4종	TB 550 H	
	TB 550 C	
11종	TB 270 Pd H	내식 타이타늄 내식성, 특히 내틈새부식성이 좋다. 화학 장치, 석유 정제 장치, 펄프 제지 공업 장치 등
	TB 270 Pd C	
12종	TB 340 Pd H	
	TB 340 Pd C	
13종	TB 480 Pd H	
	TB 480 Pd C	
14종	TB 345 NPRC H	
	TB 345 NPRC C	
15종	TB 450 NPRC H	
	TB 450 NPRC C	
16종	TB 343 Ta H	
	TB 343 Ta C	
17종	TB 240 Pd H	
	TB 240 Pd C	
18종	TB 345 Pd H	
	TB 345 Pd C	
19종	TB 345 PCo H	
	TB 345 PCo C	
20종	TB 450 PCo H	
	TB 450 PCo C	
21종	TB 275 RN H	
	TB 275 RN C	
22종	TB 410 RN H	
	TB 410 RN C	
23종	TB 483 RN H	
	TB 483 RN C	
50종	TAB 1500 H	α합금(Ti-1.5Al) 내식성이 우수하고 특히 내해수성이 우수하다. 내수소 흡수성 및 내열성이 좋다. 이륜차 머플러 등
	TAB 1500 C	
60종	TAB 6400 H	α-β합금(Ti-6Al-4V) 고강도로 내식성이 좋다. 화학 공업, 기계 공업, 수송기기 등의 구조재. 대형 증기 터빈 날개, 선박용 스크루, 자동차용 부품, 의료 재료 등

종류	기호		참고
			특징 및 용도 보기
60E종	열간	TAB 6400E H	α-β합금[Ti-6Al-4V ELI(1)] 고강도로 내식성이 우수하고 극저온까지 인성을 유지한다. 저온, 극저온에서도 사용할 수 있는 구조재. 유인 심해 조사선의 내압 용기, 의료 재료 등
	압연		
61종	열간	TAB 3250 H	α-β합금(Ti-3Al-2.5V) 중강도로 내식성, 용접성, 성형성이 좋다. 냉간 가공이 우수하다. 의료 재료, 레저용품 등
	압연		
61F종	열간	TAB 3250F H	α-β합금(절삭성이 좋은 Ti-3Al-2.5V) 중강도로 내식성, 열간가공성이 좋고 저삭성이 우수하다. 자동차 엔진용 콘로드, 시프트 노브, 너트 등
	압연		
80종	열간	TAB 8000 H	β합금(Ti-4Al-22V) 고강도로 내식성이 우수하고 상온에서 프레스 가공성이 좋다. 자동차 엔진용 리테너, 볼트, 골프 클럽의 헤드 등
	압연		

8 타이타늄 합금 관 KS D 5605

종류, 제조 방법, 다듬질 방법, 열처리 및 기호

종 류	제조 방법	다듬질 방법	열 처리	기 호	특색 및 용도 보기(참고)
61종	이음매없는 관	열간 가공	저온 어닐링(1)	TAT 3250 L	타이타늄 합금 관 중에서는 가공성이 좋다. 자동차, 내압 배관 등
			완전 어닐링(2)	TAT 3250 F	
		냉간 가공	저온 어닐링(1)	TAT 3250 CL	
			완전 어닐링(2)	TAT 3250 CF	
	용접관	용접 그대로	없음	TAT 3250 W	
			저온 어닐링(1)	TAT 3250 WL	
			완전 어닐링(2)	TAT 3250 WF	
		냉간 가공	저온 어닐링(1)	TAT 3250 WCL	
			완전 어닐링(2)	TAT 3250 WCF	

[주] (1) 저온 어닐링이란 강도를 확보하기 위하여 또는 잔류 응력 제거를 위하여 완전 어닐링의 경우보다 낮은 온도에서 실시하는 열처리를 말한다.
(2) 완전 어닐링이란 결정 조직을 조절하고 연화시키기 위하여 실시하는 열처리를 말한다.

화학 성분

종류	화학 성분(%)								기타	
	Al	V	Fe	O	C	N	H	Ti	개개	합계
61종	2.50~3.50	2.50~3.00	0.25 이하	0.15 이하	0.10 이하	0.02 이하	0.015 이하	나머지	0.10 이하	0.40 이하

기계적 성질

종류	바깥지름 mm	두께 mm	다듬질 방법 및 열처리	인장 시험		
				인장 강도 N/mm^2	항복 강도 N/mm^2	연신율 %
61종	3 이상 60 이하	0.5 이상 10 이하	냉간 가공 또한 저온 어닐링	860 이상	725 이상	10 이상
			상기 이외의 가공, 열처리	620 이상	485 이상	15 이상

9 타이타늄 및 타이타늄 합금의 판 및 띠 KS D 6000

종류, 가공 방법 및 기호

종류	가공 방법	기호 판	기호 띠	참고 특징 및 용도 예
1종	열간 가공	TP 270 H	TR 270 H	공업용 순수 타이타늄 내식성, 특히 내해수성이 좋다. 화학 장치, 석유 정제 장치, 펄프제지 공업 장치 등
1종	냉간 가공	TP 270 C	TR 270 C	
2종	열간 가공	TP 340 H	TR 340 H	
2종	냉간 가공	TP 340 C	TR 340 C	
3종	열간 가공	TP 480 H	TR 480 H	
3종	냉간 가공	TP 480 C	TR 480 C	
4종	열간 가공	TP 550 H	TR 550 H	
4종	냉간 가공	TP 550 C	TR 550 C	
11종	열간 가공	TP 270 Pd H	TR 270 Pd H	내식타이타늄합금 내식성, 특히 틈새 부식성이 좋다. 화학 장치, 석유 정제 장치, 펄프 제지 공업 장치 등
11종	냉간 가공	TP 270 Pd C	TR 270 Pd C	
12종	열간 가공	TP 340 Pd H	TR 340 Pd H	
12종	냉간 가공	TP 340 Pd C	TR 340 Pd C	
13종	열간 가공	TP 480 Pd H	TR 480 Pd H	
13종	냉간 가공	TP 480 Pd C	TR 480 Pd C	
14종	열간 가공	TP 345 NPRC H	TR 345 NPRC H	
14종	냉간 가공	TP 345 NPRC C	TR 345 NPRC C	
15종	열간 가공	TP 450 NPRC H	TR 450 NPRC H	
15종	냉간 가공	TP 450 NPRC C	TR 450 NPRC C	
16종	열간 가공	TP 343 Ta H	TR 343 Ta H	
16종	냉간 가공	TP 343 Ta C	TR 343 Ta C	
17종	열간 가공	TP 240 Pd H	TR 240 Pd H	
17종	냉간 가공	TP 240 Pd C	TR 240 Pd C	
18종	열간 가공	TP 345 Pd H	TR 345 Pd H	
18종	냉간 가공	TP 345 Pd C	TR 345 Pd C	
19종	열간 가공	TP 345 PCo H	TR 345 PCo H	
19종	냉간 가공	TP 345 PCo C	TR 345 PCo C	
20종	열간 가공	TP 450 PCo H	TR 450 PCo H	
20종	냉간 가공	TP 450 PCo C	TR 450 PCo C	
21종	열간 가공	TP 275 RN H	TR 275 RN H	
21종	냉간 가공	TP 275 RN C	TR 275 RN C	
22종	열간 가공	TP 410 RN H	TR 410 RN H	
22종	냉간 가공	TP 410 RN C	TR 410 RN C	
23종	열간 가공	TP 483 RN H	TR 483 RN H	
23종	냉간 가공	TP 483 RN C	TR 483 RN C	
50종	열간 가공	TAP 1500 H	TAR 1500 H	α합금(Ti-1.5Al) 내식성이 우수하고 특히 내해수성이 우수하다. 내수소흡수성 및 내열성이 좋다. 예를 들면, 이륜차 머플러 등에 사용한다.
50종	냉간 가공	TAP 1500 C	TAR 1500 C	
60종	열간 가공	TAP 6400 H	-	α-β합금(Ti-6Al-4V) 고강도로 내식성이 좋다. 화학 공업, 기계 공업, 수송 기기 등의 구조재. 예를 들면, 고압 반응조재, 고압 수송 파이프재, 레저용품, 의료 재료 등

종류	가공 방법	기호 판	기호 띠	참고 특징 및 용도 예
60E종	열간 가공	TAP 6400E H	-	$\alpha-\beta$합금[Ti-6Al-4V ELI[1]] 고강도로 내식성이 우수하고, 극 저온까지 인성을 유지한다. 저온, 극저온에서도 사용할 수 있는 구조재. 예를 들면, 유인 심해 조사선의 내압 용기, 의료 재료 등
61종	열간 가공	TAP 3250 H	TAR 3250 H	$\alpha-\beta$합금(Ti-3Al-2.5V) 중강도로 내식성, 용접성, 성형성이 좋다. 냉간 가공성이 우수하다. 예를 들면, 박, 의료 재료, 레저용품 등
61종	냉간 가공	TAP 3250 C	TAR 3250 C	
61F종	열간 가공	TAP 3250F H	-	$\alpha-\beta$합금(절삭성이 좋다. Ti-3Al-2.5V) 중강도로 내식성, 열간 가공성이 좋다. 절삭성이 우수하다. 예를 들면, 자동차용 엔진 콘로드, 시프트노브, 너트 등
80종	열간 가공	TAP 4220 H	TAR 4220 H	β합금(Ti-4Al-22V) 고강도로 내식성이 우수하고, 냉간 가공성이 좋다. 예를 들면, 자동차 엔진용 리테너, 골프 클럽의 헤드 등
80종	냉간 가공	TAP 4220 C	TAR 4220 C	

[주] [1] ELI는 Extra Low Interstitial Elements(산소, 질소, 수소 및 철의 함유량을 특별히 낮게 억제한다)의 약자이다.

6. 니켈 및 그 합금의 특성과 용도

1 니켈과 그 합금

(1) Ni의 개요

니켈(Ni)은 색이 아름답고 내열성·내식성이 아주 뛰어나며 전기저항이 크다는 특징을 가지고 있다. 니켈강·스테인리스강 등의 합금강 중에서 Ni은 강의 성질을 좋게 개선하는 아주 우수한 금속이다. 하지만 가격이 비싸므로 순수 Ni을 단독으로 사용하는 것은 드물고 대부분은 합금재료로 이용되고 있다.

니켈의 물리적 성질

비중	융점 (K)	자기변태점 (K)	열팽창계수	전기전도도	열전도율 [W/(m·K)]	공간격자	격자정수 (Å)
8.90	1728	626	13.3×10^{-6}	8.5	92	면심입방	3.517

니켈의 기계적 성질

재질	성질			
	인장강도 (N·mm²)	항복점 (N·mm²)	연신율 (%)	브리넬경도 (HBS)
주물	400	140	25	-
가공재	570~630	470~550	15~20	190~210
뜨임재	440~500	190~240	40~50	80~90

1. Ni의 성질

① 재결정 온도는 530 ~ 660℃이며, 면심 입방 격자로 열간 가공온도는 1,000 ~ 1,200℃이다.
② 은백색의 금속이며 내산성이 강하고 전연성이 있으며 아황산가스를 품는 공기 중에 심하게 부식된다.
③ 열간, 냉간 가공에 용이하며 연한 Ni관은 인장강도 410~550N/mm², HRB 50~70, 연율 45~35%이다.
④ 증류수, 염수, 알카리성 염류 수용액에서 1년에 0.127mm 부식된다.

2. Ni+Cu계 합금

니켈과 구리합금강은 전연성이 풍부하고 상온 및 고온가공이 용이하다. 또 이 합금은 주조성·내식성도 좋고 기계적 성질도 뛰어나지만 Cu 이외에 Zn을 첨가한 양백(양은), 철을 첨가한 모넬메탈 등이 유명하다.

(1) Ni+Cu계 합금의 특징
  ① 전기저항이 대단히 크다.
  ② 내열성이 크고 고온에서 경도 및 강도의 저하가 적다.
  ③ 내식성이 크고 산화도가 적다.
(2) 10 ~ 30% 합금(백동, Cuprous Nikel)
  ① 가공성, 내식성이 좋으며 깊은 가공에 적합하여 열간가공성이 좋다.
  ② 비철합금 중 전연성이 가장 크고 화폐, 열교환기에 사용된다.
  ③ Ni 15% 합금: 베니딕트 메탈이라 하며 탄환 외피에 사용한다.
  ④ Ni 20% 합금(큐우프로 니켈): 복수기 기관용에 쓰이며 비철 금속 전연성이 크고, 냉간 가공이 가능하며 내식성이 우수하다.
  ⑤ Ni 25% 합금: 백동으로 화폐제조에서 사용된다.
  ⑥ 백동(Ni 8~20%, Zn 20~35%, 나머지 Cu): 열간가공이 용이하고 스프링재, 장식용, 식기류, 가구류, 계측류, 의류기, 전기저항용에 쓰인다.
(3) 40~50% Ni계 합금(Constantan)
  ① 전기저항이 크고 온도계수가 낮으므로 통신기, 전열선, 열전쌍 등에 사용된다.
  ② 내산, 내열성, 가공성이 좋다.

3. Ni+Fe계 합금

철에 니켈 10~40% 정도를 함유시킨 합금으로서 열팽창계수가 아주 작고 인바, 슈퍼 인바, 엘린바, 플래티나이트나 약한 자기계 중에서 높은 투자율을 나타내는 퍼멀로이, 슈퍼 퍼멀로이 등이 있다.

  ① Invar(인바)
    Ni(36%)+C(0.2%)+Mn(0.4%)의 Fe-Ni계 합금으로 열팽창계수는 0.97×10^{-8}이며 내식성이 우수하며 줄자, 시계추, 바이메탈용에 사용한다.
  ② Super Invar(슈퍼 인바)
    Ni(30~32%), Co(4~6%)의 Fe-Ni-Co계 합금으로 20℃의 팽창계수가 0에 가깝다.
  ③ Elinvar(엘린바)
    Fe+Ni+Cr계(Fe 52%, Ni 36%, Cr 12%)합금이며 상온에서 탄성계수가 거의 변하지 않으며 정밀기계, 시계태엽용에 사용한다.
  ④ Platinite(플래티나이트)
    Ni(42~48%)의 Fe-Ni계 합금이며 열팽창계수가 9×10^{-6}으로 유리나 백금과 비슷하며 전구 도입선에 사용된다.

주요 Ni-Fe 합금

구분	합금명	주요 성분	성질	용도
저열팽창합금	인바	Ni 36% Fe 나머지	팽창계수가 작고, 강의 1/11.5, 황동의 1/17.2이다.	표준자, 지진계, 시계의 진자, 정밀기기
	슈퍼 인바	Ni 30.5~32% Co 4~6% Fe 나머지	팽창계수가 작고, 20℃에서 거의 0이다.	
	엘린바	Ni 36% Cr 12% Fe 나머지	팽창계수가 작고, 탄성계수가 상온에서 불변	고급 회중시계의 태엽, 악기의 진동부
	플래티나이트	Ni 42~48% Fe 나머지	백금·유리와 팽창계수가 거의 동일하다.	백금의 대용으로 전구에 봉입
고투자율합금	퍼멀로이	Ni 8.5% Fe 나머지	투자율이 높고 약간의 자화력으로 강하게 자화된다.	통신용 변성기, 초크 코일 철심, 전자계산기 소자
	슈퍼 퍼멀로이	Ni 50% Fe 나머지		

4. Ni+Cr계 합금

① 합금의 특성

㉮ 전기저항이 크고 내식성이 크며 산화도가 적고 내열이 크다.

㉯ 고온에서 경도, 강도 저하가 적고 Fe, Cu에 대한 열전 효과가 크다.

② 니크로뮴(nichrome)선

㉮ Ni 50~90%, Cr 15~20%, Fe 0~25%의 합금이며 전열선에 사용된다.

㉯ Ni-Cr 선은 1,100℃까지, Fe을 첨가한 Ni-Cr-Fe 선은 1,000℃ 이하에서 사용한다.

㉰ 고온에서 산화하는 일이 없고, 고온강도가 커서 내열(내고온산화)성 니켈 합금이다.

③ 인코넬(Inconel) : Ni에 Cr 13~21%, Fe 6.5%를 함유한 내식성 니켈 합금

④ 하이스텔로이 : Ni-Cr에 Fe와 Mo을 첨가한 내식성 니켈 합금

⑤ 콘스탄탄 : Ni을 40~455 함유한 열전쌍용이다.

⑥ 어드밴스 : Ni(44%)+Cu(54%)+Mn(1%)로 전기 저항체용이다.

⑦ 모넬메탈 : Ni(67~70%)+Fe(1.0~3.0%)+Cu(나머지)계 합금으로 화학 공업용이다.

비합금강 중에서 강인한 재료이다. 모넬메탈은 가공성이 좋고, 식염·카세인소다·묽은 황 등에 대해서 내식성도 좋다. 또 고온에서 상도나 경도가 크므로 해수용 펌프 및 화학공업용 펌프, 광산기계, 터빈 날개 등에 사용된다.

모넬메탈의 기계적 성질

상태	인장강도 (N/mm²)	항복점 (N/mm²)	연신율 (%)	브리넬 경도
주물	490	250	30	140
압연 또는 단조봉	600	320	41	150
고온가공 열처리	945	630	30	270
상온가공 열처리	1134	945	15	320

⑧ Babbit Metal(배빗 메탈) : 열팽창계수가 적은 Fe-Ni계의 Invar와 황동의 두 종류의 금속을 합판으로 만들어 항온기의 온도조절이 용이하며 변화기부에 사용된다.

열전쌍의 종류

종 류	백금-백금로듐	크로멜-알루멜	철-콘스탄탄	구리-콘스탄탄	W-Mo
최고사용온도	1,600℃	1,200℃	900℃	600℃	1,800℃

⑨ 크로멜(chromel)-알루멜 : 크로멜은 Ni-Cr에 Mn·Si를 소량 첨가한 합금으로 온도측정용 열전쌍에 사용된다. Al(33%)의 Ni+Al계 합금이 알루멜이다.

2 이음매 없는 니켈 동합금 관 KS D 5539

관의 종류 및 기호

종류 및 기호		참 고		
합금 번호	합금 기호	종류 및 기호		용도 보기
		종 류	기 호	
NW4400	NiCu30	니켈 동합금 관	NCuP	내식성, 내산성이 좋다. 강도가 높고 고온의 사용에 적합하다. 급수 가열기, 화학 공업용 등
NW4402	NiCu30 · LC			

화학성분

종류 및 기호		화학 성분 %							밀도 g/m³
합금 번호	합금 기호	C	Cu	Fe	Mn	Ni	S	Si	
NW4400	NiCu30	0.30	28.0~34.0	2.5	2.0	63.0	0.025	0.5	8.8
NW4402	NiCu30 · LC	0.04	28.0~34.0	2.5	2.0	63.0	0.025	0.5	8.8

기계적 성질

종류 및 기호		질별	바깥지름 mm	인장강도 N/mm²	항복강도 N/mm²	연신율 %	허용 응력 (Rf) N/mm²
합금 번호	합금 기호						
NW4400	NiCu30	냉간 가공 후 풀림	125 이하	480 이상	190 이상	35 이상	120
			125 초과	480 이상	170 이상	35 이상	113
		냉간 가공 후 응력 제거 풀림	전 부	590 이상	380 이상	15 이상	148
		열간 가공 후 풀림	전 부	450 이상	155 이상	30 이상	103
NW4402	NiCu30 · LC	냉간 가공 후 풀림	전 부	430 이상	160 이상	35 이상	107

❸ 니켈 및 니켈합금 판 및 조 KS D 5546

종류 및 기호

종류 및 기호		참고		사용예
합금 번호	합금 기호	종류 및 기호		
		종류	기호	
NW2200	Ni99.0	탄소 니켈 판	NNCP	수산화나트륨 제조 장치, 전기 전자 부품 등
NW2201	Ni99.0 LC	저탄소 니켈 판	NLCP	
NW4400	NiCu30	니켈-동합금 판	NCuP	해수 담수화 장치, 제염 장치, 원유 증류탑 등
		니켈-동합금 조	NCuR	
NW4402	NiCu30 LC	-	-	
NW5500	NiCu30A13Ti	니켈-동-알루미늄-타이타늄합금 판	NCuATP	해수 담수화 장치, 제염 장치, 원유 증류탑 등에서 고강도를 필요로 하는 기기재 등
NW0001	NiMo30Fe5	니켈-몰리브데넘합금 1종 판	NM1P	염산 제조 장치, 요소 제조 장치, 에틸렌글리콜 이나 크로로프렌 단량체 제조 장치 등
NW0665	NiMo28	니켈-몰리브데넘합금 2종 판	NM2P	
NW0276	NiMo16Cr15Fe6W4	니켈-몰리브데넘- 크로뮴합금 판	NMCrP	산 세척 장치, 공해 방지 장치, 석유화학 산업 장치, 합성 섬유 산업 장치 등
NW6455	NiCr16Mo16Ti	-	-	
NW6022	NiCr21Mo13Fe4W3	-	-	
NW6007	NiCr22Fe20Mo6Cu2Nb	니켈-크로뮴-철-몰리브데넘-동합금 1종 판	NCrFMCu1P	인산 제조 장치, 플루오르산 제조 장치, 공해 방지 장치 등
NW6985	NiCr22Fe20Mo7Cu2	니켈-크로뮴-철-몰리브데넘-동합금 2종 판	NCrFMCu2P	
NW6002	NiCr21Fe18Mo9	니켈-크로뮴-몰리브데넘-철합금 판	NCrMFP	공업용로, 가스터빈 등

4 니켈 및 니켈합금의 선과 인발 소재 KS D 5587

종류 및 기호

종류 및 기호		참고		
합금 번호	합금 기호	종래의 종류 및 기호 (KS D 5587 : 992)		용도의 예
		종 류	기호	
NW 2200	Ni99.0	-	-	수산화나트륨 제조 장치, 식품 제조 장치, 약품 제조 장치, 전자, 전기 부품 등
NW 2201	Ni99.0-LC	-	-	해수 담수화 장치, 제염 장치, 원유 증류탑 등
NW 4400	NiCu30	니켈-구리 합금선	NCuW	해수 담수화 장치, 제염 장치, 원유 증류탑 등에서 강도를 필요로 하는 볼트, 스프링 등
NW 5500	NiCu30Al3Ti	니켈-구리-알루미늄-타이타늄 합금 선	NCuATW	
NW 0001	NiMo30Fe5	-	-	염산 제조 장치, 요소 제조 장치, 에틸렌글리콜이나 클로로프렌모노머 제조 장치 등
NW 0665	NiMo28	-	-	
NW 0276	NiMo16Cr15Fe6W4	-	-	산 세척 장치, 공해 방지 장치, 석유 화학, 합성 섬유 산업 장치 등
NW 6455	NiCr16Mo16Ti	-	-	
NW 6022	NiCr21Mo13Fe4W3	-	-	
NW 6007	NiCr22Fe20Mo6Cu2Nb	-	-	인산 제조 장치, 플루오르화수소산 제조 장치, 공해 방지 장치
NW 6985	NiCr22Fe20Mo7Cu2	-	-	
NW 6002	NiCr2Fe18Mo9	-	-	공업용 노, 가스 터빈

5 듀멧선 KS D 5603

종류 및 기호

종류	기호	참고
		용도의 예
선1종 1	DW1-1	전자관, 전구, 방전램프 등의 관구류
선1종 2	DW1-2	
선2종	DW2	다이오드, 서미스터 등의 반도체 장비류

심재의 화학 성분

종류	기호	심재의 화학 성분 %(m/m)						
		Ni	C	Mn	Si	S	P	Fe
선1종 1	DW1-1	41.0~43.0	0.10 이하	0.75~1.25	0.30 이하	0.02 이하	0.02 이하	나머지
선1종 2	DW1-2							
선2종	DW2	46.0~48.0	0.10 이하	0.20~1.25	0.30 이하	0.02 이하	0.02 이하	나머지

구리 함유율

종류	기호	구리 함유율 %(m/m)	참고 평균 선팽창 계수($\times 10^{-7}/°C$)	
			축방향	반지름 방향
선1종 1	DW1-1	20~25	55~65	79~86
선1종 2	DW1-2	23~28	55~65	83~89
선2종	DW2	13~20	80~95	90~97

기계적 성질

종류	질별	기호	인장강도 N/mm²	연신율 %
선1종 1	O1	DW1-1-O1	640 이상	15 이상
	O2	DW1-1-O2		20 이상
선1종 2	O1	DW1-2-O1		15 이상
	O2	DW1-2-O2		20 이상
선2종	O1	DW2-O1		15 이상
	O2	DW2-O2		20 이상

선지름의 허용차 (단위 : mm)

선지름	허용차
0.40 이하	±0.010
0.40 초과 0.60 이하	±0.020
0.60 초과	±0.025

다듬질

명칭	기호	내용
보레이트 다듬질	P	아산화구리층과 붕사층을 형성한다.
옥시다이즈 다듬질	Q	아산화구리층만을 형성한다.

7. 기타 비철금속의 특성과 용도

1 아연과 그 합금

1. 아연의 특징

① 청색을 띤 백색 금속이며, 조밀육방격자를 갖는다.

② 고온의 증기압이 높고, 비점이 비교적 낮다.

③ 육방정계 아연의 조직은 압연 후 템퍼링하면 다면체로 되고 템퍼링 온도에 따라 다소의 심한 쌍정이 나타난다. 이 풀림쌍정(Annealing twin)외에도 소성변형은 변형쌍정이 나타난다.

④ 주조상태에서 조대한 결정립 조직을 나타내므로 인장강도나 연신율이 낮고 취약해서 상온가공을 할 수 없다. 그러나 열간가공하여 결정을 미세화하면 가공이 용이하다.

⑤ 부식을 방지하기 위한 철재도금, 다이캐스팅용, 구리, 니켈, 알루미늄 등과 합금하여 사용한다.

⑥ 철재 도가니에 아연을 용해하면 철이 용해되어 금속간화합물을 형성하므로 Al을 함유한 Zn 합금의 용해에는 회주철 도가니를 사용한다.

⑦ Zn의 주합금원소에는 Al, Cu가 있다. Pb, Cd, Bi, Sn과 같은 불순물에 의해 나타나는 선택부식을 방지할 목적으로 0.02-0.05% Mg를 첨가한다.

2. 아연의 물리적 성질

아연의 물리적 성질

비열(20℃)	0.0915 cal/g
전도율	28.27%(IACS)
고유저항	5.916
융해잠열	24.09 cal/g
밀도	7.133 g/cm³
융점	420℃
비등점	906℃

3. Zn-Cu 합금계의 상태도

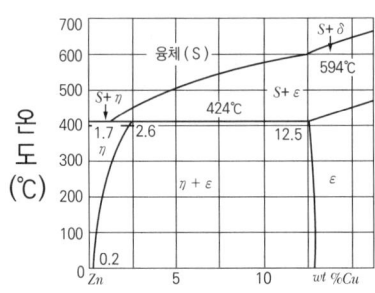

Zn-Cu 합금계의 상태도

4. Zn-Al 합금계의 상태도

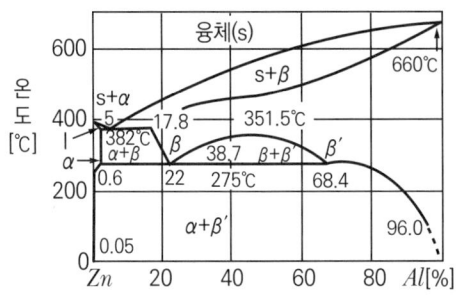

Zn-Al계 평형 상태도

2 납과 그 합금

1. 납의 특징

① 융점이 낮고, 가공이 용이하다.
② 비중이 크고, 무르며 전연성이 크다.
③ 인장강도가 작아서 인발가공이 불가능하다.
④ 99.9%이상의 순도에서는 내식성이 양호하고 투과도가 낮다.
⑤ 안료, 땜납, 축전지 전극, 베어링 합금 등에 사용된다.

2. 납의 성질

① 납의 물리적 성질

납의 물리적 성질

비열(20℃)	0.0305 cal/g
도전율	8.3%(IACS)
비중(22℃)	11.34(99.9%)
융해잠열	6.26 cal/g
융점	327.4℃
비등점	1,725℃

납의 기계적 성질

	압연판	사형주물	금형주물
인장강도 (N/mm²)	10.8	10.7	10.42
항복점 (N/mm²)	10	6	-
신장(%)	22	30	47
브리넬경도	20	3.8	4.2

3. Pb-Sn 합금계의 상태도

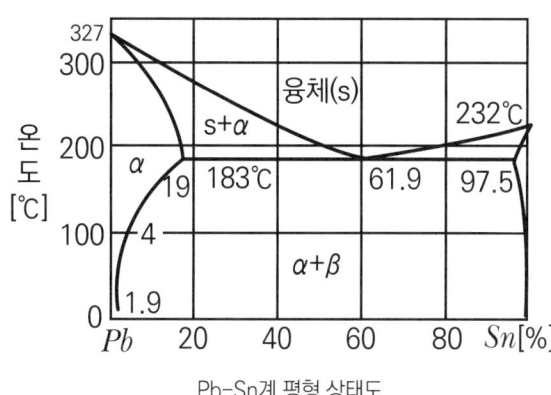

Pb-Sn계 평형 상태도

4. Pb-Sb 합금계의 상태도

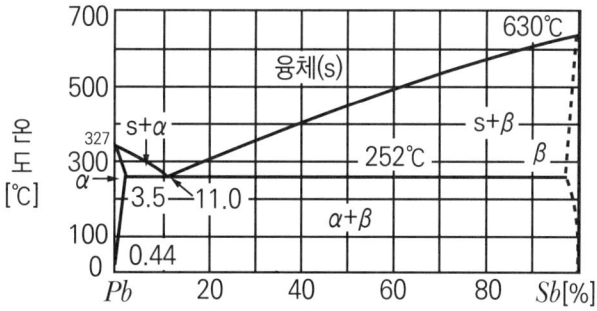

Pb-Sb계 평형 상태도

3 주석과 그 합금

1. 주석의 특징

① 18℃에서 동소변태가 있다.

② 연성이 풍부하다.

③ 용도는 주석도금철판이며, 그 외에 동합금, 감마합금, 땜납 등에 사용된다.

④ 무독성이며 의약품, 식품 등의 포장용 튜브로도 사용된다.

2. 주석의 성질

1) 주석의 물리적 성질

주석의 물리적 성질

비열(15℃)	0.0534 cal/g
도전율	15%(IACS)
비중(22℃)	7.2948(99.9%)
융해잠열	14.5 cal/g
융점	231.9℃
밀도	7.2984g/cm³

주석의 기계적 성질

	주조품	금형주조품	판2.5mm
인장강도 (N/mm²)	21.8	14.8	16.9
신율(%)	55(50mm)	69(25mm)	96

3. 주석의 합금

1) 땜납

연납의 성분 및 용도

합금계	합금조성(%)		용해온도(℃)	용도
	Sn	Pb		
Sn-Pb계	25	75	262-270	토치, 납땜
	30	70	254-262	건축, 주석판 세공
	40	60	234-242	황동, 주석판
	50	50	210-220	전기 및 가스계기용, 주석판
	60	40	185-195	저융점 합금 납
	75	25	188-196	정밀급 경한 납
	95	5	220-227	위생상 고려를 요하는 방법

4 베어링 합금

1. 베어링용 합금

Sn, Pb, Sb, Cd 등의 재질이 연해서 융점이 낮은 원소를 주성분으로 하는 백색합금을 일반적으로 화이트 메탈(white metal)이라 한다. 인청동·동-납합금인 켈밋 등도 베어링용 재료이지만 백색합금 또는 베어링 메탈로서 큰 역할을 하고 있다. 베어링 합금의 종류에는 Pb 또는 Sn을 주성분으로 하는 화이트메탈, 베어링 합금의 필요한 조건은 축의 회전속도, 하중의 크기, 설치장소 등에 따라 아래와 같은 조건을 갖추어야 한다.

(1) 베어링 합금의 구비 조건

① 사용 하중에 대한 내구력을 가질 수 있을 정도의 경도, 내압력을 갖을 것

② 충분한 점성과 인성이 있을 것

③ 주조성 및 피가공성이 좋고 열전도율이 클 것

④ 마찰계수가 적고 저항력이 클 것

⑤ 윤활유에 대한 내식성이 양호하고 값이 저렴할 것

(2) 베어링 합금의 종류

① 화이트메탈 : Sn, Sb, Pb, Zn, Cu의 합금을 화이트메탈이라 하고 백색으로 용융점이 낮고 약하며 주조용으로 사용하지 않고 다이캐스팅 재료로 사용된다.

② 배빗메탈(Babbit metal) : Sn 80~90%, Sb 5~15%, Cu 3~10%의 합금을 일반적으로 배빗메탈이라 하며 뛰어난 베어링 합금으로서 유명하다. 납 계통의 것보다 마찰계수가 적으며, 고온·고압에서 점도가 강하고 내식성이 풍부하며 주조가 용이하다. 고속 베어링에 사용된다.

③ 켈멧트 : 연청동의 베어링 합금에 Pb20~40%+Cu의 합금으로 마찰계수가 적고 열전도율이 좋다. 고온 고압에서 강도가 떨어지지 않고 수명이 길고, 발전기, 전동기, 철도 차량용 베어링에 사용된다.

화이트메탈

종류	기호	화학성분 (%)						용도
		Sn	Sb	Cu	Pb	Zn	As	
1종	WJ1	나머지	5~7	3~5	-	-	-	고속고하중 베어링용
2종	WJ2	나머지	8~10	5~6	-	-	-	
2종B	WJ2B	나머지	7.5~9.5	7.5~8.5	-	-	-	
3종	WJ3	나머지	11~12	4~5	3 이하	-	-	고속중하중 베어링용
4종	WJ4	나머지	11~13	3~5	13~15	-	-	중속중하중 베어링용
5종	WJ5	나머지	-	2~3	-	28~29	-	
6종	WJ6	44~46	11~13	1~3	나머지	-	-	고속소하중 베어링용
7종	WJ7	11~13	13~15	1 이하	나머지	-	-	중속중하중 베어링용
8종	WJ8	6~8	16~18	1 이하	나머지	-	-	
9종	WJ9	5~7	9~11	-	나머지	-	-	중속소하중 베어링용
10종	WJ10	0.8~1.2	14.0~15.5	0.1~0.5	나머지	-	0.75~1.25	

2. 브레이징용 합금

두가지 금속을 접합하는 융점이 낮은 금속을 이용하는 방법을 브레이징(brazing)이라 한다. 브레이징용 합금에는 소위 땜납(solder)이라고 알려진 연납(soft solder)과 황동을 기본으로 한 경납(hard solder)의 2종류가 있다.

(1) soft solder : 주석과 납의 합금으로 융점이 낮고, 접합작업도 간단하다. solder에는 성분에 따라 여러 가지 종류가 있지만, Sn 25~90%, 나머지 Pb인 합금이 일반적으로 많이 사용되고 있다.

solder

성분		응고개시온도 (℃)	응고완료온도 (℃)	성질 및 용도
Sn	Pb			
37	63	252	182	용융온도 범위가 넓다. 수도연관의 접합
50	50	213	182	일반 전기용품 및 가스 계량기 등
63	37	182	182	강관의 접합용 등
90	10	217	182	위생을 고려한 식음료기용
95	5	225	182	특수 전기부품, 식료품기 및 식기용

황동납

성분		응고개시온도 (℃)	응고완료온도 (℃)	접부의 인장강도 (N/mm²)	색	접합하는 금속
Sn	Pb					
33.3	66.7	740	740	30	백색	6:4 황동
40.0	60.0	830	830	170	백색	6:4 황동
50.0	50.0	853	853	210	황색	7:3 황동
60.0	40.0	895	895	240	황금색	동·청동
66.0	34.0	904	904	220	황색	철·강

(2) hard solder : hard solder 용으로 이용되고 있는 것은 Zn 33~67%의 황동으로 이것은 solder에 비해 융점이 높고, 브레이징은 곤란하지만 경도·인장강도가 크다. 또한 hard solder 에는 황동 이외에 접합 재료에 따라 동, 양백, 은, 금 등이 이용되고 있다.

hard solder

종류	조성 (%)		용융온도 (℃)	용도
은납	P Ag Zn Cd Cu	0~8 5~80 0~25 0~18 나머지	635~870	동합금, 니켈합금, 철합금에 적용 인을 함유하는 납은 강·주철 기타 철합금에 부적합
인동납	P Sn Cu	4~8 0~1 나머지	700~830	동 및 동합금에 적용 강·주철에는 부적합
양은납	Zn Ni Cu	45~55 0~10 나머지	840~900	동합금, 니켈합금, 강, 주철의 브레이징에 적용
황동납	Zn Cu 황동	38~42 나머지 보통 60:40	885	적당한 견고함을 요구하는 동합금, 니켈합금, 주철, 강재 이음의 브레이징용

종류	조성 (%)		용융온도 (℃)	용도
고아연황동납 및 청동납	Mn Sn Ni Si Zn Cu	0~0.50 0~1.50 0~10 0~0.15 38~42 나머지	870~900	V형 또는 견고한 이음의 브레이징, 동합금, 니켈합금
규소청동 또는 인청동	Si Mn Sn Zn Fe P Cu	0~4 0~1.25 0~10.5 0~2 0~1.5 0~0.5 나머지	1010~1080	동, 강의 탄소 또는 금속 아크 브레이징용
순동	-		1085	일반적으로 환원성로 중에서 철제 제품에 사용

3. 퓨즈용 합금

Pb·Sn·Bi·Cd 등의 융점이 낮은 금속을 적당히 배합하면, 더욱 융점이 낮은 합금을 만들 수가 있다. 이것은 상당히 녹기 쉬워 100℃ 이하의 온도에서 간단히 녹일 수 있다. 이러한 합금을 가융합금(可融合金, fusible alloy, 주석 230℃보다 융점이 낮은 합금)이라 하고 화재경보기의 자동스위치, 전기 퓨즈, 금속의 접합 등에 사용된다. 그 중에서도 우드메탈(wood's metal)·로즈 합금(rose alloy)은 잘 알려져 있다.

여러 가지 퓨즈 합금

종별	융점 (℃)	화학성분 (%)			
		Bi	Pb	Sn	Cd
우드금속	67	48	26	13	13
	68	50	25	14	11
	70	44	25	25	6
로즈합금	95	50	28	22	-
	97	50	31	19	-
뉴턴합금	120	56	44	-	-
	145	-	25	50	25

V
귀금속과 희소 금속

1. 귀금속

　금(Au), 은(Ag), 백금(Pt), 팔라듐(Pd), 이리듐(Ir), 로듐(Rh), 루테늄(Ru), 오스뮴(Os)의 8원소는 생산량이 극히 적지만 광택이 아름다운 귀금속(noble metal)으로서 분류되고 있다. 이것들은 철, 동, 알루미늄 등의 금속에 비해 상당히 고가인 동시에 기계적 강도도 적으므로 실제 구조물로서는 사용되지 않는다. 그러나 전연성, 내식성은 아주 우수하므로 치과의료재료 이외에 화학공업의 재료로서 특수한 용도에 이용되고 있다.

귀금속의 물리적 성질

항목	Au	Ag	Pt	Pd	Rh	Ir	Os	Ru
비중	19.32	10.49	21.45	12.02	12.44	22.65	22.57	12.45
융점	1064	961.9	1769	1554	1963	2443	3045	2310
비열	0.031	0.055	0.031	0.058	0.059	0.030	0.031	0.057
열전도율	295	418	70	70	88	59	-	-
전기저항	2.35	1.59	10.6	10.8	4.5	5.3	9.5	7.6
선팽창율	14.2	19.68	8.9	11.76	8.3	6.8	4.6	9.1

희소금속으로 지정되어 있는 31 종류의 금속

1	니켈 (Nickel)	Ni	11	스트론튬 (Strontium)	Sr	21	갈륨 (Gallium)	Ga
2	크로뮴 (Chromium)	Cr	12	안티모니 (Antimony)	Sb	22	바륨 (Barium)	Ba
3	망가니즈 (Manganess)	Mn	13	백금·팔라듐 (Platinum·Palladium)	Pt·Pd	23	셀레늄 (Selenium)	Se
4	코발트 (Cobalt)	Co	14	타이타늄철석 (ilmenite)	$FeTiO_3$	24	텔루륨 (Tellurium)	Te
5	텅스텐 (Tungsten)	W	15	루틸 (Rutile)	TiO_2	25	비스무트 (Bismuth)	Bi
6	몰리브데넘 (Molybdenum)	Mo	16	베릴륨 (Beryllium)	Be	26	인듐 (Indium)	In
7	바나듐 (Vanadium)	V	17	지르코늄 (Zirconium)	Zr	27	세슘 (Caesium)	Cs
8	나이오븀 (Niobium)	Nb	18	레늄 (Rhenium)	Re	28	루비듐 (Rubidium)	Rb
9	탄탈럼 (Tantalum)	Ta	19	리튬 (Lithium)	Li	29	탈륨 (Thallium)	Tl
10	저마늄 (Germanium)	Ge	20	붕소 (Boron)	B	30	하프늄 (Hafnium)	Hf
31	희토류			Sc, Y, La, Ce, Pr, Nd, Sm, Eu, Gd, Tb, Dy, Ho, Er, Tm, Yb, Lu				

2. 희소 금속

　비철금속 중에서 지구상에는 매장량이 적다거나 매장량이 많아도 추출하는 것이 기술적·경제적으로 어렵고 생산량이나 유통량이 적은 희소금속을 레어 메탈(rare metal)이라고 한다. 레어 메탈은 다른 원소와 합금을 만드는 것에 따라 기존에는 없던 기능이나 성능을 발휘할 수 있다. 산업의 비타민이라고도 불리며 필수불가결한 소재로서 제조업의 첨단기술을 지지하고 있으며, 자동차나 휴대전화기, 노트북, 게임기, 에어콘, AV기기의 가전제품 등 우리 실생활 속에서도 많이 시용되고 있다.

1. 텅스텐(W)

　원자번호 74번인 텅스텐(tungsten)은 스웨덴어로 "무거운 돌"을 의미하는 금속으로 1781년, 스웨덴의 화학자 칼 빌헬름 셸레가 회중석(scheelite) 중에 텅스텐산을 발견한 것에 의한다. 융점은 금속 중에서도 3380℃로 가장 높다. 탄소와 결합하면 아주 단단해지고, 비중은 19.3으로 금과 거의 비슷한 무거운 금속이다. 텅스텐은 백열전구의 필라멘트에 이용되고 있지만 비중이 크기 때문에 낚시추나 골프도구의 균형추 등에도 사용되고 또 단단하고 강한 성질을 이용해서 초경합금으로 절삭공구나 내마모공구에 사용되고 있다.

2. 몰리브데넘(Mo)

　원자번호 42번, 그리스어로 납을 의미하는 molybdos가 어원인 몰리브데넘(molybdenum)은 은백색의 단단한 금속으로 융점이 2610℃로 높고 극저온에서 고온까지의 기계적 성질이 우수하다. 각종 합금강의 첨가제로서 폭넓게 이용되고, 또한 공업용의 윤활유나 엔진오일의 첨가제로도 사용되고 있다. 구리와의 합금으로서는 하이브리드카나 로켓의 전자기판 등 이외에 얇은 TV의 액정 판넬에도 이용되고 또 인체의 기능에 있어서도 필수적인 미량 원소(trace element)이다.

3. 바나듐(V)

　원자번호 23번인 은백색의 바나듐(vanadium)은 무르고 연성이 풍부한 금속이다. 지표에 광범위하게 분포하고 있고 정제된 바나듐은 제강 첨가제로서 대부분의 비율을 차지하고 바나듐강으로 사용된다. 바나듐을 첨가함에 따라 결정립에 의해 미세한 금속구조가 되고, 기계적 성질이나 내열성, 내마모성 등을 향상시킨다. 바나듐강은 고장력강(구조물, 선박, 교량 등), 공구강(스패너, 렌치, 절삭공구), 내열강(자동차의 엔진밸브)등에 이용되고 있다. 바나듐은 철강계 이외의 합금에도 사용되고, Al이나 Ti과의 합금도 있다. 또 사람의 체내에도 50~200μ f 존재하고 야채에도 포함되어 있다.

4. 팔라듐(Pd)

원자번호 46번으로 백금족 원소의 하나인 팔라듐(palladium)은 1803년 영국의 화학자에 의해 발견되었다. 팔라듐은 은백색으로 백금(platinum)과 동일한 성질을 가지고 있으며 백금족 중에서도 가장 저렴하다. 자기 체적의 935배의 수소를 흡수할 수 있기 때문에 수소흡착합금으로 이용되고 있다. 전자부품의 재료로서 또 자동차의 배기가스 정화용의 촉매제로 사용되고 있다.

5. 나이오븀(Nb)

원자번호 41번, 미국에서는 콜롬븀이라는 명칭으로 불리우는 나이오븀은 회백색의 금속으로 전성, 연성이 풍부하고 가공하기 용이한 금속이지만 불순물이 들어가면 단단해진다. 융점이 2415℃로 높고, 비중은 8.56으로 황동과 거의 비슷하고 동보다도 가볍다. 나이오븀은 강철 생산의 합금 첨가제로서의 용도가 90%를 차지하고, 강재는 내열성, 내충격성이 우수하기 때문에 자동차 부품, 석유 파이프 라인, 항공기와 원자로, 구조용강 등에 사용된다. 또한 나이오븀은 광학, 전기, 전자 분야에서도 이용되고 리니어 모터 카(linear motor car)등의 초전도 자석에 이용되기도 하고, 나이오븀을 첨가해 합금을 만들면 내열성이 매우 향상된다. 더 많은 나이오븀을 강철에 첨가하게 되면 로켓엔진의 노즐과 같은 특수한 용도로 사용되는 슈퍼 합금이 된다.

6. 지르코늄(Zr)

원자번호 40번 지르코늄(zirconium)은 광택이 있는 은백색의 단단한 금속으로 부식에 매우 강하다. 지르코늄은 천연 금속원소 중에서 열중성자의 흡수단면적이 작고, 내식성이 뛰어나기 때문에 원자력 발전소의 원자로를 만드는데 사용한다. 또한 값이 비싼 다이아몬드를 대체할 보석으로 만든 것이 바로 유사 다이아몬드라고 알려진 큐빅이다. 지르코늄은 내열성도 우수하여 우주 왕복선의 내열재로도 사용되고 총알이나 포탄의 탄두를 제작하는 데도 사용되며, 타이타늄과 마찬가지로 생체친화적이므로 인공치아, 인공관절, 수술도구 등에 널리 쓰인다.

7. 베릴륨(Be)

원자번호 4번 베릴륨(beryllium)은 값이 비싼 원소로 단맛을 내지만 독성이 높아 인체에 치명적이기 때문에 현재는 공업용으로만 사용된다. 상온에서는 단단해서 부서지기 쉽지만 고온이 되면 연성 및 전성이 증가한다. Cu에 첨가된 베릴륨동은 높은 인장강도에서 탄성이 크기

때문에 헤머, 정밀기계, 항공기의 엔진 부품, 선박용 프로펠러·펌프 부품 등에 사용되고 있다. 또 X선을 잘 투과할 수 있어 X선관에서 X선을 추출하는 재료로 사용한다.

8. 인듐(In)

원자번호 49번 인듐(Indium)은 산출량이 적은 귀한 원소로 순수한 상태의 인듐은 은백색의 연한 금속이다. 미량의 첨가만으로 금속의 성질을 크게 바꿔 일명 금속 비타민이라고도 한다. 산에는 용해되지만 알카리나 물과는 반응하지 않으므로 베어링볼 등의 도금이나 저용융합금 재료 등에 사용된다. 또 인듐은 아연을 정련하는 과정에서 생기는 부산물로 투명성이나 전도성이 매우 우수하기 때문에 액정 디스플레이의 생산에 사용된다.

9. 코발트(Co)

원자번호 27번 코발트(Cobalt)는 안정적인 결정구조를 가지고 있는 은백색의 단단한 금속이다. 예전부터 유리나 도자기의 안료로 푸른색을 내는데 널리 사용되어 왔고, 코발트 생산량의 절반을 차지하는 콩고공화국의 상황에 따라 안정적인 공급이 우려되는 전략 금속 중의 하나이다. 철, 니켈과 함께 실온에서 강자성인 3원소 중의 하나이다. 주로 합금 첨가제로 이용되는데 고속도공구강에 첨가하면 초고속도공구강이 된다. 코발트는 초합금, 내마모성 합금, 자석 합금, 안료와 물감 재료, 전지의 양극 재료, 화학산업의 촉매제 등으로 사용되는 중요한 금속원소이다. 또한 코발트 합금은 고온에서도 쉽게 마모되지 않고 부식에도 강하므로 제트엔진, 가스터빈 등에 사용된다.

VI
비금속재료

1. 주요 비금속재료의 특성과 용도

1 합성수지(플라스틱)재료

1. 합성수지의 개요

합성수지라 총칭되는 플라스틱은 합성 고분자 재료로 분자량이 작은 분자를 인위적으로 결합시켜 만든다. 합성수지란 가열·가압 또는 이 두 가지에 의해서 성형(成型)이 가능한 재료를 말한다. 이러한 재료는 유동체와 탄성체도 아닌 물질로서 외력을 가하면 어느 정도의 저항력으로 그 형태를 유지하는 가소성(plasticity)이 있다. 흔히 플라스틱이라고도 하는 합성수지는 열경화성 수지 및 열가소성 수지로 구분한다. 또한 열가소성 플라스틱은 내열성, 기계적 성질, 경제성 등에 의해 범용 플라스틱과 엔지니어링 플라스틱으로 구분된다.

플라스틱의 종류

2. 플라스틱의 장점

1) 비중(1.1~1.5)이 작아 가볍고 강한 제품을 만들 수 있다.
2) 산, 알카리, 기름, 약품에 대한 내식서이 강한 것이 많고 녹슬거나 썩지 않는다.
3) 투명성이 우수하고 착색이 자유롭다.
4) 전기적 절연성(전기가 통하지 않는 성질)이 뛰어나다.
5) 방수 및 방습성이 우수하다.
6) 위생적이고 식품보관성이 좋다.
7) 가공성이 좋고 복잡한 형상도 단시간 내 대량생산이 가능하다.

3. 플라스틱의 단점

1) 열에 약하다는 가장 큰 결점이 있다.

2) 표면이 부드럽고 먼지가 묻기 쉽다.

3) 벤젠이나 알콜 등 의약품에 약한 것도 있다.

4. 열가소성 플라스틱(Thermo Plastic)의 종류 및 용도

열가소성 플라스틱은 열에너지를 가하여 유동성을 가지게 한 후 금형을 이용한 사출 또는 다이(Die)를 통해 압출한 다음 냉각시켜 고화시킨 플라스틱을 말하며, 성형 공정 중 고분자의 화학적 변화없이 물리적인 변화만 생기는 재료로 열을 가하면 연화되어 용융이 일어나고 냉각하면 다시 고화되는 플라스틱을 말한다.

플라스틱의 주된 원료는 석유이며 여러 단계의 화학 반응 과정을 거쳐 합성수지가 만들어지고 다시 성형가공 공정을 거친 후 비로소 다양한 종류의 플라스틱 제품이 제작된다. 석유화학 공장에서 나프타를 용광로 안에 넣어 가열하여 분해시켜 간단한 구조의 물질로 바꾸어 뽑아내는 데 이러한 과정을 거쳐 만들어지는 것이 에틸렌, 프로필렌, 부틸렌 등의 물질이며 이들이 합성수지의 원료가 된다. 일반적으로 합성수지는 플라스틱 제품을 만드는데 필요한 원료를 의미하며 제품화된 것을 흔히 플라스틱이라고 부른다.

(1) 염화비닐 수지

염화비닐(polyvinyl-chloride, PVC)수지는 생산량이 가장 많고, 가격이 저렴하며 우비, 핸드백, 비닐파이프(철관 대용) 등 폭 넓은 용도로 사용되며 일반적으로 비닐이라는 명칭으로 예전부터 사용되어 온 열가소성 플라스틱이다. PVC는 카바이드에서 발생하는 아세틸렌가스(C_2H_2)와 염화수소(HCl)를 작용시켜 만든다. 내열성이 부족하고 산, 알칼리에 대한 내식성, 전기절연성이 매우 좋다. 또 착색이 자유롭고 가공성도 좋지만 열에 민감하여 50℃ 정도의 온도에서 연해진다는 단점이 있다.

(2) 폴리염화비닐리덴 수지

폴리염화비닐리덴(polyvinylidene-chloride)수지는 염화비닐과 염소의 중합화에 의해 생성되는 수지로 주로 PVDC라는 약자로 불리운다. 투명하고 거의 무색에 가까우며 가스 투과성이 매우 낮다. 자외선에 강하고 잘타지 않는 늑징이 있으며 포장재와 차단성 필름 분야 등에서 사용한다.

(3) 폴리비닐아세테이트 수지

폴리비닐아세테이트(polyvinyl-acetate)는 아세틸렌과 아세트산을 합성시킨 무색투명의 수지로 연화점이 상당히 낮다. 폴리비닐은 아세톤과 벤젠 등으로 용해하여 접착제로 폭넓게 활용되는데 우리 주변에서 흔히 볼 수 있는 합판의 접착용도로 쓰이고, 아크릴 라텍스 페인트의 라텍스 재료로도 사용된다.

(4) 폴리에틸렌 수지(PE)

폴리에틸렌(polyethylene)수지는 에틸렌이나 에틸알코올에서도 만들 수 있지만 공업적으로는 석유에서 가솔린을 제조할 때에 나오는 가스 중의 성분을 이용하여 만든다. 폴리에틸렌은 물보다 가볍고 내약품성, 내수성, 전기절연성 등 뛰어나지만 내열성이 부족하다. 포장용 필름 제작에 많이 사용되고 있고, 그 외에 전선의 피복, 양동이, 물통 등의 용기 등의 용도로 널리 쓰인다.

(5) 폴리스타이렌 수지(PS)

폴리스타이렌(polystyrene)또는 폴리스틸렌, 폴리스티롤(polystyrol)수지는 무색으로 투명하고 단단하며 내수성, 전기절연성이 매우 뛰어나다. 또한 강산, 산, 알칼리에도 침투되지 않고, 120~180℃ 정도로 가열하면 끈끈한 액체가 되므로 사출성형이 용이하다. 가격이 저렴한 데다 가볍고 강하므로 폴리에틸렌(PE)다음으로 실생활에서 많이 사용되고 있다.

(6) 폴리아미드 수지

나일론은 폴리아미드(polyamide)에서 만들어진 것으로 폴리아미드는 나일론 합성조직으로 알려져 있다. 마찰계수가 작고 내마모성이 우수하고 내열성도 좋은 특성을 이용하여 AV기기, 프린터 등의 소형 기어, 베어링, 기계부품재료로서도 사용되고 있다.

열가소성 플라스틱별 개요와 용도

	종류	특징 및 용도
열가소성 플라스틱	폴리 에틸렌 (PE, Polyethylene)	유백색, 불투명이나 반투명으로 분말 또는 입상으로 되어 있다. 전기 절연성, 내수성, 내약품성이 우수하다. ·상자, 파렛트, 장난감, 주방용품, 포장필름, 화장품, 세제용기 등
	고밀도 폴리에틸렌 (HDPE, High Density Polyethylene)	반투명 고체로 분말 또는 입상, 밀도가 0.94 이상으로 강성이 있다. ·사출 : 파렛트, 상자, 장난감, 주방용품 등 ·압출 : 필름, 상품 포장용, 쇼핑백 등 ·중공 : 화장품, 세제용기, 우유병, 막걸리병, 식료류 용기 등
	저밀도 폴리에틸렌(LDPE, Low Density Polyethylene)	투명 고체로 분말 또는 입상 ·사출 : 정밀공업부품 ·압출 : 공업용 필름, 전선피복, 포장필름, 파이프 이음관 등 ·중공 : 병, 통 등
	선형 저밀도 폴리에틸렌(LLDPE, Liner Low Density Polyethylene)	투명 고체로 분말 또는 입상으로 내충격성 및 내열성이 우수하다. ·포장용, 식품용기, 전선피복, 공업부품 등

종류		특징 및 용도
열가소성 플라스틱	폴리프로필렌(PP, Polypropylene)	인장강도가 우수하며 압축, 충격강도가 양호하고 표면강도가 높음 내열성이 높고, 가공성, 유동성, 내약품성, 투명도 우수 ·필름용 : IPP, CPP, OPP 등의 필름, 각종 포장재, 증착필름 등 ·사출용 : 가전부품, 자동차 내외장재, 1회용 주사기, 주방용품 등 ·연신용 : 각종 포대, 끈 ·섬유용 : 끈, 어망, 로프 ·중공용 : 양념병, 배터리 케이스 등
	폴리염화비닐(PVC, Poly vinylchloride)	무색무취의 분말로 불에 잘 타지 않고 전기절연성, 내약품성이 우수하다. 자외선에 의해 분해되므로 안정제가 첨가되어야 한다. ·필름용 : 포장재, 농업용 ·사출용 : 기계, 전기부품, 잡화, 이음관 ·압출용 : 파이프, 전선용 튜브, 바닥재, 창틀 ·진공용 : 대형 용기, 복잡한 형상의 표면 용기 ·카렌다용 : 가구용, 의류, 잡화 등
	폴리스타이렌(PS, Poly stylene)	GPPS는 무미, 무취, 무독성으로 내수성이 높고 투명도와 치수 안정성이 좋으나 내충격성이 약하다. HIPS는 스틸렌 모노머를 중합시킬 때 합성고무 또는 고무라텍스를 첨가해 GPPS의 내충격성을 개량한 제품으로 성형성, 내약품성은 우수하나 투명성이 약하다. ·사출용 : 전기, 전자 부품, 문구, 완구, 건축재, 포장용기 ·압출용 : 포장재, 건축재, 단열 등
	ABS(Acrylonitrile Butadiene Styrene)	강하고 단단하며 자연색은 엷은 상아색을 띄지만 다양한 색으로 착색 가능하고 광택이 있는 성형품에 유리하다. ·전기, 전자제품, 자동차 내외장재, 가구, 악기, 잡화 등
	AS(Styrene Acrylonitrile)	SAN수지 또는 AS수지로 알려진 Styrene과 Acrylonitrile의 중합체는 투명성, 내열성이 우수하여 소비량이 늘고 있다. 주로 가전제품, 자동차, 포장, 건축, 의료기계 등에 사용되고 있으며, ABS 수지 제조 시 Blend용으로 사용된다. 뛰어난 유동성을 가지고 있으며 성형 시 성형 사이클을 단축시켜 높은 생산성 및 경제성을 보유하고 있다. ·가습기 물통, 볼펜대, 선풍기 날개, 식기건조기 커버 등
	메타크릴수지(PMMA, Polymethly Methacry late)	메타크릴수지는 메타크릴산 에스테르 폴리머의 총칭이며 일반적으로 메타크릴산 메타(MMA)을 주성분으로 하는 비결정성 플라스틱을 말한다. 투명플라스틱 중에서 가장 투명도가 좋고 가시광선영역(420~750Mm) 광선 투과율은 두께 3mm로 약 93%이다. 메타크릴수지는 모노머로 사용되는 경우와 폴리머로서 사용되는 경우가 있다. ·모노머 : 도료용, 지류개질용, 염화비닐수지개질재, 인공대리석 ·폴리머 : 차량용 미등, 햇빛 가리개 등 　　　　　전기, 공업용 프린터 커버, 명판, 렌즈 등 　　　　　잡화용 용기류, 선글라스, 수조, 시계 등
	폴리에틸렌 테레프탈레이트(PET, polyethylene telyeptallate)	테레프탈산과 에틸렌글리콜을 중합하여 얻어지는 포화 폴리에스터이다. 내열성, 내약품성, 전기적 성질, 역학적 성질이 우수하기 때문에 섬유, 필름, 시트(Sheet) 보틀 분야에 널리 사용된다. 결정화 속도가 늦어서 고온 금형이 필요하다. (50%가 섬유용이며, 비섬유용으로는 보틀, 필름용이 주종이며 사출은 3.5%.정도임) ·보틀용 : 청량음료, 생수, 간장, 세제, 샴푸 등 ·사출용 : 가전, 전자, 자동차, 드라이어, 다리미, 전기밥솥 등 ·진공성형 : 트레이류(투명성이 좋아 제품의 모양이나 색상구분이 쉽다)

5. 열경화성 플라스틱(Thermosetting plastic)의 종류 및 용도

열경화성 수지는 열을 가하여 경화시켜 성형하면 다시 열을 가해도 형태가 변하지 않는 수지로 내열성, 내용제성, 내약품성, 기계적 성질, 전기적 성질이 뛰어나므로 공업재료나 식기 재료로 폭넓게 사용되고 있다. 일반적으로 알려진 열경화성 수지는 페놀수지, 우레아수지, 불포화 폴리에스터수지, 폴리우레탄, 알키드수지, 멜라민수지, 에폭시수지, 규소수지 등이 있다.

(1) 페놀수지

페놀수지(phenol-resin)는 베크라이트라는 상품명으로 알려져 있는 것으로 소량의 염산, 황산 또는 암모니아, 수산화나트륨 등의 알칼리를 촉매로 하여 페놀(석탄산)·크레졸과 포르말린을 반응시켜 만든다. 수화기, 스위치 등의 배선기구 등이 있다. 페놀수지는 전기절연성이 좋고 기계적강도도 동일한 중량이라면 금속에 견줄 수 있다. 내열성, 내식성도 제법 뛰어나고 또한 성형성, 가공성도 우수하여 가공정밀도도 좋다. 또 페놀수지는 연마숫돌의 점결제, 합판의 접착제 등에도 이용되고 있다.

(2) 우레아(요소) 수지

우레아 수지(urea resin)는 우레아와 포름알데히드를 반응시켜 얻어지는 무색투명의 유리상의 아름다운 수지이다. 성질은 페놀 수지와 유사하고, 내수성, 내열성은 떨어지지만 가공, 착색이 용이하고 미려한 색채의 제품을 만들 수 있으며 가격도 저렴하여 접착제 및 성형물로 널리 이용되고 있다.

(3) 멜라민 수지

멜라민 수지(melamine resin)는 멜라닌과 포르말린을 중합하여 가열시켜 만든다. 내약품성, 내열성, 내수성, 전기절연성, 내아크성 외에 기계적 강도 등이 뛰어나고 무색투명, 착색이 자유롭다. 페놀 수지, 우레아 수지, 멜라민 수지는 포름알데히드를 주원료로 하므로 포름알데히드계 수지라고 한다.

열경화성 플라스틱별 개요와 용도

종류		특징 및 용도
열경화성 플라스틱	페놀수지(PF, Phenol, 석탄산수지)	일명 베크라이트라고 불리며 내열성, 내수성, 전기절연성, 내산성, 치수 안정성, 가공성이 우수하고 경제적이어서 전기 절연물, 공업부품, 일용품 등에 폭넓게 사용된다. 내알카리성은 약하다. ·전화기, 전기절연재료, 식기, 공구함, 목재 접합제, 기계부품 등
	불포화 폴리에스터(UP, Unsaturated Polyester resin)	불포화 폴리에스터는 비교적 저점도의 액상수지로 사용법에 따라서는 실온에서도 경화한다. ·건축자재 : 물탱크, 욕조, 방수벽, 세면대, 정화조, 간이 화장실 등 ·공업용자재 : 약품 탱크, 파이프, 헬멧, 형광등 안정기 등 ·수송기기 : 어선, 요트, 차량바디, 의자, 연료 탱크 등
	우레아수지(UF, Urea-Formaldehyde, 요소수지)	우레아 수지는 Urea-Formaldehyde를 반응시킨 무색투명의 열경화성 수지로 착색이 자유롭고 접착강도가 크며 경화가 빠르고 가격이 저렴하여 생산량의 대부분(80%이상)이 합판용 접착제로 사용된다. 내수성은 약하다. ·화장품 용기, 캡, 접착제, 단추, 식기류, 조명기구, 전기부품 등
	멜라민수지(MF, Melamine Formaldehyde)	멜라민수지는 Melamine(결정성 백색분말)과 Formaldehyde를 염기성 촉매 존재 하에 반응시킨 무색투명의 열경화성 수지이다. 비중이 1.48정도이며 충전재에 의해 2.0정도까지 가능하고 표면 경도가 현재 생산되고 있는 합성수지 중 가장 단단하다. 내수성, 내약품성, 전기절연성이 양호하다. ·식기류, 커피잔, 일용품, 전기부품, 직물, 건축용 장식판 등
	에폭시 수지(EP : Epoxy)	에폭시수지는 도료, 접착제와 같이 성형가공을 필요로 하지 않는 것에 많이 사용되지만, 주형품, 적층품, 성형품도 사용된다. 전기적 성질이 우수하고, 내열성, 방한성, 역학적 성질이 좋으며 경화할 때 물 이외에 부생 성물이 없고 치수 안정성이 좋으며, 내수성, 내습성이 좋고, 금속 목재, 시멘트, 플라스틱과의 접착성이 좋아 금속도료나 금속접착제로 사용한다. ·전기 : 전기절연물, 회로용 적층판, 변압기, 애자, 절연 개폐기 등 ·자동차 : 피스톤링, 도어록 패킹, 밸브 리프터 등 ·사무용기기 : 복사기 부품, 프린터 베어링 등 ·기타 : 화학 플랜트의 보호 도장용, 콘크리트 구조물의 보수, 보강 등

종류		특징 및 용도
열경화성 플라스틱	폴리우레탄(PU : Polyurethane)	탄성, 강인성이 풍부하고 내아크성, 내마모성이나 내노화성 내유, 내용제성이 우수하고 저온 특성도 우수하다. ·발포제 : 쿠션제, 흡음제, 에어필터, 방음용 건축재료 등 ·탄성제 : 구두 밑창, 타이어 프레임, 합성피혁, 도료, 섬유 등
	실리콘 수지(Silicone, 규소수지)	실리콘수지의 종류는 실리콘 고무, 실리콘 발포 체, 실리콘유 등이 있다. 중합에 의해 생성된 고무에 충전제, 기타 첨가제를 혼합해서 고무 컴파운드를 만들고 이것을 가압, 가열해 좋은 탄성을 보유하고 전기적 성질이 뛰어난 성질의 실리콘 고무를 만든다. ·방음, 방화, 방수 목적으로 각종 패널심재로 사용 ·이형제, 윤활유, 전기절연유, 구리스 등
	요소 수지	·합판용 접착제, 단추, 화장품 용기, 식기류, 조명기구, 전기부품 등
기타	의학용	·손, 발, 장기 등의 인공기관

주요 플라스틱의 물리적 성질

플라스틱의 종류	비중	열변형온도 (264psi 하중) (℃)	인장강도 (N/cm²)
페놀 수지	1.32~1.45	115~125	4900~5600
우레아 수지	1.47~1.52	130~140	5250
멜라민 수지	1.40~1.42	150	6300
에폭시 수지	-	55~185	6300~8400
실리콘 수지	-	290	2800
폴리에스테르 수지	1.70~1.80	60~200	4200~7000
폴리아미드(나일론)	1.14	77~180	4900~7700
스티롤 수지	1.05~1.06	70~105	3500~6300
폴리에틸렌 수지	0.94~0.96	40~50	1960~2750 (저압)
염화비닐 수지	1.35~1.45	55~75	3500~6300
염화비닐리덴 수지	1.88	185~200	2200~3800
아크릴 수지	1.17~1.18	65~100	4900~7000

[주] 264psi=1.82MPa=182N/cm²

2. 반도체 재료의 특성과 용도

1 반도체의 특성 및 반도체용 금속재료

반도체 소재는 반도체 소자를 직접 구성하는 재료, 소자를 제조하는데 사용하는 소재, 소자를 조립하여 완성품을 만드는데 사용되는 모든 재료를 말한다.

1. 반도체의 특성

1) 자유 전자의 수가 적은 재료로서 전기저항은 온도가 상승함에 따라 감소한다.
2) 전압-전류 특성 곡선에 비직선적이다.

2. 반도체용 금속재료

1) 집적회로의 배선재료 : 집적재료 회로용 금속재료에는 전극 및 배선 재료인 Al, Si, Ti, Mo, Ta, W, Au 등이 있다.
2) 전극재료 : 전극재료에는 W, Mo, Ta, Ti 등이 있다.
3) 리드 프레임(lead frame) : 집적회로의 조립공정에서 필요한 대표적인 금속재료로 IC용, DIP용, LSI 등이 있다.
4) 땜용재료 : Sb, Ag, Cu 등을 함유한 합금, In-Pb-Sn계, In-Sn계 등의 합금이 이용된다.

3. 형상기억합금

 1964년 미국 해군무기연구소에서 잠수함 소재를 개발하던 중 니켈과 타이타늄으로 이루어진 합금에서 우연히 형상기억 효과를 가진다는 것을 알게 되었다고 한다. 일반적인 금속은 형태가 변형될 때 원래 있던 금속간 결합이 풀린 후 내부의 원자가 이동하면서 다른 금속원자와 새로운 결합이 생성되어 그 변형된 형태가 고정된다. 하지만 형상기억합금의 경우 이와 다르게 금속내 결정 격자의 형태가 변하면서 원자간 결합은 그대로 보존되고, 적절한 조건에서 다시 원래 형태의 격자로 돌아가면서 변형이 풀리게 되는데 이러한 원리를 통해 형상기억효과가 발생한다. 원래 군사용으로 개발되었으나 다른 분야에서 많이 사용되는데 대표적인 것이 형상기억합금을 소재로 한 안경테, 치아 교정기, 위성용 안테나를 들 수 있다.

1. 형상기억효과와 초탄성효과

 보통의 금속은 소성변형을 하게 되면 영구적으로 변형된 그 상태로 있다. 그러나 형상을 기억시켜 두고 열처리를 실시하게 되면 변형한 금속은 어느 온도 이상의 가열에 의해 변형하기 전의 모양으로 회복하고 원래 형상으로 돌아온다. 이것을 형상기억효과(shape memory effect)라 하고 형상기억효과를 갖는 합금을 형상기억합금(shape mrmory alloy)이라 한다.

2. 형상기억합금의 기구

(1) 형상기억합금의 특징
1) 마텐자이트 변태는 작은 구동력으로 생긴 열탄성변태이다.
2) 고온상은 대부분의 경우 규칙구조를 가고 저온상은 저대층의 결정구조를 갖는다.

(2) 형상기억 효과
1) 일방향 형상기억

   고온상의 형상 하나만 기억하는 경우로 오스테나이트 상의 형상만 기억하는 경우이다.
2) 가역 형상기억

   일방향 형상 기억합금을 다시 냉각시 변형시켰던 형상으로 되돌아가는 경우이다.
3) 전방향 형상기억

   변형을 준 상태에서 시효시킨 Ni, 과잉 Ti-Ni계 합금에서 나타나는 현상이다.
4) 변형의 탄성

   변태 작용시의 마텐자이트 변태 온도가 역변태 종료 온도보다 높은 경우에 생기는 현상으로 응력유기 마텐자이트가 외부 응력 제거시 오스테나이트로 변태가 일어난다.

3. 형상기억합금의 종류

(1) Ti-Ni계 합금

Ti-Ni계 합금의 화학조성은 Ni 54~56%, Ti 나머지 %의 성분으로 제어된다. 피로강도, 내식성, 내마모성이 우수하고 다른 형상기억합금과 비교하여 형상회복력이 크다. 이런 특성을 이용하여 온도조절이 필요한 부분, 안경테, 여성용 브래지어 와이어 등에 사용된다.

1) 연성이 우수하고 내식성, 내마모성, 반복 피로성이 가장 우수하다.
2) 센서와 액츄에이터를 겸비한 기능성 재료로서 기계, 전기관련 분야에 사용한다.

(2) Cu-Zn-Al계 합금

Cu-Zn-Al계 합금은 사용하는 제품이 큰 경우는 비용적으로 유리하지만 정밀도나 반복피로성이 떨어지기 때문에, 그것을 필요로 하지 않는 파이프 이음 등에 사용되고 있다.

(3) Fe-Mn-Si계 합금

Fe-Mn-Si계 합금은 가격이 저렴한 Fe계 형상기억합금으로 개발되었으나 형상기억특성이 Ni-Ti 합금보다 크게 떨어지고 회복속도가 느리므로 이를 개선하기 위한 방법으로서 트레이닝(training)법이라는 일종의 가공열처리법이 고안되었지만 공정비용의 상승이 문제가 된다.

VII

기계재료기호 일람표

1. 기계 구조용 탄소강 및 합금강

KS 규격	명칭	분류 및 종별		기호	인장강도 N/mm²		주요 용도 및 특징
D 3723	특수용도 합금강 볼트용 봉강	1종	1호	SNB 21-1	세부 규격 참조		원자로, 그 밖의 특수 용도에 사용하는 볼트, 스터드 볼트, 와셔, 너트 등을 만드는 압연 또는 단조한 합금강 봉강
			2호	SNB 21-2			
			3호	SNB 21-3			
			4호	SNB 21-4			
			5호	SNB 21-5			
		2종	1호	SNB 22-1			
			2호	SNB 22-2			
			3호	SNB 22-3			
			4호	SNB 22-4			
			5호	SNB 22-5			
		3종	1호	SNB 23-1			
			2호	SNB 23-2			
			3호	SNB 23-3			
			4호	SNB 23-4			
			5호	SNB 23-5			
		4종	1호	SNB 24-1			
			2호	SNB 24-2			
			3호	SNB 24-3			
			4호	SNB 24-4			
			5호	SNB 24-5			
D 3752	기계 구조용 탄소 강재	1종		SM 10C	314 이상	N	열간 압연, 열간 단조 등 열간가공에 의해 제조한 것으로, 보통 다시 단조, 절삭 등의 가공 및 열처리를 하여 사용되는 기계 구조용 탄소 강재 • 열처리 구분 N : 노멀라이징 H : 퀜칭, 템퍼링 A : 어닐링
		2종		SM 12C	373 이상	N	
		3종		SM 15C			
		4종		SM 17C	402 이상	N	
		5종		SM 20C			
		6종		SM 22C	441 이상	N	
		7종		SM 25C			
		8종		SM 28C	471 이상	N	
		9종		SM 30C	539 이상	H	
		10종		SM 33C	510 이상	N	
		11종		SM 35C	569 이상	H	
		12종		SM 38C	539 이상	N	
		13종		SM 40C	608 이상	H	
		14종		SM 43C	569 이상	N	
		15종		SM 45C	686 이상	H	
		16종		SM 48C	608 이상	N	
		17종		SM 50C	735 이상	H	
		18종		SM 53C	647 이상	N	
		19종		SM 55C			
		20종		SM 58C	785 이상	H	

KS 규격	명칭	분류 및 종별	기호	인장강도 N/mm²		주요 용도 및 특징	
D 3752	기계 구조용 탄소 강재	21종	SM 9CK	392 이상	H	침탄용	
		22종	SM 15CK	490 이상	H		
		23종	SM 20CK	539 이상	H		
D 3754	경화능 보증 구조용 강재 (H강)	망가니즈 강재	SMn 420 H	-		구 기호	SMn 21 H
			SMn 433 H	-			SMn 1 H
			SMn 438 H	-			SMn 2 H
			SMn 443 H	-			SMn 3 H
		망가니즈 크로뮴 강재	SMnC 420 H	-			SMnC 21 H
			SMnC 433 H	-			SMnC 3 H
		크로뮴 강재	SCr 415 H	-			SCr 21 H
			SCr 420 H	-			SCr 22 H
			SCr 430 H	-			SCr 2 H
			SCr 435 H	-			SCr 3H
			SCr 440 H	-			SCr 4H
		크로뮴 몰리브데넘 강재	SCM 415 H	-			SCM 21 H
			SCM 418 H	-			-
			SCM 420 H	-			SCM 22 H
			SCM 435 H	-			SCM 3 H
			SCM 440 H	-			SCM 4 H
			SCM 445 H	-			SCM 5 H
			SCM 822 H	-			SCM 24 H
		니켈 크로뮴 강재	SNC 415 H	-			SNC 21 H
			SNC 631 H	-			SNC 2 H
			SNC 815 H	-			SNC 22 H
		니켈 크로뮴 몰리브데넘 강재	SNCM 220 H	-			SNCM 21 H
			SNCM 420 H	-			SNCM 23 H
D 3755	고온용 합금강 볼트재	1종	SNB 5	690 이상		압력용기, 밸브, 플랜지 및 이음쇠에 사용	
		2종	SNB 7	690~860 이상			
		3종	SNB 16	690~860 이상			
D 3756	알루미늄 크로뮴 몰리브데넘 강재	1종	S Al Cr Mo 1	-		표면 질화용, 기계 구조용	
D 3867	기계 구조용 합금강 강재	망가니즈강 D 3724	SMn 420	-		표면 담금질용	
			SMn 433	-		-	
			SMn 438	-		-	
			SMn 443	-		-	
		망가니즈크로뮴강 D 3724	SMnC 420	-		표면 담금질용	
			SMnC 443	-			
		크로뮴강	SCr 415	-		표면 담금질용	
			SCr 420	-			
			SCr 430	-			

KS 규격	명 칭	분류 및 종별	기 호	인장강도 N/mm²	주요 용도 및 특징
D 3867	기계 구조용 합금강 강재	D 3707	SCr 435	–	–
			SCr 440	–	–
			SCr 445	–	–
		크로뮴몰리브데넘강 D 3711	SCM 415	–	표면 담금질용
			SCM 418	–	표면 담금질용
			SCM 420	–	표면 담금질용
			SCM 421	–	표면 담금질용
			SCM 425	–	–
			SCM 430	–	–
			SCM 432	–	–
			SCM 435	–	–
			SCM 440	–	–
			SCM 445	–	–
			SCM 822	–	표면 담금질용
		니켈크로뮴강 D 3708	SNC 236	–	–
			SNC 415	–	표면 담금질용
			SNC 631	–	–
			SNC 815	–	표면 담금질용
			SNC 836	–	–
		니켈크로뮴몰리브데넘강 D 3709	SNCM 220	–	표면 담금질용
			SNCM 240	–	–
			SNCM 415	–	표면 담금질용
			SNCM 420	–	표면 담금질용
			SNCM 431	–	–
			SNCM 439	–	–
			SNCM 447	–	–
			SNCM 616	–	표면 담금질용
			SNCM 625	–	–
			SNCM 630	–	–
			SNCM 815	–	표면 담금질용

2. 특수용도강

1 공구강. 중공강. 베어링강

KS 규격	명칭	분류 및 종별	기호	경도	주요 용도 및 특징
D 3522	고속도 공구강 강재	텅스텐계	SKH 2	HRC 63 이상	일반 절삭용 기타 각종 공구
			SKH 3	HRC 64 이상	고속 중절삭용 기타 각종 공구
			SKH 4		난삭재 절삭용 기타 각종 공구
			SKH 10		고난삭재 절삭용 기타 각종 공구
		분말야금 제조 몰리브데넘계	SKH 40	HRC 65 이상	경도, 인성, 내마모성을 필요로 하는 일반절삭용, 기타 각종 공구
		몰리브데넘계	SKH 50	HRC 63 이상	연성을 필요로 하는 일반 절삭용, 기타 각종 공구
			SKH 51	HRC 64 이상	
			SKH 52		비교적 인성을 필요로 하는 고경도재 절삭용, 기타 각종 공구
			SKH 53		
			SKH 54		고난삭재 절삭용 기타 각종 공구
			SKH 55		비교적 인성을 필요로 하는 고속 중절삭용 기타 각종 공구
			SKH 56		
			SKH 57		고난삭재 절삭용 기타 각종 공구
			SKH 58		인성을 필요로 하는 일반 절삭용, 기타 각종 공구
			SKH 59	HRC 66 이상	비교적 인성을 필요로 하는 고속 중절삭용 기타 각종 공구
D 3523	중공강 강재	3종	SKC 3	HB 229 ~ 302	로드용
		11종	SKC 11	HB 285 ~ 375	로드 또는 인서트 비트 등
		24종	SKC 24	HB 269 ~ 352	
		31종	SKC 31	–	
D 3751	소 공구강 강재	1종	STC 140 (STC 1)	HRC 63 이상	칼줄, 벌줄
		2종	STC 120 (STC 2)	HRC 62 이상	드릴, 철공용 줄, 소형 편치, 면도날, 태엽, 쇠톱
		3종	STC 105 (STC 3)	HRC 61 이상	나사 가공 다이스, 쇠톱, 프레스 형틀, 게이지, 태엽, 끌, 치공구
		4종	STC 95 (STC 4)	HRC 61 이상	태엽, 목공용 드릴, 도끼, 끌, ,셔츠 바늘, 면도칼, 목공용 띠톱, 펜촉, 프레스 형틀, 게이지
		5종	STC 90	HRC 60 이상	프레스 형틀, 태엽, 게이지, 침
		6종	STC 85 (STC 5)	HRC 59 이상	각인, 프레스 형틀, 태엽, 띠톱, 치공구, 원형톱, 펜촉, 등사판 줄, 게이지 등
		7종	STC 80	HRC 58 이상	각인, 프레스 형틀, 태엽
		8종	STC 75 (STC 6)	HRC 57 이상	각인, 스냅, 원형톱, 태엽, 프레스 형틀, 등사판 줄 등
		9종	STC 70	HRC 57 이상	각인, 스냅, 프레스 형틀, 태엽
		10종	STC 65 (STC 7)	HRC 56 이상	각인, 스냅, 프레스 형틀, 나이프 등
		11종	STC 60	HRC 55 이상	각인, 스냅, 프레스 형틀

KS 규격	명 칭	분류 및 종별	기 호	경 도	주요 용도 및 특징
D 3753	합금 공구강 강재	1종	STS 11	HRC 62 이상	주로 절삭 공구강용 HRC 경도는 시험편의 퀜칭. 템퍼링 경도
		2종	STS 2	HRC 61 이상	
		3종	STS 21	HRC 61 이상	
		4종	STS 5	HRC 45 이상	
		5종	STS 51	HRC 45 이상	
		6종	STS 7	HRC 62 이상	
		7종	STS 81	HRC 63 이상	
		8종	STS 8	HRC 63 이상	
		1종	STS 4	HRC 56 이상	주로 내충격 공구강용 HRC 경도는 시험편의 퀜칭. 템퍼링 경도
		2종	STS 41	HRC 53 이상	
		3종	STS 43	HRC 63 이상	
		4종	STS 44	HRC 60 이상	
		1종	STS 3	HRC 60 이상	주로 냉간 금형용 HRC 경도는 시험편의 퀜칭. 템퍼링 경도
		2종	STS 31	HRC 61 이상	
		3종	STS 93	HRC 63 이상	
		4종	STS 94	HRC 61 이상	
		5종	STS 95	HRC 59 이상	
		6종	STD 1	HRC 62 이상	
		7종	STD 2	HRC 62 이상	
		8종	STD 10	HRC 61 이상	
		9종	STD 11	HRC 58 이상	
		10종	STD 12	HRC 60 이상	
		1종	STD 4	HRC 42 이상	주로 열간 금형용 HRC 경도는 시험편의 퀜칭. 템퍼링 경도
		2종	STD 5	HRC 48 이상	
		3종	STD 6	HRC 48 이상	
		4종	STD 61	HRC 50 이상	
		5종	STD 62	HRC 48 이상	
		6종	STD 7	HRC 46 이상	
		7종	STD 8	HRC 48 이상	
		8종	STF 3	HRC 42 이상	
		9종	STF 4	HRC 42 이상	
		10종	STF 6	HRC 52 이상	
D 3525	고탄소 크로뮴 베어링 강재	1종	STB 1	–	주로 구름베어링에 사용 (열간 압연 원형강 표준지름은 15~130mm)
		2종	STB 2	–	
		3종	STB 3	–	
		4종	STB 4	–	
		5종	STB 5	–	

2 스프링강, 쾌삭강, 클래드강

KS 규격	명 칭	분류 및 종별	기 호	경 도	주요 용도 및 특징
D 3597	스프링용 냉간 압연 강대	1종	S50C-CSP	경도 HV 180 이하	[조질 구분 및 기호] A : 어닐링을 한 것 R : 냉간압연한 그대로의 것 H : 퀜칭, 템퍼링을 한 것 B : 오스템퍼링을 한 것
		2종	S55C-CSP	경도 HV 180 이하	
		3종	S60C-CSP	경도 HV 190 이하	
		4종	S65C-CSP	경도 HV 190 이하	
		5종	S70C-CSP	경도 HV 190 이하	
		6종	SK85-CSP (SK5-CSP)	경도 HV 190 이하	
		7종	SK95-CSP (SK4-CSP)	경도 HV 200 이하	
		8종	SUP10-CSP	경도 HV 190 이하	
D 3701	스프링 강재	1종	SPS 6	실리콘 망가니즈 강재	주로 겹판 스프링, 코일 스프링 및 비틀림 막대 스프링용에 사용한다
		2종	SPS 7		
		3종	SPS 9	망가니즈 크로뮴 강재	
		4종	SPS 9A		
		5종	SPS 10	크로뮴 바나듐 강재	주로 코일 스프링 및 비틀림 막대 스프링용에 사용한다
		6종	SPS 11A	망가니즈 크로뮴 보론 강재	주로 대형 겹판 스프링, 코일 스프링 및 비틀림 막대 스프링에 사용한다
		7종	SPS 12	실리콘 크로뮴 강재	주로 코일 스프링에 사용한다
		8종	SPS 13	크로뮴 몰리브데넘 강재	주로 대형 겹판 스프링, 코일 스프링에 사용한다
D 3567	황 및 황 복합 쾌삭 강재	1종	SUM 11		특히 피절삭성을 향상시키기 위하여 탄소강에 황을 첨가하여 제조한 쾌삭강 강재 및 인 또는 납을 황에 복합하여 첨가한 강재도 포함
		2종	SUM 12		
		3종	SUM 21		
		4종	SUM 22		
		5종	SUM 22 L		
		6종	SUM 23		
		7종	SUM 23 L		
		8종	SUM 24 L		
		9종	SUM 25		
		10종	SUM 31		
		11종	SUM 31 L		
		12종	SUM 32		
		13종	SUM 41		
		14종	SUM 42		
		15종	SUM 43		
	쾌삭용 스테인리스	1종	STS XM1	오스테나이트계	
		2종	STS 303		
		3종	STS XM5		

KS 규격	명 칭	분류 및 종별	기 호	구 분	주요 용도 및 특징
D 3567	쾌삭용 스테인리스	4종	STS 303Se		
		5종	STS XM2		
		6종	STS 416	마텐자이트계	
		7종	STS XM6		
		8종	STS 416Se		
D 7202	강선 및 선재	9종	STS XM34	페라이트계	
		10종	STS 18235		
		11종	STS 41603		
		12종	STS 430F		
		13종	STS 430F Se		
D 3603	구리 및 구리합금 클래드강	1종	R1	압연 클래드강	압력용기, 저장조 및 수처리 장치 등에 사용하는 구리 및 구리합금을 접합재로 한 클래드강

1종 : 접합재를 포함하여 강도 부재로 설계한 것. 구조물을 제작할 때 가혹한 가공을 하는 경우 등을 대상으로 한 것

2종 : 1종 이외의 클래드강에 대하여 적용하는 것. 보기를 들면 접합재를 부식 여유(corrosion allowance)를 두어 사용한 것. 라이닝 대신으로 사용한 것 |
		2종	R2		
		1종	BR1	폭찹 압연 클래드강	
		2종	BR2		
		1종	DR1	확산 압연 클래드강	
		2종	DR2		
		1종	WR1	덧살붙임 압연 클래드강	
		2종	WR2		
		1종	ER1	주입 압연 클래드강	
		2종	ER2		
		1종	B1	폭착 클래드강	
		2종	B2		
		1종	D1	확산 클래드강	
		2종	D2		
		1종	W1	덧살붙임 클래드강	
		2종	W2		
D 3604	타이타늄 클래드강	1종	R1	압연 클래드강	압력용기, 보일러, 원자로, 저장조 등에 사용하는 접합재를 타이타늄으로 한 클래드강

1종 : 접합재를 포함하여 강도 부재로 설계한 것 및 특별한 용도의 것, 특별한 용도란 구조물을 제작할 때 가혹한 가공을 하는 경우 등을 대상으로 한 것

2종 : 1종 이외의 클래드강에 대하여 적용하는 것. 예를 들면 접합재를 부식 여유(corrosion allowance)로 설계한 것 또는 라이닝 대신에 사용하는 것 등 |
		2종	R2		
		1종	BR1	폭찹 압연 클래드강	
		2종	BR2		
		1종	B1	폭착 클래드강	
		2종	B2		
D 3605	니켈 및 니켈합금 클래드강	1종	R1	압연 클래드강	
		2종	R2		
		1종	BR1	폭찹 압연 클래드강	
		2종	BR2		
		1종	DR1	확산 압연 클래드강	
		2종	DR2		

KS 규격	명칭	분류 및 종별	기호	구분	주요 용도 및 특징
D 3605	니켈 및 니켈합금 클래드강	1종	WR1	덧살붙임 압연 클래드강	니켈합금을 접합재로 한 클래드강 1종 : 접합재를 포함하여 강도 부재로 설계한 것 및 특별한 용도의 것, 특별한 용도의 보기로는 고온 등에서 사용하는 경우, 구조물을 제작할 때 가혹한 가공을 하는 경우 등을 대상으로 한 것 2종 : 1종 이외의 클래드강에 대하여 적용하는 것. 보기를 들면 접합재를 부식 여유(corrosion allowance)로 하여 사용한 것 또는 라이닝 대신에 사용하는 것 등
		2종	WR2		
		1종	ER1	주입 압연 클래드강	
		2종	ER2		
		1종	B1	폭착 클래드강	
		2종	B2		

3. 주단조품

1 단강품

KS 규격	명 칭	분류 및 종별		기 호	인장강도 N/mm²	주요 용도 및 특징
D 3710	탄소강 단강품	1종		SF 340 A(SF 34)	340 ~ 440	일반용으로 사용하는 탄소강 단강품 [열처리 기호 의미] A : 어닐링, 노멀라이징 또는 노멀라이징 템퍼링 B : 퀜칭 템퍼링 일반용으로 사용하는 탄소강 단강품 [열처리 기호 의미] A : 어닐링, 노멀라이징 또는 노멀라이징 템퍼링 B : 퀜칭 템퍼링
		2종		SF 390 A(SF 40)	390 ~ 490	
		3종		SF 440 A(SF 45)	440 ~ 540	
		4종		SF 490 A(SF 50)	490 ~ 590	
		5종		SF 540 A(SF 55)	540 ~ 640	
		6종		SF 590 A(SF 60)	590 ~ 690	
		7종		SF 540 B(SF 55)	540 ~ 690	
		8종		SF 590 B(SF 60)	590 ~ 740	
		9종		SF 640 B(SF 65)	640 ~ 780	
D 4114	크로뮴 몰리브데넘 단강품	축상 단강품	1종	SFCM 590 S	590 ~ 740	봉, 축, 크랭크, 피니언, 기어, 플랜지, 링, 휠, 디스크 등 일반용으로 사용하는 축상, 원통상, 링상 및 디스크상으로 성형한 크로뮴몰리브데넘 단강품 [링상 단강품의 기호 보기] SFCM 590 R [디스크상 단강품의 기호 보기] SFCM 590 D
			2종	SFCM 640 S	640 ~ 780	
			3종	SFCM 690 S	690 ~ 830	
			4종	SFCM 740 S	740 ~ 880	
			5종	SFCM 780 S	780 ~ 930	
			6종	SFCM 830 S	830 ~ 980	
			7종	SFCM 880 S	880 ~ 1030	
			8종	SFCM 930 S	930 ~ 1080	
			9종	SFCM 980 S	980 ~ 1130	
D 4115	압력 용기용 스테인리스 단강품	오스테나이트계		STS F 304	세부 규격 참조	주로 부식용 및 고온용 압력 용기 및 그 부품에 사용되는 스테인리스 단강품. 다만 오스테나이트계 스테인리스 단강품에 대해서는 저온용 압력 용기 및 그 부품에도 적용 가능
				STS F 304 H		
				STS F 304 L		
				STS F 304 N		
				STS F 304 LN		
				STS F 310		
				STS F 316		
				STS F 316 H		
				STS F 316 L		
				STS F 316 N		
				STS F 316 LN		
				STS F 317		
				STS F 317 L		
				STS F 321		
				STS F 321 H		
				STS F 347		
				STS F 347 H		
				STS F 350		

KS 규격	명칭	분류 및 종별		기호	인장강도 N/mm²	주요 용도 및 특징
D 4115	압력 용기용 스테인리스 단강품	마텐자이트계		STS F 410-A	480 이상	주로 부식용 및 고온용 압력 용기 및 그 부품에 사용되는 스테인리스 단강품, 다만 오스테나이트계 스테인리스 단강품에 대해서는 저온용 압력 용기 및 그 부품에도 적용 가능
				STS F 410-B	590 이상	
				STS F 410-C	760 이상	
				STS F 410-D	900 이상	
				STS F 6B	760~930	
				STS F 6NM	790 이상	
		석출 경화계		STS F 630	세부 규격 참조	
D 4116	탄소강 단강품용 강편	1종		SFB 1	-	탄소강 단강품의 제조에 사용
		2종		SFB 2	-	
		3종		SFB 3	-	
		4종		SFB 4	-	
		5종		SFB 5	-	
		6종		SFB 6	-	
		7종		SFB 7	-	
D 4117	니켈-크로뮴 몰리브데넘강 단강품	축상 단강품	1종	SFNCM 690 S	690 ~ 830	봉, 축, 크랭크, 피니언, 기어, 플랜지, 링, 휠, 디스크 등 일반용으로 사용하는 축상, 환상 및 원판상으로 성형한 니켈 크로뮴 몰리브데넘 단강품 [환상 단강품의 기호 보기] SFNCM 690 R [원판상 단강품의 기호 보기] SFNCM 690 D
			2종	SFNCM 740 S	740 ~ 880	
			3종	SFNCM 780 S	780 ~ 930	
			4종	SFNCM 830 S	830 ~ 980	
			5종	SFNCM 880 S	880 ~ 1030	
			6종	SFNCM 930 S	930 ~ 1080	
			7종	SFNCM 980 S	980 ~ 1130	
			8종	SFNCM 1030 S	1030 ~ 1180	
			9종	SFNCM 1080 S	1080 ~ 1230	
D 4122	압력 용기용 탄소강 단강품	1종		SFVC 1	410 ~ 560	주로 중온 내지 상온에서 사용하는 압력 용기 및 그 부품에 사용하는 용접성을 고려한 탄소강 단강품
		2종		SFVC 2A	490 ~ 640	
		3종		SFVC 2B		
D 4123	압력 용기용 합금강 단강품	고온용		SFVA F1	480 ~ 660	주로 고온에서 사용하는 압력 용기 및 그 부품에 사용하는 용접성을 고려한 조질형(퀜칭, 템퍼링)합금강 단강품
				SFVA F2		
				SFVA F12		
				SFVA F11A		
				SFVA F11B	520 ~ 690	
				SFVA F22A	410 ~ 590	
				SFVA F22B	520 ~ 690	
				SFVA F21A	410 ~ 590	
				SFVA F21B	520 ~ 590	
				SFVA F5A	410 ~ 590	
				SFVA F5B	480 ~ 660	
				SFVA F5C	550 ~ 730	
				SFVA F5D	620 ~ 780	
				SFVA F9	590 ~ 760	

KS 규격	명칭	분류 및 종별	기호	인장강도 N/mm²	주요 용도 및 특징
D 4123	압력 용기용 합금강 단강품	조질형	SFVQ 1A	550~730	주로 고온에서 사용하는 압력 용기 및 그 부품에 사용하는 용접성을 고려한 조질형(퀜칭, 템퍼링)합금강 단강품
			SFVQ 1B	620~790	
			SFVQ 2A	550~730	
			SFVQ 2B	620~790	
			SFVQ 3		
D 4125	저온 압력 용기용 단강품	1종	SFL 1	440~590	주로 저온에서 사용하는 압력 용기 및 그 부품에 사용하는 용접성을 고려한 탄소강 및 합금강 단강품
		2종	SFL 2	490~640	
		3종	SFL 3		
D 4129	고온 압력 용기용 고강도 크롬 몰리브데넘강 단강품	1종	SFVCM F22B	580~760	주로 고온에서 사용하는 압력 용기용 고강도 크로뮴몰리브데넘강 단강품
		2종	SFVCM F22V	580~760	
		3종	SFVCM F3V	580~760	
D 4320	철탑 플랜지용 고장력강 단강품	1종	SFT 590	440 이상	주로 송전 철탑용 플랜지에 쓰이는 고장력강 단강품

2 주강품

KS 규격	명칭	분류 및 종별	기호	인장강도 N/mm²	주요 용도 및 특징	
D 4101	탄소강 주강품	1종	SC 360	360 이상	일반 구조용, 전동기 부품용	
		2종	SC 410	410 이상	일반 구조용 [원심력 주강관의 경우 표시 예] SC 410-CF	
		3종	SC 450	450 이상		
		4종	SC 480	480 이상		
D 4102	구조용 고장력 탄소강 및 저합금강 주강품	구조용	SCC 3	세부 규격 참조	구조용 고장력 탄소강 및 저합금강 주강품 [원심력 주강관의 경우 표시 예] SCC 3-CF	
		구조용, 내마모용	SCC5			
		구조용	SCMn 1			
			SCMn 2			
			SCMn 3			
		구조용, 내마모용	SCMn 5			
		구조용 (주로 앵커 체인용)	SCSiMn 2			
		구조용	SCMnCr 2			
			SCMnCr 3			
		구조용, 내마모용	SCMnCr 4			
		구조용, 강인재용	SCMnM 3			
			SCCrM 1			
			SCCrM 3			
			SCMnCrM 2			
			SCMnCrM 3			
			SCNCrM 2			
	스테인리스강 주강품	CA 15	SSC 1	세부 규격 참조	대응 ISO	–
		CA 15	SSC 1X			GX 12 Cr 12
		CA 40	SSC 2			–
		CA 40	SSC 2A			–
		CA 15M	SSC 3			–
		CA 15M	SSC 3X			GX 8 CrNiMo 12 1
		–	SSC 4			–
			SSC 5			–
		CA 6NM	SSC 6			–
		CA 6NM	SSC 6X			GX 4 CrNi 12 4 (QT1) (QT2)
		–	SSC 10			–
		–	SSC 11			–
		CF 20	SSC 12			–
			SSC 13			–
		CF 8	SSC 13A			–
		–	SSC 13X			GX 5 CrNi 19 9
		–	SSC 14			–
		CF 8M	SSC 14A			–
		–	SSC 14X			GX 5 CrNiMo 19 11 2
		–	SSC 14Nb			GX 6 CrNiMoNb 19 11 2
		–	SSC 15			–

KS 규격	명칭	분류 및 종별	기호	인장강도 N/mm²	주요 용도 및 특징	
	스테인리스강 주강품	-	SSC 16		-	
		CF 3M	SSC 16A		-	
		CF 3M	SSC 16AX		GX 2 CrNiMo 19 11 2	
		CF 3MN	SSC 16AXN		GX 2 CrNiMoN 19 11 2	
		CH 10, CH 20	SSC 17		-	
		CK 20	SSC 18		-	
		-	SSC 19		-	
		CF 3	SSC 19A		-	
		-	SSC 20		-	
		CF 8C	SSC 21		-	
		CF 8C	SSC 21X		GX 6 CrNiNb 19 10	
		-	SSC 22		-	
		CN 7M	SSC 23		-	
		CB 7 Cu-1	SSC 24		-	
		-	SSC 31		GX 4 CrNiMo 16 5 1	
		A890M 1B	SSC 32		GX 2 CrNiCuMoN 26 5 3 3	
		-	SSC 33		GX 2 CrNiMoN 26 5 3	
		CG 8M	SSC 34		GX 5 CrNiMo 19 11 3	
		CK-35MN	SSC 35		-	
		-	SSC 40		-	
D 4104	고망가니즈강 주강품	1종	SCMnH 1	-	일반용(보통품)	
		2종	SCMnH 2	740 이상	일반용(고급품, 비자성품)	
		3종	SCMnH 3		주로 레일 크로싱용	
		4종	SCMnH 11		고내력, 고마모용(해머, 조 플레이트 등)	
		5종	SCMnH 21		주로 무한궤도용	
D 4105	내열강 주강품	1종	HRSC 1	490 이상	-	유사 강종 [참고]
		2종	HRSC 2	340 이상	ASTM HC, ACI HC	
		3종	HRSC 3	490 이상	-	
		4종	HRSC 11	590 이상	ASTM HD, ACI HD	
		5종	HRSC 12	490 이상	ASTM HF, ACI HF	
		6종	HRSC 13	490 이상	ASTM HH, ACI HH	
		7종	HRSC 13 A	490 이상	ASTM HH Type II	
		8종	HRSC 15	440 이상	ASTM HT, ACI HT	
		9종	HRSC 16	440 이상	ASTM HT30	
		10종	HRSC 17	540 이상	ASTM HE, ACI HE	
		11종	HRSC 18	490 이상	ASTM HI, ACI HI	
		12종	HRSC 19	390 이상	ASTM HN, ACI HN	
		13종	HRSC 20	390 이상	ASTM HU, ACI HU	
		14종	HRSC 21	440 이상	ASTM HK30, ACI HK30	
		15종	HRSC 22	440 이상	ASTM HK40, ACI HK40	
		16종	HRSC 23	450 이상	ASTM HL, ACI HL	
		17종	HRSC 24	440 이상	ASTM HP, ACI HP	

KS 규격	명 칭	분류 및 종별	기 호	인장강도 N/mm²	주요 용도 및 특징
D 4106	용접 구조용 주강품	1종	SCW 410 (SCW 42)	410 이상	압연강재, 주강품 또는 다른 주강품의 용접 구조에 사용하는 것으로 특히 용접성이 우수한 주강품
		2종	SCW 450	450 이상	
		3종	SCW 480 (SCW 49)	480 이상	
		4종	SCW 550 (SCW 56)	550 이상	
		5종	SCW 620 (SCW 63)	620 이상	
D 4107	고온 고압용 주강품	탄소강	SCPH 1	410 이상	고온에서 사용하는 밸브, 플랜지, 케이싱 및 기타 고압 부품용 주강품
		탄소강	SCPH 2	480 이상	
		0.5% 몰리브데넘강	SCPH 11	450 이상	
		1% 크로뮴-0.5% 몰리브데넘강	SCPH 21	480 이상	
		1% 크로뮴-1% 몰리브데넘강	SCPH 22	550 이상	
		1% 크로뮴-1% 몰리브데넘강-0.2% 바나듐강	SCPH 23		
		2.5% 크로뮴-1% 몰리브데넘강	SCPH 32	480 이상	
		5% 크로뮴-0.5% 몰리브데넘강	SCPH 61	620 이상	
D 4108	용접 구조용 원심력 주강관	1종	SCW 410-CF	410 이상	압연강재, 단강품 또는 다른 주강품과의 용접 구조에 사용하는 특히 용접성이 우수한 관 두께 8mm 이상 150mm 이하의 용접 구조용 원심력 주강관
		2종	SCW 480-CF	480 이상	
		3종	SCW 490-CF	490 이상	
		4종	SCW 520-CF	520 이상	
		5종	SCW 570-CF	570 이상	
D 4111	저온 고압용 주강품	탄소강(보통품)	SCPL 1	450 이상	저온에서 사용되는 밸브, 플랜지, 실린더, 그 밖의 고압 부품용
		0.5% 몰리브데넘강	SCPL 11		
		2.5% 니켈강	SCPL 21	480 이상	
		3.5% 니켈강	SCPL 31		
D 4112	고온 고압용 원심력 주강관	탄소강	SCPH 1-CF	410 이상	주로 고온에서 사용하는 원심력 주강관
		탄소강	SCPH 2-CF	480 이상	
		0.5% 몰리브데넘강	SCPH 11-CF	380 이상	
		1% 크로뮴-0.5% 몰리브데넘강	SCPH 21-CF	410 이상	
		2.5% 크로뮴-1% 몰리브데넘강	SCPH 32-CF		
D 4118	도로 교량용 주강품	1종	SCHB 1	491 이상	도로 교량용 부품으로 사용하는 주강품
		2종	SCHB 2	628 이상	
		3종	SCHB 3	834 이상	

KS 규격	명 칭	분류 및 종별	기 호	인장강도 N/mm²	주요 용도 및 특징
D ISO 13521	오스테나이트계 망가니즈 주강품	강 등급	GX120MnMo7-1	–	
			GX110MnMo7-13-1	–	
			GX100Mn13	–	때때로 비자성체에 이용된다
			GX120Mn13	–	때때로 비자성체에 이용된다
			GX129MnCr13-2	–	
			GX129MnNi13-3	–	
			GX120Mn17	–	때때로 비자성체에 이용된다
			GX90MnMo14	–	
			GX120MnCr17-2	–	

3 주철품

KS 규격	명 칭	분류 및 종별	기 호	인장강도 N/mm²	주요 용도 및 특징
D 4301	회 주철품	1종	GC 100	100 이상	편상 흑연을 함유한 주철품 (주철품의 두께에 따라 인장강도 다름)
		2종	GC 150	150 이상	
		3종	GC 200	200 이상	
		4종	GC 250	250 이상	
		5종	GC 300	300 이상	
		6종	GC 350	350 이상	
D 4302	구상 흑연 주철품	별도 주입 공시재 1종	GCD 350-22	350 이상	구상(球狀) 흑연 주철품 기호 L : 저온 충격값이 규정된 것
		2종	GCD 350-22L		
		3종	GCD 400-18	400 이상	
		4종	GCD 400-18L		
		5종	GCD 400-15		
		6종	GCD 450-10	450 이상	
		7종	GCD 500-7	500 이상	
		8종	GCD 600-3	600 이상	
		9종	GCD 700-2	700 이상	
		10종	GCD 800-2	800 이상	
		본체 부착 공시재 1종	GCD 400-18A	세부 규격 참조	
		2종	GCD 400-18AL		
		3종	GCD 400-15A		
		4종	GCD 500-7A		
		5종	GCD 600-3A		
D 4318	오스템퍼 구상 흑연 주철품	1종	GCAD 900-4	900 이상	오스템퍼 처리한 구상 흑연 주철품
		2종	GCAD 900-8		
		3종	GCAD 1000-5	1000 이상	
		4종	GCAD 1200-2	1200 이상	
		5종	GCAD 1400-1	1400 이상	
D 4319	오스테나이트 주철품	구상 흑연계	GCDA-NiMn 13 17	390 이상	비자성 주물 보기 : 터빈 발동기용 압력 커버, 차단기 상자, 절연 플랜지, 터미널, 덕트

KS 규격	명 칭	분류 및 종별	기 호	인장강도 N/mm²	주요 용도 및 특징
D 4319	오스테나이트 주철품	구상 흑연계	GCDA-NiCr 20 2	370 이상	펌프, 밸브, 컴프레서, 부싱, 터보차저 하우징, 이그조스트 매니폴드, 캐빙 머신용 로터리 테이블, 엔진용 터빈 하우징, 밸브용 요크슬리브, 비자성 주물
			GCDA-NiCrNb 20 2		GCDA-NiCr 20 2와 동등
			GCDA-NiCr 20 3	390 이상	펌프, 펌프용 케이싱, 밸브, 컴프레서, 부싱, 터보 차저 하우징, 이그조스트 매니폴드
			GCDA-NiSiCr 20 5 2	370 이상	펌프 부품, 밸브, 높은 기계적 응력을 받는 공업로용 주물
			GCDA-Ni 22		펌프, 밸브, 컴프레서, 부싱, 터보 차저 하우징, 이그조스트 매니폴드, 비자성 주물
			GCDA-NiMn 23 4	440 이상	-196℃까지 사용되는 경우의 냉동기기류 주물
			GCDA-NiCr 30 1	370 이상	펌프, 보일러 필터 부품, 이그조스트 매니폴드, 밸브, 터보 차저 하우징
			GCDA-NiCr 30 3		펌프, 보일러, 밸브, 필터 부품, 이그조스트 매니폴드, 터보 차저 하우징
			GCDA-NiSiCr 30 5 2	380 이상	펌프 부품, 이그조스트 매니폴드, 터보 차저 하우징, 공업로용 주물
			GCDA-NiSiCr 30 5 5	390 이상	펌프 부품, 밸브, 공업로용 주물 중 높은 기계적 응력을 받는 부품
			GCDA-Ni 35		온도에 따른 치수변화를 기피하는 부품 적용(예 : 공작기계, 이과학기기, 유리용 금형)
			GCDA-NiCr 35 3	370 이상	가스 터빈 하우징 부품, 유리용 금형, 엔진용 터보 차저 하우징
			GCDA-NiSiCr 35 5 2		가스 터빈 하우징 부품, 이그조스트 매니폴드, 터보 차저 하우징
D 4321	철(합금)계 저열팽창 주조품	주강계	SCLE 1	370 이상	50~100℃ 사이의 평균 선팽창계수 7.0×10^{-6}/℃ 이하인 철합금 저열팽창 주조품
			SCLE 2		
			SCLE 3		
			SCLE 4		
		회 주철계	GCLE 1	120 이상	
			GCLE 2		
			GCLE 3		
			GCLE 4		
		구상 흑연 주철계	GCDLE 1	370 이상	
			GCDLE 2		
			GCDLE 3		
			GCDLE 4		
D 4321	저온용 두꺼운 페라이트 구상 흑연 주철품	1종	GCD 300LT	300 이상	-40℃ 이상의 온도에서 사용되는 주물 두께 550mm 이하의 페라이트 기지의 두꺼운 구상 흑연 주철품
D 4323	하수도용 덕타일 주철관	직관 두께에 따른 구분	1종관	-	가정의 생활폐수 및 산업폐수, 지표수, 우수 등을 운송하는 배수 및 하수 배관용으로 압력 또는 무압력 상태에서 사용하는 덕타일 주철관
			2종관	-	
			3종관	-	

KS 규격	명칭	분류 및 종별	기호	인장강도 N/mm²	주요 용도 및 특징
D ISO 5922	가단 주철품	백심가단 주철	GCMW 35-04	세부 규격 참조	가단 주철품 열처리한 철-탄소합금으로서 주조 상태에서 흑연을 함유하지 않은 백선 조직을 가지는 주철품. 즉, 탄소 성분은 전부 시멘타이트(Fe₃C)로 결합된 형태로 존재한다. [종류의 기호] GCMW : 백심 가단 주철 GCMB : 흑심 가단 주철 GCMP : 펄라이트 가단 주철
			GCMW 38-12		
			GCMW 40-05		
			GCMW 45-07		
		A	GCMB 30-06	300 이상	
			GCMB 35-10	350 이상	
			GCMB 45-06	450 이상	
			GCMB 55-04	550 이상	
			GCMB 65-02	650 이상	
			GCMB 70-02	700 이상	
		B	GCMB 32-12	320 이상	
			GCMP 50-05	500 이상	
			GCMB 60-03	600 이상	
			GCMB 80-01	800 이상	

4 주물

KS 규격	명칭	분류 및 종별	기호	인장강도 N/mm²	주요 용도 및 특징
D 6003	화이트 메탈	1종	WM1	세부 규격 참조	각종 베어링 활동부 또는 패킹 등에 사용(주괴)
		2종	WM2		
		2종B	WM2B		
		3종	WM3		
		4종	WM4		
		5종	WM5		
		6종	WM6		
		7종	WM7		
		8종	WM8		
		9종	WM9		
		10종	WM10		
		11종	WM11(L13910)		
		12종	WM2(SnSb8Cu4)		
		13종	WM13(SnSb12CuPb)		
		14종	WM14(PbSb15Sn10)		
D 6005	아연 합금 다이캐스팅	1종	ZDC1	325	자동차 브레이크 피스톤, 시트 밸브 감김쇠, 캔버스 플라이어
		2종	ZDC2	285	자동차 라디에이터 그릴, 몰, 카뷰레터, VTR 드럼 베이스, 테이프 헤드, CP 커넥터
D 6006	다이캐스팅용 알루미늄 합금	1종	ALDC 1	–	내식성, 주조성은 좋다. 항복 강도는 어느 정도 낮다.
		3종	ALDC 3	–	충격값과 항복 강도가 좋고 내식성도 1종과 거의 동등하지만, 주조성은 좋지 않다.
		5종	ALDC 5	–	내식성이 가장 양호하고 연신율, 충격값이 높지만 주조성은 좋지 않다
		6종	ALDC 6	–	내식성은 5종 다음으로 좋고, 주조성은 5종보다 약간 좋다.

KS 규격	명칭	분류 및 종별	기호	인장강도 N/mm²	주요 용도 및 특징
D 6006	다이캐스팅용 알루미늄 합금	10종	ALDC 10	-	기계적 성질, 피삭성 및 주조성이 좋다.
		10종 Z	ALDC 10 Z	-	10종보다 주조 갈라짐성과 내식성은 약간 좋지 않다.
		12종	ALDC 12	-	기계적 성질, 피삭성, 주조성이 좋다.
		12종 Z	ALDC 12 Z	-	12종보다 주조 갈라짐성 및 내식성이 떨어진다.
		14종	ALDC 14	-	내마모성, 유동성은 우수하고 항복 강도는 높으나, 연신율이 떨어진다.
		Si9종	Al Si9	-	내식성이 좋고, 연신율, 충격치도 어느 정도 좋지만, 항복 강도가 어느 정도 낮고 유동성이 좋지 않다.
		Si12Fe종	Al Si12(Fe)	-	내식성, 주조성이 좋고, 항복 강도가 어느 정도 낮다.
		Si10MgFe종	Al Si10Mg(Fe)	-	충격치와 항복 강도가 높고, 내식성도 1종과 거의 동등하며, 주조성은 1종보다 약간 좋지 않다.
		Si8Cu3종	Al Si8Cu3	-	10종보다 주조 갈라짐 및 내식성이 나쁘다.
		Si9Cu3Fe종	Al Si9Cu3(Fe)	-	
		Si9Cu3FeZn종	Al Si9Cu3(Fe)(Zn)	-	
		Si11Cu2Fe종	Al Si11Cu2(Fe)	-	기계적 성질, 피삭성, 주조성이 좋다.
		Si11Cu3Fe종	Al Si11Cu3(Fe)	-	
		Si11Cu1Fe종	Al Si12Cu1(Fe)	-	12종보다 연신율이 어느 정도 높지만, 항복 강도는 다소 낮다.
		Si117Cu4Mg종	Al Si17Cu4Mg	-	내마모성, 유동성이 좋고, 항복 강도가 높지만, 연신율은 낮다.
		Mg9종	Al Mg9	-	5종과 같이 내식성이 좋지만, 주조성이 나쁘고, 응력부식균열 및 경시변화에 주의가 필요하다.
D 6008	알루미늄 합금 주물	주물 1종A	AC1A	세부 규격 참조	가선용 부품, 자전거 부품, 항공기용 유압 부품, 전송품 등
		주물 1종B	AC1B		가선용 부품, 중전기 부품, 자전거 부품, 항공기 부품 등
		주물 2종A	AC2A		매니폴드, 디프캐리어, 펌프 보디, 실린더 헤드, 자동차용 하체 부품 등
		주물 2종B	AC2B		실린더 헤드, 밸브 보디, 크랭크 케이스, 클러치 하우징 등
		주물 3종A	AC3A		케이스류, 커버류, 하우징류의 얇은 것, 복잡한 모양의 것, 장막벽 등
		주물 4종A	AC4A		매니폴드, 브레이크 드럼, 미션 케이스, 크랭크 케이스, 기어 박스, 선박용·차량용 엔진 부품 등
		주물 4종B	AC4B		크랭크 케이스, 실린더 매니폴드, 항공기용 전장품 등
		주물 4종C	AC4C		유압 부품, 미션 케이스, 플라이 휠 하우징, 항공기 부품, 소형용 엔진 부품, 전장품 등
		주물 4종CH	AC4CH		자동차용 바퀴, 가선용 쇠붙이, 항공기용 엔진 부품, 전장품 등
		주물 4종D	AC4D		수랭 실린더 헤드, 크랭크 케이스, 실린더 블록, 연료 펌프보디, 블로어 하우징, 항공기용 유압 부품 및 전장품 등
		주물 5종A	AC5A		공랭 실린더 헤드 디젤 기관용 피스톤, 항공기용 엔진 부품 등
		주물 7종A	AC7A		가선용 쇠붙이, 선박용 부품, 조각 소재 건축용 쇠붙이, 사무기기, 의자, 항공기용 전장품 등

KS 규격	명칭	분류 및 종별	기호	인장강도 N/mm²	주요 용도 및 특징
D 6008	알루미늄 합금 주물	주물 8종A	AC8A	세부 규격 참조	자동차·디젤 기관용 피스톤, 선방용 피스톤, 도르래, 베어링 등
		주물 8종B	AC8B		자동차용 피스톤, 도르래, 베어링 등
		주물 8종C	AC8C		자동차용 피스톤, 도르래, 베어링 등
		주물 9종A	AC9A		피스톤(공랭 2 사이클용)등
		주물 9종B	AC9B		피스톤(디젤 기관용, 수랭 2사이클용), 공랭 실린더 등
D 6016	마그네슘 합금 주물	1종	MgC1	세부 규격 참조	일반용 주물, 3륜차용 하부 휨, 텔레비전 카메라용 부품 등
		2종	MgC2		일반용 주물, 크랭크 케이스, 트랜스미션, 기어박스, 텔레비전 카메라용 부품, 레이더용 부품, 공구용 지그 등
		3종	MgC3		일반용 주물, 엔진용 부품, 인쇄용 섀들 등
		5종	MgC5		일반용 주물, 엔진용 부품 등
		6종	MgC6		고력 주물, 경기용 차륜 산소통 브래킷 등
		7종	MgC7		고력 주물, 인렛 하우징 등
		8종	MgC8		내열용 주물, 엔진용 부품 기어 케이스, 컴프레서 케이스 등
D 6018	경연 주물	8종	HPbC 8	49 이상	주로 화학 공업에 사용
		10종	HPbC 10	50 이상	
D 6024	구리 주물	1종	CAC101 (CuC1)	175 이상	송풍구, 대송풍구, 냉각판, 열풍 밸브, 전극 홀더, 일반 기계 부품 등
		2종	CAC102 (CuC2)	155 이상	송풍구, 전기용 터미널, 분기 슬리브, 콘택트, 도체, 일반 전기 부품 등
		3종	CAC103 (CuC3)	135 이상	전로용 랜스 노즐, 전기용 터미널, 분기 슬리브, 통전 서포트, 도체, 일반전기 부품 등
	황동 주물	1종	CAC201 (YBsC1)	145 이상	플랜지류, 전기 부품, 장식용품 등
		2종	CAC202 (YBsC2)	195 이상	전기 부품, 제기 부품, 일반 기계 부품 등
		3종	CAC203 (YBsC3)	245 이상	급배수 쇠붙이, 전기 부품, 건축용 쇠붙이, 일반기계 부품, 일용품, 잡화품 등
		4종	CAC204 (C85200)	241 이상	일반 기계 부품, 일용품, 잡화품 등
D 6024	고력 황동 주물	1종	CAC301 (HBsC1)	430 이상	선박용 프로펠러, 프로펠러 보닛, 배어링, 밸브 시트, 밸브봉, 베어링 유지기, 레버 암, 기어, 선박용 의장품 등
		2종	CAC302 (HBsC2)	490 이상	선박용 프로펠러, 베어링, 베어링 유지기, 슬리퍼, 엔드 플레이트, 밸브시트, 밸브봉, 특수 실린더, 일반 기계 부품 등
		3종	CAC303 (HBsC3)	635 이상	저속 고하중의 미끄럼 부품, 대형 밸브. 스템, 부시, 웜 기어, 슬리퍼,캠, 수압 실린더 부품 등
		4종	CAC304 (HBsC4)	735 이상	저속 고하중의 미끄럼 부품, 교량용 지지판, 베어링, 부시, 너트, 웜 기어, 내마모판 등
	청동 주물	1종	CAC401 (BC1)	165 이상	베어링, 명판, 일반 기계 부품 등
		2종	CAC402 (BC2)	245 이상	베어링, 슬리브, 부시, 펌프 몸체, 임펠러, 밸브, 기어, 선박용 둥근 창, 전동 기기 부품 등

KS 규격	명칭	분류 및 종별	기호	인장강도 N/mm²	주요 용도 및 특징
D 6024	청동 주물	3종	CAC403 (BC3)	245 이상	베어링, 슬리브, 부싱, 펌프, 몸체 임펠러, 밸브, 기어, 선박용 둥근 창, 전동 기기 부품, 일반 기계 부품 등
		6종	CAC406 (BC6)	195 이상	밸브, 펌프 몸체, 임펠러, 급수 밸브, 베어링, 슬리브, 부싱, 일반 기계 부품, 경관 주물, 미술 주물 등
		7종	CAC407 (BC7)	215 이상	베어링, 소형 펌프 부품, 밸브, 연료 펌프, 일반 기계 부품 등
		8종 (함연 단동)	CAC408 (C83800)	207 이상	저압 밸브, 파이프 연결구, 일반 기계 부품 등
		9종	CAC409 (C92300)	248 이상	포금용, 베어링 등
	인청동 주물	2종A	CAC502A (PBC2)	195 이상	기어, 웜 기어, 베어링, 부싱, 슬리브, 임펠러, 일반 기계 부품 등
		2종B	CAC502B (PBC2B)	295 이상	
		3종A	CAC503A	195 이상	미끄럼 부품, 유압 실린더, 슬리브, 기어, 제지용 각종 롤러 등
		3종B	CAC503B (PBC3B)	265 이상	미끄럼 부품, 유압 실린더, 슬리브, 기어, 제지용 각종 롤러 등
D 6024	납청동 주물	2종	CAC602 (LBC2)	195 이상	중고속 · 고하중용 베어링, 실린더, 밸브 등
		3종	CAC603 (LBC3)	175 이상	중고속 · 고하중용 베어링, 대형 엔진용 베어링
		4종	CAC604 (LBC4)	165 이상	중고속 · 중하중용 베어링, 차량용 베어링, 화이트 메탈의 뒤판 등
		5종	CAC605 (LBC5)	145 이상	중고속 · 저하중용 베어링, 엔진용 베어링 등
		6종	CAC606 (LBC6)	165 이상	경하중 고속용 부싱, 베어링, 철도용 차량, 파쇄기, 콘베어링 등
		7종	CAC607 (C94300)	207 이상	일반 베어링, 병기용 부싱 및 연결구, 중하중용 정밀 베어링, 조립식 베어링 등
		8종	CAC608 (C93200)	193 이상	경하중 고속용 베어링, 일반 기계 부품 등
	알루미늄 청동	1종	CAC701 (AlBC1)	440 이상	내산 펌프, 베어링, 부싱, 기어, 밸브 시트, 플런저, 제지용 롤러 등
		2종	CAC702 (AlBC2)	490 이상	선박용 소형 프로펠러, 베어링, 기어, 부싱, 밸브시트, 임펠러, 볼트 너트, 안전 공구, 스테인리스강용 베어링 등
		3종	CAC703 (AlBC3)	590 이상	선박용 프로펠러, 임펠러, 밸브, 기어, 펌프 부품, 화학 공업용 기기 부품, 스테인리스강용 베어링, 식품 가공용 기계 부품 등
D 6024	알루미늄 청동	4종	CAC704 (AlBC4)	590 이상	선박용 프로펠러, 슬리브, 기어, 화학용 기기 부품 등
		5종	CAC705 (C95500)	620 이상	중하중을 받는 총포 슬라이드 및 지지부, 기어, 부싱, 베어링, 프로펠러 날개 및 허브, 라이너 베어링 플레이트용 등
		-	CAC705HT (C95500)	760 이상	
		6종	CAC706 (C95300)	450 이상	중하중을 받는 총포 슬라이드 및 지지부, 기어, 부싱, 베어링, 프로펠러 날개 및 허브, 라이너 베어링 플레이트용 등
		-	CAC706HT (C95300)	550 이상	
	실리콘 청동	1종	CAC801 (SzBC1)	345 이상	선박용 의장품, 베어링, 기어 등

KS 규격	명칭	분류 및 종별	기호	인장강도 N/mm²	주요 용도 및 특징
D 6024	실리콘 청동	2종	CAC802 (SzBC2)	440 이상	선박용 의장품, 베어링, 기어, 보트용 프로펠러 등
		3종	CAC803 (SzBS3)	390 이상	선박용 의장품, 베어링, 기어 등
		4종	CAC804 (C87610)	310 이상	선박용 의장품, 베어링, 기어 등
		5종	CAC805	300 이상	급수장치 기구류 (수도미터, 밸브류, 이음류, 수전 밸브 등)
	니켈 주석 청동 주물	1종	CAC901 (C94700)	310 이상	팽창부 연결품, 관 이음쇠, 기어볼트, 너트, 펌프 피스톤, 부싱, 베어링 등
		-	CAC901HT (C94700)	517 이상	
		2종	CAC902 (C94800)	276 이상	팽창부 연결품, 관 이음쇠, 기어볼트, 너트, 펌프 피스톤, 부싱, 베어링 등
	베릴륨 동 주물	3종	CAC903 (C82000)	311 이상	스위치 및 스위치 기어, 단로기, 전도 장치 등
		-	CAC903HT (C82000)	621 이상	
		4종	CAC904 (C82500)	518 이상	부싱, 캠, 베어링, 기어, 안전 공구 등
		-	CAC904HT (C82500)	1035 이상	
		5종	CAC905 (C82600)	552 이상	높은 경도와 최대의 강도가 요구되는 부품 등
		-	CAC905HT (C82600)	1139 이상	
		6종	CAC906	1139 이상	높은 인장 강도 및 내력과 함께 최대의 경도가 요구되는 부품 등
		-	CAC906HT (C82800)		

4. 구조용 철강

1 구조용 봉강, 형강, 강판, 강대

KS 규격	명 칭	분류 및 종별		기 호	인장강도 N/mm²	주요 용도 및 특징
D 3503	일반 구조용 압연 강재	1종		SS 330	330 ~ 430	강판, 강대, 평강 및 봉강
		2종		SS 400	400 ~ 510	강판, 강대, 평강, 형강 및 봉강
		3종		SS 490	490 ~ 610	
		4종		SS 540	540 이상	두께 40mm 이하의 강판, 강대, 형강, 평강 및 지름, 변 또는 맞변거리 40mm 이하의 봉강
		5종		SS 590	590 이상	
D 3504	철근 콘크리트용 봉강 (이형봉강)	1종		SD 300	440 이상	일반용
		2종		SD 350	490 이상	
		3종		SD 400	560 이상	
		4종		SD 500	620 이상	
		5종		SD 600	710 이상	
		6종		SD 700	800 이상	
		7종		SD 400W	560 이상	용접용
		8종		SD 500W	620 이상	
D 3505	PC 강봉	A종	2호	SBPR 785/1 030	1030 이상	원형 봉강
		B종	1호	SBPR 930/1 080	1080 이상	
		B종	2호	SBPR 930/1 180	1180 이상	
		C종	1호	SBPR 1 080/1 230	1230 이상	
		B종	1호	SBPD 930/1 080	1080 이상	이형 봉강
		C종	1호	SBPD 1 080/1 230	1230 이상	
		D종	1호	SBPD 1 275/1 420	1420 이상	
D 3511	재생 강재	평강:F	1종	SRB 330	330~400	재생 강재의 봉강, 평강 및 등변 ㄱ형강
		형강:A	2종	SRB 380	380~520	
		봉강:B	3종	SRB 480	480~620	
D 3515	용접 구조용 압연 강재	1종	A	SM 400A	400 ~ 510	강판, 강대, 형강 및 평강 200mm 이하
		2종	B	SM 400B		
		3종	C	SM 400C		강판, 강대, 형강 및 평강 100mm 이하
		4종	A	SM 490A	490 ~ 610	강판, 강대, 형강 및 평강 200mm 이하
		5종	B	SM 490B		
		6종	C	SM 490C		강판, 강대, 형강 및 평강 100mm 이하
		7종	YA	SM 490YA		
		8종	YB	SM 490YB		
		9종	B	SM 520B	520 ~ 640	
		10종	C	SM 520C		
		11종	–	SM 570	570 ~ 720	
D 3518	법랑용 탈탄 강판 및 강대	–		SPE	–	법랑칠을 하는 탈탄 강판 및 강대
D 3526	마봉강용 일반 강재	A종		SGD A	290 ~ 390	기계적 성질 보증
		B종		SGD B	400 ~ 510	

KS 규격	명칭	분류 및 종별			기호	인장강도 N/mm²	주요 용도 및 특징
D 3526	마봉강용 일반 강재	1종			SGD 1	-	화학성분 보증 킬드강 지정시 각 기호의 뒤에 K를 붙임
		2종			SGD 2	-	
		3종			SGD 3	-	
		4종			SGD 4	-	
D 3527	철근 콘크리트용 재생 봉강	1종			SBCR 240	380~590	재생 원형 봉강
		2종			SBCR 300	440~620	
		3종			SDCR 240	380~590	재생 이형 봉강
		4종			SDCR 300	440~620	
		5종			SDCR 350	490~690	
D 3529	용접 구조용 내후성 열간 압연 강재	1종	A	W	SMA 400AW	400~540	내후성을 갖는 강판, 강대, 형강 및 평강 200 이하
				P	SMA 400AP		
			B	W	SMA 400BW		
				P	SMA 400BP		
			C	W	SMA 400CW		내후성을 갖는 강판, 강대, 형강 100 이하
				P	SMA 400CP		
		2종	A	W	SMA 490AW	490~610	내후성이 우수한 강판, 강대, 형강 및 평강 200 이하
				B	SMA 490AP		
			B	W	SMA 490BW		
				P	SMA 490BP		
			C	W	SMA 490CW		내후성이 우수한 강판, 강대, 형강 100 이하
				P	SMA 490CP		
		3종		W	SMA 570W	570~720	
				P	SMA 570P		
D 3530	일반 구조용 경량 형강	경 ㄷ 형강 경 Z 형강 경 ㄱ 형강 리프 ㄷ 형강 리프 Z 형강 모자 형강			SSC 400	400 ~ 540	건축 및 기타 구조물에 사용하는 냉간 성형 경량 형강
D 3542	고 내후성 압연 강재	1종			SPA-H	355 이상	내후성이 우수한 강재 (내후성 : 대기 중에서 부식에 견디는 성질)
		2종			SPA-C	315 이상	
D 3546	체인용 원형강	1, 2종 삭제 기호 규정			SBC 300	300 이상	체인에 사용하는 열간압연 원형강
					SBC 490	490 이상	
					SBC 690	690 이상	
D 3557	리벳용 원형강	1종			SV 330	330 ~ 400	리벳의 제조에 사용하는 열간 압연 원형강
		2종			SV 400	400 ~ 490	
D 3558	일반 구조용 용접 경량 H형강	1종			SWH 400	400 ~ 540	종래 단위 SWH 41
		2종			SWH 400 L		종래 단위 SWH 41 L
D 3561	마봉강 (탄소강, 합금강)	SGDA			SGD 290-D	340 ~ 740	원형(연삭, 인발, 절삭), 6각강, 각강, 평형강
		SGDB			SGD 400-D	450 ~ 850	
D 3593	조립용 형강	1종(강)			SSA	370 이상	Steel slotted angle
		2종(알)			ASA		Aluminium slotted angle

KS 규격	명칭	분류 및 종별	기호	인장강도 N/mm²	주요 용도 및 특징
D 3611	용접 구조용 고항복점 강판	1종	SHY 685	780 ~ 930	적용 두께 6이상 100이하 압력용기, 고압설비, 기타 구조물에 사용하는 강판
		2종	SHY 685 N	760 ~ 910	
		3종	SHY 685 NS		
D 3688	고성능 철근 콘크리트용 봉강	1종	SD 400S	항복강도의 1.25배 이상	항복강도 : 400~520
		2종	SD 500S		항복강도 : 500~650
D 3781	철탑용 고장력강 강재	1종 강판	SH 590 P	590 ~ 740	적용 두께 : 6mm 이상 25mm 이하
		2종 ㄱ 형강	SH 590 S	590 이상	적용 두께 : 35mm 이하
D 3854	건축 구조용 표면처리 경량 형강	립 ㄷ 형강	ZSS 400	400 이상	건축 및 기타 구조물의 부재
		경 E 형강			
D 3857	건축 구조용 압연 봉강	1종	SNR 400A	400 이상 510 이하	봉강에는 원형강, 각강, 코일 봉강을 포함
		2종	SNR 400B		
		3종	SNR 490B	490 이상 610 이하	
D 3861	건축 구조용 압연 강재	1종	SN 400A	400 이상 510 이하	강판, 강대, 형강, 평강 6mm이상 100mm 이하
		2종	SN 400B		
		3종	SN 400C		강판, 강대, 형강, 평강 16mm이상 100mm 이하
		4종	SN 490B	490 이상 610 이하	강판, 강대, 형강, 평강 6mm이상 100mm 이하
		5종	SN 490C		강판, 강대, 형강, 평강 16mm이상 100mm 이하
D 3864	내진 건축 구조용 냉간 성형 각형 강관	1종	SPAR 295	–	주로 내진 건축 구조물의 기둥재
		2종	SPAR 360	–	
		3종	SPAP 235		
		4종	SPAP 325		
D 3865	건축 구조용 내화 강재	1종	FR 400B	400~510	6mm 이상 100mm 이하 강판
		2종	FR 400C		
		3종	FR 490B	490~610	
		4종	FR 490C		
D 5994	건축 구조용 고성능 압연 강재	1종	HSA 800	800~950	100 mm 이하
D ISO 4995	구조용 열간 압연 강판	–	B	HR 235	330 이상	볼트, 리벳, 용접 구조물 등
		–	D			
		–	B	HR 275	370 이상	
		–	D			
		–	B	HR 335	450 이상	
		–	D			
D ISO 4997	구조용 냉간 압연 강판	등급 : B	CR 220	300 이상	냉간 압연 강판 강종(CR220, CR250, CR320) 스케일을 제거한 열간 압연 강판을 요구 두께까지 냉간가공하고 입자 구조를 재결정시키기 위한 어닐링 처리를 하여 얻은 제품
		등급 : D			
		등급 : B	CR 250	330 이상	
		등급 : D			
		등급 : B	CR 320	400 이상	
		등급 : D			
		미적용	미적용	–	

KS 규격	명 칭	분류 및 종별	기 호	인장강도 N/mm²	주요 용도 및 특징
D ISO 4999	일반용, 드로잉용 및 구조용 연속 용융 턴(납합금) 도금 냉간 압연 탄소 강판	등급 : B	TCR 220	300 이상	연속 용융 턴(납합금)도금 공정으로 도금한 일반용 및 드로잉용 냉간압연 탄소 강판에 적용
		등급 : D			
		등급 : B	TCR 250	330 이상	
		등급 : D			
		등급 : B	TCR 320	400 이상	
		등급 : D			
		−	TCH 550	−	
		−		−	

2 압력 용기용 강판 및 강대

KS 규격	명 칭	분류 및 종별	기 호	인장강도 N/mm²	주요 용도 및 특징
D 3521	압력 용기용 강판	1종	SPPV 235	400 ~ 510	압력용기 및 고압설비 등 (고온 및 저온 사용 제외) 용접성이 좋은 열간 압연 강판
		2종	SPPV 315	490 ~ 610	
		3종	SPPV 355	520 ~ 640	
		4종	SPPV 410	550 ~ 670	
		5종	SPPV 450	570 ~ 700	
		6종	SPPV 490	610 ~ 740	
D 3533	고압 가스 용기용 강판 및 강대	1종	SG 255	400 이상	LP 가스, 아세틸렌, 프레온 가스 등 고압 가스 충전용 500L 이하의 용접 용기
		2종	SG 295	440 이상	
		3종	SG 325	490 이상	
		4종	SG 365	540 이상	
D 3538	보일러 및 압력용기용 망가니즈 몰리브데넘강 및 망가니즈 몰리브데넘 니켈강 강판	1종	SBV1A	520 ~ 660	보일러 및 압력용기 (저온 사용 제외)
		2종	SBV1B	550 ~ 690	
		3종	SBV2		
		4종	SBV3		
D 3539	압력용기용 조질형 망가니즈 몰리브데넘강 및 망가니즈 몰리브데넘 니켈강 강판	1종	SQV1A	550 ~ 690	원자로 및 기타 압력용기
		2종	SQV1B	620 ~ 790	
		3종	SQV2A	550 ~ 690	
		4종	SQV2B	620 ~ 790	
		5종	SQV3A	550 ~ 690	
		6종	SQV3B	620 ~ 790	
D 3540	중·상온 압력 용기용 탄소 강판	1종	SGV 410	410 ~ 490	종래 기호 : SGV 42
		2종	SGV 450	450 ~ 540	종래 기호 : SGV 46
		3종	SGV 480	480 ~ 590	종래 기호 : SGV 49
D 3541	저온 압력 용기용 탄소강 강판	Al 처리 세립 킬드강	SLAl 235 A	400 ~ 510	종래 기호 : SLAl 24 A
			SLAl 235 B		종래 기호 : SLAl 24 B
			SLAl 325 A	440 ~ 560	종래 기호 : SLAl 33 A
			SLAl 325 B		종래 기호 : SLAl 33 B
			SLAl 360	490 ~ 610	종래 기호 : SLAl 37

KS 규격	명 칭	분류 및 종별	기 호	인장강도 N/mm²	주요 용도 및 특징
D 3543	보일러 및 압력 용기용 크로뮴 몰리브데넘강 강판	1종	SCMV 1	380 ~ 550	보일러 및 압력용기 강도구분 1 : 인장강도가 낮은 것 강도구분 2 : 인장강도가 높은 것
		2종	SCMV 2		
		3종	SCMV 3	410 ~ 590	
		4종	SCMV 4		
		5종	SCMV 5		
		6종	SCMV 6		
D 3560	보일러 및 압력 용기용 탄소강 및 몰리브데넘강 강판	1종	SB 410	410 ~ 550	보일러 및 압력용기 (상온 및 저온 사용 제외)
		2종	SB 450	450 ~ 590	
		3종	SB 480	480 ~ 620	
		4종	SB 450 M	450 ~ 590	
		5종	SB 480 M	480 ~ 620	
D 3586	저온 압력용 니켈 강판	1종	SL2N255	450 ~ 590	저온 사용 압력 용기 및 설비에 사용하는 열간 압연 니켈 강판
		2종	SL3N255		
		3종	SL3N275	480 ~ 620	
		4종	SL3N440	540 ~ 690	
		5종	SL5N590	690 ~ 830	
		6종	SL9N520		
		7종	SL9N590		
D 3610	중·상온 압력 용기용 고강도 강판	종래기호 SEV 25	SEV 245	370 이상	보일러 및 압력 용기에 사용하는 강판 (인장강도는 강판 두께 50mm 이하)
		종래기호 SEV 30	SEV 295	420 이상	
		종래기호 SEV 35	SEV 345	430 이상	
D 3630	고온 압력 용기용 고강도 크로뮴-몰리브데넘 강판	1종	SCMQ42	580 ~ 760	고온 사용 압력 용기용
		2종	SCMQ4V		
		3종	SCMQ5V		
D 3853	압력 용기용 강판	1종	SPV 315	490 ~ 610	압력 용기 및 고압 설비 (고온 및 저온 사용 제외)
		2종	SPV 355	520 ~ 640	
		3종	SPV 410	550 ~ 670	
		4종	SPV 450	570 ~ 700	
		5종	SPV 490	610 ~ 740	
D ISO 4978	용접 가스 실린더용 압연 강판	-	-	-	여러 국가에서 용접 가스 실린더로 사용되고 있는 비시효강

KS 규격	명 칭	분류 및 종별	기 호	인장강도 N/mm²	주요 용도 및 특징
D ISO 4991	압력 용기용 주조강	강 형태 및 호칭	C23-45A		합금화 처리되지 않은 강
			C23-45AH		
			C23-45B		
			C23-45BH		
		강 형태 및 호칭	C23-45BL		합금화 처리되지 않은 강
			C26-52		
			C26-52H		
			C26-52L		
D ISO 4991	압력 용기용 주조강	강 형태 및 호칭	C28H		페라이트 및 마텐자이트 합금강
			C31L		
			C32H		
			C33H		
			C34AH		
			C34BH		
			C34BL		
			C35BH		
			C37H		
			C38H		
			C39CH		
			C39CNiH		
			C39NiH		
			C39NiL		
			C40H		
			C43L		
			C43C1L		
			C43E2aL		
			C43E2bL		
			C46		오스테나이트 강
			C47		
			C47H		
			C47L		
			C50		
			C60		
			C60H		
			C60Nb		
			C61		
			C61LC		

3 일반 가공용 강판 및 강대

KS 6규격	명칭	분류 및 종별	기호	인장강도 N/mm²	주요 용도 및 특징
D 3501	열간 압연 연강판 및 강대	1종	SPHC	270 이상	일반용 및 드로잉용
		2종	SPHD		
		3종	SPHE		
D 3506	용융 아연 도금 강판 및 강대	열연 원판	SGHC	–	일반용
			SGH 340	340 이상	구조용
			SGH 400	400 이상	
			SGH 440	440 이상	
			SGH 490	490 이상	
			SGH 540	540 이상	
		냉연 원판	SGCC	–	일반용
			SGCH	–	일반 경질용
			SGCD1	270 이상	가공용 1종
			SGCD2		가공용 2종
			SGCD3		가공용 3종
			SGC 340	340 이상	구조용
			SGC 400	400 이상	
			SGC 440	440 이상	
			SGC 490	490 이상	
			SGC 570	540 이상	
D 3512	냉간 압연 강판 및 강대	1종	SPCC	–	일반용
		2종	SPCD	270 이상	드로잉용
		3종	SPCE		딥드로잉용
		4종	SPCF		비시효성 딥드로잉
		5종	SPCG		비시효성 초(超) 딥드로잉
D 3516	냉간 압연 전기 주석 도금 강판 및 원판	원판	SPB	–	주석 도금 원판 주석 도금 강판 제조를 위한 냉간 압연 저탄소 연강 코일
		강판	ET	–	전기 주석 도금 강판 연속적인 전기 조업으로 주석을 양면에 도금한 저탄소 연강판 또는 코일
D 3519	자동차 구조용 열간 압연 강판 및 강대	1종	SAPH 310	310 이상	자동차 프레임, 바퀴 등에 사용하는 프레스 가공성을 갖는 구조용 열간 압연 강판 및 강대
		2종	SAPH 370	370 이상	
		3종	SAPH 400	400 이상	
		4종	SAPH 440	440 이상	
D 3520	도장 용융 아연 도금 강판 및 강대	판 및 코일의 종류 8종	CGCC	–	일반용
			CGCH	–	일반 경질용
			CGCD	–	조임용
			CGC 340	–	구조용
			CGC 400	–	
			CGC 440	–	
			CGC 490	–	
			CGC 570	–	

KS 6규격	명칭	분류 및 종별	기호	인장강도 N/mm²	주요 용도 및 특징	
D 3528	전기 아연 도금 강판 및 강대 (열연 원판을 사용한 경우)	1종	SEHC	270 이상	일반용	SPHC
		2종	SEHD	270 이상	드로잉용	SPHD
		3종	SEHE	270 이상	디프드로잉용	SPHE
		4종	SEFH 490	490 이상	가공용	SPFH 490
		5종	SEFH 540	540 이상		SPFH 540
		6종	SEFH 590	590 이상		SPFH 590
		7종	SEFH 540Y	540 이상	고가공용	SPFH 540Y
		8종	SEFH 590Y	590 이상		SPFH 590Y
		9종	SE330	330~430	일반 구조용	SS 330
		10종	SE400	400~510		SS 400
		11종	SE490	490~610		SS 490
		12종	SE540	540 이상		SS 540
		13종	SEPH 310	310 이상	구조용	SAPH 310
		14종	SEPH 370	370 이상		SAPH 370
		15종	SEPH 400	400 이상		SAPH 400
		16종	SEPH 440	400 이상		SAPH 440
D 3528	전기 아연 도금 강판 및 강대 (냉연 원판을 사용한 경우)	1종	SECC	(270) 이상	일반용	SPCC
		2종	SECD	270 이상	드로잉용	SPCD
		3종	SECE	270 이상	디프드로잉용	SPCE
		4종	SEFC 340	340 이상	드로잉 가공용	SPFC 340
		5종	SEFC 370	370 이상		SPFC 370
		6종	SEFC 390	390 이상	가공용	SPFC 390
		7종	SEFC 440	440 이상		SPFC 440
		8종	SEFC 490	490 이상		SPFC 490
		9종	SEFC 540	540 이상		SPFC 540
		10종	SEFC 590	590 이상		SPFC 590
		11종	SEFC 490Y	490 이상	저항복비형	SPFC 490Y
		12종	SEFC 540Y	540 이상		SPFC 540Y
		13종	SEFC 590Y	590 이상		SPFC 590Y
		14종	SEFC 780Y	780 이상		SPFC 780Y
		15종	SEFC 980Y	980 이상		SPFC 980Y
		16종	SEFC 340H	340 이상	열처리 경화형	SPFC 340H
D 3544	용융 알루미늄 도금 강판 및 강대	1종	SA1C	-	내열용(일반용)	
		2종	SA1D	-	내열용(드로잉용)	
		3종	SA1E	-	내열용(딥드로잉용)	
		4종	SA2C	-	내후용(일반용)	
D 3551	특수 마대강 (냉연특수강대)	탄소강	S 30 CM	-	리테이너	
			S 35 CM	-	사무기 부품, 프리 쿠션 플레이트	
			S 45 CM	-	클러치, 체인 부품, 리테이너, 와셔	
			S 50 CM	-	카메라 등 구조 부품, 체인 부품, 스프링, 클러치 부품, 와셔, 안전 버클	
			S 55 CM	-	스프링, 안전화, 깡통따개, 톱슨 날, 카메라 등 구조부품	

KS 6규격	명칭	분류 및 종별	기호	인장강도 N/mm²	주요 용도 및 특징
D 3551	특수 마대강 (냉연특수강대)	탄소강	S 60 CM	-	체인 부품, 목공용 안내톱, 안전화, 스프링, 사무기 부품, 와셔
			S 65 CM	-	안전화, 클러치 부품, 스프링, 와셔
			S 70 CM	-	와셔, 목공용 안내톱, 사무기 부품, 스프링
			S 75 CM	-	클러치 부품, 와셔, 스프링
		탄소공구강	SK 2 M	-	면도칼, 칼날, 쇠톱, 셔터, 태엽
			SK 3 M	-	쇠톱, 칼날, 스프링
			SK 4 M	-	펜촉, 태엽, 게이지, 스프링, 칼날, 메리야스용 바늘
			SK 5 M	-	태엽, 스프링, 칼날, 메리야스용 바늘, 게이지, 클러치 부품, 목공용 및 제재용 띠톱, 둥근 톱, 사무기 부품
			SK 6 M	-	스프링, 칼날, 클러치 부품, 와셔, 구두밑창, 혼
			SK 7 M	-	스프링, 칼날, 혼, 목공용 안내톱, 와셔, 구두밑창, 클러치 부품
		합금공구강	SKS 2 M	-	메탈 밴드 톱, 쇠톱, 칼날
			SKS 5 M	-	칼날, 둥근톱, 목공용 및 제재용 띠톱
			SKS 51 M	-	칼날, 목공용 둥근톱, 목공용 및 제재용 띠톱
			SKS 7 M	-	메탈 밴드 톱, 쇠톱, 칼날
			SKS 95 M	-	클러치 부품, 스프링, 칼날
		크로뮴강	SCr 420 M	-	체인 부품
			SCr 435 M	-	체인 부품, 사무기 부품
			SCr 440 M	-	체인 부품, 사무기 부품
		니켈크로뮴강	SNC 415 M	-	사무기 부품
			SNC 631 M	-	사무기 부품
			SNC 836 M	-	사무기 부품
		니켈 크로뮴 몰리브데넘강	SNCM 220 M	-	체인 부품
			SNCM 415 M	-	안전 버클, 체인 부품
		크로뮴 몰리브데넘 강	SCM 415 M	-	체인 부품, 톰슨 날
			SCM 430 M	-	체인 부품, 사무기 부품
			SCM 435 M	-	체인 부품, 사무기 부품
			SCM 440 M	-	체인 부품, 사무기 부품
		스프링강	SUP 6 M	-	스프링
			SUP 9 M	-	스프링
			SUP 10 M	-	스프링
		망가니즈강	SMn 438 M	-	체인 부품
			SMn 443 M	-	체인 부품
D 3555	강관용 열간 압연 탄소 강대	1종	HRS 1	270 이상	용접 강관
		2종	HRS 2	340 이상	
		3종	HRS 3	410 이상	
		4종	HRS 4	490 이상	
D 3616	자동차 가공성 열간 압연 고장력 강판 및 강대	1종	SPFH 490	490 이상	종래단위 : SPFH 50
		2종	SPFH 540	540 이상	종래단위 : SPFH 55
		3종	SPFH 590	590 이상	종래단위 : SPFH 60
		4종	SPFH 540 Y	540 이상	종래단위 : SPFH 55 Y
		5종	SPFH 590 Y	590 이상	종래단위 : SPFH 60 Y

KS 6규격	명칭	분류 및 종별	기호	인장강도 N/mm²	주요 용도 및 특징
D 3617	자동차용 냉간 압연 고장력 강판 및 강대	1종	SPFC 340	343 이상	드로잉용
		2종	SPFC 370	373 이상	
		3종	SPFC 390	392 이상	가공용
		4종	SPFC 440	441 이상	
		5종	SPFC 490	490 이상	
		6종	SPFC 540	539 이상	
		7종	SPFC 590	588 이상	
		8종	SPFC 490 Y	490 이상	저항복 비형
		9종	SPFC 540 Y	539 이상	
		10종	SPFC 590 Y	588 이상	
		11종	SPFC 780 Y	785 이상	
		12종	SPFC 980 Y	981 이상	
		13종	SPFC 340 H	343 이상	베이커 경화형
D 3770	용융 55% 알루미늄 아연 합금 도금 강판 및 강대	열연 원판	SGLHC	270 이상	일반용
			SGLH400	400 이상	구조용
			SGLH440	440 이상	
			SGLH490	490 이상	
			SGLH540	540 이상	
		냉연 원판	SGLCC	270 이상	일반용
			SGLCD		조임용
			SGLCDD		심조임용 1종
			SGLC400	400 이상	구조용
			SGLC440	440 이상	
			SGLC490	490 이상	
			SGLC570	570 이상	
D 3771	용융 아연-5% 알루미늄 합금 도금 강판 및 강대	열연 원판	SZAHC	270 이상	일반용
			SZAH340	340 이상	구조용
			SZAH400	400 이상	
			SZAH440	440 이상	
			SZAH490	490 이상	
			SZAH540	540 이상	
		냉연 원판	SZACC	270 이상	일반용
			SZACH	–	일반 경질용
			SZACD1	270 이상	조임용 1종
			SZACD2		조임용 2종
			SZACD3		조임용 3종
			SZAC340	340 이상	구조용
			SZAC400	400 이상	
			SZAC440	440 이상	
			SZAC490	490 이상	
			SZAC570	540 이상	

KS 6규격	명칭	분류 및 종별	기호	인장강도 N/mm²	주요 용도 및 특징
D 3772	도장 용융 아연-5% 알루미늄 합금 도금 강판 및 강대	1종	CZACC	-	일반용
		2종	CZACH	-	일반 경질용
		3종	CZACD	-	조임용
		4종	CZAC340	-	구조용
		5종	CZAC400	-	
		6종	CZAC440	-	
		7종	CZAC490	-	
		8종	CZAC570	-	
D 3862	도장 용융 알루미늄-55% 아연 합금 도금 강판 및 강대	1종	CGLCC	-	일반용
		2종	CGLCD	-	가공용
		3종	CGLC400	-	구조용
		4종	CGLC440	-	
		5종	CGLC490	-	
		6종	CGLC570	-	
D ISO 5954	경도에 따른 냉간 가공 탄소 강판	강종	CRH-50	-	로크웰 B 50~70
			CRH-60	-	로크웰 B 60~75
			CRH-70	-	로크웰 B 70~85
			CRH-	-	HRB 90 이하 로크웰 B 범위
D ISO 9364	연속 용융 알루미늄/아연 도금 강판	도금 강종	AZ 090	-	코일 형태나 일정 길이로 절단된 형태로 생산하기 위한 연속 알루미늄/아연 라인에서 용융 도금한 강판 코일에 의해 얻어지는 제품
			AZ 100	-	
			AZ 150	-	
			AZ 165	-	
			AZ 185	-	
			AZ 200	-	

4 철도용 및 차축

KS 규격	명 칭	분류 및 종별	기 호	인장강도 N/mm²	주요 용도 및 특징	
R 9101	경량 레일	6kg 레일	6	569 이상	탄소강의 경량 레일	
		9kg 레일	9			
		10kg 레일	10			
		12kg 레일	12			
		15kg 레일	15			
		20kg 레일	20			
		22kg 레일	22	637 이상		
R 9106	보통 레일	30kg 레일	30A	690 이상	선로에 사용하는 보통 레일	
		37kg 레일	37A			
		40kgN 레일	40N	710 이상		
		50kg 레일	50PS	800 이상		
		50kgN 레일	50N			
		60kg 레일	60			
		60kgN 레일	KR60			
R 9110	열처리 레일	40kgN 열처리 레일	40N-HH340	1080 이상	대응 보통 레일	40kgN 레일
		50kgN 열처리 레일	50-HH340	1080 이상		50kg 레일
			50-HH370	1130 이상		
		60kgN 열처리 레일	60-HH340	1080 이상		60kg 레일
			60-HH370	1130 이상		
R 9220	철도 차량용 차축	-	RSA1	590 이상	동축 및 종축(객화차 롤러 베어링축, 디젤 동차축, 디젤 기관차축 및 전기 동차축)	
		-	RSA2	640 이상		

5 구조용 강관

KS 규격	명칭	분류 및 종별		기호	인장강도 N/mm²	주요 용도 및 특징
D 3517	기계 구조용 탄소 강관	11종	A	STKM 11A	290 이상	기계, 자동차, 자전거, 가구, 기구, 기타 기계 부품에 사용하는 탄소 강관
		12종	A	STKM 12A	340 이상	
			B	STKM 12B	390 이상	
			C	STKM 12C	470 이상	
		13종	A	STKM 13A	370 이상	
			B	STKM 13B	440 이상	
			C	STKM 13C	510 이상	
		14종	A	STKM 14A	410 이상	
			B	STKM 14B	500 이상	
			C	STKM 14C	550 이상	
		15종	A	STKM 15A	470 이상	
			C	STKM 15C	580 이상	
		16종	A	STKM 16A	510 이상	
			C	STKM 16C	620 이상	
		17종	A	STKM 17A	550 이상	
			C	STKM 17C	650 이상	
		18종	A	STKM 18A	440 이상	
			B	STKM 18B	490 이상	
			C	STKM 18C	510 이상	
		19종	A	STKM 19A	490 이상	
			C	STKM 19C	550 이상	
		20종	A	STKM 20A	540 이상	
D 3536	기계 구조용 스테인리스 강관	오스테나이트계		STS 304 TKA	520 이상	기계, 자동차, 자전거, 가구, 기구, 기타 기계 부품 및 구조물에 사용하는 스테인리스 강관
				STS 316 TKA		
				STS 321 TKA		
				STS 347 TKA		
				STS 350 TKA	330 이상	
				STS 304 TKC	520 이상	
				STS 316 TKC		
		페라이트계		STS 430 TKA	410 이상	
				STS 430 TKC		
				STS 439 TKC		
		마텐자이트계		STS 410 TKA		
				STS 420 J1 TKA	470 이상	
				STS 420 J2 TKA	540 이상	
				STS 410 TKC	410 이상	
D 3566	일반 구조용 탄소 강관	1종		STK 290	290 이상	토목, 건축, 철탑, 발판, 지주, 지면 미끄럼 방지 말뚝 및 기타 구조물
		2종		STK 400	400 이상	
		3종		STK 490	490 이상	

KS 규격	명칭	분류 및 종별		기호	인장강도 N/mm²	주요 용도 및 특징
D 3566	일반 구조용 탄소 강관	4종		STK 500	500 이상	토목, 건축, 철탑, 발판, 지주, 지면 미끄럼 방지 말뚝 및 기타 구조물
		5종		STK 540	540 이상	
		6종		STK 590	590 이상	
D 3568	일반 구조용 각형 강관	1종		SPSR 400	400 이상	토목, 건축 및 기타 구조물
		2종		SPSR 490	490 이상	
		3종		SPSR 540	540 이상	
		4종		SPSR 590	590 이상	
D 3574	기계 구조용 합금강 강관	크로뮴강		SCr 420 TK	–	기계, 자동차, 기타 기계 부품
		크로뮴 몰리브데넘강		SCM 415 TK	–	
				SCM 418 TK	–	
				SCM 420 TK	–	
				SCM 430 TK	–	
				SCM 435 TK	–	
				SCM 440 TK	–	
D 3590	파형 강관 및 파형 섹션	원형	1형	SCP 1R	–	섹션의 연결 방식은 축 방향 플랜지 방식, 원둘레 방향 랩 방식
			1S형	SCP 1RS	–	스파이럴형 강관을 커플링 밴드 방식으로 연결
			2형	SCP 2R	–	섹션의 연결 방식은 축 방향, 원둘레 방향 모두 랩 방식
			3S형	SCP 3RS	–	스파이럴형 강관을 커플링 밴드 방식으로 연결
		에롱게이션형	2형	SCP 2E	–	섹션의 연결 방식은 축 방향, 원둘레 방향 모두 랩 방식
		강관 아치형	2형	SCP 2P	–	
		아치형	2형	SCP 2A	–	
D 3598	자동차 구조용 전기 저항 용접 탄소강 강관	G종		STAM 30 GA	294 이상	자동차 구조용 일반 부품에 적용하는 관
				STAM 30 GB	294 이상	
				STAM 35 G	343 이상	
				STAM 40 G	392 이상	
				STAM 45 G	441 이상	
				STAM 48 G	471 이상	
				STAM 51 G	500 이상	
		H종		STAM 45 H	441 이상	자동차 구조용 가운데 특히 항복 강도를 중시한 부품에 사용하는 관
				STAM 48 H	471 이상	
				STAM 51 H	500 이상	
				STAM 55 H	539 이상	
D 3618	실린더 튜브용 탄소 강관	1종		STC 370	370 이상	내면 절삭 또는 호닝 가공을 하여 피스톤형 유압 실린더 및 공기압 실린더의 실린더 튜브 제조
		2종		STC 440	440 이상	
		3종		STC 510 A	510 이상	
		4종		STC 510 B		
		5종		STC 540	540 이상	
		6종		STC 590 A	590 이상	
		7종		STC 590 B		

KS 규격	명 칭	분류 및 종별	기호	인장강도 N/mm²	주요 용도 및 특징
D 3632	건축 구조용 탄소 강관	1종	STKN400W	400 이상 540 이하	주로 건축 구조물에 사용
		2종	STKN400B	400 이상 540 이하	
		3종	STKN490B	490 이상 640 이하	
D 3780	철탑용 고장력강 강관	1종	STKT 540	540 이상	종래 기호 : STKT 55
		2종	STKT 590	590 ~ 740	종래 기호 : STKT 60
D 3867	기계 구조용 합금강 강재	망가니즈강	SMn 420	–	주로 표면 담금질용
			SMn 433	–	
			SMn 438	–	
			SMn 443	–	
		망가니즈 크로뮴강	SMnC 420	–	주로 표면 담금질용
			SMnC 443	–	
		크로뮴강	SCr 415	–	주로 표면 담금질용
			SCr 420	–	
			SCr 430	–	
			SCr 435	–	
			SCr 440	–	
			SCr 445	–	
		크로뮴 몰리브데넘강	SCM 415	–	주로 표면 담금질용
			SCM 418	–	
			SCM 420	–	
			SCM 421	–	
			SCM 425	–	
			SCM 430	–	
			SCM 432	–	
			SCM 435	–	
			SCM 440	–	
			SCM 445	–	
			SCM 822	–	주로 표면 담금질용
		니켈 크로뮴강	SNC 236	–	
			SNC 415	–	주로 표면 담금질용
			SNC 631	–	
			SNC 815	–	주로 표면 담금질용
			SNC 836	–	
		니켈 크로뮴 몰리브데넘강	SNCM 220	–	주로 표면 담금질용
			SNCM 240	–	
			SNCM 415	–	주로 표면 담금질용
			SNCM 420	–	
			SNCM 431	–	
			SNCM 439	–	
			SNCM 447	–	
			SNCM 616	–	주로 표면 담금질용
			SNCM 625	–	
			SNCM 630	–	
			SNCM 815	–	주로 표면 담금질용

6 배관용 강관

KS 규격	명칭	분류 및 종별	기호	인장강도 N/mm²	주요 용도 및 특징
D 3507	배관용 탄소 강관	흑관	SPP	–	흑관 : 아연 도금을 하지 않은 관
		백관		–	백관 : 흑관에 아연 도금을 한 관
D 3562	압력 배관용 탄소 강관	1종	SPPS 380	380 이상	350℃ 이하에서 사용하는 압력 배관용
		2종	SPPS 420	420 이상	
D 3564	고압 배관용 탄소 강관	1종	SPPH 380	380 이상	350℃ 정도 이하에서 사용 압력이 높은 배관용
		2종	SPPH 420	420 이상	
		3종	SPPH 490	490 이상	
D 3565	상수도용 도복장 강관	1종	STWW 290	294 이상	상수도용
		2종	STWW 370	373 이상	
		3종	STWW 400	402 이상	
D 3659	저온 배관용 탄소 강관	1종	SPLT 390	390 이상	빙점 이하의 특히 낮은 온도에서 사용하는 배관용
		2종	SPLT 460	460 이상	
		3종	SPLT 700	700 이상	
D 3570	고온 배관용 탄소 강관	1종	SPHT 380	380 이상	주로 350℃를 초과하는 온도에서 사용하는 배관용
		2종	SPHT 420	420 이상	
		3종	SPHT 490	490 이상	
D 3573	배관용 합금강 강관	몰리브데넘강 강관	SPA 12	390 이상	주로 고온도에서 사용하는 배관용
		크로뮴 몰리브데넘강 강관	SPA 20	420 이상	
			SPA 22		
			SPA 23		
			SPA 24		
			SPA 25		
			SPA 26		
D 3576	배관용 스테인리스 강관	오스테나이트계	STS 304 TP	520 이상	
			STS 304 HTP		
			STS 304 LTP	480 이상	
			STS 309 TP	520 이상	
			STS 309 STP		
			STS 310 TP		
			STS 310 STP		
			STS 316 TP		
			STS 316 HTP		
			STS 316 LTP	480 이상	
			STS 316 TiTP	520 이상	
			STS 317 TP	520 이상	
			STS 317 LTP	480 이상	
			STS 836 LTP	520 이상	
			STS 890 LTP	490 이상	
			STS 321 TP	520 이상	
			STS 321 HTP		
			STS 347 TP		
			STS 347 HTP		
			STS 350 TP	674 이상	

KS 규격	명 칭	분류 및 종별	기 호	인장강도 N/mm²	주요 용도 및 특징
D 3576	스테인리스 강관 배관용	오스테나이트· 페라이트계	STS 329 J1 TP	590 이상	
			STS 329 J3 LTP	620 이상	
			STS 329 J4 LTP		
			STS 329 LDTP		
		페라이트계	STS 405 TP	410 이상	
			STS 409 LTP	360 이상	
			STS 430 TP	390 이상	
			STS 430 LXTP	410 이상	
			STS 430 J1 LTP		
			STS 436 LTP		
			STS 444 TP		
D 3583	배관용 아크 용접 탄소강 강관	-	SPW 400	400 이상	사용 압력이 비교적 낮은 증기, 물, 가스, 공기 등의 배관용
D 3588	배관용 용접 대구경 스테인리스 강관	1종	STS 304 TPY	520 이상	내식용, 저온용, 고온용 등의 배관 오스테나이트계
		2종	STS 304 LTPY	480 이상	
		3종	STS 309 STPY	520 이상	
		4종	STS 310 STPY	520 이상	
		5종	STS 316 TPY	520 이상	
		6종	STS 316 LTPY	480 이상	
		7종	STS 317 TPY	520 이상	
		8종	STS 317 LTPY	480 이상	
		9종	STS 321 TPY	520 이상	
		10종	STS 347 TPY	520 이상	
		11종	STS 350 TPY	674 이상	
		12종	STS 329 J1TPY	590 이상	내식용, 저온용, 고온용 등의 배관 오스테나이트·페라이트계
D 3589	압출식 폴리에틸렌 피복 강관	1종	P1H	-	곧은 관
		2종	P1F	-	이형관
		3종	P2S	-	곧은 관
		4종	3LC	-	
D 3595	일반 배관용 스테인리스 강관	1종	STS 304 TPD	520 이상	통상의 급수, 급탕, 배수, 냉온수 등의 배관용
		2종	STS 316 TPD		수질, 환경 등에서 STS 304보다 높은 내식성이 요구되는 경우
D 3607	분말 용착식 폴리에틸렌 피복 강관	1호	PF₁	-	폴리에틸렌 피복 강관
		2호	PF₂	-	
		1호	PF₃	-	폴리에틸렌 피복관 이음쇠
		2호	PF₄	-	폴리에틸렌 피복관 이음쇠
D 3760	비닐하우스용 도금 강관	일반 농업용	SPVH	270 이상	아연도강관
			SPVH-AZ	400 이상	55% 알루미늄-아연합금 도금 강관
		구조용	SPVHS	275 이상	아연도강관
			SPVHS-AZ	400 이상	55% 알루미늄-아연합금 도금 강관
R 2028	자동차 배관용 금속관	2중권 강관	TDW	30 이상	자동차용 브레이크, 연료 및 윤활 계통에 사용하는 배관용 금속관
		1중권 강관	TSW		
		기계 구조용 탄소강관	STKM11A		
		이음매 없는 구리 및 구리 합금	C1201T	21 이상	

7 열 전달용 강관

KS 규격	명칭	분류 및 종별	기호	인장강도 N/mm²	주요 용도 및 특징
D 3563	보일러 및 열 교환기용 탄소 강관	1종	STBH 340	340 이상	보일러 수관, 연관, 과열기관, 공기 예열관 등
		2종	STBH 410	410 이상	
		3종	STBH 510	510 이상	
D 3571	저온 열교환기용 강관	탄소강 강관	STLT 390	390 이상	열 교환기관, 콘덴서관 등
		니켈 강관	STLT 460	460 이상	
		니켈 강관	STLT 700	700 이상	
KS D 3572	보일러, 열 교환기용 합금강 강관	몰리브데넘강 강관	STHA 12	390 이상	보일러 수관, 연관, 과열관, 공기 예열관, 열 교환기관, 콘덴서관, 촉매관 등
			STHA 13	420 이상	
		크로뮴 몰리브데넘강 강관	STHA 20		
			STHA 22		
			STHA 23		
			STHA 24		
			STHA 25		
			STHA 26		
D 3577	보일러, 열 교환기용 스테인리스 강관	오스테나이트계 강관	STS 304 TB	520 이상	열의 교환용으로 사용되는 스테인리스 강관 보일러의 과열기관, 화학, 공업, 석유 공업의 열 교환기관, 콘덴서관, 촉매관 등
			STS 304 HTB		
			STS 304 LTB	481 이상	
			STS 309 TB	520 이상	
			STS 309 STB		
			STS 310 TB		
			STS 310 STB		
			STS 316 TB		
			STS 316 HTB		
			STS 316 LTB	481 이상	
			STS 317 TB	520 이상	
			STS 317 LTB	481 이상	
			STS 321 TB	520 이상	
			STS 321 HTB		
			STS 347 TB		
			STS 347 HTB		
			STS XM 15 J1 TB		
			STS 350 TB	674 이상	
		오스테나이트, 페라이트계 강관	STS 329 J1 TB	588 이상	
			STS 329 J2 LTB	618 이상	
			STS 329 LD TB	620 이상	
		페라이트계 강관	STS 405 TB	412 이상	
			STS 409 TB		
			STS 410 TB		
			STS 410 TiTB		
			STS 430 TB		
			STS 444 TB		
			STS XM 8 TB		
			STS XM 27 TB		

KS 규격	명칭	분류 및 종별		기호	인장강도 N/mm²	주요 용도 및 특징
D 3587	가열로용 강관	탄소강 강관		STF 410	410 이상	주로 석유정제 공업, 석유화학 공업 등의 가열로에서 프로세스 유체 가열을 위해 사용
		몰리브데넘강 강관		STFA 12	380 이상	
		크로뮴-몰리브데넘강 강관		STFA 22	410 이상	
				STFA 23		
				STFA 24		
				STFA 25		
				STFA 26		
		오스테나이트계 스테인리스강 강관		STS 304 TF	520 이상	
				STS 304 HTF		
				STS 309 TF		
				STS 310 TF		
				STS 316 TF		
				STS 316 HTF		
				STS 321 TF		
				STS 321 HTF		
				STS 347 TF		
				STS 347 HTF		
		니켈-크로뮴-철 합금관		NCF 800 TF	520 이상	
				NCF 800 TF	450 이상	
				NCF 800 HTF	450 이상	
D 3759	배관용 및 열 교환기용 타이타늄, 팔라듐 합금관	1종	열간 압출	TTP 28 Pd E	280 ~ 420	TTP : 배관용 TTH : 열 교환기용 일반 배관 및 열 교환기에 사용
			냉간 인발	TTP 28 Pd D (TTH 28 Pd D)		
			용접한 대로	TTP 28 Pd W (TTH 28 Pd W)		
			냉간 인발	TTP 28 Pd WD (TTH 28 Pd WD)		
		2종	열간 압출	TTP 35 Pd E	350 ~ 520	
			냉간 인발	TTP 35 Pd D (TTH 35 Pd D)		
			용접한 대로	TTP 35 Pd W (TTH 35 Pd W)		
			냉간 인발	TTP 35 Pd WD (TTH 35 Pd WD)		
		3종	열간 압출	TTP 49 Pd E	490 ~ 620	
			냉간 인발	TTP 49 Pd D (TTH 49 Pd D)		
			용접한 대로	TTP 49 Pd W (TTH 49 Pd W)		
			냉간 인발	TTP 49 Pd WD (TTH 49 Pd WD)		

8 특수 용도 강관 및 합금관

KS 규격	명 칭	분류 및 종별	기 호	인장강도 N/mm²	주요 용도 및 특징	
C 8401	강제 전선관	후강 전선관	G16	-	안쪽 반지름	관 바깥지름의 4배
			G22	-		관 바깥지름의 5배
			G28	-		
		박강 전선관	C19, C25	-		관 바깥지름의 4배
		나사없는 전선관	E19, E25	-		
D 3575	고압 가스 용기용 이음매 없는 강관	망가니즈강 강관	STHG 11	-		
			STHG 12	-		
		크로뮴몰리브데넘강 강관	STHG 21	-		
			STHG 22	-		
		니켈크로뮴 몰리브데넘강 강관	STHG 31	-		
D 3757	열 교환기용 이음매 없는 니켈-크로뮴-철합금 관	1종	NCF 600 TB	550 이상	화학 공업, 석유 공업의 열 교환기 관, 콘덴서 관, 원자력용의 증기 발생기 관 등	
		2종	NCF 625 TB	820 이상 690 이상		
		3종	NCF 690 TB	590 이상		
		4종	NCF 800 TB	520 이상		
		5종	NCF 800 HTB	450 이상		
		6종	NCF 825 TB	580 이상		
D 3758	배관용 이음매 없는 니켈-크로뮴-철합금 관	1종	NCF 600 TP	549 이상		
		2종	NCF 625 TP	820 이상 690 이상		
		3종	NCF 690 TP	590 이상		
		4종	NCF 800 TP	451 이상 520 이상		
		5종	NCF 800 HTP	451 이상		
		6종	NCF 825 TP	520 이상 579 이상		
E 3114	시추용 이음매 없는 강관	1종	STM-C 540	540 이상		
		2종	STM-C 640	640 이상		
		3종	STM-R 590	590 이상		
		4종	STM-R 690	690 이상		
		5종	STM-R 780	780 이상		
		6종	STM-R 830	830 이상		

9 선재 및 선재 2차 제품

KS 규격	명칭	분류 및 종별		기호	인장강도 N/mm²	주요 용도 및 특징	
D 3509	피아노 선재	1종		SWRS 62A	–	피아노 선, 오일템퍼선, PC강선, PC강연선, 와이어 로프 등	
		2종		SWRS 62B	–		
		3종		SWRS 67A	–		
		4종		SWRS 67B	–		
		5종		SWRS 72A	–		
		6종		SWRS 72B	–		
		7종		SWRS 75A	–		
		8종		SWRS 75B	–		
		9종		SWRS 77A	–		
		10종		SWRS 77B	–		
		11종		SWRS 80A	–		
		12종		SWRS 80B	–		
		13종		SWRS 82A	–		
		14종		SWRS 82B	–		
		15종		SWRS 87A	–		
		16종		SWRS 87B	–		
		17종		SWRS 92A	–		
		18종		SWRS 92B	–		
D 3510	경강선	경강선 A종		SW-A	–	적용 선 지름 : 0.08mm 이상 10.0mm 이하	
		경강선 B종		SW-B	–	주로 정하중을 받는 스프링용 적용 선 지름 : 0.08mm 이상 13.0mm 이하	
		경강선 C종		SW-C	–		
D 3550	피복 아크 용접봉 심선	피복 아크 용접봉 심선 1종		SWW 11	–	주로 연강의 아크 용접에 사용	
		피복 아크 용접봉 심선 2종		SWW 21	–		
D 3552	철선	보통 철선	원형	SWM-B	–	일반용, 철망용	
				SWM-F	–	후 도금용, 용접용	
		못용 철선		SWM-N	–	못용	
		어닐링 철선		SWM-A	–	일반용, 철망용	
		용접 철망용 철선	이형	SWM-P	–	용접 철망용, 콘크리트 보강용	
				SWM-R	–		
				SWM-I	–		
D 3553	일반용 철못	호칭 방법		N 19	–	머리부 지름 D (참고값)	3.6
				N 22	–		3.6
				N 25	–		4.0
				N 32	–		4.5
				N 38	–		5.1
				N 45	–		5.8
				N 50	–		6.6
				N 60	–		6.7
				N 65	–		7.3

KS 규격	명칭	분류 및 종별	기호	인장강도 N/mm²	주요 용도 및 특징	
D 3553	일반용 철못	호칭 방법	N 75	-	머리부 지름 D (참고값)	7.9
			N 80	-		7.9
			N 90	-		8.8
			N 100	-		9.8
			N 115	-		9.8
			N 125	-		10.3
			N 140	-		11.4
			N 150	-		11.5
			N 45S	-		7.3
D 3554	연강 선재	1종	SWRM 6	-	철선, 아연 도금 철선 등	
		2종	SWRM 8	-		
		3종	SWRM 10	-		
		4종	SWRM 12	-		
		5종	SWRM 15	-		
		6종	SWRM 17	-		
		7종	SWRM 20	-		
		8종	SWRM 22	-		
D 3556	피아노 선	1종	PW-1	-	주로 동하중을 받는 스프링용	
		2종	PW-2	-		
		3종	PW-3	-	밸브 스프링 또는 이에 준하는 스프링용	
D 3559	경강 선재	1종	HSWR 27	-	경강선, 오일 템퍼선, PC 경강선, 아연도 강연선, 와이어 로프 등	
		2종	HSWR 32	-		
		3종	HSWR 37	-		
		4종	HSWR 42A	-		
		5종	HSWR 42B	-		
		6종	HSWR 47A	-		
		7종	HSWR 47B	-		
		8종	HSWR 52A	-		
		9종	HSWR 52B	-		
		10종	HSWR 57A	-		
		11종	HSWR 57B	-		
		12종	HSWR 62A	-		
		13종	HSWR 62B	-		
		14종	HSWR 67A	-		
		15종	HSWR 67B	-		
		16종	HSWR 72A	-		
		17종	HSWR 72B	-		
		18종	HSWR 77A	-		
		19종	HSWR 77B	-		
		20종	HSWR 82A	-		
		21종	HSWR 82B	-		

KS 규격	명칭	분류 및 종별	기호	인장강도 N/mm²	주요 용도 및 특징
D 3579	스프링용 오일 템퍼선	1종	SWO-A	-	스프링용 탄소강 오일 템퍼션 A종
		2종	SWO-B	-	스프링용 탄소강 오일 템퍼션 B종
		3종	SWOSC-B	-	스프링용 실리콘 크로뮴강 오닐 템퍼션
D 3579	스프링용 오일 템퍼선	4종	SWOSM-A	-	스프링용 실리콘 망가니즈강 오일 템퍼션 A종
		5종	SWOSM-B	-	스프링용 실리콘 망가니즈강 오일 템퍼션 B종
		6종	SWOSM-C	-	스프링용 실리콘 망가니즈강 오일 템퍼션 C종
D 3580	밸브 스프링용 오일 템퍼션	1종	SWO-V	-	밸브 스프링용 탄소강 오일 템퍼션
		2종	SWOCV-V	-	밸브 스프링용 크로뮴바나듐강 오일 템퍼션
		3종	SWOSC-V	-	밸브 스프링용 실리콘크로뮴강 오일 템퍼션
D 3592	냉간 압조용 탄소강 : 선재	림드강	SWRCH6R	-	냉간 압조용 탄소 강선
			SWRCH8R	-	
			SWRCH10R	-	
			SWRCH12R	-	
			SWRCH15R	-	
			SWRCH17R	-	
		알루미늄킬드강	SWRCH6A	-	
			SWRCH8A	-	
			SWRCH10A	-	
			SWRCH12A	-	
			SWRCH15A	-	
			SWRCH16A	-	
			SWRCH18A	-	
			SWRCH19A	-	
			SWRCH20A	-	
			SWRCH22A	-	
			SWRCH25A	-	
		킬드강	SWRCH10K	-	
			SWRCH12K	-	
			SWRCH15K	-	
			SWRCH16K	-	
			SWRCH17K	-	
			SWRCH18K	-	
			SWRCH20K	-	
			SWRCH22K	-	
			SWRCH24K	-	
			SWRCH25K	-	
			SWRCH27K	-	
			SWRCH30K	-	
			SWRCH33K	-	
			SWRCH35K	-	
			SWRCH38K	-	

KS 규격	명칭	분류 및 종별		기호	인장강도 N/mm²	주요 용도 및 특징	
D 3592	냉간 압조용 탄소강 : 선재	킬드강		SWRCH40K	-	냉간 압조용 탄소 강선	
				SWRCH41K	-		
				SWRCH43K	-		
				SWRCH45K	-		
				SWRCH48K	-		
				SWRCH50K	-		
D 3596	착색 도장 아연 도금 철선(S)		2종	SWMCGS-2	250~590	적용 선지름	1.80 이상 6.00 이하
			3종	SWMCGS-3			
			4종	SWMCGS-4			
			5종	SWMCGS-5			
			6종	SWMCGS-6	290~590		2.60 이상 6.00 이하
			7종	SWMCGS-7			
	착색 도장 아연 도금 철선(H)		2종	SWMCGH-2	선경별 규격 참조		1.80 이상 6.00 이하
			3종	SWMCGH-3			
			4종	SWMCGH-4			
D 3624	냉간 압조용 붕소강		1종	SWRCHB 223	-	주로 냉간 압조용 붕소강선의 제조에 사용되는 붕소강 선재	
			2종	SWRCHB 237	-		
			3종	SWRCHB 320	-		
			4종	SWRCHB 323	-		
			5종	SWRCHB 331	-		
			6종	SWRCHB 334	-		
			7종	SWRCHB 420	-		
			8종	SWRCHB 526	-		
			9종	SWRCHB 620	-		
			10종	SWRCHB 623	-		
			11종	SWRCHB 726	-		
			12종	SWRCHB 734	-		
D 7001	가시 철선		1종	BWGS-1	290~590	적용 선지름	1.60 이상 2.90 이하
			2종	BWGS-2	290~590		
			3종	BWGS-3	290~590		
			4종	BWGS-4	290~590		
			5종	BWGS-5	290~590		
			6종	BWGS-6	290~590		2.60 이상 2.90 이하
			7종	BWGS-7	290~590		
D 7002	PC 강선	원형선	A종	SWPC1AN SWPC1AL	-	PC 강선 : KS D 3509 및 그와 동등 이상의 선재로부터 패턴팅한 후 냉간 가공하고 마지막 공정에서 잔류 변형을 제거하기 위하여 블루잉한 선	
			B종	SWPC1BN SWPC1BL	-		
		이형선		SWPD1N SWPD1L	-		

KS 규격	명칭	분류 및 종별		기호	인장강도 N/mm²	주요 용도 및 특징
D 7002	PC 강연선	2연선		SWPC2N SWPC2L	–	PC 강연선 : KS D 3509 및 그와 동등 이상의 선재로부터 패턴팅한 후 냉간 가공한 강선을 꼬아 합친 후 마지막 공정에서 잔류 변형을 제거하기 위하여 블루잉한 강연선
		이형 3연선		SWPD3N SWPD3L	–	
		7연선	A종	SWPC7AN SWPC7AL	–	
			B종	SWPC7BN SWPC7BL	–	
			C종	SWPC7CL	–	
			D종	SWPC7DL	–	
		19연선		SWPC19N SWPC19L		
D 7009	PC 경강선	1종		SWCR	–	원형선
		2종		SWCD	–	이형선
D 7011	아연 도금 철선 (S)	1종		SWMGS-1	–	0.10mm 이상 8.00mm 이하
		2종		SWMGS-2	–	
		3종		SWMGS-3	–	0.90mm 이상 8.00mm 이하
		4종		SWMGS-4	–	
		5종		SWMGS-5	–	1.60mm 이상 8.00mm 이하
		6종		SWMGS-6	–	2.60mm 이상 6.00mm 이하
		7종		SWMGS-7	–	
	아연 도금 철선 (H)	1종		SWMGH-1	–	0.10mm 이상 6.00mm 이하
		2종		SWMGH-2	–	
		3종		SWMGH-3	–	0.90mm 이상 8.00mm 이하
		4종		SWMGH-4	–	
D 7015	크림프 철망	1종		CR-GS2	–	아연 도금 철선재 크림프 철망 및 스테인리스 크림프 철망 [보기] CR-S304W1 CR-S316W2
		2종		CR-GS3	–	
		3종		CR-GS4	–	
		4종		CR-GS6	–	
		5종		CR-GS7	–	
		6종		CR-GH2	–	
		7종		CR-GH3	–	
		8종		CR-GH4	–	
		9종		CR-S (종류의 기호)W1	–	
		10종		CR-S (종류의 기호)W2	–	

KS 규격	명칭	분류 및 종별		기호	인장강도 N/mm²	주요 용도 및 특징
D 7016	직조 철망	평직 철망		PW-A	-	KS D 3552에 규정하는 어닐링 철선을 사용한 것
				PW-G	-	KS D 3552에 규정하는 아연도금 철선 1종을 사용한 것
				PW-S	-	KS D 3703에 규정하는 스테인리스 강선을 사용한 것
		능직 철망		TW-A	-	KS D 3552에 규정하는 어닐링 철선을 사용한 것
				TW-G	-	KS D 3552에 규정하는 아연도금 철선 1종을 사용한 것
				TW-S	-	KS D 3703에 규정하는 스테인리스 강선을 사용한 것
		첩직 철망		DW-A	-	KS D 3552에 규정하는 어닐링 철선을 사용한 것
				DW-S	-	KS D 3703에 규정하는 스테인리스 강선을 사용한 것
D 7063	아연 도금 강선 (F)	1종		SWGF-1	-	적용 선지름 0.80mm 이상 6.00mm 이하
		2종		SWGF-2	-	
		3종		SWGF-3	-	
		4종		SWGF-4	-	
		5종		SWGF-5	-	
		6종		SWGF-6	-	
	아연 도금 강선 (D)	1종		SWGD-1	-	적용 선지름 0.29mm 이상 6.00mm 이하
		2종		SWGD-2	-	
		3종		SWGD-3	-	

5. 비철금속재료

1 신동품

KS 규격	명칭	분류 및 종별	기호	인장강도 N/mm²	주요 용도 및 특징
D 5101	구리 및 구리합금 봉	무산소동 C1020	C 1020 BE	–	전기 및 열 전도성 우수 용접성, 내식성, 내후성 양호
			C 1020 BD	–	
			C 1020 BF	–	
		타프피치동 C1100	C 1100 BE	–	전기 및 열 전도성 우수 전연성, 내식성, 내후성 양호
			C 1100 BD	–	
			C 1100 BF	–	
		인탈산동 C1201	C 1201 BE	–	전연성, 용접성, 내식성, 내후성 및 열 전도성 양호
			C 1201 BD	–	
		인탈산동 C1220	C 1220 BE	–	
			C 1220 BD	–	
		황동 C2620	C 2600 BE	–	냉간 단조성, 전조성 양호 기계 및 전기 부품
			C 2600 BD	–	
		황동 C2700	C 2700 BE	–	
			C 2700 BD	–	
		황동 C2745	C 2745 BE	–	열간 가공성 양호 기계 및 전기 부품
			C 2745 BD	–	
		황동 C2800	C 2800 BE	–	
			C 2800 BD	–	
		내식 황동 C3533	C 3533 BE	–	수도꼭지, 밸브 등
			C 3533 BD	–	
		쾌삭 황동 C3601	C 3601 BD	–	절삭성 우수, 전연성 양호 볼트, 너트, 작은 나사, 스핀들, 기어, 밸브, 라이터, 시계, 카메라 부품 등
		쾌삭 황동 C3602	C 3602 BE	–	
			C 3602 BD	–	
			C 3602 BF	–	
		쾌삭황동 C3604	C 3604 BE	–	
			C 3604 BD	–	
			C 3604 BF	–	
		쾌삭 황동 C3605	C 3605 BE	–	
			C 3605 BD	–	
		단조 황동 C3712	C 3712 BE	–	열간 단조성 양호, 정밀 단조 적합 기계 부품 등
			C 3712 BD	–	
			C 3712 BF	–	

KS 규격	명칭	분류 및 종별		기호	인장강도 N/mm²	주요 용도 및 특징
D 5101	구리 및 구리합금 봉	단조 황동 C3771		C 3771 BE	–	열간 단조성 및 피절삭성 양호 밸브 및 기계 부품 등
				C 3771 BD	–	
				C 3771 BF	–	
		네이벌 황동 C4622		C 4622 BE	–	내식성 및 내해수성 양호 선박용 부품, 샤프트 등
				C 4622 BD	–	
				C 4622 BF	–	
		네이벌 황동 C4641		C 4641 BE	–	
				C 4641 BD	–	
				C 4641 BF	–	
		내식 황동 C4860		C 4860 BE	–	수도꼭지, 밸브, 선박용 부품 등
				C 4860 BD	–	
		무연 황동 C4926		C 4926 BE	–	내식성 우수, 환경 소재(납 없음) 전기전자, 자동차 부품 및 정밀 가공용
				C 4926 BD	–	
		무연 내식 황동 C4934		C 4934 BE	–	내식성 우수, 환경 소재(납 없음) 수도꼭지, 밸브 등
				C 4934 BD	–	
		알루미늄 청동 C6161		C 6161 BE	–	강도 높고, 내마모성, 내식성 양호 차량 기계용, 화학 공업용, 선박용 피니언 기어, 샤프트, 부시 등
				C 6161 BD	–	
		알루미늄 청동 C6191		C 6191 BE	–	
				C 6191 BD	–	
		알루미늄 청동 C6241		C 6241 BE	–	
				C 6241 BD	–	
		고강도 황동 C6782		C 6782 BE	–	강도 높고 열간 단조성, 내식성 양호 선박용 프로펠러 축, 펌프 축 등
				C 6782 BD	–	
				C 6782 BF	–	
		고강도 황동 C6783		C 6783 BE	–	
				C 6783 BD	–	
D 5102	베릴륨 동, 인청동 및 양백의 봉 및 선	베릴륨 동	봉	C 1720 B	–	항공기 엔진 부품, 프로펠러, 볼트, 캠, 기어, 베어링, 점용접용 전극 등
			선	C 1720 W	–	코일 스프링, 스파이럴 스프링, 브러쉬 등
		인청동	봉	C 5111 B	–	내피로성, 내식성, 내마모성 양호 봉 : 기어, 캠, 이음쇠, 축, 베어링, 작은 나사, 볼트, 너트, 미끄럼 마찰 부품, 커넥터, 트롤리선용 행어 등 선 : 코일 스프링, 스파이럴 스프링, 스냅 버튼, 전기 바인드용 선, 철망, 헤더재, 와셔 등
			선	C 5111 W	–	
			봉	C 5102 B	–	
			선	C 5102 W	–	
			봉	C 5191 B	–	
			선	C 5191 W	–	
			봉	C 5212 B	–	
			선	C 5212 W	–	
		쾌삭 인청동	봉	C 5341 B	–	절삭성 양호 작은 나사, 부싱, 베어링, 볼트, 너트, 볼펜 부품 등
			선	C 5441 B	–	

KS 규격	명칭	분류 및 종별		기호	인장강도 N/mm²	주요 용도 및 특징
D 5102	베릴륨 동, 인청동 및 양백의 봉 및 선	양백	선	C 7451 W	–	광택 미려, 내피로성, 내식성 양호 봉 : 작은 나사, 볼트, 너트, 전기기기 부품, 악기, 의료기기, 시계부품 등 선 : 특수 스프링 재료 적합
			봉	C 7521 B	–	
			선	C 7521 W	–	
			봉	C 7541 B	–	
			선	C 7541 W	–	
			봉	C 7701 B	–	
			선	C 7701 W	–	
		쾌삭 양백	봉	C 7941 B	–	절삭성 양호 작은 나사, 베어링, 볼펜 부품, 안경 부품 등
D 5103	구리 및 구리합금 선	무산소동	선	C 1020 W	세부 규격 참조	전기·열전도성·전연성 우수 용접성·내식성. 내환경성 양호
		타프피치동		C 1100 W		전기·열전도성 우수 전연성·내식성·내환경성 양호 (전기용, 화학공업용, 작은 나사, 못, 철망 등)
D 5103	구리 및 구리합금 선	인탈산동	선	C 1201 W	세부 규격 참조	전연성·용접성·내식성·내환경성 양호
				C 1220 W		
		단동		C 2100 W		색과 광택이 아름답고, 전연성·내식성 양호 (장식품, 장신구, 패스너, 철망 등)
				C 2200 W		
				C 2300 W		
				C 2400 W		
		황동		C 2600 W		전연성·냉간 단조성·전조성 양호 리벳, 작은 나사, 핀, 코바늘, 스프링, 철망 등
				C 2700 W		
				C 2720 W		
				C 2800 W		용접봉, 리벳 등
		니플용 황동		C 3501 W		피삭성, 냉간 단조성 양호 자동차의 니플 등
		쾌삭황동		C 3601 W		피삭성 우수 볼트, 너트, 작은 나사, 전자 부품, 카메라 부품 등
				C 3602 W		
				C 3603 W		
				C 3604 W		
D 5401	전자 부품용 무산소 동의 판, 띠, 이음매 없는 관, 봉 및 선	판	–	C 1011 P	세부 규격 참조	전신가공한 전자 부품용 무산소 동의 판, 띠, 이음매 없는 관, 봉, 선
		띠	–	C 1011 R		
		관	보통급	C 1011 T		
			특수급	C 1011 TS		
		봉	압출	C 1011 BE		
			인발	C 1011 BD		
		선	–	C 1011 W		

KS 규격	명칭	분류 및 종별		기호	인장강도 N/mm²	주요 용도 및 특징
D 5506	인청동 및 양백의 판 및 띠	판	인청동	C 5111 P	세부 규격 참조	전연성. 내피로성. 내식성 양호 전자, 전기 기기용 스프링, 스위치, 리드 프레임, 커넥터, 다이어프램, 베로, 퓨즈 클립, 섭동편, 볼베어링, 부시, 타악기 등
		띠		C 5111 R		
		판		C 5102 P		
		띠		C 5102 R		
		판		C 5191 P		
		띠		C 5191 R		
		판		C 5212 P		
D 5506	인청동 및 양백의 판 및 띠	띠	양백	C 5212 R		광택이 아름답고, 전연성. 내피로성. 내식성 양호 수정 발진자 케이스, 트랜지스터캡, 볼륨용 섭동편, 시계 문자판, 장식품, 양식기, 의료기기, 건축용, 관악기 등
		판		C 7351 P		
		띠		C 7351 R		
		판		C 7451 P		
		띠		C 7451 R		
		판		C 7521 P		
		띠		C 7521 R		
		판		C 7541 P		
		띠		C 7541 R		
D 5530	구리 버스 바	C 1020		C 1020 BB	Cu 99.96% 이상	전기 전도성 우수 각종 도체, 스위치, 바 등
		C 1100		C 1100 BB	Cu 99.90% 이상	
D 5545	구리 및 구리 합금 용접관	용접관	보통급	C 1220 TW	인탈산동	압광성 · 굽힘성 · 수축성 · 용접성 · 내식성 · 열전도성 양호 열교환기용, 화학 공업용, 급수 · 급탕용, 가스관용 등
			특수급	C 1220 TWS		
			보통급	C 2600 TW	황동	압광성 · 굽힘성 · 수축성 · 도금성 양호 열교환기, 커튼레일, 위생관, 모든 기기 부품용, 안테나용 등
			특수급	C 2600 TWS		
			보통급	C 2680 TW		
			특수급	C 2680 TWS		
			보통급	C 4430 TW	어드미럴티 황동	내식성 양호 가스관용, 열교환기용 등
			특수급	C 4430 TWS		
			보통급	C 4450 TW	인 첨가 어드미럴티 황동	내식성 양호 가스관용 등
			특수급	C 4450 TWS		
			보통급	C 7060 TW	백동	내식성, 특히 내해수성 양호 비교적 고온 사용 적합 악기용, 건재용, 장식용, 열교환기용 등
			특수급	C 7060 TWS		
			보통급	C 7150 TW		
			특수급	C 7150 TWS		

2 알루미늄 및 알루미늄합금의 전신재

KS 규격	명칭	분류 및 종별		기호	인장강도 N/mm²	주요 용도 및 특징
D 6705	알루미늄 및 알루미늄합금 박	1085	O	A1085H-O	95 이하	전기 통신용, 전해 커패시터용, 냉난방용
			H18	A1085H-H18	120 이상	
		1070	O	A1070H-O	95 이하	
			H18	A1070H-H18	120 이상	
		1050	O	A1050H-O	100 이하	
			H18	A1050H-H18	125 이상	
		1N30	O	A130H-O	100 이하	장식용, 전기 통신용, 건재용, 포장용, 냉난방용
			H18	A130H-H18	135 이상	
		1100	O	A1100H-O	110 이하	
			H18	A1100H-H18	155 이상	
		3003	O	A3003H-O	130 이하	용기용, 냉난방용
			H18	A3003H-H18	185 이상	
		3004	O	A3004H-O	200 이하	
			H18	A3004H-H18	265 이상	
		8021	O	A8021H-O	120 이하	장식용, 전기 통신용, 건재용, 포장용, 냉난방용
			H18	A8021H-H18	150 이상	
		8079	O	A8079H-O	110 이하	
			H18	A8079H-H18	150 이상	
D 6706	고순도 알루미늄 박	1N99	O	A1N99H-O	–	전해 커패시터용 리드선용
			H18	A1N99H-H18	–	
		1N90	O	A1N90H-O	–	
			H18	A1N90H-H18	–	
D 7028	알루미늄 및 알루미늄합금 용접봉과 와이어	BY : 봉 WY : 와이어		A1070-BY	54	알루미늄 및 알루미늄 합금의 수동 티그 용접 또는 산소 아세틸렌 가스에 사용하는 용접봉 인장강도는 용접 이음의 인장강도임
				A1070-WY		
				A1100-BY	74	
				A1100-WY		
				A1200-BY		
				A1200-WY		
				A2319-BY	245	
				A2319-WY		
				A4043-BY	167	
				A4043-WY		
				A4047-BY		
				A4047-WY		
				A5554-BY	216	
				A5554-WY		
				A5564-BY	206	
				A5564-WY		
				A5356-BY	265	
				A5356-WY		
				A5556-BY	275	
				A5556-WY		
				A5183-BY		
				A5183-WY		

3 마그네슘합금 전신재

KS 규격	명 칭	분류 및 종별	기 호	인장강도 N/mm²	주요 용도 및 특징
D 5573	이음매 없는 마그네슘 합금 관	1종B	MT1B	세부 규격 참조	ISO-MgA13Zn1(A)
		1종C	MT1C		ISO-MgA13Zn1(B)
		2종	MT2		ISO-MgA16Zn1
		5종	MT5		ISO-MgZn3Zr
		6종	MT6		ISO-MgZn6Zr
		8종	MT8		ISO-MgMn2
		9종	MT9		ISO-MgZnMn1
D 6710	마그네슘 합금 판, 대 및 코일판	1종B	MP1B	세부 규격 참조	ISO-MgA13Zn1(A)
		1종C	MP1C		ISO-MgA13Zn1(B)
		7종	MP7		-
		9종	MP9		ISO-MgMn2Mn1
D 6723	마그네슘 합금 압출 형재	1종B	MS1B	세부 규격 참조	ISO-MgA13Zn1(A)
		1종C	MS1C		ISO-MgA13Zn1(B)
		2종	MS2		ISO-MgA16Zn1
		3종	MS3		ISO-MgA18Zn
		5종	MS5		ISO-MgZn3Zr
		6종	MS6		ISO-MgZn6Zr
		8종	MS8		ISO-MgMn2
		9종	MS9		ISO-MgMn2Mn1
		10종	MS10		ISO-MgMn7Cul
		11종	MS11		ISO-MgY5RE4Zr
		12종	MS12		ISO-MgY4RE3Zr
D 6724	마그네슘 합금 봉	1B종	MB1B	세부 규격 참조	ISO-MgA13Zn1(A)
		1C종	MB1C		ISO-MgA13Zn1(B)
		2종	MB2		ISO-MgA16Zn1
		3종	MB3		ISO-MgA18Zn
		5종	MB5		ISO-MgZn3Zr
		6종	MB6		ISO-MgZn6Zr
		8종	MB8		ISO-MgMn2
		9종	MB9		ISO-MgZn2Mn1
		10종	MB10		ISO-MgZn7Cul
		11종	MB11		ISO-MgY5RE4Zr
		12종	MB12		ISO-MgY4RE3Zr

4 납 및 납합금 전신재

KS 규격	명칭	분류 및 종별	기호	인장강도 N/mm²	주요 용도 및 특징
D 5512	납 및 납합금 판	납판	PbP-1	-	두께 1.0mm 이상 6.0mm 이하의 순납판으로 가공성이 풍부하고 내식성이 우수하며 건축, 화학, 원자력 공업용 등 광범위의 사용에 적합하고, 인장강도 10.5N/mm², 연신율 60% 정도이다.
		얇은 납판	PbP-2	-	두께 0.3mm 이상 1.0mm 미만의 순납판으로 유연성이 우수하고 주로 건축용(지붕, 벽)에 적합하며, 인장강도 10.5N/mm², 연신율 60% 정도이다.
		텔루르 납판	PPbP	-	텔루르를 미량 첨가한 입자분산강화 합금 납판으로 내크리프성이 우수하고 고온(100~150℃)에서의 사용이 가능하고, 화학공업용에 적합하며, 인장강도 20.5N/mm², 연신율 50% 정도이다.
		경납판 4종	HPbP4	-	안티몬을 4% 첨가한 합금 납판으로 상온에서 120℃의 사용영역에서는 납합금으로서 고강도·고경도를 나타내며, 화학공업용 장치류 및 일반용의 경도를 필요로 하는 분야에 대한 적용이 가능하고, 인장강도 25.5N/mm², 연신율 50% 정도이다.
		경납판 6종	HPbP6	-	안티몬을 6% 첨가한 합금 납판으로 상온에서 120℃의 사용영역에서는 납합금으로서 고강도·고경도를 나타내며, 화학공업용 장치류 및 일반용의 경도를 필요로 하는 분야에 대한 적용이 가능하고, 인장강도 28.5N/mm², 연신율 50% 정도이다.
D 6702	일반 공업용 납 및 납합금 관	공업용 납관 1종	PbT-1	-	납이 99.9%이상인 납관으로 살두께가 두껍고, 화학 공업용에 적합하고 인장 강도 10.5N/mm², 연신율 60% 정도이다.
		공업용 납관 2종	PbT-2	-	납이 99.60%이상인 납관으로 내식성이 좋고, 가공성이 우수하고 살두께가 얇고 일반 배수용에 적합하며 인장 강도 11.7N/mm², 연신율 55% 정도이다.
		텔루르 납관	TPbT	-	텔루르를 미량 첨가한 입자 분산 강화 합금 납관으로 살두께는 공업용 납관 1종과 같은 납관. 내크리프성이 우수하고 고온(100~150℃)에서의 사용이 가능하고, 화학공업용에 적합하며, 인장강도 20.5N/mm², 연신율 50% 정도이다.
		경연관 4종	HPbT4	-	안티몬을 4% 첨가한 합금 납관으로 상온에서 120℃의 사용영역에서는 납합금으로서 고강도·고경도를 나타내며, 화학공업용 장치류 및 일반용의 경도를 필요로 하는 분야로의 적용이 가능하고, 인장강도 25.5N/mm², 연신율 50% 정도이다.
		경연관 6종	HPbT6	-	안티몬을 6% 첨가한 합금 납관으로 상온에서 120℃의 사용영역에서는 납합금으로서 고강도·고경도를 나타내며, 화학공업용 장치류 및 일반용의 경도를 필요로 하는 분야로의 적용이 가능하고, 인장강도 28.5N/mm², 연신율 50% 정도이다.

5 니켈 및 니켈합금 전신재

KS 규격	명칭	분류 및 종별	기호	인장강도 N/mm²	주요 용도 및 특징
D 5539	이음매 없는 니켈 동합금 관		NW4400	NiCu30	세부 규격 참조	내식성, 내산성 양호 강도 높고 고온 사용 적합 급수 가열기, 화학 공업용 등
		NW4402	NiCu30.LC		
D 5546	니켈 및 니켈합금 판 및 조	탄소 니켈 판	NNCP	세부 규격 참조	수산화나트륨 제조 장치, 전기 전자 부품 등
		저탄소 니켈 판	NLCP		
		니켈-동합금 판	NCuP		해수 담수화 장치, 제염 장치, 원유 증류탑 등
		니켈-동합금 조	NCuR		
		니켈-동-알루미늄-타이타늄합금 판	NCuATP		해수 담수화 장치, 제염 장치, 원유 증류탑 등에서 고강도를 필요로 하는 기기재 등
		니켈-몰리브데넘합금 1종 관	NM1P		염산 제조 장치, 요소 제조 장치, 에틸렌글리콜 이나 크로로프렌 단량체 제조 장치 등
		니켈-몰리브데넘합금 2종 관	NM2P		
		니켈-몰리브데넘-크로뮴합금 판	NMCrP		산 세척 장치, 공해 방지 장치, 석유화학 산업 장치, 합성 섬유 산업 장치 등
		니켈-크로뮴-철-몰리브데넘-동합금 1종 판	NCrFMCu1P		인산 제조 장치, 플루오르산 제조 장치, 공해 방지 장치 등
		니켈-크로뮴-철-몰리브데넘-동합금 2종 판	NCrFMCu2P		
		니켈-크로뮴-몰리브데넘-철합금 판	NCrMFP		공업용로, 가스터빈 등
D 5603	듀멧선	선1종 1	DW1-1	640 이상	전자관, 전구, 방전 램프 등의 관구류
		선1종 2	DW1-2		
		선2종	DW2		다이오드, 서미스터 등의 반도체 장비류
D 6023	니켈 및 니켈합금 주물	니켈 주물	NC	345 이상	수산화나트륨, 탄산나트륨 및 염화암모늄을 취급하는 제조장치의 밸브·펌프 등
		니켈-구리합금 주물	NCuC	450 이상	해수 및 염수, 중성염, 알칼리염 및 플루오르산을 취급하는 화학 제조 장치의 밸브·펌프 등
		니켈-몰리브데넘합금 주물	NMC	525 이상	염소, 황산 인산, 아세트산 및 염화수소가스를 취급하는 제조 장치의 밸브·펌프 등
		니켈-몰리브데넘-크로뮴합금 주물	NMCrC	495 이상	산화성산, 플루오르산, 포름산 무수아세트산, 해수 및 염수를 취급하는 제조 장치의 밸브 등
		니켈-크로뮴-철합금 주물	NCrFC	485 이상	질산, 지방산, 암모늄수 및 염화성 약품을 취급하는 화학 및 식품 제조 장치의 밸브 등
D 6719	이음매 없는 니켈 및 니켈합금 관	상탄소 니켈관	NNCT	세부 규격 참조	수산화나트륨 제조 장치, 식품, 약품 제조 장치, 전기, 전자 부품 등
		저탄소 니켈관	NLCT		수산화나트륨 제조 장치, 식품, 약품 제조 장치, 전기, 전자 부품 등
		니켈-동합금 관	NCuT		급수 가열기, 해수 담수화 장치, 제염 장치, 원유 증류탑 등
		니켈-몰리브데넘-크로뮴합금 관	NMCrT		산세척 장치, 공해방지 장치, 석유화학, 합성 섬유산업 장치 등
		니켈-크로뮴-몰리브데넘-철합금 관	NCrMFT		공업용 노, 가스 터빈 등

6 타이타늄 및 타이타늄합금 전신재

KS 규격	명칭	분류 및 종별		기호	인장강도 N/mm²	주요 용도 및 특징
D 3851	타이타늄 팔라듐합금 선	11종		TW 270 Pd	270 ~ 410	내식성, 특히 틈새 내식성 양호 화학장치, 석유정제 장치, 펄프제지 공업장치 등
		12종		TW 340 Pd	340 ~ 510	
		13종		TW 480 Pd	480 ~ 620	
D 6026	타이타늄 및 타이타늄합금 주물	2종		TC340	340 이상	내식성, 특히 내해수성 양호 화학 장치, 석유 정제 장치, 펄프 제지 공업 장치 등
		3종		TC480	480 이상	
		12종		TC340Pd	340 이상	내식성, 특히 내틈새 부식성 양호 화학 장치, 석유 정제 장치, 펄프 제지 공업 장치 등
		13종		TC480Pd	480 이상	
		60종		TAC6400	895 이상	고강도로 내식성 양호 화학 공업, 기계 공업, 수송 기기 등의 구조재. 예를 들면 고압 반응조 장치, 고압 수송 장치, 레저용품 등
D 6726	배관용 타이타늄 팔라듐합금 관	1종	이음매 없는 관	TTP 28 Pd E	275 ~ 412	내식성, 특히 틈새 내식성 양호 화학장치, 석유정제장치, 펄프제지 공업장치 등
				TTP 28 Pd D		
			용접관	TTP 28 Pd W		
				TTP 28 Pd WD		
		2종	이음매 없는 관	TTP 35 Pd E	343 ~ 510	
				TTP 35 Pd D		
			용접관	TTP 35 Pd W		
				TTP 35 Pd WD		
		3종	이음매 없는 관	TTP 49 Pd E	481 ~ 618	
				TTP 49 Pd D		
			용접관	TTP 49 Pd W		
				TTP 49 Pd WD		
D 7203	냉간 압조용 붕소강-선	1종		SWCHB 223	610 이하	볼트, 너트, 리벳, 작은 나사, 태핑 나사 등의 나사류 및 각종 부품(인장도는 DA 공정에 의한 선의 기계적 성질)
		2종		SWCHB 237	670 이하	
		3종		SWCHB 320	600 이하	
		4종		SWCHB 323	610 이하	
		5종		SWCHB 331	630 이하	
		6종		SWCHB 334	650 이하	
		7종		SWCHB 420	600 이하	
		8종		SWCHB 526	650 이하	
		9종		SWCHB 620	630 이하	
		10종		SWCHB 623	640 이하	
		11종		SWCHB 726	650 이하	
		12종		SWCHB 734	680 이하	

7 기타 전신재

KS 규격	명 칭	분류 및 종별	기 호	인장강도 N/mm²	주요 용도 및 특징
D 3579	스프링용 오일 템퍼선	스프링용 탄소강 오일 템퍼선 A종	SWO-A	세부 규격 참조	주로 정하중을 받는 스프링용
		스프링용 탄소강 오일 템퍼선 B종	SWO-B		
		스프링용 실리콘 크로뮴강 오일 템퍼선	SWOSC-B		주로 동하중을 받는 스프링용
		스프링용 실리콘 망가니즈강 오일 템퍼선 A종	SWOSM-A		
		스프링용 실리콘 망가니즈강 오일 템퍼선 B종	SWOSM-B		
		스프링용 실리콘 망가니즈강 오일 템퍼선 C종	SWOSM-C		
D 3580	밸브 스프링용 오일 템퍼선	밸브 스프링용 탄소강 오일 템퍼선	SWO-V	세부 규격 참조	내연 기관의 밸브 스프링 또는 이에 준하는 스프링
		밸브 스프링용 크로뮴바나듐강 오일 템퍼선	SWOCV-V		
		밸브 스프링용 실리콘크로뮴강 오일 템퍼선	SWOSC-V		
D 3585	스테인리스강 위생관	1종	STS304TBS	520 이상	낙농, 식품 공업 등에 사용
		2종	STS304LTBS	480 이상	
		3종	STS316TBS	520 이상	
		4종	STS316LTBS	480 이상	
D 3591	스프링용 실리콘 망가니즈강 오일 템퍼선	스프링용 실리콘 망가니즈강 오일 템퍼선 A종	SWOSM-A	세부 규격 참조	일반 스프링용
		스프링용 실리콘 망가니즈강 오일 템퍼선 B종	SWOSM-B		일반 스프링용 및 자동차 현가 코일 스프링
		스프링용 실리콘 망가니즈강 오일 템퍼선 C종	SWOSM-C		주로 자동차 현가 코일 스프링
D 3624	냉간 압조용 붕소강-선재	1종	SWRCHB 223	–	냉간 압조용 붕소강선의 제조에 사용
		2종	SWRCHB 237	–	
		3종	SWRCHB 320	–	
		4종	SWRCHB 323	–	
		5종	SWRCHB 331	–	
		6종	SWRCHB 334	–	
		7종	SWRCHB 420	–	
		8종	SWRCHB 526	–	
		9종	SWRCHB 620	–	
		10종	SWRCHB 623	–	
		11종	SWRCHB 726	–	
		12종	SWRCHB 734	–	
D 3624	타이타늄 팔라듐합금 선	11종	TW 270 Pd	270 ~ 410	내식성, 특히 틈새 내식성 양호 화학장치, 석유정제 장치, 펄프제지 공업장치 등
		12종	TW 340 Pd	340 ~ 510	
		13종	TW 480 Pd	480 ~ 620	

KS 규격	명칭	분류 및 종별		기호	인장강도 N/mm²	주요 용도 및 특징
D 5577	탄탈럼 전신재	판		TaP	세부 규격 참조	탄탈럼으로 된 판, 띠, 박, 봉 및 선
		띠		TaR		
		박		TaH		
		봉		TaB		
		선		TaW		
D 6026	타이타늄 및 타이타늄합금 주물	2종		TC340	340 이상	내식성, 특히 내해수성 양호 화학 장치, 석유 정제 장치, 펄프 제지 공업 장치 등
		3종		TC480	480 이상	
		12종		TC340Pd	340 이상	내식성, 특히 내틈새 부식성 양호 화학 장치, 석유 정제 장치, 펄프 제지 공업 장치 등
		13종		TC480Pd	480 이상	
		60종		TAC6400	895 이상	고강도로 내식성 양호 화학 공업, 기계 공업, 수송 기기 등의 구조재. 예를 들면 고압 반응조 장치, 고압 수송 장치, 레저용품 등
D 6726	배관용 타이타늄 팔라듐합금 관	1종	이음매 없는 관	TTP 28 Pd E	275 ~ 412	내식성, 특히 틈새 내식성 양호 화학장치, 석유정제장치, 펄프제지 공업장치 등
				TTP 28 Pd D		
			용접관	TTP 28 Pd W		
				TTP 28 Pd WD		
		2종	이음매 없는 관	TTP 35 Pd E	343 ~ 510	
				TTP 35 Pd D		
			용접관	TTP 35 Pd W		
				TTP 35 Pd WD		
		3종	이음매 없는 관	TTP 49 Pd E	481 ~ 618	
				TTP 49 Pd D		
			용접관	TTP 49 Pd W		
				TTP 49 Pd WD		
D 6728	지르코늄 합금 관	Sn-Fe-Cr-Ni계 지르코늄 합금 관		ZrTN 802 D	413 이상	핵연료 피복관으로 사용하는 이음매 없는 지르코늄 합금 관
		Sn-Fe-Cr계 지르코늄 합금 관		ZrTN 804 D	413 이상	
D 7203	냉간 압조용 붕소강-선	1종		SWCHB 223	610 이하	볼트, 너트, 리벳, 작은 나사, 태핑 나사 등의 나사류 및 각종 부품(인장도는 DA 공정에 의한 선의 기계적 성질)
		2종		SWCHB 237	670 이하	
		3종		SWCHB 320	600 이하	
		4종		SWCHB 323	610 이하	
		5종		SWCHB 331	630 이하	
		6종		SWCHB 334	650 이하	
		7종		SWCHB 420	600 이하	
		8종		SWCHB 526	650 이하	
		9종		SWCHB 620	630 이하	
		10종		SWCHB 623	640 이하	
		11종		SWCHB 726	650 이하	
		12종		SWCHB 734	680 이하	

VIII

철강기호의 분류일람표

1. 철강 기호 보는 법

철강 재료의 규격은 우선 철과 강으로 크게 구분하고 다시 철은 순철, 합금철 및 주철로 강은 보통강, 특수강 및 주단강(鑄鍛鋼)으로 분류하고 있다. 보통강은 봉강, 형강, 원판, 박판, 선재 및 선과 같이 형상별, 용도별로 특수강은 강인강, 공구강, 특수 용도강과 같이 성질과 형상별로 강관은 강종 및 용도별로 스테인리스강은 형상별로 각각 세분화되어 있다.

1 규격 본문에 규정되어 있는 철강 기호

철강 기호는 위의 서술대로 규격 분류에 따라서, 원칙적으로 아래의 3가지 부분으로 구성되어 있다.

① 처음 부분은 재질을 표시한다.
② 다음 부분은 규격명 또는 제품명을 표시한다.
③ 마지막 부분은 종류를 표시한다.

[예]

S	S	400
(1)	(2)	(3)
S	UP	6
(1)	(2)	(3)

(1)은 영어 또는 로마자의 머리문자, 또는 원소 기호를 사용하여 재질을 표시하고 있는 것으로 철강 재료는 S (Steel : 강) 또는 F (Ferrum : 철)의 기호로 시작되는 것이 대부분이다.

 [예외] SiMn (실리콘망가니즈), MCr (금속 크로뮴) 등의 합금철류

(2)는 영어 또는 로마자의 머리문자를 사용하여 판, 봉, 관, 선, 주조품 등의 제품 형상별 종류나 용도를 표시한 기호를 조합하여 제품명을 표시하는 것으로 S 또는 F의 다음에 오는 기호는 아래와 같이 그룹을 표시하는 기호가 붙는 것이 많다.

기호	의미	일본어	한글 용어
P	Plate	薄板	박판
U	Use	特殊用度	특수용도
W	Wire	線材, 線	선재, 선
T	Tube	管	관
C	Casting	鑄物	주물
K	Kogu	工具	공구
F	Forging	鍛造	단조

[예외]
① 구조용 합금강의 그룹(예를 들면 니켈크로뮴강)은 SNC와 같이 첨가 원소의 부가 기호를 붙인다.
② 보통강 강재 중 봉강, 후판(厚板, 예를 들면 보일러용 강재)는 SB와 같이 용도를 표시하는 영어의 머리문자를 붙인다.

(3)은 재료의 종류 번호의 숫자, 최저 인장강도 또는 내력(통상 3자리 숫자)을 표시한다. 단 기계구조용강의 경우에는 주요 합금 원소량 코드(Code)와 탄소량과의 조합으로 표시한다.

〔예〕

> 1 : 1종
> A : A종 또는 A호
> 430 : Code 4. 탄소량의 대표 값 30
> 2A : 2종 A 그룹
> 400 : 인장강도 또는 내력

[비고] 철강 재료의 종류 기호 이외에 형상이나 제조 방법 등을 기호화하는 경우에는 종류 기호에 이어서 다음의 부호 또는 기호를 붙여 표시한다.

〔예〕
SM570Q : 용접 구조용 압연 강재로 퀜칭, 템퍼링(소입, 소려)을 실시한 것
STB340-S-H : 열간 다듬질 이음매 없는 보일러, 열교환기용 탄소강 강관으로 인장강도의 규격 하한치 340 N/mm²

1. 형상을 표시하는 부가 기호

기호	의미	일본어	한글 해석
W	Wire	線	선
WR	Wire Rod	線材	선재
CP	Cold Plate	冷延板	냉연판
HP	Hot Plate	熱延板	열연판
HA	Hot Angle	熱延山形鋼	열연산형강
CD	Coated Double	兩內面塗裝	양면도장
CS	Cold Strip	冷延帶	냉연띠
HS	Hot Strip	熱延帶	열연띠
TB	Boiler and Heat Exchange Tube	熱傳達用管	열전달용관
TP	Pipes	配管用管	배관용관
CA	Cold Angle	冷間仕上山形鋼	냉간가공산형강

2. 제조 방법을 표시하는 부가 기호

기호	의미	일본어	한글 해석
-R	Aluminium steel	リムド 相当鋼	림드 상당강 (림드강 포함)
-A	Aluminium killed steel	アルミキルド鋼	알루미늄 킬드강
-K	killed steel	キルド鋼	킬드강
-S-H	Seamless Hot	熱間仕上継目無鋼管	열간가공 이음매 없는 강관
-S-C	Seamless Cold	冷間仕上継目無鋼管	냉간가공 이음매 없는 강관
-E	Electric resistance Welding	電気抵抗溶接鋼管	전기 저항 용접 강관
-E-H	Electric resistance Welding Hot	熱間仕上電気抵抗溶接鋼管	열간가공 전기 저항 용접 강관
-E-C	Electric resistance Welding Cold	冷間仕上電気抵抗溶接鋼管	냉간가공 전기 저항 용접 강관
-E-G	Electric resistance Welding General	電気抵抗溶接ままの鋼管	전기 저항 용접 그대로의 강관
-B	Butt Welding	鍛接鋼管	단접강관
-B-C	Butt Welding Cold	冷間仕上鍛接鋼管	냉간가공 단접강관
-A	Arc Welding	アーク溶接鋼管	아크 용접 강관
-A-C	Arc Welding Cold	冷間仕上アーク溶接鋼管	냉간 가공 아크 용접 강관
-D9	Drawing	冷間引抜き(9は許容差の等級9級)	냉간인발(9는 허용차의 등급)
-RCH	Rod by Cold Heading	冷間圧造用線材	냉간 압조용 선재
-WCH	Wire by Cold Heading	冷間圧造用線	냉간 압조용 선
-T8	Cutting	切削(8は許容差の等級 8級)	절삭 (8은 허용차의 8등급)
-G7	Grinding	研削(7は許容差の等級 7級)	연삭 (7은 허용차의 7등급)
-CSP	Cold Strip Spring	ばね用冷間圧延鋼帯	스프링용 냉간압연강대
-M	MIGAKI	特殊みがき帯鋼	특수 연마 강대

3. 열처리를 표시하는 기호

기호	의미	일본어	한글 해석
R	as-rolled	圧延のまま	압연한 대로
A	annealing	燒なまし	풀림(소둔, 야끼나마시)
N	normalizing	燒ならし	불림(소준, 야끼나라시)
Q	quenching and tempering	燒入燒戻し	담금질(소입), 뜨임(야끼모도시)
NT	normalizing and tempering	燒ならし燒戻し	불림, 뜨임
T	tempering	燒戻し	뜨임(소려, 야끼모도시)
TMC	thermo-mechanical control process	熱加工制御	열 가공 제어
P	low temperature annealing	低温燒なまし	저온 풀림
TN	test piece normalizing	試験片に燒ならし	시험편에 불림
TNT	test piece normalizing and tempering	試験片に燒ならし燒戻し	시험편에 불림, 뜨임
SR	stress relief annealing	試験片に溶接後熱処理に相当する熱処理	시험편에 용접 후 열처리에 상당하는 열처리
S	solution treatment	固溶化熱処理	고용화 열처리
TH×××× RH××××	H : 시효처리, T : 변태처리 R : Sub-zero 처리, × : 화씨온도 H : 시효처리, T : 변태처리 R : Sub-zero 처리, × : 화씨온도	析出高加熱処理	석출 고가열처리

4. 엄격한 치수허용차를 표시하는 기호

기호	의미	일본어	한글 해석
ET :	Extra Thickness	厚さ許容差 (ステンレス鋼帯, ばね用冷間圧延鋼帯)	두께 허용차 (스테인리스 강대, 스프링용 냉간압연 강대)
EW :	Extra width	幅許容差 (ステンレス鋼帯)	폭 허용차 (스테인리스 강대)

2. 철강 기호의 분류별 일람표

분류	규격 명칭	기호	해설
합금철	페로보론	FB	F : Ferro, B : Boron
	페로크로뮴	FCr	F : Ferro, Cr : Chromium
	페로망가니즈	FMn	F : Ferro, Mn : Manganese
	페로몰리브데넘	FMo	F : Ferro, Mo : Molybdenum
	페로니오브	FNb	F : Ferro, Nb : Niobium
	페로니켈	FNi	F : Ferro, Ni : Nickel
	페로인	FP	F : Ferro, P : Phosphorus
	페로실리콘	FSi	F : Ferro, Si : Silicon
	페로타이타늄	FTi	F : Ferro, Ti : Titanium
	페로바나듐	FV	F : Ferro, V : Vanadium
	페로텅스텐	FW	F : Ferro, W : Wolfram
	칼슘실리콘	CaSi	Ca : Calcium, Si : Silicon
	금속크로뮴	MCr	M : Metallic, Cr : Chromium
	금속망가니즈	MMn	M : Metallic, Mn : Manganese
	금속규소	MSi	M : Metallic, Si : Silicon
	실리콘망가니즈	SiMn	Si : Silicon, Mn : Manganese
	실리콘크로뮴	SiCr	Si : Silicon, Cr : Chromium
구조용강	자동차 구조용 열간압연 강판 및 강대	SAPH	S : Steel, A : Automobile, P : Press, H : Hot
	체인용 봉강	SBC	S : Steel, B : Bar, C : Chain
	교량(橋梁)용고항복점 강판	SBHS	S : Steel, B : Bridge, H : High performance, S : Structure
	PC 강봉	SBPR	S : Steel, B : Bar, P : Prestressed, R : Round
	세경이형(細徑異形) PC 강봉	SBPDN	S : Steel, B : Bar, P : Prestressed, D: Deformed, N: Normal relaxation
		SBPDL	S : Steel, B : Bar, P : Prestressed, D: Deformed, L : Low relaxation
	철기 플레이트	SDP	S : Steel, D : Deck, P : Plate
	연마봉강용 일반강재	SGD	S : Steel, G : General D : Drawn
	철탑용 고장력강 강재	SH-P	S : Steel, H : High strength, P : Plate
		SH-S	S : Steel, H : High strength, S : Section
	용접구조용 고항복점 강판	SHY	S : Steel, H : High Yield, Y : 용접
		SHY-N	S : Steel, H : High Yield, Y : 용접, N : Nickel
		SHY-NS	S : Steel, H : High Yield, Y : 용접, N : Nickel, S : Special
		SHY-NS-F	S : Steel, H : High Yield, Y : 용접, N : Nickel, S : Special, F : Fine
	용접구조용 압연강재	SM	S : Steel, M : Marine
	용접구조용 내후성 열간압연 강재	SMA	S : Steel, M : Marine, A : Atmospheric
	건축구조용 압연강재	SN	S : Steel, N : New structure
	건축구조용 압연봉강	SNR	S : Steel, N : New structure, R : Round bar
	고내후성 압연강재	SPA-H	S : Steel, P : Plate, A : Atmospheric, H : Hot
		SPA-C	S : Steel, P : Plate, A : Atmospheric, C : Cold
	철근 콘크리트용 봉강	SR	S : Steel, R : Round
		SD	S : Steel, D : Deformed
	철근 콘크리트용 재생봉강	SRR	S : Steel, R : Round, R : Reroll

분류	규격 명칭	기호	해설
구조용강	철근 콘크리트용 재생봉강	SDR	S : Steel, D : Deformed, R : Reroll
	철근 콘크리트용 재생강재	SRB	S : Steel, R : Rerolled, B : Bar
	일반 구조용 압연 강재	SS	S : Steel, S : Structure
	일반 구조용 경량 형강	SSC	S : Steel, S : Structure, C : Cold Forming
	리벳용 봉강	SV	S : Steel, V : Rivet
	일반 구조용 용접 경량 H형강	SWH	S : Steel, W : Weld, H : H형
압력용기강	보일러 및 압력 용기용 탄소강 및 몰리브데넘강 강판	SB	S : Steel, B : Boiler
		SB-M	S : Steel, B : Boiler, M : Molybdenum
	보일러 및 압력 용기용 망가니즈몰리브데넘강 및 망가니즈몰리브데넘니켈강 강판	SBV	S : Steel, B : Boiler, V : Vessel
	고온 압력 용기용 고강도 크로뮴몰리브데넘강 강판	SCMQ	S : Steel, C : Chromium, M : Molybdenum, Q : Quenched
	보일러 및 압력 용기용 크로뮴몰리브데넘강 강판	SCMV	S : Steel, C : Chromium, M : Molybdenum, V : Vessel
	중, 상온 압력 용기용 고강도강 강판	SEV	S : Steel, E : Elevated Temperature, V : Vessel
	고압 가스 용기용 강판 및 강대	SG	S : Steel, G : Gas Cylinder
	중, 상온 압력용기용 탄소강 강판	SGV	S : Steel, G : General, V : Vessel
	저온 압력 용기용 탄소강 강판	SLA	S : Steel, L : Low Temperature, A : Al killed
	저온 압력 용기용 니켈강 강판	SL-N	S : Steel, L : Low Temperature, N : Nickel
	압력 용기용 강판	SPV	S : Steel, P : Pressure, V : Vessel
	압력 용기용 조질형 망가니즈몰리브데넘강 및 망가니즈몰리브데넘니켈강 강판	SQV	S : Steel, Q : Quenched, V : Vessel
박강판, 강대	냉간압연강판 및 강대	SPCC	S : Steel, P : Plate, C : Cold, C : Commercial
		SPCCT	S : Steel, P : Plate, C : Cold, C : Commercial, T : Test
		SPCD	S : Steel, P : Plate, C : Cold, D : 드로잉용
		SPCE	S : Steel, P : Plate, C : Cold, E : 딥드로잉용
		SPCF	S : Steel, P : Plate, C : Cold, F : 비시효 딥드로잉
		SPCG	S : Steel, P : Plate, C : Cold, G : 비시효 초(超) 딥드로잉
	열간압연 연강판 및 강대	SPHC	S : Steel, P : Plate, H : Hot, C : Commercial
		SPHD	S : Steel, P : Plate, H : Hot, D :
		SPHE	S : Steel, P : Plate, H : Hot, E :
		SPHF	S : Steel, P : Plate, H : Hot, F :용(특수킬드처리)
	강관용 열간압연 탄소강 강대	SPHT	S : Steel, P : Plate, H : Hot, T : Tube
	법랑용 탈탄 강판 및 강대	SPP	S : Steel, P : Plate, P : Porcelain
	자동차용 가공성 냉간압연 고장력 강판 및 강대	SPFC	S : Steel, P : Plate, F : Formability, C : Cold
		SPFCY	S : Steel, P : Plate, F : Formability, C : Cold, Y : Yield
	자동차용 가공성 열간압연 고장력 강판 및 강대	SPFH	S : Steel, P : Plate, F : Formability, H : Hot
		SPFHY	S : Steel, P : Plate, F : Formability, H : Hot, Y : Yield
	연마 특수대강	S××CM	S : Steel, ×× : 탄소량, C : Carbon, M : 연마
		SK-M	S : Steel, K : 공구강, M : 연마
		SKS-M	S : Steel, K : 공구강, S : Special, M : 연마

분류	규격 명칭	기호	해설
박강판, 강대	연마 특수대강	SCr-M	S : Steel, Cr : Chromium, M : 연마
		SNC-M	S : Steel, N : Nickel, Cr : Chromium, M : 연마
		SNCM-M	S : Steel, N : Nickel, Cr : Chromium, M : 연마
		SCM-M	S : Steel, Cr : Chromium, M : 연마
		SUP-M	S : Steel, U : Use, P : Spring, M : 연마
		SMn-M	S : Steel, Mn : Manganese, M : 연마
도금 강판, 도장 강판	용융 알루미늄 도금 강판 및 강대	SA-C	S : Steel, A : Aluminium, C : Commercial
		SA-D	S : Steel, A : Aluminium, D : Drawn
		SA-E	S : Steel, A : Aluminium, E : Deep Drawn
	전기 아연도금 강판 및 강대	SEHC	S : Steel, E : Electrolytic, H : Hot, C : Commercial
		SEHD	S : Steel, E : Electrolytic, H : Hot, D : Drawn
		SEHE	S : Steel, E : Electrolytic, H : Hot, E : Deep Drawn
		SEFH××	S : Steel, E : Electrolytic, F : Formability, H : Hot, ×× : 인장강도
		SE××	S : Steel, E : Electrolytic, ×× : 인장강도
		SEPH××	S : Steel, E : Electrolytic, P : Plte, H : Hot, ×× : 인장강도
		SECC	S : Steel, E : Electrolytic, C : Cold, C : Commercial
		SECD	S : Steel, E : Electrolytic, C : Cold, D : Drawn
		SECE	S : Steel, E : Electrolytic, C : Cold, E : Deep Drawn
		SEFC××	S : Steel, E : Electrolytic, F : Formability, C : Cold, ×× : 인장강도
	함석 및 비함석 원판	SPB	S : Steel, P : Plate, B : Black
		SPTE	S : Steel, P : Plate, T : Tin, E : Electric
		SPTH	S : Steel, P : Plate, T : Tin, H : Hot-Dip
	틴 프리 강	SPTFS	S : Steel, P : Plate, T : Tin, F : Free, S : Steel
	용융 아연도금 강판 및 강대	SGHC	S : Steel, G : Galvanized, H : Hot, C : Commercial
		SGCC	S : Steel, G : Galvanized, C : Cold, C : Commercial
		SGCH	S : Steel, G : Galvanized, C : Cold, H : Hard
		SGCD	S : Steel, G : Galvanized, C : Cold, D : Drawn
		SGH××	S : Steel, G : Galvanized, H : Hot, ×× : 인장강도
		SGC××	S : Steel, G : Galvanized, C : Cold, ×× : 인장강도
	용융 아연 5% 알루미늄 합금 도금 강판 및 강대	SZAHC	S : Steel, Z : Zinc, A : Aluminium, H : Hot, C : Commercial
		SZAH××	S : Steel, Z : Zinc, A : Aluminium, H : Hot, ×× : 인장강도
		SZACC	S : Steel, Z : Zinc, A : Aluminium, C : Cold, C : Commercial
		SZACH	S : Steel, Z : Zinc, A : Aluminium, C : Cold, H : Hand
		SZACD	S : Steel, Z : Zinc, A : Aluminium, C : Cold, D : Drawn
		SZAC××	S : Steel, Z : Zinc, A : Aluminium, C : Cold, ×× : 인장강도
	용융 55% 알루미늄 아연 합금 도금 강판 및 강대	SGLHC	S : Steel, G : Galvanized, L : Aluminium, H : Hot, C : Commercial
		SGLH××	S : Steel, G : Galvanized, L : Aluminium, H : Hot, ×× : 인장강도
		SGLCC	S : Steel, G : Galvanized, L : Aluminium, C : Cold, C : Commercial
		SGLCD	S : Steel, G : Galvanized, L : Aluminium, C : Cold, D : Drawn
		SGLCDD	S : Steel, G : Galvanized, L : Aluminium, C : Cold, D : Deep, D : Drawn
		SGLC××	S : Steel, G : Galvanized, L : Aluminium, C : Cold, ×× : 인장강도

분류	규격 명칭	기호	해설
도금 강판, 도장 강판	도장 용융 아연 5% 알루미늄 합금 도금 강판 및 강대	CZACC	C : Color, Z : Zinc, A : Aluminium, C : Cold, C : Commercial
		CZACH	C : Color, Z : Zinc, A : Aluminium, C : Cold, H : Hard
		CZACD	C : Color, Z : Zinc, A : Aluminium, C : Cold, D : Drawn
		CZAC××	C : Color, Z : Zinc, A : Aluminium, C : Cold, ×× : 인장강도
	도장 용융 55% 알루미늄 아연 합금 도금 강판 및 강대	CGLCC	C : Color, G : Galvanized, L : Aluminium, C : Cold, C : Commercial
		CGLCD	C : Color, G : Galvanized, L : Aluminium, C : Cold, D : Drawn
		CGLC××	C : Color, G : Galvanized, L : Aluminium, C : Cold, ×× : 인장강도
	도장 용융 아연 도금 강판 및 강대	CGCC	C : Color, G : Galvanized, C : Cold, C : Commercial
		CGCH	C : Color, G : Galvanized, C : Cold, H : Hard
		CGCD1	C : Color, G : Galvanized, C : Cold, D : Drawn
		CGC××	C : Color, G : Galvanized, C : Cold, ×× : 인장강도
선재	경강 선재	SWRH	S : Steel, W : Wire, R : Rod, H : Hard
	연강 선재	SWRM	S : Steel, W : Wire, R : Rod, M : Mild
	피아노 선재	SWRS	S : Steel, W : Wire, R : Rod, S : Spring
	피복 아크 용접봉 심선용 선재	SWRY	S : Steel, W : Wire, R : Rod, Y : 용접
	냉간 압조용 탄소강-제1부 : 선재	SWRCH	S : Steel, W : Wire, R : Rod, C : Cold, H : Heading
	냉간 압조용 보론강 제1부 : 선재	SWRCHB	S : Steel, W : Wire, R : Rod, C : Cold, H : Heading, B : Boron
	냉간 압조용 합금강 선재-제1부 : 선재	SMn-RCH	S : Steel, Mn : Manganese
		SMnC-RCH	S : Steel, Mn : Manganese, C : Chromium
		SCr-RCH	S : Steel, C : Chromium
		SCM-RCH	S : Steel, C : Chromium, M : Molybdenum
		SNC-RCH	S : Steel, N : Nickel, C : Chromium
		SNCM-RCH	S : Steel, N : Nickel, C : Chromium, M : Molybdenum, RCH ; R : Rod, C : Cold, H : Heading
선	경강 선재	SW	S : Steel, W : Wire
	연강 선재	SWM	S : Steel, W : Wire, M : Mild
	피아노 선재	SWP	S : Steel, W : Wire, P : Pinano
	피복 아크 용접봉 심선용 선재	SWY	S : Steel, W : Wire, Y : 용접
	냉간 압조용 탄소강-제2부 : 선	SWCH	S : Steel, W : Wire, C : Cold, H : Heading
	냉간 압조용 보론강-제2부 : 선	SWCHB	S : Steel, W : Wire, C : Cold, H : HeadingM B : Boron
	냉간 압조용 합금강-제2부 : 선	SMn-WCH	S : Steel, Mn : Manganese
		SMnC-WCH	S : Steel, Mn : Manganese, C : Chromium
		SCr-WCH	S : Steel, Cr : Chromium
		SCM-WCH	S : Steel, C : Chromium, M : Molybdenum
		SNCM-WCH	S : Steel, N : Nickel, C : Chromium, M : Molybdenum, WCH ; W : Wire, C : Cold, H : Heading
	아연 도금 강선	SWGF	S : Steel, W : Wire, G : Galvanized, F : Finished
		SWGD	S : Steel, W : Wire, G : Galvanized, D : Drawing
	용융 알루미늄 도금 철선 및 강선	SWMA	S : Steel, W : Wire, M : Mild, A : Aluminium
		SWHA	S : Steel, W : Wire, H : Hard, A : Aluminium

분류	규격 명칭	기호	해설
선	도색 도장 아연 도금 철선	SWMCGS	S : Steel, W : Wire, M : Mild, C : Color, G : Galvanized, S : Soft
		SWMCGH	S : Steel, W : Wire, M : Mild, C : Color, G : Galvanized, H : Hard
	아연 도금 철선	SWMGS	S : Steel, W : Wire, M : Mild, G : Galvanized, S : Soft
		SWMGH	S : Steel, W : Wire, M : Mild, G : Galvanized, H : Hard
	합성수지 피복 철선	SWMV	S : Steel, W : Wire, M : Mild, V : Vinyl
		SWME	S : Steel, W : Wire, M : Mild, E : Polyethylenel
선	PC 강선 및 PC 강연선	SWPR	S : Steel, W : Wire, P : Prestressed, R : Round
		SWPD	S : Steel, W : Wire, P : Prestressed, D : Deformed
	PC 경강선	SWCR	S : Steel, W : Wire, C : Concrete, R : Round
		SWCD	S : Steel, W : Wire, C : Concrete, D : Deformed
	스프링용 오일 템퍼선	SWO	S : Steel, W : Wire, O : Oil Temper
		SWOSM	S : Steel, W : Wire, O : Oil Temper, S : Silicon, M : Manganese
	밸브 스프링용 오일 템퍼선	SWO-V	S : Steel, W : Wire, O : Oil Temper, V : Valve
		SWOCV-V	S : Steel, W : Wire, O : Oil Temper, C : Chromium, V : Vanadium, V : Valve
		SWOSC-V	S : Steel, W : Wire, O : Oil Temper, S : Silicon, C : Chromium, V : Valve
강관	기계구조용 합금강 강관	SCr-TK	S : Steel, C : Chromium, T : Tube, K : 구조
		SCM-TK	S : Steel, C : Chromium, M : Molybdenum, T : Tube, K : 구조
	자동차 구조용 전기저항 용접 탄소강 강관	STAM××G	S : Steel, T : Tube, A : Automobile, M : Machine, ×× : 인장강도, G : General purposes
		STAM××H	S : Steel, T : Tube, A : Automobile, M : Machine, ×× : 인장강도, H : High Yield Strength, Yield Ratio
	배관용 탄소강 강관	SGP	S : Steel, G : Gas, P : Pipe
	수배관용 아연도금 강관	SGPW	S : Steel, G : Gas, P : Pipe, W : Water
	보일러, 열교환기용 탄소강 강관	STB	S : Steel, T : Tube, B : Boiler
	보일러, 열교환기용 합금강 강관	STBA	S : Steel, T : Tube, B : Boiler, A : Alloy
	저온 열교환기용 강관	STBL	S : Steel, T : Tube, B : Boiler, L : Low Temperature
	실린더 튜브용 탄소강 강관	STC	S : Steel, T : Tube, C : Cylinder
	가열로용 강관	STF	S : Steel, T : Tube, F : Fired Heater
		STFA	S : Steel, T : Tube, F : Fired Heater, Alloy
		SUS-TF	S : Steel, U : Use, S : Stainless, T : Tube, F : Fired Heater
		NCF-TF	N : Nickel, C : Chromium, F : Ferrum, T : Tube, F : Fired Heater
	고압 가스 용기용 이음매 없는 강관	STH	S : Steel, T : Tube, H : High Pressure
	일반 구조용 탄소 강관	STK	S : Steel, T : Tube, K : 구조
	기계 구조용 탄소 강관	STKM	S : Steel, T : Tube, K : 구조, M : Machine
	건축 구조용 탄소 강관	STKN	S : Steel, T : Tube, K : 구조, N : New (structure)
	일반 구조용 각형 강관	STKR	S : Steel, T : Tube, K : 구조, R : Rectangular
	철탑용 고장력 강관	STKT	S : Steel, T : Tube, K : 구조, T : Tower
	시추용 이음매 없는 강관	STM-C	S : Steel, T : Tube, M : Mining, C : Core or Casing
		STM-R	S : Steel, T : Tube, M : Mining, R : Boring Rod

분류	규격 명칭	기호	해설
강관	배관용 합금강 강관	STPA	S : Steel, T : Tube, P : Pipe, A : Alloy
	압력 배관용 탄소강 강관	STPG	S : Steel, T : Tube, P : Pipe, G : General
	저온 배관용 강관	STPL	S : Steel, T : Tube, P : Pipe, L : Low Temperature
	배관용 아크 용접 탄소강 강관	STPY	S : Steel, T : Tube, P : Pipe, Y : 용접
	고압 배관용 탄소강 강관	STS	S : Steel, T : Tube, S : Special Pressure
	물 수송용 도복장 강관	STW	S : Steel, T : Tube, W : Water
	보일러, 열교환기용 스테인리스 강관	SUS-TB	S : Steel, U : Use, S : Stainless, T : Tube, B : Boiler
	기계 구조용 스테인리스 강관	SUS-TK	S : Steel, U : Use, S : Stainless, T : Tube, K : 구조
	스테인리스강 위생관	SUS-TBS	S : Steel, U : Use, S : Stainless, TB : Tube, S : Sanitary
	배관 용접 대구경 스테인리스 강관	SUS-TPY	S : Steel, U : Use, S : Stainless, TB : Tube, P : Pipe, Y : 용접
	배관용 스테인리스 강관	SUS-TP	S : Steel, U : Use, S : Stainless, TB : Tube, P : Pipe
	일반 배관용 스테인리스 강관	SUS-TPD	S : Steel, U : Use, S : Stainless, TB : Tube, P : Pipe, D : Domestic
	코루게이트 파이프 및 코루게이트 섹션	SCP-R	S : Steel, C : Corrugate, P : Pipe, R : Round
		SCP-RS	S : Steel, C : Corrugate, P : Pipe, R : Round, S : Spiral
		SCP-E	S : Steel, C : Corrugate, P : Pipe, E : Elongation
		SCP-P	S : Steel, C : Corrugate, P : Pipe, P : Pipe Arch
		SCP-A	S : Steel, C : Corrugate, P : Pipe, A : Arch
기계구조용	기계 구조용 탄소강 강재	S××C	S : Steel, ×× : 탄소량, C : Carbon
	기계 구조용 합금강 강재	SCM	S : Steel, C : Chromium, M : Molybdenum
		SCr	S : Steel, Cr : Chromium
		SNC	S : Steel, N : Nickel, C : Chromium
		SNCM	S : Steel, N : Nickel, C : Chromium, M : Molybdenum
		SMn	S : Steel, Mn : Manganese
		SMnC	S : Steel, Mn : Manganese, C : Chromium
		SACM	S : Steel, A : Aluminium, C : Chromium, M : Molybdenum
	고온용 합금강 볼트재	SNB	S : Steel, N : Nickel, B : Bolt
	특수용도 합금강 볼트용 봉강	SNB	S : Steel, N : Nickel, B : Bolt
공구강	탄소 공구강 강재	SK	S : Steel, K : 공구
	고속도 공구강 강재	SKH	S : Steel, K : 공구, H : High Speed
	합금 공구강 강재	SKS	S : Steel, K : 공구, S : Special
		SKD	S : Steel, K : 공구, D : Dies
		SKT	S : Steel, K : 공구, T : 단조
특수 용도강	유황 및 유황 복합 쾌삭강 강재	SUM	S : Steel, U : Use, M : Machinability
	고탄소 크로뮴 베어링강 강재	SUJ	S : Steel, U : Use, J : 軸受(베어링)
	스프링강 강재	SUP	S : Steel, U : Use, P : Spring
	스프링용 냉간압연 강대	S××C-CSP	S××C : SC 재, C : Cold, S : Strip, P : Spring
		SK○-CSP	SK○ : SK 재, C : Cold, S : Strip, P : Spring
		SUP-CSP	SUP ○○: SUP 재, C : Cold, S : Strip, P : Spring
스테인리스강	스테인리스 강봉	SUS-B	S : Steel, U : Use, S : Stainless, B : Bar
	냉간가공 스테인리스 강봉	SUS-CB	S : Steel, U : Use, S : Stainless, C : Cold, B : Bar

분류	규격 명칭	기호	해설
스테인리스강	열간압연 스테인리스 강판 및 강대	SUS-HP	S : Steel, U : Use, S : Stainless, H : Hot, P : Plate
		SUS-HS	S : Steel, U : Use, S : Stainless, H : Hot, S : Stripe
	열간압연 스테인리스 강판 및 강대	SUS-CP	S : Steel, U : Use, S : Stainless, C : Cold, P : Plate
		SUS-CS	S : Steel, U : Use, S : Stainless, C : Cold, S : Strip
	스프링용 스테인리스 강판 및 강대	SUS-CSP	S : Steel, U : Use, S : Stainless, C : Cold, S : Strip, Spring
	스테인리스강 선재	SUS-WR	S : Steel, U : Use, S : Stainless, W : Wire, R : Rod
	용접용 스테인리스 강선재	SUS-Y	S : Steel, U : Use, S : Stainless, Y : 용접
	스테인리스 강선	SUS-W	S : Steel, U : Use, S : Stainless, W : Wire
	스프링용 스테인리스 강선	SUS-WP	S : Steel, U : Use, S : Stainless, W : Wire, P : Spring
	냉간압조용 스테인리스 강선	SUS-WS	S : Steel, U : Use, S : Stainless, W : Wire, S : Screw
	열간 압연 스테인리스강 등변산형강	SUS-HA	S : Steel, U : Use, S : Stainless, H : Hot, A : Angle
	냉간 성형 스테인리스강 등변산형강	SUS-CA	S : Steel, U : Use, S : Stainless, C : Cold Forging, A : Angle
	스테인리스강 단강품용 강편	SUS-FB	S : Steel, U : Use, S : Stainless, F : Forging, B : Billet
	도장 스테인리스 강판	SUS-C	S : Steel, U : Use, S : Stainless, C : Coating
		SUS-CD	S : Steel, U : Use, S : Stainless, C : Coating, D : Double
내열강	내열강 봉	SUH-B	S : Steel, U : Use, H : Heat resisting, B : Bar
		SUH-CB	S : Steel, U : Use, H : Heat resisting, C : Cold, B : Bar
	내열강 판	SUH-HP	S : Steel, U : Use, H : Heat resisting, H : Hot, P : Plate
		SUH-CP	S : Steel, U : Use, H : Heat resisting, C : Cold, P : Plate
		SUH-HS	S : Steel, U : Use, H : Heat resisting, H : Hot, S : Strip
		SUH-CS	S : Steel, U : Use, H : Heat resisting, C : Cold, S : Strip
초합금	내식 내열 초합금 봉	NCF-B	N : Nickel, C : Chromium, F : Ferrum, B : Bar
	내식 내열 초합금 판	NCF-P	N : Nickel, C : Chromium, F : Ferrum, P : Plate
	배관용 이음매 없는 니켈크로뮴 철합금관	NCF-TP	N : Nickel, C : Chromium, F : Ferrum, T : Tube, P : Pipe
	열교환기용 이음매 없는 니켈크로뮴 철합금	NCF-TB	N : Nickel, C : Chromium, F : Ferrum, T : Tube, B : Boiler
단강	탄소강 단강품	SF	S : Steel, F : Forging
	탄소강 단강품용 강편	SFB	S : Steel, F : Forging, B : Bloom
	압력 용기용 탄소강 단강품	SFVC	S : Steel, F : Forging, V : Vessel, C : Carbon
	고온 압력용기용 합금강 단강품	SFVA	S : Steel, F : Forging, V : Vessel, A : Alloy
	압력 용기용 조질형 합금강 단강품	SFVQ	S : Steel, F : Forging, V : Vessel, Q : Quenched
	고온 압력용기용 고강도 크로뮴몰리브데넘강 단강품	SFVCM	S : Steel, F : Forging, V : Vessel, C : Chromium, M : Molybdenum
	압력용기용 스테인리스강 단강품	SUSF	S : Steel, U : Use, S : Stainless, F : Forging
	저온 압력용기용 단강품	SFL	S : Steel, F : Forging, L : Low-Temperature
	크로뮴몰리브데넘강 단강품	SFCM	S : Steel, F : Forging, C : Chromium, M : Molybdenum
	니켈크로뮴몰리브데넘강 단강품	SFNCM	S : Steel, F : Forging, N : Nickel, C : Chromium, M : Molybdenum
	철탑 플랜지용 고장력강 단강품	SFT	S : Steel, F : Forging, T : Tower Flanges
주철	회주철품	FC	F : Ferrum, C : Casting

분류	규격 명칭	기호	해설
주철	오스테나이트 구상흑연 주철품	FCA	F : Ferrum, C : Casting, A : Austenitic
		FCDA	F : Ferrum, C : Casting, D : Ductile, A : Austenitic
	구상흑연 주철품	FCD	F : Ferrum, C : Casting, D : Ductile
	덕타일 주철관	DPF	D : Ductile, P : Pipe, F : Fixed
		D-	D : Ductile, - : 관압(官圧)의 종류
	덕타일 주철 이형관	DF	D : Ductile, F : Fittings
	철(합금)계 저열 팽창 주조품	SCLE	S : Steel, C : Casting, L : Low Thermal, E : Expansive
		FCLE	F : Ferrum, C : Casting, L : Low Thermal, E : Expansive
	가단 주철품	FCMB	F : Ferrum, C : Casting, M : Malleable, B : Black
		FCMW	F : Ferrum, C : Casting, M : Malleable, W : White
		FCMP	F : Ferrum, C : Casting, M : Malleable, P : Pearlite
주강	탄소강 주강품	SC	S : Steel, C : Casting
	용접 구조용 주강품	SCW	S : Steel, C : Casting, W : Weld
	용접 구조용 원심력 주강관	SCW-CF	S : Steel, C : Casting, W : Weld, CF : Centrifugal
	구조용 고장력 탄소강 및 저합금강 주강품	SCC	S : Steel, C : Casting, C : Carbon
		SCMn	S : Steel, C : Casting, Mn Manganese
		SCSiMn	S : Steel, C : Casting, Si : Silicon, Mn Manganese
		SCMnCr	S : Steel, C : Casting, Mn : Manganese, Cr : Chromium
		SCMnM	S : Steel, C : Casting, Mn : Manganese, M : Manganese
		SCCrM	S : Steel, C : Casting, Cr : Chromium, M : Molybdenum
		SCMnCrM	S : Steel, C : Casting, Mn : Manganese, Cr : Chromium, M : Molybdenum
		SCNCrM	S : Steel, C : Casting, N : Nickel, Cr : Chromium, M : Molybdenum
	스테인리스강 주강품	SCS	S : Steel, C : Casting, S : Stainless
	내열강 주강품	SCH	S : Steel, C : Casting, H : Heat-Resisting
	고망가니즈강 주강품	SCMnH	S : Steel, C : Casting, Mn : Manganese, H : High Temperature
	고온 고압용 주강품	SCPH	S : Steel, C : Casting, P : Pressure, H : High Temperature
	고온 고압용 원심력 주강관	SCPH-CF	S : Steel, C : Casting, P : Pressure, H : High Temperature, CF : Centrifugal
	저온 고압용 주강품	SCPL	S : Steel, C : Casting, P : Pressure, L : Low Temperature
강재, 파일	H형강 말뚝	SHK	S : Steel, H : H형, K : 말뚝(piles)
	강관 말뚝	SKK	S : Steel, K : 강관, K : 말뚝(piles)
	강관 시트 파일	SKY	S : Steel, K : 강관, Y : 시트 파일
	열간 압연강 시트 파일	SY	S : Steel, Y : 시트 파일
	용접용 열간 압연강 시트 파일	SYW	S : Steel, Y : 시트 파일, W : Weldable
전기재료	영구 자석 재료	MC	M : Magnet, C : Casting
		MP	M : Magnet, P : Powder
	전자연철(電磁軟鉄)	SUY	S : Steel, U : Use, Y : Yoke
	무방향성 전자강대	○○A××××	○○ : 호칭 두께의 100배 값, A : Anisotropy ×××× : 주파수 50Hz, 최대자속밀도 1.5T일 때의 철손값의 100배 값(보증값)
	방향성 전자강대	○○G×××	○○ : 호칭 두께의 100배 값, G : Grain, P : Permeability,
		○○P×××	×××× : 주파수 50Hz, 최대자속밀도 1.7T일 때의 철손값의 100배 값(보증값)
	전극용 강판 및 강대	PCYH	P : Pole, C : Core, Y : Yield, H : Hot Rolled
		PCYC	P : Pole, C : Core, Y : Yield, C : Cold Rolled

실용 기계재료

발 행 일	2021년 3월 03일 초판 1쇄 발행
저 자	유태열, 강기원, 노수황
발 행 처	도서출판 메카피아
발 행 인	노수황
출 판 등 록	제2014-000036호(2010년 02월 01일)
주 소	서울특별시 금천구 서부샛길 606, 대성디폴리스지식산업센터 5층 502호
전 화	1544-1605(대)
영 업 부	02-861-9044
팩 스	02-861-9040/02-6008-9111
홈 페 이 지	www.mechapia.com
이 메 일	mechapia@mechapia.com
표지 디자인	포인 기획
편집 디자인	다온 디자인
마 케 팅	이예진
I S B N	979-11-6248-118-9 13550
정 가	25,000원

Copyright© 2021 MECHAPIA Co. All rights reserved.

·이 책은 저작권법에 의해 보호를 받는 저작물로 무단 전재나 복제를 금지하며,
　이 책 내용의 전부 또는 일부를 이용하려면 반드시 저작권자나 발행인의 서면동의를 받아야 합니다.

·파본 및 낙장은 구입하신 서점에서 교환하여 드립니다.